新时代全国高等院校教学精品课程规划教材

# 《应用数学——线性代数》

## 学习辅导书

(第2版)

主　编　李秀玲　刘丽梅　王　宇



中国商业出版社

**图书在版编目(CIP)数据**

《应用数学——线性代数》学习辅导书 / 李秀玲，刘丽梅，王宇主编. -- 2 版. -- 北京 ：中国商业出版社，2024.7

ISBN 978 - 7 - 5208 - 2915 - 1

Ⅰ. ①应… Ⅱ. ①李… ②刘… ③王… Ⅲ. ①应用数学－高等学校－教学参考资料②线性代数－高等学校－教学参考资料 Ⅳ. ①O29②O151.2

中国国家版本馆 CIP 数据核字(2024)第 099019 号

责任编辑：李　飞

（策划编辑：蔡　凯）

中国商业出版社出版发行

（www.zgsycb.com　100053　北京广安门内报国寺 1 号）

总编室：010－63180647　编辑室：010－83114579

发行部：010－83120835/8286

新华书店经销

北京荣泰印刷有限公司印刷

*

787 毫米×1092 毫米　16 开　14.5 印张　300 千字

2024 年 7 月第 2 版　2024 年 7 月第 1 次印刷

**定价**：48.00 **元**

*　*　*　*

（如有印装质量问题可更换）

新时代全国高等院校教学精品课程规划教材

# 编 委 会

**总主编** 李秀玲　郑　佳　王慧敏　董秀娟

**编　委** 李秀玲　郑　佳　王慧敏　董秀娟
　　　　　刘丽梅　王　宇　于海鸥　吴瑞丰
　　　　　王改珍　潘　建

**本书编写人员** 李秀玲　刘丽梅　王　宇

**丛书策划** 蔡　凯　刘毕林

# 前 言

本书是与中国商业出版社出版，由李秀玲、刘丽梅、王宇等编写的《应用数学——线性代数》(第 2 版)教材配套的学习辅导书。《〈应用数学——线性代数〉学习辅导书》一书于 2017 年 7 月由中国商业出版社出版，经过全国一些高校使用反响强烈。在此感谢对第 1 版教材的认可，也感谢大家提出很多宝贵意见。同时，根据教育部高等教育教材建设通知精神，加快学科专业体系、教材教学体系建设，以提升教材的生命力和影响力，我们组织学科骨干教师对第 1 版“应用数学系列教材”进行修订完善。在本次修订过程中，为适应新时代高等教育教学内容和课程体系改革的总目标，培养具有新时代创新能力的高素质人才，我们经过统一策划，共同研讨，在充分吸收广大读者意见的基础上编写了《〈应用数学——线性代数〉学习辅导书》(第 2 版)。

编写此书的初衷是帮助不同层次的学生提高数学解题能力，为此我们对其框架结构进行了精心的设计。全书总共五章，与《应用数学——线性代数》(第 2 版)教材的各章名称一致。不同于单纯的习题集，每章除了固定设有“练习题详解”外，额外增添了“教学基本要求与内容提要”“典型方法与范例”以及“自测题及答案”三部分内容，以便于读者查阅知识、总结规律、检验效果。这种刻意安排出来的结构对解题行为而言是“封闭”的，因为读者不必依赖任何外部资源，便可自学本书。

“内容提要”不是对教材的简单重复，而是有针对性地回顾重点难点，主要包括线性代数中的基本概念、重要性质与常用计算方法。

书中所编录的例题、练习题、自测题都是典型的，考点完全覆盖了教学大纲与考研大纲，常规基础题与考研拔高题比例搭配合理(约为 7∶3)。遵循思维规律，对于例题，将解决问题的过程细分成“分析”“解”“总结”三步，并尽量做到分析到位、解题规范、归纳系统，希望给“新手”以启发和示范。此外，出于锻炼思维能力的考量，我们不但注重反问题、抽象问题、综合性问题的独特作用，而且提倡多角度切入，鼓励一题多解。事实上，很多例题都体现了我们的上述想法。

本书具有多方面用途，既可供初学者作为同步练习之用，亦可供考研同学作为备考复习资料使用,同时对教师讲授习题课也是有益的。

为了达到预期效果，请读者务必先行完成教材对应内容的学习，再读此书，切不可本末倒置。若遇到难题一时解不了，首要的是反复思考争取独立求解，切不可急于查阅“详解”或“答案”。

书中带“ *”号练习题已超出教学大纲要求，可酌情选做。

本书由吉林财经大学教师李秀玲(第一章)、王宇(第二章、第五章)、刘丽梅(第三章、第四章)负责编写，由李秀玲统筹定稿。

我们将多年的教学经验融入书中，希望读者获益。若有疏漏之处，敬请大家指正。

编 者

2024 年 5 月

# 目 录

# 第一章　行列式

## 一、教学基本要求与内容提要

### (一)教学基本要求

1. 了解排列和逆序数的概念,会求 $n$ 级排列的逆序数;
2. 理解行列式的概念;
3. 掌握行列式的基本性质,并会利用行列式的性质化简行列式;
4. 理解行列式元素的余子式和代数余子式的概念,掌握行列式按行(列)展开定理;
5. 掌握克拉默法则及应用.

### (二)内容提要

#### 1. 排列与逆序数

由正整数 $1,2,\cdots,n$ 组成的一个有序数组 $i_1i_2\cdots i_n$ 称为一个**$n$ 级排列.**

若排列中各数是按照从小到大的自然顺序排列的,通常称为**标准排列.**

在一个 $n$ 级排列 $i_1i_2\cdots i_n$ 中,如果较大的数排在较小的数的前面,称这两个数构成一个**逆序.** 排列 $i_1i_2\cdots i_n$ 逆序的总数称为此排列的**逆序数**,记为 $\tau(i_1i_2\cdots i_n)$. 逆序数是偶数的排列称为**偶排列**,逆序数是奇数的排列称为**奇排列.**

在一个排列 $i_1\cdots i_s\cdots i_t\cdots i_n$ 中,如果其中某两个数 $i_s$ 和 $i_t$ 互换位置,其余各数位置不变,就得到另一个排列 $i_1\cdots i_t\cdots i_s\cdots i_n$. 这种变换称为一个**对换**,记为 $(i_s,i_t)$.

**定理**　任意一个排列经过一个对换后,其奇偶性发生改变.

**定理**　在全部 $n!$ 个 $n$ 级排列中,奇、偶排列的个数相等,各有 $\frac{n!}{2}$ 个.

**2.行列式的概念**

$$\begin{vmatrix} a_{11} & a_{12} & \cdots & a_{1n} \\ a_{21} & a_{22} & \cdots & a_{2n} \\ \vdots & \vdots & & \vdots \\ a_{n1} & a_{n2} & \cdots & a_{nn} \end{vmatrix} = \sum_{j_1 j_2 \cdots j_n} (-1)^{\tau(j_1 j_2 \cdots j_n)} a_{1j_1} a_{2j_2} \cdots a_{nj_n}$$

称为 $n$ **阶行列式**,其中横排称为**行**,竖排称为**列**,数 $a_{ij}$ 称为行列式的**元素**,其第一个下标 $i$ 称为**行标**,表示这个元素所在的行数;第二个下标 $j$ 称为**列标**,表示这个元素所在的列数.右端项称为 $n$ 阶行列式的**展开式**或**值**,$\sum\limits_{j_1 j_2 \cdots j_n}$ 表示对所有 $n$ 级排列 $j_1 j_2 \cdots j_n$ 求和.

$n$ 阶行列式 $D = |a_{ij}|$ 的项可写为

$$(-1)^{\tau(i_1 i_2 \cdots i_n) + \tau(j_1 j_2 \cdots j_n)} a_{i_1 j_1} a_{i_2 j_2} \cdots a_{i_n j_n},$$

其中 $i_1 i_2 \cdots i_n$ 和 $j_1 j_2 \cdots j_n$ 都是 $n$ 级排列.

$n$ 阶行列式 $D = |a_{ij}|$ 的项也可写为

$$(-1)^{\tau(i_1 \cdots i_n)} a_{i_1 1} a_{i_2 2} \cdots a_{i_n n},$$

其中 $i_1 i_2 \cdots i_n$ 是 $n$ 级排列.

**3.行列式的性质**

**性质1** 将行列式的行、列互换,行列式的值不变,即设

$$D = \begin{vmatrix} a_{11} & a_{12} & \cdots & a_{1n} \\ a_{21} & a_{22} & \cdots & a_{2n} \\ \vdots & \vdots & & \vdots \\ a_{n1} & a_{n2} & \cdots & a_{nn} \end{vmatrix}, D^{\mathrm{T}} = \begin{vmatrix} a_{11} & a_{21} & \cdots & a_{n1} \\ a_{12} & a_{22} & \cdots & a_{n2} \\ \vdots & \vdots & & \vdots \\ a_{1n} & a_{2n} & \cdots & a_{nn} \end{vmatrix},$$

则 $D = D^{\mathrm{T}}$.

这里行列式 $D^{\mathrm{T}}$ 称为行列式 $D$ 的**转置行列式**.显然,$D$ 也是 $D^{\mathrm{T}}$ 的转置行列式,因此,我们称 $D$ 与 $D^{\mathrm{T}}$ 互为转置行列式.

**性质2** 互换行列式的两行(列),行列式的值变号,即设

$$D = \begin{vmatrix} a_{11} & a_{12} & \cdots & a_{1n} \\ \vdots & \vdots & & \vdots \\ a_{i1} & a_{i2} & \cdots & a_{in} \\ \vdots & \vdots & & \vdots \\ a_{s1} & a_{s2} & \cdots & a_{sn} \\ \vdots & \vdots & & \vdots \\ a_{n1} & a_{n2} & \cdots & a_{nn} \end{vmatrix} \begin{matrix} \\ \\ \text{第 } i \text{ 行} \\ \\ \text{第 } s \text{ 行} \\ \\ \\ \end{matrix}, D_1 = \begin{vmatrix} a_{11} & a_{12} & \cdots & a_{1n} \\ \vdots & \vdots & & \vdots \\ a_{s1} & a_{s2} & \cdots & a_{sn} \\ \vdots & \vdots & & \vdots \\ a_{i1} & a_{i2} & \cdots & a_{in} \\ \vdots & \vdots & & \vdots \\ a_{n1} & a_{n2} & \cdots & a_{nn} \end{vmatrix} \begin{matrix} \\ \\ \text{第 } i \text{ 行} \\ \\ \text{第 } s \text{ 行} \\ \\ \\ \end{matrix},$$

则 $D_1 = -D$.

**推论** 如果行列式中有两行(列)元素完全相同,则此行列式为零.

**性质 3**　行列式中某一行(列)元素的公因子可以提到行列式的外面,或者说,用一个数乘行列式的某一行(列)元素等于用这个数乘此行列式,即

$$\begin{vmatrix} a_{11} & a_{12} & \cdots & a_{1n} \\ \vdots & \vdots & & \vdots \\ ka_{i1} & ka_{i2} & \cdots & ka_{in} \\ \vdots & \vdots & & \vdots \\ a_{n1} & a_{n2} & \cdots & a_{nn} \end{vmatrix} = k\begin{vmatrix} a_{11} & a_{12} & \cdots & a_{1n} \\ \vdots & \vdots & & \vdots \\ a_{i1} & a_{i2} & \cdots & a_{in} \\ \vdots & \vdots & & \vdots \\ a_{n1} & a_{n2} & \cdots & a_{nn} \end{vmatrix}.$$

**推论 1**　如果行列式中有一行(列)元素全为零,则此行列式为零.

**推论 2**　如果行列式中有两行(列)对应元素成比例,则此行列式为零.

**性质 4**　如果行列式中某一行(列)的元素都表示为两个数的和,则此行列式等于两个行列式的和,这两个行列式分别以其中一组数为该行(列),而其余各行(列)与原行列式对应的行(列)相同,即设

$$D=\begin{vmatrix} a_{11} & a_{12} & \cdots & a_{1n} \\ \vdots & \vdots & & \vdots \\ b_{i1}+c_{i1} & b_{i2}+c_{i2} & \cdots & b_{in}+c_{in} \\ \vdots & \vdots & & \vdots \\ a_{n1} & a_{n2} & \cdots & a_{nn} \end{vmatrix},$$

则 $D=D_1+D_2$,其中

$$D_1=\begin{vmatrix} a_{11} & a_{12} & \cdots & a_{1n} \\ \vdots & \vdots & & \vdots \\ b_{i1} & b_{i2} & \cdots & b_{in} \\ \vdots & \vdots & & \vdots \\ a_{n1} & a_{n2} & \cdots & a_{nn} \end{vmatrix},\ D_2=\begin{vmatrix} a_{11} & a_{12} & \cdots & a_{1n} \\ \vdots & \vdots & & \vdots \\ c_{i1} & c_{i2} & \cdots & c_{in} \\ \vdots & \vdots & & \vdots \\ a_{n1} & a_{n2} & \cdots & a_{nn} \end{vmatrix}.$$

**性质 5**　把行列式的某一行(列)的所有元素乘以数 $k$ 加到另一行(列)的对应元素上,行列式的值不变,即

$$\begin{vmatrix} a_{11} & a_{12} & \cdots & a_{1n} \\ \vdots & \vdots & & \vdots \\ a_{i1} & a_{i2} & \cdots & a_{in} \\ \vdots & \vdots & & \vdots \\ a_{j1} & a_{j2} & \cdots & a_{jn} \\ \vdots & \vdots & & \vdots \\ a_{n1} & a_{n2} & \cdots & a_{nn} \end{vmatrix} = \begin{vmatrix} a_{11} & a_{12} & \cdots & a_{1n} \\ \vdots & \vdots & & \vdots \\ a_{i1} & a_{i2} & \cdots & a_{in} \\ \vdots & \vdots & & \vdots \\ a_{j1}+ka_{i1} & a_{j2}+ka_{i2} & \cdots & a_{jn}+ka_{in} \\ \vdots & \vdots & & \vdots \\ a_{n1} & a_{n2} & \cdots & a_{nn} \end{vmatrix}.$$

### 4. 行列式按一行(列)展开

**定义**　在 $n$ 阶行列式

$$\begin{vmatrix} a_{11} & a_{12} & \cdots & a_{1n} \\ a_{21} & a_{22} & \cdots & a_{2n} \\ \vdots & \vdots & & \vdots \\ a_{n1} & a_{n2} & \cdots & a_{nn} \end{vmatrix}$$

中，划去元素 $a_{ij}$ 所在的第 $i$ 行和第 $j$ 列，余下的元素按原来的顺序排列构成的 $n-1$ 阶行列式，称为元素 $a_{ij}$ 的**余子式**，记作 $M_{ij}$，即

$$M_{ij}=\begin{vmatrix} a_{11} & \cdots & a_{1j-1} & a_{1j+1} & \cdots & a_{1n} \\ \vdots & & \vdots & \vdots & & \vdots \\ a_{i-1\,1} & \cdots & a_{i-1\,j-1} & a_{i-1\,j+1} & \cdots & a_{i-1\,n} \\ a_{i+1\,1} & \cdots & a_{i+1\,j-1} & a_{i+1\,j+1} & \cdots & a_{i+1\,n} \\ \vdots & & \vdots & \vdots & & \vdots \\ a_{n1} & \cdots & a_{n\,j-1} & a_{n\,j+1} & \cdots & a_{nn} \end{vmatrix}.$$

记 $A_{ij}=(-1)^{i+j}M_{ij}$，$A_{ij}$ 称为元素 $a_{ij}$ 的**代数余子式**.

**定理** $n$ 阶行列式 $D=|a_{ij}|$ 等于它的任意一行(列)的各元素与其对应的代数余子式乘积之和，即

$$D=a_{i1}A_{i1}+a_{i2}A_{i2}+\cdots+a_{in}A_{in} \quad (i=1,2,\cdots n)$$

或

$$D=a_{1j}A_{1j}+a_{2j}A_{2j}+\cdots+a_{nj}A_{nj} \quad (j=1,2,\cdots n).$$

**推论** $n$ 阶行列式 $D=|a_{ij}|$ 的某一行(列)的各元素与另一行(列)的对应元素的代数余子式乘积之和等于零，即

$$a_{i1}A_{s1}+a_{i2}A_{s2}+\cdots+a_{in}A_{sn}=0 \quad (i\neq s)$$

或

$$a_{1j}A_{1t}+a_{2j}A_{2t}+\cdots+a_{nj}A_{nt}=0 \quad (j\neq t).$$

**5. 拉普拉斯(Laplace)定理**

**定义** 在一个 $n$ 阶行列式 $D$ 中任意选定 $k$ 行 $k$ 列（$1\leqslant k\leqslant n$），位于这些行和列交叉处的 $k^2$ 个元素按照原来的次序组成一个 $k$ 阶行列式 $M$，称为行列式 $D$ 的一个 ***k* 阶子式**. 在 $D$ 中划去这 $k$ 行 $k$ 列后，余下的元素按照原来的顺序组成的 $n-k$ 阶行列式 $N$，称为 $k$ 阶子式 $M$ 的**余子式**.

如果 $k$ 阶子式 $M$ 的元素在 $D$ 中所在的行标和列标分别是 $i_1,i_2,\cdots,i_k$ 和 $j_1,j_2,\cdots,j_k$，则在 $M$ 的余子式 $N$ 前面添加符号

$$(-1)^{(i_1+i_2+\cdots+i_k)+(j_1+j_2+\cdots+j_k)}$$

后所得到的 $n-k$ 阶行列式，称为 $k$ 阶子式 $M$ 的**代数余子式**，记为 $A$，即

$$A=(-1)^{(i_1+i_2+\cdots+i_k)+(j_1+j_2+\cdots+j_k)}N.$$

**定理(拉普拉斯定理)** 设在行列式 $D$ 中任意取定 $k$（$1 \leqslant k \leqslant n-1$）行，由这 $k$ 行元素组成的所有 $k$ 阶子式与它们的代数余子式的乘积之和等于行列式 $D$，即

$$D = M_1 A_1 + M_2 A_2 + \cdots + M_t A_t \quad \left( t = C_n^k = \frac{n!}{k!\,(n-k)!} \right),$$

其中 $A_i$ 是子式 $M_i$ 对应的代数余子式.

**6. 克拉默(Cramer)法则**

线性方程组的一般形式为

$$\begin{cases} a_{11}x_1 + a_{12}x_2 + \cdots + a_{1n}x_n = b_1, \\ a_{21}x_1 + a_{22}x_2 + \cdots + a_{2n}x_n = b_2, \\ \qquad \vdots \\ a_{m1}x_1 + a_{m2}x_2 + \cdots + a_{mn}x_n = b_m. \end{cases}$$

若线性方程组的常数项均为零，即

$$\begin{cases} a_{11}x_1 + a_{12}x_2 + \cdots + a_{1n}x_n = 0, \\ a_{21}x_1 + a_{22}x_2 + \cdots + a_{2n}x_n = 0, \\ \qquad \vdots \\ a_{m1}x_1 + a_{m2}x_2 + \cdots + a_{mn}x_n = 0, \end{cases}$$

称为**齐次线性方程组**；若线性方程组的常数项不全为零，则称为**非齐次线性方程组**.

**定理(克拉默法则)** 如果线性方程组

$$\begin{cases} a_{11}x_1 + a_{12}x_2 + \cdots + a_{1n}x_n = b_1, \\ a_{21}x_1 + a_{22}x_2 + \cdots + a_{2n}x_n = b_2, \\ \qquad \vdots \\ a_{n1}x_1 + a_{n2}x_2 + \cdots + a_{nn}x_n = b_n \end{cases} \tag{1.1}$$

的系数行列式

$$D = \begin{vmatrix} a_{11} & a_{12} & \cdots & a_{1n} \\ a_{21} & a_{22} & \cdots & a_{2n} \\ \vdots & \vdots & & \vdots \\ a_{n1} & a_{n2} & \cdots & a_{nn} \end{vmatrix} \neq 0,$$

则线性方程组(1.1)有唯一解，且

$$x_1 = \frac{D_1}{D}, x_2 = \frac{D_2}{D}, \cdots, x_n = \frac{D_n}{D},$$

其中 $D_j$ 是把 $D$ 中第 $j$ 列换成方程组的常数项 $b_1, b_2, \cdots, b_n$ 后所得到的行列式.

**定理** 如果齐次线性方程组

$$\begin{cases} a_{11}x_1 + a_{12}x_2 + \cdots + a_{1n}x_n = 0, \\ a_{21}x_1 + a_{22}x_2 + \cdots + a_{2n}x_n = 0, \\ \qquad \vdots \\ a_{n1}x_1 + a_{n2}x_2 + \cdots + a_{nn}x_n = 0 \end{cases} \tag{1.2}$$

的系数行列式 $D \neq 0$，则方程组(1.2)只有零解.

**推论** 如果齐次线性方程组(1.2)有非零解，则其系数行列式 $D=0$.

## 二、典型方法与范例

**1.排列与逆序数**

**例1** 求下列排列的逆序数.

(1)24786315；(2) $13\cdots(2n-1)24\cdots(2n)$.

**解** (1) $\tau(24786315)=15$；

(2) $\tau[13\cdots(2n-1)24\cdots(2n)]=0+0+\cdots+0+(n-1)+(n-2)+\cdots+1+0$

$$=\frac{n(n-1)}{2}.$$

**例2** 确定 $i$ 和 $j$ 的值.

(1) 使8级排列 $6i7534j2$ 为奇排列；

(2)使7级排列 $74i15j3$ 为偶排列.

**解** (1)由 $6i7534j2$ 是8级排列，故 $i,j$ 只能是数字1和8中的一个. 若 $i=1,j=8$，则 $6i7534j2$ 为奇排列；

(2)由 $74i15j3$ 是7级排列，故 $i$，$j$ 只能是数字2和6中的一个. 若 $i=2,j=6$，则 $74i15j3$ 为偶排列.

**例3** 设排列 $j_1j_2\cdots j_{n-1}j_n$ 的逆序数为 $k$，问排列 $j_nj_{n-1}\cdots j_2j_1$ 的逆序数是多少？

**分析** 排列 $j_1j_2\cdots j_{n-1}j_n$ 的顺序数即为排列 $j_nj_{n-1}\cdots j_2j_1$ 的逆序数.

**解** 设排列 $j_1j_2\cdots j_{n-1}j_n$ 中任意两个数若小数在大数前则为顺序，由于该排列为 $n$ 级排列，故其任意两个数构成的有序数为 $(n-1)+(n-2)+\cdots+2+1=\frac{n(n-1)}{2}$ 个，即其顺序与逆序的总数为 $\frac{n(n-1)}{2}$，而其逆序数为 $k$，则其顺序数为 $\frac{n(n-1)}{2}-k$，即排列 $j_nj_{n-1}\cdots j_2j_1$ 的逆序数为 $\frac{n(n-1)}{2}-k$.

**方法总结** 计算排列 $i_1i_2\cdots i_n$ 的逆序数的方法有两种：

(1)计算出每个元素 $i_k(k=1,2,\cdots,n)$ 前面比它大的元素的个数 $m_k(k=1,2,\cdots,n)$，则排列的逆序数为 $\tau=\sum_{k=1}^{n}m_k$；

(2)计算出每个元素 $i_k(k=1,2,\cdots,n)$ 后面比它小的元素的个数 $n_k(k=1,2,\cdots,n)$，则排列的逆序数为 $\tau=\sum_{k=1}^{n}n_k$.

具体用哪种方法，视题目而定.

**2.行列式的定义**

**例4** 如果 $n$ 阶行列式中等于零的元素个数大于 $n^2-n$，则此行列式的值为多少？

**分析** $n$ 阶行列式元素的个数为 $n^2$，若等于零的元素个数大于 $n^2-n$，则不为零的元素个数必小于 $n$.

**解**　由于 $n$ 阶行列式元素的个数为 $n^2$，若等于零的元素个数大于 $n^2-n$，则不为零的元素个数必小于 $n$. 而 $n$ 阶行列式的 $n!$ 项中每一项是位于不同行不同列的 $n$ 个元素的乘积，而不为零的元素个数小于 $n$，故此行列式值为 0.

**例 5**　在五阶行列式 $|a_{ij}|$ 中，项 $a_{12}a_{31}a_{54}a_{43}a_{25}$ 的符号是什么？

**分析**　利用行列式定义中确定各项符号的三种方式之一确定.

**解**　由项 $a_{12}a_{31}a_{54}a_{43}a_{25}$ 的行标 13542 的逆序数为 4，列标 21435 的逆序数为 2，故项 $a_{12}a_{31}a_{54}a_{43}a_{25}$ 的符号为正号.

**例 6**　写出四阶行列式 $|a_{ij}|$ 中含有元素 $a_{23}$ 和 $a_{31}$ 的项.

**分析**　利用行列式的定义.

**解**　由行列式的定义可知，四阶行列式中含有元素 $a_{23}$ 和 $a_{31}$ 的项为

$$(-1)^{\tau(i31j)}a_{1i}a_{23}a_{31}a_{4j},$$

其中四级排列 $i31j$ 为 2314 或 4312，当 $i31j$ 为 2314 时，$\tau(2314)=2$，当 $i31j$ 为 4312 时，$\tau(4312)=5$，因此四阶行列式中含有元素 $a_{23}$ 和 $a_{31}$ 的项为

$$a_{12}a_{23}a_{31}a_{44},\ -a_{14}a_{23}a_{31}a_{42}.$$

**例 7**　设函数 $f(x)=\begin{vmatrix} 2x & x & 1 & 2 \\ 1 & x & 1 & -1 \\ 3 & 2 & x & 1 \\ 1 & 1 & 1 & x \end{vmatrix}$，求 $f(x)$ 中 $x^4$ 与 $x^3$ 的系数.

**分析**　利用行列式的定义求解.

**解**　由行列式的定义知，只有当 $a_{11},a_{22},a_{33},a_{44}$ 这四个元素相乘时才能出现 $x^4$ 项，而该项带正号，此项为 $2x^4$，因此函数中 $x^4$ 的系数为 2；只有当 $a_{12},a_{21},a_{33},a_{44}$ 这四个元素相乘时才能出现 $x^3$ 项，而该项带负号，此项为 $-x^3$，因此函数中 $x^3$ 的系数为 $-1$.

**例 8**　设函数 $f(x)=\begin{vmatrix} 1 & 1 & 1 \\ 3-x & 5-3x^2 & 3x^2-1 \\ 2x^2-1 & 3x^5-1 & 7x^8-1 \end{vmatrix}$，证明：存在 $\xi\in(0,1)$，使得 $f'(\xi)=0$.

**分析**　利用罗尔定理证明.

**解**　由题设可知，$f(x)$ 为 $x$ 的多项式函数，在 $[0,1]$ 上连续，$(0,1)$ 内可导，且

$$f(0)=\begin{vmatrix} 1 & 1 & 1 \\ 3 & 5 & -1 \\ -1 & -1 & -1 \end{vmatrix}=0,\quad f(1)=\begin{vmatrix} 1 & 1 & 1 \\ 2 & 2 & 2 \\ 1 & 2 & 6 \end{vmatrix}=0,$$

即 $f(0)=f(1)$，故由罗尔定理知，至少存在 $\xi\in(0,1)$，使得 $f'(\xi)=0$.

**方法总结**　利用行列式的定义时要掌握其定义中的三点.

(1) $n$ 阶行列式 $D=|a_{ij}|$ 的展开式是 $n!$ 项的代数和.

(2)在这 $n!$ 项中，每一项为位于不同行与不同列的 $n$ 个元素的乘积.

(3)确定行列式中每一项的符号方法有三种：

①把这一项的 $n$ 个元素的行标排成标准排列，再由列标所构成排列的奇偶性来确定符号.

若列标构成的是偶排列，则该项带正号，若是奇排列，则该项带负号．

②把这一项的 $n$ 个元素的列标排成标准排列，再由行标所构成排列的奇偶性来确定符号．若行标构成的是偶排列，则该项带正号，若是奇排列，则该项带负号．

③不需重排这一项的 $n$ 个元素的顺序，只需计算这 $n$ 个元素的行标和列标构成排列的逆序数之和 $\tau$，则该项所带符号为 $(-1)^{\tau}$．

**3. 行列式的计算**

**例 9** 计算 $n$ 阶行列式 $D_n=\begin{vmatrix} 0 & 0 & \cdots & 0 & 1 & 0 \\ 0 & 0 & \cdots & 2 & 0 & 0 \\ \vdots & \vdots & & \vdots & \vdots & \vdots \\ n-1 & 0 & \cdots & 0 & 0 & 0 \\ 0 & 0 & \cdots & 0 & 0 & n \end{vmatrix}$.

**分析** 利用行列式的定义计算.

**解** 由行列式的定义得

$$D_n=\begin{vmatrix} 0 & 0 & \cdots & 0 & 1 & 0 \\ 0 & 0 & \cdots & 2 & 0 & 0 \\ \vdots & \vdots & & \vdots & \vdots & \vdots \\ n-1 & 0 & \cdots & 0 & 0 & 0 \\ 0 & 0 & \cdots & 0 & 0 & n \end{vmatrix}=(-1)^{\tau[(n-1)\cdots 1n]}n!=(-1)^{\frac{(n-2)(n-1)}{2}}n!.$$

**例 10** 计算 $n$ 阶行列式 $D_n=\begin{vmatrix} 0 & \cdots & 0 & a_{1n} \\ 0 & \cdots & a_{2\,n-1} & a_{2n} \\ \vdots & & \vdots & \vdots \\ a_{n1} & \cdots & a_{n\,n-1} & a_{nn} \end{vmatrix}$.

**分析** 利用行列式的定义计算.

**解** 由行列式的定义得

$$D_n=\begin{vmatrix} 0 & \cdots & 0 & a_{1n} \\ 0 & \cdots & a_{2\,n-1} & a_{2n} \\ \vdots & & \vdots & \vdots \\ a_{n1} & \cdots & a_{n\,n-1} & a_{nn} \end{vmatrix}=(-1)^{\tau[n(n-1)\cdots 1]}a_{1n}a_{2\,n-1}\cdots a_{n1}=(-1)^{\frac{n(n-1)}{2}}a_{1n}a_{2\,n-1}\cdots a_{n1}.$$

**例 11** 设函数 $f(x)=x(x-1)(x-2)\cdots(x-n+1)$，计算

$$D=\begin{vmatrix} f(0) & f(1) & f(2) & \cdots & f(n) \\ f(1) & f(2) & f(3) & \cdots & f(n+1) \\ f(2) & f(3) & f(4) & \cdots & f(n+2) \\ \vdots & \vdots & \vdots & & \vdots \\ f(n) & f(n+1) & f(n+2) & \cdots & f(2n) \end{vmatrix}.$$

**分析** 通过计算可得 $f(0)=f(1)=\cdots=f(n-1)=0,f(n)=n!$.

**解** 因 $f(0)=f(1)=\cdots=f(n-1)=0$，故

$$D=\begin{vmatrix} 0 & 0 & \cdots & 0 & f(n) \\ 0 & 0 & \cdots & f(n) & f(n+1) \\ 0 & 0 & \cdots & f(n+1) & f(n+2) \\ \vdots & \vdots & & \vdots & \vdots \\ f(n) & f(n+1) & \cdots & f(2n-1) & f(2n) \end{vmatrix}$$

$$=(-1)^{\tau[(n+1)n\cdots 1]}[f(n)]^{n+1}=(-1)^{\frac{n(n+1)}{2}}[f(n)]^{n+1}=(-1)^{\frac{n(n+1)}{2}}(n!)^{n+1}.$$

**例 12**　计算 $n$ 阶行列式 $D_n=\begin{vmatrix} 1 & a_1 & 0 & \cdots & 0 & 0 \\ -1 & 1-a_1 & a_2 & \cdots & 0 & 0 \\ 0 & -1 & 1-a_2 & \cdots & 0 & 0 \\ \vdots & \vdots & \vdots & & \vdots & \vdots \\ 0 & 0 & 0 & \cdots & 1-a_{n-2} & a_{n-1} \\ 0 & 0 & 0 & \cdots & -1 & 1-a_{n-1} \end{vmatrix}$.

**分析**　利用行列式的性质,从第一行开始,将上一行加到下一行,可将行列式化为三角形行列式.

**解**

$$D_n=\begin{vmatrix} 1 & a_1 & 0 & \cdots & 0 & 0 \\ -1 & 1-a_1 & a_2 & \cdots & 0 & 0 \\ 0 & -1 & 1-a_2 & \cdots & 0 & 0 \\ \vdots & \vdots & \vdots & & \vdots & \vdots \\ 0 & 0 & 0 & \cdots & 1-a_{n-2} & a_{n-1} \\ 0 & 0 & 0 & \cdots & -1 & 1-a_{n-1} \end{vmatrix}$$

$$\underline{\underline{r_2+r_1,r_3+r_2,\cdots,r_n+r_{n-1}}}\begin{vmatrix} 1 & a_1 & 0 & \cdots & 0 & 0 \\ 0 & 1 & a_2 & \cdots & 0 & 0 \\ 0 & 0 & 1 & \cdots & 0 & 0 \\ \vdots & \vdots & \vdots & & \vdots & \vdots \\ 0 & 0 & 0 & \cdots & 1 & a_{n-1} \\ 0 & 0 & 0 & \cdots & 0 & 1 \end{vmatrix}$$

$$=1.$$

**例 13**　计算 $n+1$ 阶行列式 $D_{n+1}=\begin{vmatrix} -a_1 & 0 & \cdots & 0 & 1 \\ a_1 & -a_2 & \cdots & 0 & 1 \\ \vdots & \vdots & & \vdots & \vdots \\ 0 & 0 & \cdots & -a_n & 1 \\ 0 & 0 & \cdots & a_n & 1 \end{vmatrix}$.

**分析** 利用行列式的性质，从第一行开始，将上一行加到下一行，可将行列式化为三角形行列式.

**解**

$$D_{n+1}=\begin{vmatrix} -a_1 & 0 & \cdots & 0 & 1 \\ a_1 & -a_2 & \cdots & 0 & 1 \\ \vdots & \vdots & & \vdots & \vdots \\ 0 & 0 & \cdots & -a_n & 1 \\ 0 & 0 & \cdots & a_n & 1 \end{vmatrix}$$

$$\xlongequal{r_2+r_1,r_3+r_2,\cdots,r_n+r_{n-1}}\begin{vmatrix} -a_1 & 0 & \cdots & 0 & 1 \\ 0 & -a_2 & \cdots & 0 & 2 \\ \vdots & \vdots & & \vdots & \vdots \\ 0 & 0 & \cdots & -a_n & n \\ 0 & 0 & \cdots & 0 & n+1 \end{vmatrix}$$

$$=(-1)^n(n+1)a_1a_2\cdots a_n.$$

**例 14** 计算 $n$ 阶行列式 $D_n=\begin{vmatrix} 0 & 1 & 1 & \cdots & 1 & 1 \\ 1 & 0 & 1 & \cdots & 1 & 1 \\ 1 & 1 & 0 & \cdots & 1 & 1 \\ \vdots & \vdots & \vdots & & \vdots & \vdots \\ 1 & 1 & 1 & \cdots & 0 & 1 \\ 1 & 1 & 1 & \cdots & 1 & 0 \end{vmatrix}$.

**分析** 行列式的元素具有各行(列)元素之和相等的特点. 利用行列式的性质将其化为三角形行列式.

**解**

$$D_n=\begin{vmatrix} 0 & 1 & 1 & \cdots & 1 & 1 \\ 1 & 0 & 1 & \cdots & 1 & 1 \\ 1 & 1 & 0 & \cdots & 1 & 1 \\ \vdots & \vdots & \vdots & & \vdots & \vdots \\ 1 & 1 & 1 & \cdots & 0 & 1 \\ 1 & 1 & 1 & \cdots & 1 & 0 \end{vmatrix}$$

$$\xlongequal{c_1+c_i(i=2,3,\cdots,n)}\begin{vmatrix} n-1 & 1 & 1 & \cdots & 1 & 1 \\ n-1 & 0 & 1 & \cdots & 1 & 1 \\ n-1 & 1 & 0 & \cdots & 1 & 1 \\ \vdots & \vdots & \vdots & & \vdots & \vdots \\ n-1 & 1 & 1 & \cdots & 0 & 1 \\ n-1 & 1 & 1 & \cdots & 1 & 0 \end{vmatrix}$$

$$\xlongequal{c_1\div(n-1)}(n-1)\begin{vmatrix} 1 & 1 & 1 & \cdots & 1 & 1 \\ 1 & 0 & 1 & \cdots & 1 & 1 \\ 1 & 1 & 0 & \cdots & 1 & 1 \\ \vdots & \vdots & \vdots & & \vdots & \vdots \\ 1 & 1 & 1 & \cdots & 0 & 1 \\ 1 & 1 & 1 & \cdots & 1 & 0 \end{vmatrix}$$

$$\xlongequal{c_i-c_1(i=2,3,\cdots,n)}(n-1)\begin{vmatrix} 1 & 0 & 0 & \cdots & 0 & 0 \\ 1 & -1 & 0 & \cdots & 0 & 0 \\ 1 & 0 & -1 & \cdots & 0 & 0 \\ \vdots & \vdots & \vdots & & \vdots & \vdots \\ 1 & 0 & 0 & \cdots & -1 & 0 \\ 1 & 0 & 0 & \cdots & 0 & -1 \end{vmatrix}$$

$$=(-1)^{n-1}(n-1).$$

**例 15**　计算 $n$ 阶行列式 $D_n=\begin{vmatrix} a_1 & 1 & 1 & \cdots & 1 \\ 1 & a_2 & 0 & \cdots & 0 \\ 1 & 0 & a_3 & \cdots & 0 \\ \vdots & \vdots & \vdots & & \vdots \\ 1 & 0 & 0 & \cdots & a_n \end{vmatrix}$，　$a_i\neq 0, i=1,2,\cdots,n$.

**分析**　行列式的特点是：除主对角线及第 1 行、第 1 列的元素外，其余元素皆为零. 利用行列式的性质将其化为三角形行列式.

**解**

$$D_n=\begin{vmatrix} a_1 & 1 & 1 & \cdots & 1 \\ 1 & a_2 & 0 & \cdots & 0 \\ 1 & 0 & a_3 & \cdots & 0 \\ \vdots & \vdots & \vdots & & \vdots \\ 1 & 0 & 0 & \cdots & a_n \end{vmatrix}$$

$$\xlongequal{c_1-\frac{1}{a_i}c_i(i=2,3,\cdots,n)}\begin{vmatrix} a_1-\sum\limits_{i=2}^{n}\frac{1}{a_i} & 1 & 1 & \cdots & 1 \\ 0 & a_2 & 0 & \cdots & 0 \\ 0 & 0 & a_3 & \cdots & 0 \\ \vdots & \vdots & \vdots & & \vdots \\ 0 & 0 & 0 & \cdots & a_n \end{vmatrix}$$

$$=a_2a_3\cdots a_n\left(a_1-\sum_{i=2}^{n}\frac{1}{a_i}\right).$$

**例 16** 计算 $n+1$ 阶行列式 $D_{n+1}=\begin{vmatrix} a_0 & b_1 & b_2 & \cdots & b_n \\ d_1 & a_1 & 0 & \cdots & 0 \\ d_2 & 0 & a_2 & \cdots & 0 \\ \vdots & \vdots & \vdots & & \vdots \\ d_n & 0 & 0 & \cdots & a_n \end{vmatrix}$， $a_i\neq 0,i=1,2,\cdots,n.$

**分析** 行列式的特点是：除主对角线及第 1 行、第 1 列的元素外，其余元素皆为零. 利用行列式的性质将其化为三角形行列式.

**解**

$$D_{n+1}=\begin{vmatrix} a_0 & b_1 & b_2 & \cdots & b_n \\ d_1 & a_1 & 0 & \cdots & 0 \\ d_2 & 0 & a_2 & \cdots & 0 \\ \vdots & \vdots & \vdots & & \vdots \\ d_n & 0 & 0 & \cdots & a_n \end{vmatrix}$$

$$\xlongequal{c_1-\frac{d_{i-1}}{a_{i-1}}c_i(i=2,3,\cdots,n+1)}\begin{vmatrix} a_0-\sum\limits_{i=1}^{n}\frac{b_id_i}{a_i} & b_1 & b_2 & \cdots & b_n \\ 0 & a_1 & 0 & \cdots & 0 \\ 0 & 0 & a_2 & \cdots & 0 \\ \vdots & \vdots & \vdots & & \vdots \\ 0 & 0 & 0 & \cdots & a_n \end{vmatrix}$$

$$=a_1a_2\cdots a_n\left(a_0-\sum_{i=1}^{n}\frac{b_id_i}{a_i}\right).$$

**例 17** 计算 $n$ 阶行列式 $D_n=\begin{vmatrix} x-1 & 2 & 3 & \cdots & n \\ 1 & x-2 & 1 & \cdots & 1 \\ 1 & 1 & x-3 & \cdots & 1 \\ \vdots & \vdots & \vdots & & \vdots \\ 1 & 1 & 1 & \cdots & x-n \end{vmatrix}$.

**分析** 行列式的特点是:除第 1 行和主对角线上的元素外,各列元素与第 1 列元素对应相同. 利用行列式的性质将其化为三角形行列式.

**解**

$$D_n=\begin{vmatrix} x-1 & 2 & 3 & \cdots & n \\ 1 & x-2 & 1 & \cdots & 1 \\ 1 & 1 & x-3 & \cdots & 1 \\ \vdots & \vdots & \vdots & & \vdots \\ 1 & 1 & 1 & \cdots & x-n \end{vmatrix}$$

$$\underline{\underline{c_i-c_1(i=2,3,\cdots,n)}}\begin{vmatrix} x-1 & 3-x & 4-x & \cdots & n+1-x \\ 1 & x-3 & 0 & \cdots & 0 \\ 1 & 0 & x-4 & \cdots & 0 \\ \vdots & \vdots & \vdots & & \vdots \\ 1 & 0 & 0 & \cdots & x-n-1 \end{vmatrix}$$

$$\underline{\underline{r_1+r_i(i=2,3,\cdots,n)}}\begin{vmatrix} x+n-2 & 0 & 0 & \cdots & 0 \\ 1 & x-3 & 0 & \cdots & 0 \\ 1 & 0 & x-4 & \cdots & 0 \\ \vdots & \vdots & \vdots & & \vdots \\ 1 & 0 & 0 & \cdots & x-n-1 \end{vmatrix}$$

$$=(x+n-2)\sum_{i=3}^{n+1}(x-i).$$

**例 18** 计算 $n+1$ 阶行列式 $D_{n+1}=\begin{vmatrix} a & -1 & 0 & \cdots & 0 \\ ax & a & -1 & \cdots & 0 \\ ax^2 & ax & a & \cdots & 0 \\ \vdots & \vdots & \vdots & & \vdots \\ ax^n & ax^{n-1} & ax^{n-2} & \cdots & a \end{vmatrix}$.

**分析** 行列式的特点是:第 1 行元素只有两个非零,其余都为零. 利用行列式的展开定理计算.

**解** 将行列式按第 1 行展开,得

$$D_{n+1}=aD_n+(-1)(-1)^{1+2}\begin{vmatrix} ax & -1 & \cdots & 0 \\ ax^2 & a & \cdots & 0 \\ \vdots & \vdots & & \vdots \\ ax^n & ax^{n-2} & \cdots & a \end{vmatrix}$$

$$=aD_n+x\begin{vmatrix} a & -1 & \cdots & 0 \\ ax & a & \cdots & 0 \\ \vdots & \vdots & & \vdots \\ ax^{n-1} & ax^{n-2} & \cdots & a \end{vmatrix}$$

$$=aD_n+xD_n$$

$$=(a+x)D_n,$$

由 $D_2=\begin{vmatrix} a & -1 \\ ax & a \end{vmatrix}=a(a+x)$ 得

$$D_{n+1}=a(a+x)^n.$$

**例 19** 证明：$n$ 阶行列式

$$D_n=\begin{vmatrix} a+b & ab & 0 & \cdots & 0 & 0 \\ 1 & a+b & ab & \cdots & 0 & 0 \\ 0 & 1 & a+b & \cdots & 0 & 0 \\ \vdots & \vdots & \vdots & & \vdots & \vdots \\ 0 & 0 & 0 & \cdots & a+b & ab \\ 0 & 0 & 0 & \cdots & 1 & a+b \end{vmatrix}=\begin{cases} \dfrac{a^{n+1}-b^{n+1}}{a-b}, a\neq b, \\ (n+1)a^n, a=b. \end{cases}$$

**分析** 利用数学归纳法证明.

**解** 用数学归纳法证明.

当 $n=1$ 时，$D_1=a+b=\begin{cases} \dfrac{a^2-b^2}{a-b}, a\neq b, \\ 2a, a=b, \end{cases}$ 结论成立；

当 $n=2$ 时，$D_2=\begin{vmatrix} a+b & ab \\ 1 & a+b \end{vmatrix}=a^2+b^2+ab=\begin{cases} \dfrac{a^3-b^3}{a-b}, a\neq b, \\ 3a^2, a=b, \end{cases}$ 结论成立.

假设对于阶数 $\leqslant n-1$ 的行列式结论都成立，证明对于 $n$ 阶行列式结论也成立.

对于行列式 $D_n$，按第 1 列展开得

$$D_n=(a+b)D_{n-1}-\begin{vmatrix} ab & 0 & \cdots & 0 & 0 \\ 1 & a+b & \cdots & 0 & 0 \\ \vdots & \vdots & & \vdots & \vdots \\ 0 & 0 & \cdots & a+b & ab \\ 0 & 0 & \cdots & 1 & a+b \end{vmatrix}_{(n-1\text{阶})}$$

$$=(a+b)D_{n-1}-ab\begin{vmatrix} a+b & ab & \cdots & 0 & 0 \\ 1 & a+b & \cdots & 0 & 0 \\ \vdots & \vdots & & \vdots & \vdots \\ 0 & 0 & \cdots & a+b & ab \\ 0 & 0 & \cdots & 1 & a+b \end{vmatrix}_{(n-2\text{阶})}$$

$$=(a+b)D_{n-1}-abD_{n-2}.$$

当 $a\neq b$ 时，

$$D_n=(a+b)D_{n-1}-abD_{n-2}$$
$$=(a+b)\frac{a^n-b^n}{a-b}-ab\frac{a^{n-1}-b^{n-1}}{a-b}=\frac{a^{n+1}-b^{n+1}}{a-b},$$

当 $a=b$ 时，

$$D_n=2aD_{n-1}-a^2D_{n-2}=2na^n-(n-1)a^n=(n+1)a^n,$$

故结论成立.

综上所述，由数学归纳法知，$D_n=\begin{cases}\dfrac{a^{n+1}-b^{n+1}}{a-b}, a\neq b,\\ (n+1)a^n, a=b.\end{cases}$

**例 20** 计算 $n$ 阶行列式 $D_n=\begin{vmatrix} x_1+1 & x_1+2 & \cdots & x_1+n \\ x_2+1 & x_2+2 & \cdots & x_2+n \\ \vdots & \vdots & & \vdots \\ x_n+1 & x_n+2 & \cdots & x_n+n \end{vmatrix}$ $(n\geqslant 2)$.

**分析** 利用行列式的性质将行列式拆分成多个行列式之和.

**解** 当 $n=2$ 时，$D_2=\begin{vmatrix} x_1+1 & x_1+2 \\ x_2+1 & x_2+2 \end{vmatrix}=x_1-x_2$；

当 $n\geqslant 3$ 时，

$$D_n=\begin{vmatrix} x_1+1 & x_1+2 & \cdots & x_1+n \\ x_2+1 & x_2+2 & \cdots & x_2+n \\ \vdots & \vdots & & \vdots \\ x_n+1 & x_n+2 & \cdots & x_n+n \end{vmatrix}$$

$$=\begin{vmatrix} x_1 & x_1+2 & \cdots & x_1+n \\ x_2 & x_2+2 & \cdots & x_2+n \\ \vdots & \vdots & & \vdots \\ x_n & x_n+2 & \cdots & x_n+n \end{vmatrix}+\begin{vmatrix} 1 & x_1+2 & \cdots & x_1+n \\ 1 & x_2+2 & \cdots & x_2+n \\ \vdots & \vdots & & \vdots \\ 1 & x_n+2 & \cdots & x_n+n \end{vmatrix}$$

$$=\begin{vmatrix} x_1 & x_1 & \cdots & x_1+n \\ x_2 & x_2 & \cdots & x_2+n \\ \vdots & \vdots & & \vdots \\ x_n & x_n & \cdots & x_n+n \end{vmatrix}+\begin{vmatrix} x_1 & 2 & \cdots & x_1+n \\ x_2 & 2 & \cdots & x_2+n \\ \vdots & \vdots & & \vdots \\ x_n & 2 & \cdots & x_n+n \end{vmatrix}$$

$$+\begin{vmatrix} 1 & x_1 & \cdots & x_1+n \\ 1 & x_2 & \cdots & x_2+n \\ \vdots & \vdots & & \vdots \\ 1 & x_n & \cdots & x_n+n \end{vmatrix}+\begin{vmatrix} 1 & 2 & \cdots & x_1+n \\ 1 & 2 & \cdots & x_2+n \\ \vdots & \vdots & & \vdots \\ 1 & 2 & \cdots & x_n+n \end{vmatrix}$$

$$=\begin{vmatrix} x_1 & 2 & \cdots & x_1+n \\ x_2 & 2 & \cdots & x_2+n \\ \vdots & \vdots & & \vdots \\ x_n & 2 & \cdots & x_n+n \end{vmatrix}+\begin{vmatrix} 1 & x_1 & \cdots & x_1+n \\ 1 & x_2 & \cdots & x_2+n \\ \vdots & \vdots & & \vdots \\ 1 & x_n & \cdots & x_n+n \end{vmatrix}$$

$$=\begin{vmatrix} x_1 & 2 & x_1 & \cdots & x_1+n \\ x_2 & 2 & x_2 & \cdots & x_2+n \\ \vdots & \vdots & \vdots & & \vdots \\ x_n & 2 & x_n & \cdots & x_n+n \end{vmatrix}+\begin{vmatrix} x_1 & 2 & 3 & \cdots & x_1+n \\ x_2 & 2 & 3 & \cdots & x_2+n \\ \vdots & \vdots & \vdots & & \vdots \\ x_n & 2 & 3 & \cdots & x_n+n \end{vmatrix}$$

$$+\begin{vmatrix} 1 & x_1 & x_1 & \cdots & x_1+n \\ 1 & x_2 & x_2 & \cdots & x_2+n \\ \vdots & \vdots & \vdots & & \vdots \\ 1 & x_n & x_n & \cdots & x_n+n \end{vmatrix}+\begin{vmatrix} 1 & x_1 & 3 & \cdots & x_1+n \\ 1 & x_2 & 3 & \cdots & x_2+n \\ \vdots & \vdots & \vdots & & \vdots \\ 1 & x_n & 3 & \cdots & x_n+n \end{vmatrix}$$

$=0.$

**例 21** 计算行列式 $D=\begin{vmatrix} 1 & 1 & 1 & 1 \\ x_1(x_1-1) & x_2(x_2-1) & x_3(x_3-1) & x_4(x_4-1) \\ x_1^2(x_1-1) & x_2^2(x_2-1) & x_3^2(x_3-1) & x_4^2(x_4-1) \\ x_1^3(x_1-1) & x_2^3(x_2-1) & x_3^3(x_3-1) & x_4^3(x_4-1) \end{vmatrix}$.

**分析** 若能将第 $j(j=2,3,4)$ 列元素提出公因式 $x_j-1$，则可化为范德蒙德行列式，而第1行元素 $1=x_i-(x_i-1)$，利用行列式的性质将行列式拆分成两个行列式之和.

**解**

$$D=\begin{vmatrix}1&1&1&1\\x_1(x_1-1)&x_2(x_2-1)&x_3(x_3-1)&x_4(x_4-1)\\x_1^2(x_1-1)&x_2^2(x_2-1)&x_3^2(x_3-1)&x_4^2(x_4-1)\\x_1^3(x_1-1)&x_2^3(x_2-1)&x_3^3(x_3-1)&x_4^3(x_4-1)\end{vmatrix}$$

$$=\begin{vmatrix}x_1-(x_1-1)&x_2-(x_2-1)&x_3-(x_3-1)&x_4-(x_4-1)\\x_1(x_1-1)&x_2(x_2-1)&x_3(x_3-1)&x_4(x_4-1)\\x_1^2(x_1-1)&x_2^2(x_2-1)&x_3^2(x_3-1)&x_4^2(x_4-1)\\x_1^3(x_1-1)&x_2^3(x_2-1)&x_3^3(x_3-1)&x_4^3(x_4-1)\end{vmatrix}$$

$$=\begin{vmatrix}x_1&x_2&x_3&x_4\\x_1(x_1-1)&x_2(x_2-1)&x_3(x_3-1)&x_4(x_4-1)\\x_1^2(x_1-1)&x_2^2(x_2-1)&x_3^2(x_3-1)&x_4^2(x_4-1)\\x_1^3(x_1-1)&x_2^3(x_2-1)&x_3^3(x_3-1)&x_4^3(x_4-1)\end{vmatrix}$$

$$-\begin{vmatrix}x_1-1&x_2-1&x_3-1&x_4-1\\x_1(x_1-1)&x_2(x_2-1)&x_3(x_3-1)&x_4(x_4-1)\\x_1^2(x_1-1)&x_2^2(x_2-1)&x_3^2(x_3-1)&x_4^2(x_4-1)\\x_1^3(x_1-1)&x_2^3(x_2-1)&x_3^3(x_3-1)&x_4^3(x_4-1)\end{vmatrix}$$

（把第一个行列式从第一行开始，将上一行加到下一行）

$$=\begin{vmatrix}x_1&x_2&x_3&x_4\\x_1^2&x_2^2&x_3^2&x_4^2\\x_1^3&x_2^3&x_3^3&x_4^3\\x_1^4&x_2^4&x_3^4&x_4^4\end{vmatrix}-\prod_{i=1}^{4}(x_i-1)\begin{vmatrix}1&1&1&1\\x_1&x_2&x_3&x_4\\x_1^2&x_2^2&x_3^2&x_4^2\\x_1^3&x_2^3&x_3^3&x_4^3\end{vmatrix}$$

$$=\left[\prod_{i=1}^{4}x_i-\prod_{i=1}^{4}(x_i-1)\right]\begin{vmatrix}1&1&1&1\\x_1&x_2&x_3&x_4\\x_1^2&x_2^2&x_3^2&x_4^2\\x_1^3&x_2^3&x_3^3&x_4^3\end{vmatrix}$$

$$=\left[\prod_{i=1}^{4}x_i-\prod_{i=1}^{4}(x_i-1)\right]\prod_{1\leqslant j<i\leqslant 4}(x_i-x_j).$$

**例 22**　计算 $n$ 阶行列式 $D=\begin{vmatrix}1+x_1y_1&x_1y_2&\cdots&x_1y_n\\x_2y_1&1+x_2y_2&\cdots&x_2y_n\\\vdots&\vdots&&\vdots\\x_ny_1&x_ny_2&\cdots&1+x_ny_n\end{vmatrix}$.

**分析** 行列式的特点是：除主对角线元素外，第 $i$ 行元素为 $y_1,y_2,\cdots,y_n$ 的 $x_i$ 倍（$i=1,2,\cdots,n$），因此在不改变行列式值的基础上，将行列式增加一行一列，再利用行列式的性质将行列式化简.

**解** 将行列式加边变为

$$D=\begin{vmatrix}1 & y_1 & y_2 & \cdots & y_n\\ 0 & 1+x_1y_1 & x_1y_2 & \cdots & x_1y_n\\ 0 & x_2y_1 & 1+x_2y_2 & \cdots & x_2y_n\\ \vdots & \vdots & \vdots & & \vdots\\ 0 & x_ny_1 & x_ny_2 & \cdots & 1+x_ny_n\end{vmatrix}$$

$$\xlongequal{r_i-x_{i-1}r_1(i=2,3,\cdots,n+1)}\begin{vmatrix}1 & y_1 & y_2 & \cdots & y_n\\ -x_1 & 1 & 0 & \cdots & 0\\ -x_2 & 0 & 1 & \cdots & 0\\ \vdots & \vdots & \vdots & & \vdots\\ -x_n & 0 & 0 & \cdots & 1\end{vmatrix}$$

$$\xlongequal{c_1+x_{i-1}c_i(i=2,3,\cdots,n+1)}\begin{vmatrix}1+\sum\limits_{i=1}^{n}x_iy_i & y_1 & y_2 & \cdots & y_n\\ 0 & 1 & 0 & \cdots & 0\\ 0 & 0 & 1 & \cdots & 0\\ \vdots & \vdots & \vdots & & \vdots\\ 0 & 0 & 0 & \cdots & 1\end{vmatrix}$$

$$=1+\sum_{i=1}^{n}x_iy_i.$$

**例 23** 计算行列式 $D=\begin{vmatrix}1 & 1 & 1 & 1\\ a & b & c & d\\ a^2 & b^2 & c^2 & d^2\\ a^4 & b^4 & c^4 & d^4\end{vmatrix}$.

**分析** 此行列式与范德蒙德行列式很相似，但是缺少元素的 3 次幂，因此将行列式增加一行一列，使其变为范德蒙德行列式，然后比较它们之间的关系来计算行列式 $D$.

**解** 将行列式

$$\begin{vmatrix}1 & 1 & 1 & 1 & 1\\ a & b & c & d & x\\ a^2 & b^2 & c^2 & d^2 & x^2\\ a^3 & b^3 & c^3 & d^3 & x^3\\ a^4 & b^4 & c^4 & d^4 & x^4\end{vmatrix}$$

按第 5 列展开为 $x$ 的 4 次多项式，则 $D$ 为其展开式中 $x^3$ 的系数的相反数. 上述行列式为范德蒙德行列式，值为

$$(b-a)(c-a)(d-a)(c-b)(d-b)(d-c)(x-a)(x-b)(x-c)(x-d),$$

其中 $x^3$ 的系数为 $-(b-a)(c-a)(d-a)(c-b)(d-b)(d-c)(a+b+c+d)$，故

$$D=(b-a)(c-a)(d-a)(c-b)(d-b)(d-c)(a+b+c+d).$$

**例 24**　计算 $n$ 阶行列式 $D_n=\begin{vmatrix} 1 & 1 & 1 & \cdots & 1 \\ 2 & 2^2 & 2^3 & \cdots & 2^n \\ 3 & 3^2 & 3^3 & \cdots & 3^n \\ \vdots & \vdots & \vdots & & \vdots \\ n & n^2 & n^3 & \cdots & n^n \end{vmatrix}$.

**分析**　此行列式类似于范德蒙德行列式，利用行列式的性质将行列式化为范德蒙德行列式.

**解**

$$D_n=\begin{vmatrix} 1 & 1 & 1 & \cdots & 1 \\ 2 & 2^2 & 2^3 & \cdots & 2^n \\ 3 & 3^2 & 3^3 & \cdots & 3^n \\ \vdots & \vdots & \vdots & & \vdots \\ n & n^2 & n^3 & \cdots & n^n \end{vmatrix}$$

$$\xlongequal{r_i \div i(i=2,3,\cdots,n)} n!\begin{vmatrix} 1 & 1 & 1 & \cdots & 1 \\ 1 & 2 & 2^2 & \cdots & 2^{n-1} \\ 1 & 3 & 3^2 & \cdots & 3^{n-1} \\ \vdots & \vdots & \vdots & & \vdots \\ 1 & n & n^2 & \cdots & n^{n-1} \end{vmatrix}$$

$$=n!\ (2-1)(3-1)\cdots(n-1)(3-2)(4-2)\cdots(n-2)\cdots[n-(n-1)]$$

$$=n!\ (n-1)!\ (n-2)!\ \cdots 2!\ 1!\ .$$

**方法总结**　行列式的基本计算方法有三种：

(1)利用行列式的定义计算，这种方法主要用于含零元素较多的行列式，如例 9、例 10、例 11；

(2)利用行列式的性质将行列式化成简单易于计算的行列式，例如化成三角形行列式是一种常用的方法，称其为**三角形法**，如例 12、例 13；

(3)利用行列式展开定理，将高阶行列式化成低阶行列式来计算，称为**降阶法**.

在计算行列式时，往往是以上各种方法综合使用. 对于 $n$ 阶行列式的计算，需要观察元素的规律，注意分析它的特点，采用适当的方法来计算，常用的方法有递推法、数学归纳法、拆分法、加边法、利用范德蒙德行列式进行计算等方法. 例如，各行(列)元素之和相等的行列式称为**行(列)等和行列式**. 这类行列式的计算方法为：先将各列(行)元素加到第一列(行)后提出公

因式，再化成三角形行列式，如例 14；行列式的元素除主对角线及第 1 行、第 1 列的元素外，其余元素皆为零，形如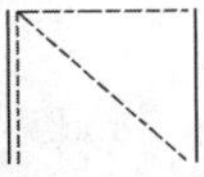的形式，类似地，还有形如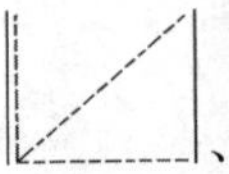、、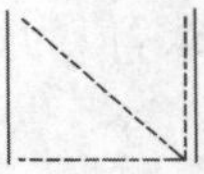的形式的行列式，都称为**爪形**或**箭形行列式**，利用行列式的性质可以将这类行列式化为三角形行列式，如例 15、例 16；除主对角线以及与主对角线“平行”的上、下两条斜线上的元素外，其余元素皆为零，形如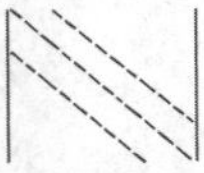的形式，且在同一条线上的元素相同的行列式，称为**三对角行列式**，计算三对角行列式的基本方法是递推法，利用降阶法把高阶行列式表示为具有相同结构的较低阶行列式的线性关系，再根据此关系递推求得行列式的值，使用递推法的关键是推导出递推关系式，如例 18，而且递推关系式也是利用数学归纳法证明行列式的基础，如例 19；拆分法是利用行列式的性质将行列式拆分成多个易于计算的行列式之和，如例 20、例 21；加边法是根据行列式元素的特点，对行列式增加一行及一列，构成高一阶的易于计算的行列式，如例 22、例 23；另外，也可以利用范德蒙德行列式来计算行列式，如例 21、例 23、例 24.

**4. 余子式与代数余子式**

**例 25**　已知四阶行列式 $D=\begin{vmatrix}3 & -5 & 2 & 1\\1 & 1 & 0 & -5\\-1 & 3 & 1 & 3\\2 & -4 & -1 & -3\end{vmatrix}$，求 $A_{11}+A_{12}+A_{13}+A_{14}$，$2A_{14}-M_{34}-M_{44}$.

**分析**　在计算 $A_{11}+A_{12}+A_{13}+A_{14}$ 时，如果直接求出第 1 行元素的代数余子式 $A_{11}$，$A_{12}$，$A_{13}$，$A_{14}$，再求和，要计算 4 个三阶行列式，计算量较大. 由代数余子式的定义知，将行列式中的元素 $a_{ij}$ 改变后 $A_{ij}$ 的值不变. 因此在计算 $A_{11}+A_{12}+A_{13}+A_{14}$ 时，可以构造一个新的行列式 $D'$，$D'$ 为将 $D$ 的第 1 行元素都变为 1，其余元素不变而得到的行列式，这样 $D$ 与 $D'$ 的 $A_{11}$，$A_{12}$，$A_{13}$，$A_{14}$ 相同，则 $A_{11}+A_{12}+A_{13}+A_{14}$ 即为 $D'$ 按第 1 行展开的式子，因此计算 $A_{11}+A_{12}+A_{13}+A_{14}$ 转化为计算行列式 $D'$. 利用余子式和代数余子式的关系知，$2A_{14}-M_{34}-M_{44}=2A_{14}+0A_{24}+A_{34}+(-1)A_{44}$，因此 $2A_{14}-M_{34}-M_{44}$ 的值为将 $D$ 的第 4 列元素变为 2，0，1，$-1$ 而得到的行列式的值.

**解**　$A_{11}+A_{12}+A_{13}+A_{14}=\begin{vmatrix}1 & 1 & 1 & 1\\1 & 1 & 0 & -5\\-1 & 3 & 1 & 3\\2 & -4 & -1 & -3\end{vmatrix}=4$，

$$2A_{14}-M_{34}-M_{44}=2A_{14}+0A_{24}+A_{34}+(-1)A_{44}=\begin{vmatrix}3 & -5 & 2 & 2\\1 & 1 & 0 & 0\\-1 & 3 & 1 & 1\\2 & -4 & -1 & -1\end{vmatrix}=0.$$

**例 26**　设 $n$ 阶行列式 $D_n=\begin{vmatrix} x & a & a & \cdots & a \\ a & x & a & \cdots & a \\ a & a & x & \cdots & a \\ \vdots & \vdots & \vdots & & \vdots \\ a & a & a & \cdots & x \end{vmatrix}$，求 $A_{n1}+A_{n2}+\cdots+A_{nn}$.

**分析**　将 $D_n$ 的第 $n$ 行元素都变为 1 而得到的行列式的值即为所求.

**解**

$$A_{n1}+A_{n2}+\cdots+A_{nn}=\begin{vmatrix} x & a & a & \cdots & a \\ a & x & a & \cdots & a \\ a & a & x & \cdots & a \\ \vdots & \vdots & \vdots & & \vdots \\ 1 & 1 & 1 & \cdots & 1 \end{vmatrix}$$

$$\xlongequal{r_i-ar_n(i=1,2,\cdots,n-1)}\begin{vmatrix} x-a & 0 & 0 & \cdots & 0 \\ 0 & x-a & 0 & \cdots & 0 \\ 0 & 0 & x-a & \cdots & 0 \\ \vdots & \vdots & \vdots & & \vdots \\ 1 & 1 & 1 & \cdots & 1 \end{vmatrix}$$

$$=(x-a)^{n-1}.$$

**方法总结**　设 $D=|a_{ij}|$，若要计算某行(列)元素的代数余子式的线性组合，则可利用展开定理将其转化为一个 $n$ 阶行列式来计算，即

$$k_1A_{i1}+k_2A_{i2}+\cdots+k_nA_{in}=\begin{vmatrix} a_{11} & a_{12} & \cdots & a_{1n} \\ \vdots & \vdots & & \vdots \\ a_{i-11} & a_{i-12} & \cdots & a_{i-1n} \\ k_1 & k_2 & \cdots & k_n \\ a_{i+11} & a_{i+12} & \cdots & a_{i+1n} \\ \vdots & \vdots & & \vdots \\ a_{n1} & a_{n2} & \cdots & a_{nn} \end{vmatrix}\text{第 } i \text{ 行}$$

或

$$l_1A_{1j}+l_2A_{2j}+\cdots+l_nA_{nj}=\begin{vmatrix} a_{11} & \cdots & a_{1j-1} & l_1 & a_{1j+1} & \cdots & a_{1n} \\ a_{21} & \cdots & a_{2j-1} & l_2 & a_{2j+1} & \cdots & a_{2n} \\ \vdots & & \vdots & \vdots & \vdots & & \vdots \\ a_{n1} & \cdots & a_{nj-1} & l_n & a_{nj+1} & \cdots & a_{nn} \end{vmatrix}.$$

第 $j$ 列

5. **克拉默法则**

**例 27**　求解下列线性方程组.

(1) $\begin{cases} bx-ay=-2ab, \\ -2cy+3bz=bc, \\ cx+az=0, \end{cases}$ 其中 $a,b,c$ 是不为 0 的常数；

(2) $\begin{cases} x_1+x_2+x_3+x_4=0, \\ x_2+x_3+x_4+x_5=0, \\ x_1+2x_2+3x_3=2, \\ x_2+2x_3+3x_4=-2, \\ x_3+2x_4+3x_5=2. \end{cases}$

**分析** 方程组中方程的个数和未知量的个数相同，且系数行列式不为零，则可利用克拉默法则求解.

**解** (1)因为方程组的系数行列式

$$D=\begin{vmatrix} b & -a & 0 \\ 0 & -2c & 3b \\ c & 0 & a \end{vmatrix}=-5abc\neq 0,$$

所以方程组有唯一解，而

$$D_1=\begin{vmatrix} -2ab & -a & 0 \\ bc & -2c & 3b \\ 0 & 0 & a \end{vmatrix}=5a^2bc,$$

$$D_2=\begin{vmatrix} b & -2ab & 0 \\ 0 & bc & 3b \\ c & 0 & a \end{vmatrix}=-5ab^2c,$$

$$D_3=\begin{vmatrix} b & -a & -2ab \\ 0 & -2c & bc \\ c & 0 & 0 \end{vmatrix}=-5abc^2,$$

因此方程组的唯一解为

$$x=\frac{D_1}{D}=-a,\ y=\frac{D_2}{D}=b,\ z=\frac{D_3}{D}=c.$$

(2)因为方程组的系数行列式

$$D=\begin{vmatrix} 1 & 1 & 1 & 1 & 0 \\ 0 & 1 & 1 & 1 & 1 \\ 1 & 2 & 3 & 0 & 0 \\ 0 & 1 & 2 & 3 & 0 \\ 0 & 0 & 1 & 2 & 3 \end{vmatrix}=16\neq 0,$$

所以方程组有唯一解，而

$$D_1=\begin{vmatrix}0&1&1&1&0\\0&1&1&1&1\\2&2&3&0&0\\-2&1&2&3&0\\2&0&1&2&3\end{vmatrix}=16,\ D_2=\begin{vmatrix}1&0&1&1&0\\0&0&1&1&1\\1&2&3&0&0\\0&-2&2&3&0\\0&2&1&2&3\end{vmatrix}=-16,$$

$$D_3=\begin{vmatrix}1&1&0&1&0\\0&1&0&1&1\\1&2&2&0&0\\0&1&-2&3&0\\0&0&2&2&3\end{vmatrix}=16,\ D_4=\begin{vmatrix}1&1&1&0&0\\0&1&1&0&1\\1&2&3&2&0\\0&1&2&-1&0\\0&0&1&2&3\end{vmatrix}=-16,$$

$$D_5=\begin{vmatrix}1&1&1&1&0\\0&1&1&1&0\\1&2&3&0&2\\0&1&2&3&-2\\0&0&1&2&2\end{vmatrix}=16,$$

因此方程组的唯一解为

$$x_1=\frac{D_1}{D}=1,\ x_2=\frac{D_2}{D}=-1,\ x_3=\frac{D_3}{D}=1,x_4=\frac{D_4}{D}=-1,x_5=\frac{D_5}{D}=1.$$

**例 28** 解线性方程组

$$\begin{cases}x_1+a_1x_2+a_1^2x_3+\cdots+a_1^{n-1}x_n=1,\\x_1+a_2x_2+a_2^2x_3+\cdots+a_2^{n-1}x_n=1,\\\qquad\cdots\cdots\\x_1+a_nx_2+a_n^2x_3+\cdots+a_n^{n-1}x_n=1,\end{cases}$$

其中 $a_i\neq a_j(i\neq j,i,j=1,2,\cdots,n)$.

**分析** 方程组中方程的个数和未知量的个数相同，且系数行列式不为零，则可利用克拉默法则求解.

**解** 因为方程组的系数行列式为

$$D=\begin{vmatrix}1&a_1&a_1^2&\cdots&a_1^{n-1}\\1&a_2&a_2^2&\cdots&a_2^{n-1}\\1&a_3&a_3^2&\cdots&a_3^{n-1}\\\vdots&\vdots&\vdots&&\vdots\\1&a_n&a_n^2&\cdots&a_n^{n-1}\end{vmatrix},$$

$D$ 为范德蒙德行列式. 由于 $a_1,a_2,\cdots,a_n$ 是两两互不相等的常数，故 $D\neq0$，所以方程组有唯一解. 而 $D_j$ 是将 $D$ 的第 $j$ 列换成常数项得到的行列式，因此 $D_1=D,D_2=D_3=\cdots=D_n=0$，所以方程组的唯一解为

$$x_1=1,\ x_2=x_3=\cdots=x_n=0.$$

**例 29** 已知 $a,b,c$ 不全为零，证明：齐次线性方程组

$$\begin{cases} ax_2+bx_3+cx_4=0, \\ ax_1+x_2=0, \\ bx_1+x_3=0, \\ cx_1+x_4=0 \end{cases}$$

只有零解.

**分析** 只需证明方程组的系数行列式不为零.

**解** 方程组的系数行列式为

$$D=\begin{vmatrix} 0 & a & b & c \\ a & 1 & 0 & 0 \\ b & 0 & 1 & 0 \\ c & 0 & 0 & 1 \end{vmatrix}=\begin{vmatrix} -(a^2+b^2+c^2) & a & b & c \\ 0 & 1 & 0 & 0 \\ 0 & 0 & 1 & 0 \\ 0 & 0 & 0 & 1 \end{vmatrix}$$

$$=-(a^2+b^2+c^2).$$

因为 $a,b,c$ 不全为零，故 $D\neq 0$，所以方程组只有零解.

**例 30** 设齐次线性方程组

$$\begin{cases} (\lambda+3)x_1+x_2+2x_3=0, \\ \lambda x_1+(\lambda-1)x_2+x_3=0, \\ 3(\lambda+1)x_1+\lambda x_2+(\lambda+3)x_3=0 \end{cases}$$

有非零解，求 $\lambda$ 的值.

**分析** 由方程组的系数行列式为零来计算 $\lambda$ 的值.

**解** 因为齐次线性方程组有非零解，则其系数行列式

$$D=\begin{vmatrix} \lambda+3 & 1 & 2 \\ \lambda & \lambda-1 & 1 \\ 3(\lambda+1) & \lambda & \lambda+3 \end{vmatrix}=\lambda^2(\lambda-1)=0,$$

故 $\lambda=0$ 或 $\lambda=1$.

**方法总结** 克拉默法则给出了“方程个数与未知量个数相等且系数行列式不为零的线性方程组的解唯一”的结论，以及解的表达式. 对于方程个数与未知量个数相等的齐次线性方程组，若其系数行列式不为零，则方程组只有零解；若方程组有非零解，则其系数行列式必为零. 在第三章中，我们还可以得到方程个数与未知量个数相等的齐次线性方程组有非零解的充要条件是其系数行列式等于零，只有零解的充要条件是其系数行列式不为零.

# 三、练习题详解

## 习题一

### (A)

1. 求下列各排列的逆序数,并指出其奇偶性.

(1) 342651;(2) 7563421;(3) $345\cdots n21$;(4) $n12\cdots(n-1)$.

**解** (1) $\tau(342651)=8$,偶排列;

(2) $\tau(7563421)=19$,奇排列;

(3) $\tau(345\cdots n21)=2n-3$,奇排列;

(4) $\tau[n12\cdots(n-1)]=n-1$. 当 $n$ 为奇数时,偶排列;当 $n$ 为偶数时,奇排列.

2. 确定 $i$ 和 $j$ 的值,使(1) 8 级排列 $2i68j431$ 为奇排列,(2) 9 级排列 $162i54j89$ 为偶排列.

**解** (1) 当 $i=5,j=7$ 时,8 级排列 $2i68j431$ 为奇排列;

(2) 当 $i=7,j=3$ 时,9 级排列 $162i54j89$ 为偶排列.

3. 下列各项中,哪些是六阶行列式 $|a_{ij}|$ 中的项?若是,试确定其符号.

(1) $a_{15}a_{23}a_{32}a_{44}a_{51}a_{66}$;(2) $a_{32}a_{26}a_{53}a_{44}a_{11}a_{65}$;(3) $a_{21}a_{53}a_{16}a_{43}a_{65}a_{34}$.

**解** (1) 是. 因 $a_{15}a_{23}a_{32}a_{44}a_{51}a_{66}$ 的行标为标准排列,列标 532416 的逆序数为 8,所以该项带正号;

(2) 是. 因 $a_{32}a_{26}a_{53}a_{44}a_{11}a_{65}$ 的行标 325416 的逆序数为 6,列标 263415 逆序数为 7,所以该项带负号.

(3) 不是. 因 $a_{53}$ 与 $a_{43}$ 位于同一列.

4. 计算下列行列式.

(1) $\begin{vmatrix} 2 & 1 \\ -1 & 2 \end{vmatrix}$; (2) $\begin{vmatrix} a & b \\ a^2 & b^2 \end{vmatrix}$;(3) $\begin{vmatrix} 1 & \log_b a \\ \log_a b & 1 \end{vmatrix}$;

(4) $\begin{vmatrix} 1 & 2 & 3 \\ 3 & 1 & 2 \\ 2 & 3 & 1 \end{vmatrix}$;(5) $\begin{vmatrix} 1 & 1 & 1 \\ a & b & c \\ a^2 & b^2 & c^2 \end{vmatrix}$;(6) $\begin{vmatrix} a & 0 & 0 & b \\ 0 & 0 & c & 0 \\ 0 & d & 0 & 0 \\ e & 0 & 0 & f \end{vmatrix}$;

(7) $\begin{vmatrix} 3 & 5 & 8 & 6 \\ 2 & 1 & 4 & 2 \\ 1 & -1 & 0 & 1 \\ 5 & 4 & 2 & 1 \end{vmatrix}$;(8) $\begin{vmatrix} 1 & 1 & 1 & 1 & 1 \\ 1 & 3 & 9 & 27 & 81 \\ 1 & 2 & 4 & 8 & 16 \\ 1 & 5 & 25 & 125 & 625 \\ 1 & 4 & 16 & 64 & 256 \end{vmatrix}$.

**解** (1) $\begin{vmatrix} 2 & 1 \\ -1 & 2 \end{vmatrix}=4-(-1)=5$;

(2) $\begin{vmatrix} a & b \\ a^2 & b^2 \end{vmatrix}=ab^2-a^2b=ab(b-a)$;

(3) $\begin{vmatrix} 1 & \log_b a \\ \log_a b & 1 \end{vmatrix} = 1 - \log_b a \cdot \log_a b = 0$；

(4) $\begin{vmatrix} 1 & 2 & 3 \\ 3 & 1 & 2 \\ 2 & 3 & 1 \end{vmatrix} = 1 + 27 + 8 - 6 - 6 - 6 = 18$；

(5) $\begin{vmatrix} 1 & 1 & 1 \\ a & b & c \\ a^2 & b^2 & c^2 \end{vmatrix} = (b-a)(c-a)(c-b)$；

(6) 因展开式中仅有 $acdf$ 和 $bcde$ 两项不为 0，故

$$\begin{vmatrix} a & 0 & 0 & b \\ 0 & 0 & c & 0 \\ 0 & d & 0 & 0 \\ e & 0 & 0 & f \end{vmatrix} = (-1)^{\tau(1324)} acdf + (-1)^{\tau(4321)} bcde = -acdf + bcde ;$$

(7) $\begin{vmatrix} 3 & 5 & 8 & 6 \\ 2 & 1 & 4 & 2 \\ 1 & -1 & 0 & 1 \\ 5 & 4 & 2 & 1 \end{vmatrix} = \begin{vmatrix} -3 & 11 & 8 & 6 \\ 0 & 3 & 4 & 2 \\ 0 & 0 & 0 & 1 \\ 4 & 5 & 2 & 1 \end{vmatrix} = -\begin{vmatrix} -3 & 11 & 8 \\ 0 & 3 & 4 \\ 4 & 5 & 2 \end{vmatrix} = -122$；

(8) $\begin{vmatrix} 1 & 1 & 1 & 1 & 1 \\ 1 & 3 & 9 & 27 & 81 \\ 1 & 2 & 4 & 8 & 16 \\ 1 & 5 & 25 & 125 & 625 \\ 1 & 4 & 16 & 64 & 256 \end{vmatrix}$

$= (3-1)(2-1)(5-1)(4-1)(2-3)(5-3)(4-3)(5-2)(4-2)(4-5) = 288.$

5. 解下列方程.

(1) $\begin{vmatrix} 3 & 1 & x \\ 4 & x & 0 \\ 1 & 0 & x \end{vmatrix} = 0$；

(2) $\begin{vmatrix} 1 & 1 & 2 & 3 \\ 1 & 2-x^2 & 2 & 3 \\ 2 & 3 & 1 & 5 \\ 2 & 3 & 1 & 9-x^2 \end{vmatrix} = 0$；

(3) $\begin{vmatrix} 1 & 1 & 1 & \cdots & 1 \\ 1 & 1-x & 1 & \cdots & 1 \\ 1 & 1 & 2-x & \cdots & 1 \\ \vdots & \vdots & \vdots & & \vdots \\ 1 & 1 & 1 & \cdots & (n-1)-x \end{vmatrix} = 0.$

**解** (1) 由 $\begin{vmatrix} 3 & 1 & x \\ 4 & x & 0 \\ 1 & 0 & x \end{vmatrix} = 3x^2 - x^2 - 4x = 2x(x-2) = 0$ 得 $x=0$ 或 $x=2$；

(2) 由

$$\begin{vmatrix} 1 & 1 & 2 & 3 \\ 1 & 2-x^2 & 2 & 3 \\ 2 & 3 & 1 & 5 \\ 2 & 3 & 1 & 9-x^2 \end{vmatrix} \xlongequal{r_2-r_1,r_4-r_3} \begin{vmatrix} 1 & 1 & 2 & 3 \\ 0 & 1-x^2 & 0 & 0 \\ 2 & 3 & 1 & 5 \\ 0 & 0 & 0 & 4-x^2 \end{vmatrix} = -3(1-x^2)(4-x^2) = 0$$

得 $x=\pm 1$ 或 $x=\pm 2$；

(3)由

$$\begin{vmatrix} 1 & 1 & 1 & \cdots & 1 \\ 1 & 1-x & 1 & \cdots & 1 \\ 1 & 1 & 2-x & \cdots & 1 \\ \vdots & \vdots & \vdots & & \vdots \\ 1 & 1 & 1 & \cdots & (n-1)-x \end{vmatrix}$$

$$\xlongequal{r_i-r_1(i=2,3,\cdots,n)} \begin{vmatrix} 1 & 1 & 1 & \cdots & 1 \\ 0 & -x & 0 & \cdots & 0 \\ 0 & 0 & 1-x & \cdots & 0 \\ \vdots & \vdots & \vdots & & \vdots \\ 0 & 0 & 0 & \cdots & (n-2)-x \end{vmatrix}$$

$$= -x(1-x)\cdots[(n-2)-x] = 0$$

得 $x=0,1,\cdots,n-2$.

6. 计算下列行列式.

(1) $\begin{vmatrix} 0 & 0 & \cdots & 0 & a_1 \\ 0 & 0 & \cdots & a_2 & 0 \\ \vdots & \vdots & & \vdots & \vdots \\ 0 & a_{n-1} & \cdots & 0 & 0 \\ a_n & 0 & \cdots & 0 & 0 \end{vmatrix}$；

(2) $\begin{vmatrix} 0 & 1 & 0 & \cdots & 0 \\ 0 & 0 & 2 & \cdots & 0 \\ \vdots & \vdots & \vdots & & \vdots \\ 0 & 0 & 0 & \cdots & n-1 \\ n & 0 & 0 & \cdots & 0 \end{vmatrix}$；

(3) $\begin{vmatrix} a_{11} & \cdots & a_{1\,n-1} & a_{1n} \\ a_{21} & \cdots & a_{2\,n-1} & 0 \\ \vdots & & \vdots & \vdots \\ a_{n1} & \cdots & 0 & 0 \end{vmatrix}$；

(4) $\begin{vmatrix} 1 & a_1 & a_2 & \cdots & a_n \\ 1 & a_1+b_1 & a_2 & \cdots & a_n \\ 1 & a_1 & a_2+b_2 & \cdots & a_n \\ \vdots & \vdots & \vdots & & \vdots \\ 1 & a_1 & a_2 & \cdots & a_n+b_n \end{vmatrix}$；

(5) $\begin{vmatrix} x & 1 & 2 & \cdots & n-2 & 1 \\ 1 & x & 2 & \cdots & n-2 & 1 \\ 1 & 2 & x & \cdots & n-2 & 1 \\ \vdots & \vdots & \vdots & & \vdots & \vdots \\ 1 & 2 & 3 & \cdots & x & 1 \\ 1 & 2 & 3 & \cdots & n-1 & 1 \end{vmatrix}$；

(6) $\begin{vmatrix} 2 & 1 & 1 & \cdots & 1 \\ 1 & 2 & 1 & \cdots & 1 \\ 1 & 1 & 2 & \cdots & 1 \\ \vdots & \vdots & \vdots & & \vdots \\ 1 & 1 & 1 & \cdots & 2 \end{vmatrix}_{(n阶)}$；

(7) $\begin{vmatrix} a-x & a & \cdots & a \\ a & a-x & \cdots & a \\ \vdots & \vdots & & \vdots \\ a & a & \cdots & a-x \end{vmatrix}_{(n阶)}$；

(8) $\begin{vmatrix} a_1+b & a_2 & \cdots & a_n \\ a_1 & a_2+b & \cdots & a_n \\ \vdots & \vdots & & \vdots \\ a_1 & a_2 & \cdots & a_n+b \end{vmatrix}$；

(9) $\begin{vmatrix} x & a_1 & a_2 & a_3 & \cdots & a_n \\ a_1 & x & a_2 & a_3 & \cdots & a_n \\ a_1 & a_2 & x & a_3 & \cdots & a_n \\ \vdots & \vdots & \vdots & \vdots & & \vdots \\ a_1 & a_2 & a_3 & a_4 & \cdots & x \end{vmatrix}$;

(10) $\begin{vmatrix} 0 & 1 & 1 & \cdots & 1 \\ 1 & 2 & 0 & \cdots & 0 \\ 1 & 0 & 3 & \cdots & 0 \\ \vdots & \vdots & \vdots & & \vdots \\ 1 & 0 & 0 & \cdots & n \end{vmatrix}$;

(11) $\begin{vmatrix} -a_1 & a_1 & 0 & \cdots & 0 & 0 \\ 0 & -a_2 & a_2 & \cdots & 0 & 0 \\ \vdots & \vdots & \vdots & & \vdots & \vdots \\ 0 & 0 & 0 & \cdots & -a_n & a_n \\ 1 & 1 & 1 & \cdots & 1 & 1 \end{vmatrix}$;

(12) $\begin{vmatrix} 1 & 2 & 3 & \cdots & n-1 & n \\ 1 & -1 & 0 & \cdots & 0 & 0 \\ 0 & 2 & -2 & \cdots & 0 & 0 \\ \vdots & \vdots & \vdots & & \vdots & \vdots \\ 0 & 0 & 0 & \cdots & n-1 & 1-n \end{vmatrix}$;

(13) $\begin{vmatrix} a & 0 & 0 & \cdots & 0 & 1 \\ 0 & a & 0 & \cdots & 0 & 0 \\ \vdots & \vdots & \vdots & & \vdots & \vdots \\ 0 & 0 & 0 & \cdots & a & 0 \\ 1 & 0 & 0 & \cdots & 0 & a \end{vmatrix}_{(n\text{阶})}$;

(14) $\begin{vmatrix} a_1 & b_1 & 0 & \cdots & 0 & 0 \\ 0 & a_2 & b_2 & \cdots & 0 & 0 \\ \vdots & \vdots & \vdots & & \vdots & \vdots \\ 0 & 0 & 0 & \cdots & a_{n-1} & b_{n-1} \\ b_n & 0 & 0 & \cdots & 0 & a_n \end{vmatrix}$;

(15) $\begin{vmatrix} 1 & 2 & 2 & \cdots & 2 \\ 2 & 2 & 2 & \cdots & 2 \\ 2 & 2 & 3 & \cdots & 2 \\ \vdots & \vdots & \vdots & & \vdots \\ 2 & 2 & 2 & \cdots & n \end{vmatrix}$;

(16) $\begin{vmatrix} a_0 & -1 & 0 & \cdots & 0 & 0 \\ a_1 & x & -1 & \cdots & 0 & 0 \\ \vdots & \vdots & \vdots & & \vdots & \vdots \\ a_{n-2} & 0 & 0 & \cdots & x & -1 \\ a_{n-1} & 0 & 0 & \cdots & 0 & x \end{vmatrix} (n \geqslant 2).$

**解** (1) $\begin{vmatrix} 0 & 0 & \cdots & 0 & a_1 \\ 0 & 0 & \cdots & a_2 & 0 \\ \vdots & \vdots & & \vdots & \vdots \\ 0 & a_{n-1} & \cdots & 0 & 0 \\ a_n & 0 & \cdots & 0 & 0 \end{vmatrix}$

$=(-1)^{\tau[n(n-1)\cdots 1]}a_1a_2\cdots a_n=(-1)^{\frac{n(n-1)}{2}}a_1a_2\cdots a_n$；

(2) $\begin{vmatrix} 0 & 1 & 0 & \cdots & 0 \\ 0 & 0 & 2 & \cdots & 0 \\ \vdots & \vdots & \vdots & & \vdots \\ 0 & 0 & 0 & \cdots & n-1 \\ n & 0 & 0 & \cdots & 0 \end{vmatrix}$

$=(-1)^{\tau(23\cdots n1)}n!=(-1)^{n-1}n!$；

(3) $\begin{vmatrix} a_{11} & \cdots & a_{1\,n-1} & a_{1n} \\ a_{21} & \cdots & a_{2\,n-1} & 0 \\ \vdots & & \vdots & \vdots \\ a_{n1} & \cdots & 0 & 0 \end{vmatrix}$

$=(-1)^{\tau[n(n-1)\cdots 1]}a_{1n}a_{2\,n-1}\cdots a_{n1}=(-1)^{\frac{n(n-1)}{2}}a_{1n}a_{2\,n-1}\cdots a_{n1}$；

(4) $\begin{vmatrix} 1 & a_1 & a_2 & \cdots & a_n \\ 1 & a_1+b_1 & a_2 & \cdots & a_n \\ 1 & a_1 & a_2+b_2 & \cdots & a_n \\ \vdots & \vdots & \vdots & & \vdots \\ 1 & a_1 & a_2 & \cdots & a_n+b_n \end{vmatrix}$

$$\underline{\underline{r_i-r_1(i=2,3,\cdots,n+1)}}\begin{vmatrix} 1 & a_1 & a_2 & \cdots & a_n \\ 0 & b_1 & 0 & \cdots & 0 \\ 0 & 0 & b_2 & \cdots & 0 \\ \vdots & \vdots & \vdots & & \vdots \\ 0 & 0 & 0 & \cdots & b_n \end{vmatrix}$$

$=b_1b_2\cdots b_n$；

(5) $\begin{vmatrix} x & 1 & 2 & \cdots & n-2 & 1 \\ 1 & x & 2 & \cdots & n-2 & 1 \\ 1 & 2 & x & \cdots & n-2 & 1 \\ \vdots & \vdots & \vdots & & \vdots & \vdots \\ 1 & 2 & 3 & \cdots & x & 1 \\ 1 & 2 & 3 & \cdots & n-1 & 1 \end{vmatrix}$

$$\xlongequal{c_i - ic_n(i=1,2,\cdots,n-1)} \begin{vmatrix} x-1 & -1 & -1 & \cdots & -1 & 1 \\ 0 & x-2 & -1 & \cdots & -1 & 1 \\ 0 & 0 & x-3 & \cdots & -1 & 1 \\ \vdots & \vdots & \vdots & & \vdots & \vdots \\ 0 & 0 & 0 & \cdots & x-(n-1) & 1 \\ 0 & 0 & 0 & \cdots & 0 & 1 \end{vmatrix}$$

$=(x-1)(x-2)\cdots[x-(n-1)]$;

(6) $\begin{vmatrix} 2 & 1 & 1 & \cdots & 1 \\ 1 & 2 & 1 & \cdots & 1 \\ 1 & 1 & 2 & \cdots & 1 \\ \vdots & \vdots & \vdots & & \vdots \\ 1 & 1 & 1 & \cdots & 2 \end{vmatrix}_{(n阶)}$

$$\xlongequal{c_1 + c_i(i=2,3,\cdots,n)} \begin{vmatrix} n+1 & 1 & 1 & \cdots & 1 \\ n+1 & 2 & 1 & \cdots & 1 \\ n+1 & 1 & 2 & \cdots & 1 \\ \vdots & \vdots & \vdots & & \vdots \\ n+1 & 1 & 1 & \cdots & 2 \end{vmatrix}$$

$$\xlongequal{c_1 \div (n+1)} (n+1) \begin{vmatrix} 1 & 1 & 1 & \cdots & 1 \\ 1 & 2 & 1 & \cdots & 1 \\ 1 & 1 & 2 & \cdots & 1 \\ \vdots & \vdots & \vdots & & \vdots \\ 1 & 1 & 1 & \cdots & 2 \end{vmatrix}$$

$$\xlongequal{r_i - r_1(i=2,3,\cdots,n)} (n+1) \begin{vmatrix} 1 & 1 & 1 & \cdots & 1 \\ 0 & 1 & 0 & \cdots & 0 \\ 0 & 0 & 1 & \cdots & 0 \\ \vdots & \vdots & \vdots & & \vdots \\ 0 & 0 & 0 & \cdots & 1 \end{vmatrix}$$

$=n+1$;

(7) $\begin{vmatrix} a-x & a & \cdots & a \\ a & a-x & \cdots & a \\ \vdots & \vdots & & \vdots \\ a & a & \cdots & a-x \end{vmatrix}_{(n阶)}$

$$\xlongequal{c_1+c_i(i=2,3,\cdots,n)} \begin{vmatrix} na-x & a & \cdots & a \\ na-x & a-x & \cdots & a \\ \vdots & \vdots & & \vdots \\ na-x & a & \cdots & a-x \end{vmatrix}$$

$$\xlongequal{c_1\div(na-x)} (na-x)\begin{vmatrix} 1 & a & \cdots & a \\ 1 & a-x & \cdots & a \\ \vdots & \vdots & & \vdots \\ 1 & a & \cdots & a-x \end{vmatrix}$$

$$\xlongequal{r_i-r_1(i=2,3,\cdots,n)} (na-x)\begin{vmatrix} 1 & a & \cdots & a \\ 0 & -x & \cdots & 0 \\ \vdots & \vdots & & \vdots \\ 0 & 0 & \cdots & -x \end{vmatrix}$$

$=(na-x)(-x)^{n-1}=(-1)^{n-1}(na-x)x^{n-1}$；

(8) $\begin{vmatrix} a_1+b & a_2 & \cdots & a_n \\ a_1 & a_2+b & \cdots & a_n \\ \vdots & \vdots & & \vdots \\ a_1 & a_2 & \cdots & a_n+b \end{vmatrix}$

$$\xlongequal{c_1+c_i(i=2,3,\cdots,n)} \begin{vmatrix} \sum\limits_{i=1}^{n}a_i+b & a_2 & \cdots & a_n \\ \sum\limits_{i=1}^{n}a_i+b & a_2+b & \cdots & a_n \\ \vdots & \vdots & & \vdots \\ \sum\limits_{i=1}^{n}a_i+b & a_2 & \cdots & a_n+b \end{vmatrix}$$

$$\xlongequal{c_1\div(\sum\limits_{i=1}^{n}a_i+b)} (\sum_{i=1}^{n}a_i+b)\begin{vmatrix} 1 & a_2 & \cdots & a_n \\ 1 & a_2+b & \cdots & a_n \\ \vdots & \vdots & & \vdots \\ 1 & a_2 & \cdots & a_n+b \end{vmatrix}$$

$$\xlongequal{r_i-r_1(i=2,3,\cdots,n)} (\sum_{i=1}^{n}a_i+b)\begin{vmatrix} 1 & a_2 & \cdots & a_n \\ 0 & b & \cdots & 0 \\ \vdots & \vdots & & \vdots \\ 0 & 0 & \cdots & b \end{vmatrix}=(\sum_{i=1}^{n}a_i+b)b^{n-1}；$$

(9) $\begin{vmatrix} x & a_1 & a_2 & a_3 & \cdots & a_n \\ a_1 & x & a_2 & a_3 & \cdots & a_n \\ a_1 & a_2 & x & a_3 & \cdots & a_n \\ \vdots & \vdots & \vdots & \vdots & & \vdots \\ a_1 & a_2 & a_3 & a_4 & \cdots & x \end{vmatrix}$

$$\overline{\overline{c_1+c_i(i=2,3,\cdots,n+1)}}\begin{vmatrix} x+\sum_{i=1}^{n}a_i & a_1 & a_2 & a_3 & \cdots & a_n \\ x+\sum_{i=1}^{n}a_i & x & a_2 & a_3 & \cdots & a_n \\ x+\sum_{i=1}^{n}a_i & a_2 & x & a_3 & \cdots & a_n \\ \vdots & \vdots & \vdots & \vdots & & \vdots \\ x+\sum_{i=1}^{n}a_i & a_2 & a_3 & a_4 & \cdots & x \end{vmatrix}$$

$$\overline{\overline{c_1\div(x+\sum_{i=1}^{n}a_i)}}(x+\sum_{i=1}^{n}a_i)\begin{vmatrix} 1 & a_1 & a_2 & a_3 & \cdots & a_n \\ 1 & x & a_2 & a_3 & \cdots & a_n \\ 1 & a_2 & x & a_3 & \cdots & a_n \\ \vdots & \vdots & \vdots & \vdots & & \vdots \\ 1 & a_2 & a_3 & a_4 & \cdots & x \end{vmatrix}$$

$$\overline{\overline{c_i-a_{i-1}c_1(i=2,3,\cdots,n+1)}}(x+\sum_{i=1}^{n}a_i)\begin{vmatrix} 1 & 0 & 0 & 0 & \cdots & 0 \\ 1 & x-a_1 & 0 & 0 & \cdots & 0 \\ 1 & a_2-a_1 & x-a_2 & 0 & \cdots & 0 \\ \vdots & \vdots & \vdots & \vdots & & \vdots \\ 1 & a_2-a_1 & a_3-a_2 & a_4-a_3 & \cdots & x-a_n \end{vmatrix}$$

$$=(x+\sum_{i=1}^{n}a_i)\prod_{i=1}^{n}(x-a_i);$$

(10) $\begin{vmatrix} 0 & 1 & 1 & \cdots & 1 \\ 1 & 2 & 0 & \cdots & 0 \\ 1 & 0 & 3 & \cdots & 0 \\ \vdots & \vdots & \vdots & & \vdots \\ 1 & 0 & 0 & \cdots & n \end{vmatrix}$

$$\xlongequal{c_1-\frac{1}{i}c_i(i=2,3,\cdots,n)}\begin{vmatrix} -\sum_{i=2}^{n}\frac{1}{i} & 1 & 1 & \cdots & 1 \\ 0 & 2 & 0 & \cdots & 0 \\ 0 & 0 & 3 & \cdots & 0 \\ \vdots & \vdots & \vdots & & \vdots \\ 0 & 0 & 0 & \cdots & n \end{vmatrix} = -n!\sum_{i=2}^{n}\frac{1}{i};$$

(11) $\begin{vmatrix} -a_1 & a_1 & 0 & \cdots & 0 & 0 \\ 0 & -a_2 & a_2 & \cdots & 0 & 0 \\ \vdots & \vdots & \vdots & & \vdots & \vdots \\ 0 & 0 & 0 & \cdots & -a_n & a_n \\ 1 & 1 & 1 & \cdots & 1 & 1 \end{vmatrix}$

$$\xlongequal{c_2+c_1,c_3+c_2,\cdots,c_{n+1}+c_n}\begin{vmatrix} -a_1 & 0 & 0 & \cdots & 0 & 0 \\ 0 & -a_2 & 0 & \cdots & 0 & 0 \\ \vdots & \vdots & \vdots & & \vdots & \vdots \\ 0 & 0 & 0 & \cdots & -a_n & 0 \\ 1 & 2 & 3 & \cdots & n & n+1 \end{vmatrix}$$

$=(-1)^n(n+1)a_1a_2\cdots a_n$;

(12) $\begin{vmatrix} 1 & 2 & 3 & \cdots & n-1 & n \\ 1 & -1 & 0 & \cdots & 0 & 0 \\ 0 & 2 & -2 & \cdots & 0 & 0 \\ \vdots & \vdots & \vdots & & \vdots & \vdots \\ 0 & 0 & 0 & \cdots & n-1 & 1-n \end{vmatrix}$

$$\xlongequal{c_{n-1}+c_n,c_{n-2}+c_{n-1},\cdots,c_1+c_2}\begin{vmatrix} \sum_{i=1}^{n}i & \sum_{i=2}^{n}i & \sum_{i=3}^{n}i & \cdots & n-1+n & n \\ 0 & -1 & 0 & \cdots & 0 & 0 \\ 0 & 0 & -2 & \cdots & 0 & 0 \\ \vdots & \vdots & \vdots & & \vdots & \vdots \\ 0 & 0 & 0 & \cdots & 0 & 1-n \end{vmatrix}$$

$=(\sum_{i=1}^{n}i)(-1)\cdots(1-n)=(-1)^{n-1}\frac{1}{2}(n+1)!$;

(13) $\begin{vmatrix} a & 0 & 0 & \cdots & 0 & 1 \\ 0 & a & 0 & \cdots & 0 & 0 \\ \vdots & \vdots & \vdots & & \vdots & \vdots \\ 0 & 0 & 0 & \cdots & a & 0 \\ 1 & 0 & 0 & \cdots & 0 & a \end{vmatrix}_{(n阶)} \xlongequal{c_1-\frac{1}{a}c_n} \begin{vmatrix} a-\frac{1}{a} & 0 & 0 & \cdots & 0 & 1 \\ 0 & a & 0 & \cdots & 0 & 0 \\ \vdots & \vdots & \vdots & & \vdots & \vdots \\ 0 & 0 & 0 & \cdots & a & 0 \\ 0 & 0 & 0 & \cdots & 0 & a \end{vmatrix} = a^n-a^{n-2}$;

(14)将行列式按第 1 列展开,得

$$D_n=a_1\begin{vmatrix} a_2 & b_2 & \cdots & 0 & 0\\ 0 & a_3 & \cdots & 0 & 0\\ \vdots & \vdots & & \vdots & \vdots\\ 0 & 0 & \cdots & a_{n-1} & b_{n-1}\\ 0 & 0 & \cdots & 0 & a_n \end{vmatrix}+(-1)^{n+1}b_n\begin{vmatrix} b_1 & 0 & \cdots & 0 & 0\\ a_2 & b_2 & \cdots & 0 & 0\\ \vdots & \vdots & & \vdots & \vdots\\ 0 & 0 & \cdots & b_{n-2} & 0\\ 0 & 0 & \cdots & a_{n-1} & b_{n-1} \end{vmatrix}$$

$$=a_1a_2\cdots a_n+(-1)^{n+1}b_1b_2\cdots b_n;$$

(15) $\begin{vmatrix} 1 & 2 & 2 & \cdots & 2\\ 2 & 2 & 2 & \cdots & 2\\ 2 & 2 & 3 & \cdots & 2\\ \vdots & \vdots & \vdots & & \vdots\\ 2 & 2 & 2 & \cdots & n \end{vmatrix}$

$$\xlongequal{r_i-r_1(i=2,3,\cdots,n)}\begin{vmatrix} 1 & 2 & 2 & \cdots & 2\\ 1 & 0 & 0 & \cdots & 0\\ 1 & 0 & 1 & \cdots & 0\\ \vdots & \vdots & \vdots & & \vdots\\ 1 & 0 & 0 & \cdots & n-2 \end{vmatrix}\xlongequal{\text{按 } r_2 \text{ 展开}}-\begin{vmatrix} 2 & 2 & \cdots & 2\\ 0 & 1 & \cdots & 0\\ \vdots & \vdots & & \vdots\\ 0 & 0 & \cdots & n-2 \end{vmatrix}$$

$$=-2(n-2)!;$$

(16)将行列式按第 $n$ 行展开,得

$$D_n=(-1)^{n+1}a_{n-1}\begin{vmatrix} -1 & 0 & \vdots & 0 & 0\\ x & -1 & \cdots & 0 & 0\\ \vdots & \vdots & & \vdots & \vdots\\ 0 & 0 & \cdots & x & -1 \end{vmatrix}_{(n-1\text{阶})}+x\begin{vmatrix} a_0 & -1 & 0 & \cdots & 0\\ a_1 & x & -1 & \cdots & 0\\ \vdots & \vdots & & \vdots & \\ a_{n-2} & 0 & 0 & \cdots & x \end{vmatrix}_{(n-1\text{阶})}$$

$$=(-1)^{n+1}a_{n-1}(-1)^{n-1}+xD_{n-1}$$

$$=xD_{n-1}+a_{n-1}.$$

利用递推公式 $D_n=xD_{n-1}+a_{n-1}$ 与 $D_2=\begin{vmatrix} a_0 & -1\\ a_1 & x \end{vmatrix}=a_0x+a_1$,可得

$$D_n=a_0x^{n-1}+a_1x^{n-2}+\cdots+a_{n-1}.$$

**7. 证明:**

(1) $D_n=\begin{vmatrix} a_1-b_1 & a_1-b_2 & \cdots & a_1-b_n\\ a_2-b_1 & a_2-b_2 & \cdots & a_2-b_n\\ \vdots & \vdots & & \vdots\\ a_n-b_1 & a_n-b_2 & \cdots & a_n-b_n \end{vmatrix}=\begin{cases} a_1-b_1, n=1,\\ (a_2-a_1)(b_2-b_1), n=2,\\ 0, n\geqslant 3; \end{cases}$

(2) $D_n=\begin{vmatrix}\alpha+\beta & \alpha & 0 & \cdots & 0 & 0\\ \beta & \alpha+\beta & \alpha & \cdots & 0 & 0\\ 0 & \beta & \alpha+\beta & \cdots & 0 & 0\\ \vdots & \vdots & \vdots & & \vdots & \vdots\\ 0 & 0 & 0 & \cdots & \alpha+\beta & \alpha\\ 0 & 0 & 0 & \cdots & \beta & \alpha+\beta\end{vmatrix}=\begin{cases}\dfrac{\alpha^{n+1}-\beta^{n+1}}{\alpha-\beta},\alpha\neq\beta,\\ (n+1)\alpha^n,\alpha=\beta.\end{cases}$

**证明** (1)当 $n=1$ 时，$D_1=a_1-b_1$；

当 $n=2$ 时，

$$\begin{aligned}D_2&=\begin{vmatrix}a_1-b_1 & a_1-b_2\\ a_2-b_1 & a_2-b_2\end{vmatrix}\\&=(a_1-b_1)(a_2-b_2)-(a_1-b_2)(a_2-b_1)\\&=(a_2-a_1)(b_2-b_1);\end{aligned}$$

当 $n\geqslant 3$ 时，

$$D_n=\begin{vmatrix}a_1-b_1 & a_1-b_2 & \cdots & a_1-b_n\\ a_2-b_1 & a_2-b_2 & \cdots & a_2-b_n\\ \vdots & \vdots & & \vdots\\ a_n-b_1 & a_n-b_2 & \cdots & a_n-b_n\end{vmatrix}$$

$$=\begin{vmatrix}a_1 & a_1-b_2 & \cdots & a_1-b_n\\ a_2 & a_2-b_2 & \cdots & a_2-b_n\\ \vdots & \vdots & & \vdots\\ a_n & a_n-b_2 & \cdots & a_n-b_n\end{vmatrix}+\begin{vmatrix}-b_1 & a_1-b_2 & \cdots & a_1-b_n\\ -b_1 & a_2-b_2 & \cdots & a_2-b_n\\ \vdots & \vdots & & \vdots\\ -b_1 & a_n-b_2 & \cdots & a_n-b_n\end{vmatrix}$$

$$=\begin{vmatrix}a_1 & a_1 & \cdots & a_1-b_n\\ a_2 & a_2 & \cdots & a_2-b_n\\ \vdots & \vdots & & \vdots\\ a_n & a_n & \cdots & a_n-b_n\end{vmatrix}+\begin{vmatrix}a_1 & -b_2 & \cdots & a_1-b_n\\ a_2 & -b_2 & \cdots & a_2-b_n\\ \vdots & \vdots & & \vdots\\ a_n & -b_2 & \cdots & a_n-b_n\end{vmatrix}$$

$$+\begin{vmatrix}-b_1 & a_1 & \cdots & a_1-b_n\\ -b_1 & a_2 & \cdots & a_2-b_n\\ \vdots & \vdots & & \vdots\\ -b_1 & a_n & \cdots & a_n-b_n\end{vmatrix}+\begin{vmatrix}-b_1 & -b_2 & \cdots & a_1-b_n\\ -b_1 & -b_2 & \cdots & a_2-b_n\\ \vdots & \vdots & & \vdots\\ -b_1 & -b_2 & \cdots & a_n-b_n\end{vmatrix}$$

$$=\begin{vmatrix}a_1 & -b_2 & \cdots & a_1-b_n\\ a_2 & -b_2 & \cdots & a_2-b_n\\ \vdots & \vdots & & \vdots\\ a_n & -b_2 & \cdots & a_n-b_n\end{vmatrix}+\begin{vmatrix}-b_1 & a_1 & \cdots & a_1-b_n\\ -b_1 & a_2 & \cdots & a_2-b_n\\ \vdots & \vdots & & \vdots\\ -b_1 & a_n & \cdots & a_n-b_n\end{vmatrix}$$

$$=\begin{vmatrix} a_1 & -b_2 & a_1 & \cdots & a_1-b_n \\ a_2 & -b_2 & a_2 & \cdots & a_2-b_n \\ \vdots & \vdots & \vdots & & \vdots \\ a_n & -b_2 & a_n & \cdots & a_n-b_n \end{vmatrix}+\begin{vmatrix} a_1 & -b_2 & -b_3 & \cdots & a_1-b_n \\ a_2 & -b_2 & -b_3 & \cdots & a_2-b_n \\ \vdots & \vdots & \vdots & & \vdots \\ a_n & -b_2 & -b_3 & \cdots & a_n-b_n \end{vmatrix}$$

$$+\begin{vmatrix} -b_1 & a_1 & a_1 & \cdots & a_1-b_n \\ -b_1 & a_2 & a_2 & \cdots & a_2-b_n \\ \vdots & \vdots & \vdots & & \vdots \\ -b_1 & a_n & a_n & \cdots & a_n-b_n \end{vmatrix}+\begin{vmatrix} -b_1 & a_1 & -b_3 & \cdots & a_1-b_n \\ -b_1 & a_2 & -b_3 & \cdots & a_2-b_n \\ \vdots & \vdots & \vdots & & \vdots \\ -b_1 & a_n & -b_3 & \cdots & a_n-b_n \end{vmatrix}$$

$$=0.$$

(2)用数学归纳法证明.

当 $n=1$ 时，$D_1=\alpha+\beta=\begin{cases}\dfrac{\alpha^2-\beta^2}{\alpha-\beta}, \alpha\neq\beta, \\ 2\alpha, \alpha=\beta,\end{cases}$ 结论成立；

当 $n=2$ 时，$D_2=\begin{vmatrix}\alpha+\beta & \alpha \\ \beta & \alpha+\beta\end{vmatrix}=\alpha^2+\beta^2+\alpha\beta=\begin{cases}\dfrac{\alpha^3-\beta^3}{\alpha-\beta}, \alpha\neq\beta, \\ 3\alpha^2, \alpha=\beta,\end{cases}$ 结论成立.

假设对于阶数 $\leqslant n-1$ 的行列式结论都成立，证明对于 $n$ 阶行列式结论也成立.

对于行列式 $D_n$，按第 1 列展开得

$$D_n=(\alpha+\beta)D_{n-1}-\beta\begin{vmatrix} \alpha & 0 & \cdots & 0 & 0 \\ \beta & \alpha+\beta & \cdots & 0 & 0 \\ \vdots & \vdots & & \vdots & \vdots \\ 0 & 0 & \cdots & \alpha+\beta & \alpha \\ 0 & 0 & \cdots & \beta & \alpha+\beta \end{vmatrix}_{(n-1\text{阶})}$$

$$=(\alpha+\beta)D_{n-1}-\alpha\beta\begin{vmatrix} \alpha+\beta & \alpha & \cdots & 0 & 0 \\ \beta & \alpha+\beta & \cdots & 0 & 0 \\ \vdots & \vdots & & \vdots & \vdots \\ 0 & 0 & \cdots & \alpha+\beta & \alpha \\ 0 & 0 & \cdots & \beta & \alpha+\beta \end{vmatrix}_{(n-2\text{阶})}$$

$$=(\alpha+\beta)D_{n-1}-\alpha\beta D_{n-2}.$$

当 $\alpha\neq\beta$ 时，

$$D_n=(\alpha+\beta)\frac{\alpha^n-\beta^n}{\alpha-\beta}-\alpha\beta\frac{\alpha^{n-1}-\beta^{n-1}}{\alpha-\beta}=\frac{\alpha^{n+1}-\beta^{n+1}}{\alpha-\beta},$$

当 $\alpha=\beta$ 时，

$$D_n=2\alpha\cdot n\alpha^{n-1}-\alpha^2(n-1)\alpha^{n-2}=(n+1)\alpha^n,$$

故结论成立.

综上所述，由数学归纳法知，$D_n=\begin{cases}\dfrac{\alpha^{n+1}-\beta^{n+1}}{\alpha-\beta},\alpha\neq\beta,\\(n+1)\alpha^n,\alpha=\beta.\end{cases}$

8. 利用克拉默法则求解下列线性方程组.

(1) $\begin{cases}2x+5y=1,\\3x+7y=2;\end{cases}$ (2) $\begin{cases}x_1+x_2-2x_3=-3,\\5x_1-2x_2+7x_3=22,\\2x_1-5x_2+4x_3=4;\end{cases}$

(3) $\begin{cases}x_1+x_2+x_3+x_4=5,\\x_1+2x_2-x_3+4x_4=-2,\\2x_1-3x_2-x_3-5x_4=-2,\\3x_1+x_2+2x_3+11x_4=0.\end{cases}$

**解** (1)因为方程组的系数行列式

$$D=\begin{vmatrix}2&5\\3&7\end{vmatrix}=-1\neq0,$$

所以方程组有唯一解. 又

$$D_1=\begin{vmatrix}1&5\\2&7\end{vmatrix}=-3,D_2=\begin{vmatrix}2&1\\3&2\end{vmatrix}=1,$$

因此方程组的唯一解为

$$x=\frac{D_1}{D}=\frac{-3}{-1}=3,y=\frac{D_2}{D}=\frac{1}{-1}=-1.$$

(2)因为方程组的系数行列式

$$D=\begin{vmatrix}1&1&-2\\5&-2&7\\2&-5&4\end{vmatrix}=63\neq0,$$

所以方程组有唯一解. 而

$$D_1=\begin{vmatrix}-3&1&-2\\22&-2&7\\4&-5&4\end{vmatrix}=63,D_2=\begin{vmatrix}1&-3&-2\\5&22&7\\2&4&4\end{vmatrix}=126,D_3=\begin{vmatrix}1&1&-3\\5&-2&22\\2&-5&4\end{vmatrix}=189,$$

因此方程组的唯一解为

$$x_1=\frac{D_1}{D}=1,x_2=\frac{D_2}{D}=2,x_3=\frac{D_3}{D}=3.$$

(3)因为方程组的系数行列式

$$D=\begin{vmatrix}1&1&1&1\\1&2&-1&4\\2&-3&-1&-5\\3&1&2&11\end{vmatrix}=-142\neq 0,$$

所以方程组有唯一解.而

$$D_1=\begin{vmatrix}5&1&1&1\\-2&2&-1&4\\-2&-3&-1&-5\\0&1&2&11\end{vmatrix}=-142,\ D_2=\begin{vmatrix}1&5&1&1\\1&-2&-1&4\\2&-2&-1&-5\\3&0&2&11\end{vmatrix}=-284,$$

$$D_3=\begin{vmatrix}1&1&5&1\\1&2&-2&4\\2&-3&-2&-5\\3&1&0&11\end{vmatrix}=-426,\ D_4=\begin{vmatrix}1&1&1&5\\1&2&-1&-2\\2&-3&-1&-2\\3&1&2&0\end{vmatrix}=142,$$

因此方程组的唯一解为

$$x_1=\frac{D_1}{D}=1,\ x_2=\frac{D_2}{D}=2,\ x_3=\frac{D_3}{D}=3,\ x_4=\frac{D_4}{D}=-1.$$

9. 求 $k$ 为何值时,齐次线性方程组

$$(1)\begin{cases}x_1+kx_2+x_3=0,\\x_1-x_2+x_3=0,\\kx_1+x_2+2x_3=0\end{cases}$$

有非零解;

$$(2)\begin{cases}kx_1+x_2+x_3=0,\\kx_1+3x_2-x_3=0,\\\quad -x_2+kx_3=0\end{cases}$$

只有零解.

**解**　(1)如果齐次线性方程组有非零解,则其系数行列式

$$D=\begin{vmatrix}1&k&1\\1&-1&1\\k&1&2\end{vmatrix}=(k+1)(k-2)=0,$$

由此得 $k=-1$ 或 $k=2$;

(2)如果齐次线性方程组只有零解,则其系数行列式

$$D=\begin{vmatrix} k & 1 & 1 \\ k & 3 & -1 \\ 0 & -1 & k \end{vmatrix}=2k(k-1)\neq 0,$$

由此得 $k\neq 0$ 且 $k\neq 1$.

(B)

1. 写出四阶行列式 $|a_{ij}|$ 中含有因子 $a_{11}a_{23}$ 的项.

**解** 由行列式的定义知,四阶行列式中含有因子 $a_{11}a_{23}$ 的项为

$$(-1)^{\tau(13ij)}a_{11}a_{23}a_{3i}a_{4j},$$

其中四级排列 $13ij$ 为 1324 或 1342,当 $13ij$ 为 1324 时,$\tau(1324)=1$,当 $13ij$ 为 1342 时,$\tau(1342)=2$,因此四阶行列式中含有因子 $a_{11}a_{23}$ 的项为

$$-a_{11}a_{23}a_{32}a_{44},a_{11}a_{23}a_{34}a_{42}.$$

2. 写出四阶行列式 $|a_{ij}|$ 中带负号且含有元素 $a_{32}$ 的项.

**解** 由行列式的定义知,四阶行列式中带负号且含有元素 $a_{32}$ 的项为

$$-a_{1i}a_{2j}a_{32}a_{4k}.$$

由该项带负号,可知 $\tau(ij2k)$ 为奇数,而在形式为 $ij2k$ 的四级排列中,只有 1324,3421,4123 这三个排列为奇排列,所以四阶行列式中带负号且含有元素 $a_{32}$ 的项为

$$-a_{11}a_{23}a_{32}a_{44},-a_{13}a_{24}a_{32}a_{41},-a_{14}a_{21}a_{32}a_{43}.$$

3. 求函数

$$f(x)=\begin{vmatrix} x & x & 1 & 0 \\ 1 & x & 2 & 3 \\ 2 & 3 & x & 2 \\ 1 & 1 & 2 & x \end{vmatrix}$$

中 $x^3$ 的系数.

**解** 由行列式的定义知,只有当 $a_{12},a_{21},a_{33},a_{44}$ 这四个元素相乘时才能出现 $x^3$ 项,而该项带负号,此项为 $-x^3$,因此函数中 $x^3$ 的系数为$-1$.

4. 已知函数

$$f(x)=\begin{vmatrix} x & 1 & 2+x \\ 2 & 2 & 4 \\ 3 & x+2 & 4-x \end{vmatrix},$$

证明:方程 $f'(x)=0$ 有小于 1 的正根.

**证明** 由题设可知,$f(x)$ 为 $x$ 的多项式函数,在 $[0,1]$ 上连续,$(0,1)$ 内可导,且

$$f(0)=\begin{vmatrix}0&1&2\\2&2&4\\3&2&4\end{vmatrix}=0,f(1)=\begin{vmatrix}1&1&3\\2&2&4\\3&3&3\end{vmatrix}=0,$$

即 $f(0)=f(1)$，故由罗尔定理知，至少存在 $\xi\in(0,1)$，使得 $f'(\xi)=0$，即方程 $f'(x)=0$ 有小于 1 的正根.

5. 设 $D=\begin{vmatrix}a&b&c&d\\c&b&d&a\\d&b&c&a\\a&b&d&c\end{vmatrix}$，求 $A_{14}+A_{24}+A_{34}+A_{44}$.

**解**　$A_{14}+A_{24}+A_{34}+A_{44}=\begin{vmatrix}a&b&c&1\\c&b&d&1\\d&b&c&1\\a&b&d&1\end{vmatrix}=0.$

6. 设 $D=\begin{vmatrix}3&0&4&0\\2&2&2&2\\0&-7&0&0\\5&3&-2&2\end{vmatrix}$，求 $M_{41}+M_{42}+M_{43}+M_{44}$.

**解**　$M_{41}+M_{42}+M_{43}+M_{44}=-A_{41}+A_{42}-A_{43}+A_{44}=\begin{vmatrix}3&0&4&0\\2&2&2&2\\0&-7&0&0\\-1&1&-1&1\end{vmatrix}=-28.$

7. 计算下列行列式.

(1) $\begin{vmatrix}0&1&2&3&\cdots&n-1\\1&0&1&2&\cdots&n-2\\2&1&0&1&\cdots&n-3\\\vdots&\vdots&\vdots&\vdots&&\vdots\\n-1&n-2&n-3&n-4&\cdots&0\end{vmatrix}$；

(2) $\begin{vmatrix}1+a_1^2&a_1a_2&\cdots&a_1a_n\\a_2a_1&1+a_2^2&\cdots&a_2a_n\\\vdots&\vdots&&\vdots\\a_na_1&a_na_2&\cdots&1+a_n^2\end{vmatrix}$；

(3) $\begin{vmatrix} 1 & 2 & 3 & \cdots & n \\ 2 & 3 & 4 & \cdots & 1 \\ 3 & 4 & 5 & \cdots & 2 \\ \vdots & \vdots & \vdots & & \vdots \\ n & 1 & 2 & \cdots & n-1 \end{vmatrix}$；

(4) $\begin{vmatrix} a_1^n & a_1^{n-1}b_1 & \cdots & a_1b_1^{n-1} & b_1^n \\ a_2^n & a_2^{n-1}b_2 & \cdots & a_2b_2^{n-1} & b_2^n \\ \vdots & \vdots & & \vdots & \vdots \\ a_{n+1}^n & a_{n+1}^{n-1}b_{n+1} & \cdots & a_{n+1}b_{n+1}^{n-1} & b_{n+1}^n \end{vmatrix}$，其中 $a_i \neq 0, b_i \neq 0 (i=1,2,\cdots,n+1)$.

**解** (1) $\begin{vmatrix} 0 & 1 & 2 & 3 & \cdots & n-1 \\ 1 & 0 & 1 & 2 & \cdots & n-2 \\ 2 & 1 & 0 & 1 & \cdots & n-3 \\ \vdots & \vdots & \vdots & \vdots & & \vdots \\ n-1 & n-2 & n-3 & n-4 & \cdots & 0 \end{vmatrix}$

$$\xlongequal{r_n-r_{n-1},r_{n-1}-r_{n-2},\cdots,r_2-r_1}\begin{vmatrix} 0 & 1 & 2 & 3 & \cdots & n-1 \\ 1 & -1 & -1 & -1 & \cdots & -1 \\ 1 & 1 & -1 & -1 & \cdots & -1 \\ \vdots & \vdots & \vdots & \vdots & & \vdots \\ 1 & 1 & 1 & 1 & \cdots & -1 \end{vmatrix}$$

$$\xlongequal{c_i+c_n(i=1,2,\cdots,n-1)}\begin{vmatrix} n-1 & n & n+1 & n+2 & \cdots & n-1 \\ 0 & -2 & -2 & -2 & \cdots & -1 \\ 0 & 0 & -2 & -2 & \cdots & -1 \\ \vdots & \vdots & \vdots & \vdots & & \vdots \\ 0 & 0 & 0 & 0 & \cdots & -1 \end{vmatrix}$$

$=(-1)^{n-1}2^{n-2}(n-1)$；

(2) $D_n=\begin{vmatrix} 1+a_1^2 & a_1a_2 & \cdots & a_1a_n \\ a_2a_1 & 1+a_2^2 & \cdots & a_2a_n \\ \vdots & \vdots & & \vdots \\ a_na_1 & a_na_2 & \cdots & 1+a_n^2 \end{vmatrix}$

$$=\begin{vmatrix} 1+a_1^2 & a_1a_2 & \cdots & a_1a_n \\ a_2a_1 & 1+a_2^2 & \cdots & a_2a_n \\ \vdots & \vdots & & \vdots \\ 0 & 0 & \cdots & 1 \end{vmatrix}+\begin{vmatrix} 1+a_1^2 & a_1a_2 & \cdots & a_1a_n \\ a_2a_1 & 1+a_2^2 & \cdots & a_2a_n \\ \vdots & \vdots & & \vdots \\ a_na_1 & a_na_2 & \cdots & a_n^2 \end{vmatrix}$$

$$=D_{n-1}+a_n\begin{vmatrix}1+a_1^2 & a_1a_2 & \cdots & a_1\\ a_2a_1 & 1+a_2^2 & \cdots & a_2\\ \vdots & \vdots & & \vdots\\ a_na_1 & a_na_2 & \cdots & a_n\end{vmatrix}$$

$$=D_{n-1}+a_n\begin{vmatrix}1 & 0 & \cdots & a_1\\ 0 & 1 & \cdots & a_2\\ \vdots & \vdots & & \vdots\\ 0 & 0 & \cdots & a_n\end{vmatrix}$$

$$=D_{n-1}+a_n^2,$$

利用递推公式 $D_n=D_{n-1}+a_n^2$ 与 $D_2=\begin{vmatrix}1+a_1^2 & a_1a_2\\ a_2a_1 & 1+a_2^2\end{vmatrix}=1+a_1^2+a_2^2$可得，

$$D_n=1+\sum_{i=1}^{n}a_i^2;$$

(3) $\begin{vmatrix}1 & 2 & 3 & \cdots & n\\ 2 & 3 & 4 & \cdots & 1\\ 3 & 4 & 5 & \cdots & 2\\ \vdots & \vdots & \vdots & & \vdots\\ n & 1 & 2 & \cdots & n-1\end{vmatrix}$

$$\xlongequal{c_1+c_i(i=2,3,\cdots,n)}\begin{vmatrix}\frac{n(n+1)}{2} & 2 & 3 & \cdots & n\\ \frac{n(n+1)}{2} & 3 & 4 & \cdots & 1\\ \frac{n(n+1)}{2} & 4 & 5 & \cdots & 2\\ \vdots & \vdots & \vdots & & \vdots\\ \frac{n(n+1)}{2} & 1 & 2 & \cdots & n-1\end{vmatrix}$$

$$\xlongequal{c_1\div\frac{n(n+1)}{2}}\frac{n(n+1)}{2}\begin{vmatrix}1 & 2 & 3 & \cdots & n\\ 1 & 3 & 4 & \cdots & 1\\ 1 & 4 & 5 & \cdots & 2\\ \vdots & \vdots & \vdots & & \vdots\\ 1 & 1 & 2 & \cdots & n-1\end{vmatrix}$$

$$\xlongequal{r_n-r_{n-1},r_{n-1}-r_{n-2},\cdots,r_2-r_1}\frac{n(n+1)}{2}\begin{vmatrix}1&2&3&\cdots&n\\0&1&1&\cdots&1-n\\0&1&1&\cdots&1\\\vdots&\vdots&\vdots&&\vdots\\0&1-n&1&\cdots&1\end{vmatrix}$$

$$\xlongequal{\text{按 }c_1\text{ 展开}}\frac{n(n+1)}{2}\begin{vmatrix}1&1&1&\cdots&1-n\\1&1&1&\cdots&1\\\vdots&\vdots&\vdots&&\vdots\\1&1-n&1&\cdots&1\\1-n&1&1&\cdots&1\end{vmatrix}_{(n-1\text{阶})}$$

$$\xlongequal{r_i-r_1(i=2,3,\cdots,n-1)}\frac{n(n+1)}{2}\begin{vmatrix}1&1&\cdots&1&1-n\\0&0&\cdots&-n&n\\\vdots&\vdots&&&\vdots\\0&-n&\cdots&0&n\\-n&0&\cdots&0&n\end{vmatrix}$$

$$\xlongequal{c_{n-1}+c_i(i=1,2,\cdots,n-2)}\frac{n(n+1)}{2}\begin{vmatrix}1&1&\cdots&1&-1\\0&0&\cdots&-n&0\\\vdots&\vdots&&&\vdots\\0&-n&\cdots&0&0\\-n&0&\cdots&0&0\end{vmatrix}$$

$$=(-1)^{\frac{n(n-1)}{2}}\frac{1}{2}(n+1)n^{n-1};$$

(4) $\begin{vmatrix}a_1^n&a_1^{n-1}b_1&\cdots&a_1b_1^{n-1}&b_1^n\\a_2^n&a_2^{n-1}b_2&\cdots&a_2b_2^{n-1}&b_2^n\\\vdots&\vdots&&\vdots&\vdots\\a_{n+1}^n&a_{n+1}^{n-1}b_{n+1}&\cdots&a_{n+1}b_{n+1}^{n-1}&b_{n+1}^n\end{vmatrix}$

$$\xlongequal{r_i\div a_i^n(i=1,2,\cdots,n+1)}a_1^na_2^n\cdots a_n^na_{n+1}^n\begin{vmatrix}1&\frac{b_1}{a_1}&\left(\frac{b_1}{a_1}\right)^2&\cdots&\left(\frac{b_1}{a_1}\right)^{n-1}&\left(\frac{b_1}{a_1}\right)^n\\1&\frac{b_2}{a_2}&\left(\frac{b_2}{a_2}\right)^2&\cdots&\left(\frac{b_2}{a_2}\right)^{n-1}&\left(\frac{b_2}{a_2}\right)^n\\\vdots&\vdots&\vdots&&\vdots&\vdots\\1&\frac{b_{n+1}}{a_{n+1}}&\left(\frac{b_{n+1}}{a_{n+1}}\right)^2&\cdots&\left(\frac{b_{n+1}}{a_{n+1}}\right)^{n-1}&\left(\frac{b_{n+1}}{a_{n+1}}\right)^n\end{vmatrix}$$

$$=a_1^na_2^n\cdots a_n^na_{n+1}^n\prod_{1\leqslant j<i\leqslant n+1}\left(\frac{b_i}{a_i}-\frac{b_j}{a_j}\right).$$

8. 求 $\lambda,\mu$ 取何值时，齐次线性方程组

$$\begin{cases}\lambda x_1+x_2+x_3=0,\\ x_1+\mu x_2+x_3=0,\\ x_1+2\mu x_2+x_3=0\end{cases}$$

有非零解.

**解**　如果齐次线性方程组有非零解，则其系数行列式

$$D=\begin{vmatrix}\lambda & 1 & 1\\ 1 & \mu & 1\\ 1 & 2\mu & 1\end{vmatrix}=\mu-\mu\lambda=0,$$

故 $\lambda=1$ 或 $\mu=0$.

9. 设 $a,b,c,d$ 两两不等，证明：线性方程组

$$\begin{cases}x_1+x_2+x_3+x_4=1,\\ ax_1+bx_2+cx_3+dx_4=2,\\ a^2x_1+b^2x_2+c^2x_3+d^2x_4=3,\\ a^3x_1+b^3x_2+c^3x_3+d^3x_4=4\end{cases}$$

有唯一解.

**证明**　因线性方程组的系数行列式

$$D=\begin{vmatrix}1 & 1 & 1 & 1\\ a & b & c & d\\ a^2 & b^2 & c^2 & d^2\\ a^3 & b^3 & c^3 & d^3\end{vmatrix}=(b-a)(c-a)(d-a)(c-b)(d-b)(d-c),$$

而 $a,b,c,d$ 两两不等，故 $D\neq 0$，因此线性方程组有唯一解.

# 四、自测题及答案

## 自测题

一、填空题（本大题共 10 题，每小题 3 分，共 30 分）

1. 6 级排列 342651 的逆序数为______.

2. $2n$ 级排列 $13\cdots(2n-1)(2n)(2n-2)\cdots2$ 的逆序数为______.

3. 设四级排列 $a_1a_2a_3a_4$ 的逆序数为 2，则五级排列 $a_4a_3a_2a_1 5$ 的逆序数为______.

4. 四阶行列式 $|a_{ij}|$ 中带负号且含元素 $a_{12}$ 和 $a_{21}$ 的项为______.

5. 如果 $n$ 阶行列式中负项的个数为偶数，则 $n\geqslant$______.

6. 在函数 $f(x)=\begin{vmatrix} 2x & 1 & -1 \\ -x & -x & x \\ 1 & 2 & x \end{vmatrix}$ 中，$x^2$ 的系数为______.

7. 设函数 $F(x)=\begin{vmatrix} x & x^2 & x^3 \\ 1 & 2x & 3x^2 \\ 0 & 2 & 6x \end{vmatrix}$，则 $F'(x)=$______.

8. 设四阶行列式 $D=\begin{vmatrix} 2 & 1 & 4 & 1 \\ 3 & -4 & 2 & 1 \\ 1 & 2 & -3 & 2 \\ 5 & 0 & 6 & 2 \end{vmatrix}$，则 $4A_{12}+2A_{22}-3A_{32}+6A_{42}=$______.

9. 设四阶行列式 $\begin{vmatrix} 2 & 1 & 3 & 4 \\ 1 & 5 & 2 & 3 \\ 1 & 0 & 2 & 1 \\ -1 & 1 & 5 & 2 \end{vmatrix}$，则 $M_{13}+M_{23}+M_{43}=$______.

10. 若齐次线性方程组

$$\begin{cases} \lambda x_1+x_2=0, \\ x_3+2x_4=0, \\ x_1+\lambda x_3=0, \\ 2x_1-x_4=0 \end{cases}$$

有非零解，则 $\lambda=$______.

二、计算题（本大题共 6 题，每小题 10 分，共 60 分）

1. 计算行列式 $D=\begin{vmatrix} 0 & 0 & \cdots & 0 & 1 \\ 0 & 0 & \cdots & 2 & 0 \\ \vdots & \vdots & & \vdots & \vdots \\ 0 & 99 & \cdots & 0 & 0 \\ 100 & 0 & \cdots & 0 & 0 \end{vmatrix}$；

2. 计算 $n$ 阶行列式 $D_n=\begin{vmatrix} a_1-b & a_2 & \cdots & a_n \\ a_1 & a_2-b & \cdots & a_n \\ \vdots & \vdots & & \vdots \\ a_1 & a_2 & \cdots & a_n-b \end{vmatrix}$；

3. 计算 $n$ 阶行列式 $D_n=\begin{vmatrix} a+1 & a & a & \cdots & a \\ a & a+\frac{1}{2} & a & \cdots & a \\ a & a & a+\frac{1}{3} & \cdots & a \\ \vdots & \vdots & \vdots & & \vdots \\ a & a & a & \cdots & a+\frac{1}{n} \end{vmatrix}$；

4. 计算 $n$ 阶行列式 $D_n=\begin{vmatrix} 2 & -1 & 0 & \cdots & 0 & 0 \\ -1 & 2 & -1 & \cdots & 0 & 0 \\ 0 & -1 & 2 & \cdots & 0 & 0 \\ \vdots & \vdots & \vdots & & \vdots & \vdots \\ 0 & 0 & 0 & \cdots & 2 & -1 \\ 0 & 0 & 0 & \cdots & -1 & 2 \end{vmatrix}$；

5. 计算 $n$ 阶行列式 $D_n=\begin{vmatrix} 1 & 1 & 1 & \cdots & 1 \\ x_1+1 & x_2+1 & x_3+1 & \cdots & x_n+1 \\ x_1^2+x_1 & x_2^2+x_2 & x_3^2+x_3 & \cdots & x_n^2+x_n \\ \vdots & \vdots & \vdots & & \vdots \\ x_1^{n-1}+x_1^{n-2} & x_2^{n-1}+x_2^{n-2} & x_3^{n-1}+x_3^{n-2} & \cdots & x_n^{n-1}+x_n^{n-2} \end{vmatrix}$；

6. 求解线性方程组

$$\begin{cases} 2x_1+x_2-5x_3+x_4=8, \\ x_1-3x_2-6x_4=9, \\ 2x_2-x_3+2x_4=-5, \\ x_1+4x_2-7x_3+6x_4=0. \end{cases}$$

三、证明题（本题 10 分）

证明：$n$ 阶行列式

$$D_n=\begin{vmatrix} 2\cos\alpha & 1 & 0 & \cdots & 0 & 0 \\ 1 & 2\cos\alpha & 1 & \cdots & 0 & 0 \\ 0 & 1 & 2\cos\alpha & \cdots & 0 & 0 \\ \vdots & \vdots & \vdots & & \vdots & \vdots \\ 0 & 0 & 0 & \cdots & 2\cos\alpha & 1 \\ 0 & 0 & 0 & \cdots & 1 & 2\cos\alpha \end{vmatrix}=\frac{\sin(n+1)\alpha}{\sin\alpha}.$$

## 答案

一、1. 8；

2. $n(n-1)$. 提示：$\tau[13\cdots(2n-1)(2n)(2n-2)\cdots 2]=0+0+\cdots+0+0+2+\cdots+(2n-4)+(2n-2)=n(n-1)$；

3. 4；

4. $a_{12}a_{21}a_{33}a_{44}$；

5. 提示：由负项的个数$\frac{n!}{2}$为偶数，可得 $n\geqslant 4$；

6. $-3$；

7. $6x^2$；

8. 0；

9. $-22$；

10. $\frac{1}{4}$.

二、1. 100!；

2. $(\sum_{i=1}^{n}a_i-b)(-b)^{n-1}$；

3. $\left[1+\frac{n(n+1)}{2}a\right]\frac{1}{n!}$；

4. $n+1$. 提示：将行列式按第 1 列展开，得到递推关系式 $D_n=2D_{n-1}-D_{n-2}$；

5. $\prod_{1\leqslant j<i\leqslant n}(x_i-x_j)$. 提示：利用行列式的性质化为范德蒙德行列式；

6. $x_1=3, x_2=-4, x_3=-1, x_4=1$.

三、略. 提示：利用数学归纳法证明.

# 第二章　矩阵

## 一、教学基本要求与内容提要

### （一）教学基本要求

1. 理解矩阵的概念及应用；

2. 了解单位矩阵、数量矩阵、对角矩阵、三角矩阵、对称矩阵和反对称矩阵以及它们的性质；

3. 掌握矩阵的线性运算、乘法、转置、行列式以及它们的运算律，了解方阵的幂与方阵乘积的行列式的性质；

4. 理解逆矩阵的概念，掌握逆矩阵的性质以及矩阵可逆的充分必要条件；

5. 理解伴随矩阵的概念，会用伴随矩阵求逆矩阵；

6. 了解分块矩阵及其运算；

7. 掌握矩阵初等变换的概念，了解初等矩阵的性质和矩阵等价的概念；

8. 理解矩阵秩的概念，重点掌握用初等变换求矩阵的秩和逆矩阵的方法.

### （二）内容提要

**1. 矩阵**

由 $m\times n$ 个数 $a_{ij}$($i=1$，2，…，$m$；$j=1$，2，…，$n$)排成一个 $m$ 行 $n$ 列，并括以圆括弧（或是方括弧）的数表 $\begin{pmatrix} a_{11} & a_{12} & \cdots & a_{1n} \\ a_{21} & a_{22} & \cdots & a_{2n} \\ \vdots & \vdots & & \vdots \\ a_{m1} & a_{m2} & \cdots & a_{mn} \end{pmatrix}$ 称为**$m$ 行 $n$ 列矩阵**，简称**$m\times n$ 矩阵**，其中横排称为**行**，纵排称为**列**，数 $a_{ij}$ 称为矩阵的**元素**，其第一个下标 $i$ 称为**行标**，表示这个元素所在的行数，第二个下标 $j$ 称为**列标**，表示这个元素所在的列数.

矩阵通常用大写的字母 $\boldsymbol{A}$、$\boldsymbol{B}$ 、$\boldsymbol{C}$ 、… 来表示．为了说明矩阵的行数和列数，也可将一个 $m$ 行 $n$ 列的矩阵 $\boldsymbol{A}$ 记作 $\boldsymbol{A}_{m\times n}$，或记作 $\boldsymbol{A}=(a_{ij})_{m\times n}$．

当矩阵中元素是实数时称为**实矩阵**，元素是复数时称为**复矩阵**．本书主要讨论实矩阵．

若矩阵 $\boldsymbol{A}$ 与 $\boldsymbol{B}$ 的行数与列数分别相等，则称矩阵 $\boldsymbol{A}$ 与 $\boldsymbol{B}$ 为**同型矩阵**；若矩阵 $\boldsymbol{A}$ 与 $\boldsymbol{B}$ 是同型矩阵且对应元素相同，即 $a_{ij}=b_{ij}(i=1, 2, \cdots, m; j=1, 2, \cdots, n)$，则称矩阵$\boldsymbol{A}$ 与 $\boldsymbol{B}$ **相等**．

设矩阵 $\boldsymbol{A}=(a_{ij})_{m\times n}$，称矩阵

$$\begin{pmatrix} -a_{11} & -a_{12} & \cdots & -a_{1n} \\ -a_{21} & -a_{22} & \cdots & -a_{2n} \\ \vdots & \vdots & & \vdots \\ -a_{m1} & -a_{m2} & \cdots & -a_{mn} \end{pmatrix}$$

为矩阵 $\boldsymbol{A}$ 的**负矩阵**，记作$-\boldsymbol{A}$，即$-\boldsymbol{A}=(-a_{ij})_{m\times n}$．

**注意**　矩阵与行列式的区别：

（1）矩阵是一个数表，行数与列数可以不相等；行列式是一个数，行数与列数必须相等．

（2）两个矩阵相等是指同型矩阵中对应元素相等；两个行列式相等不一定对应元素相等，甚至阶数都可以不相等．

**2. 几种特殊的矩阵**

**(1) 行矩阵**

只有一行的矩阵 $\boldsymbol{A}=(a_1 a_2 \cdots a_n)$ 称为**行矩阵**（或**行向量**）．为了避免元素之间的混淆，行矩阵也记作 $\boldsymbol{A}=(a_1, a_2, \cdots, a_n)$．

**(2) 列矩阵**

只有一列的矩阵

$$\boldsymbol{B}=\begin{pmatrix} b_1 \\ b_2 \\ \vdots \\ b_n \end{pmatrix}$$

称为**列矩阵**（或**列向量**）．

**(3) 零矩阵**

元素都是零的矩阵称为**零矩阵**，记作 $\boldsymbol{O}_{m\times n}$，可简记作 $\boldsymbol{O}$．

**(4) 方阵**

行数和列数相等的矩阵称为**方阵**．例如，

$$A=\begin{pmatrix} a_{11} & a_{12} & \cdots & a_{1n} \\ a_{21} & a_{22} & \cdots & a_{2n} \\ \vdots & \vdots & & \vdots \\ a_{n1} & a_{n2} & \cdots & a_{nn} \end{pmatrix}$$

为 $n\times n$ 方阵，常称为 $n$ **阶方阵**或 $n$ **阶矩阵**，记为 $A=(a_{ij})_{n\times n}$，其中 $a_{11}$，$a_{22}$，…，$a_{nn}$ 所在的连线称为**方阵 $A$ 的主对角线**，$a_{1n}$，$a_{2\,n-1}$，…，$a_{n1}$ 所在的连线称为**方阵 $A$ 的副对角线**.

**(5) 对角矩阵**

设矩阵 $A=(a_{ij})_{n\times n}$，如果其主对角线以外的元素全为零，即满足 $a_{ij}=0$，$i\neq j(i，j=1，2，\cdots，n)$，则称 $A$ 为**对角矩阵**，即

$$A=\begin{pmatrix} a_{11} & & & \\ & a_{22} & & \\ & & \ddots & \\ & & & a_{nn} \end{pmatrix}.$$

对角矩阵有如下性质：

① 若 $A$、$B$ 为同阶对角矩阵，则 $kA$（$k$ 为常数），$A+B$，$AB$ 仍为同阶对角矩阵；

② 若 $A$ 为对角矩阵，则 $A^{T}=A$；

③ 若 $A$ 为对角矩阵，则 $|A|=a_{11}a_{22}\cdots a_{nn}$.

**(6) 数量矩阵**

如果 $n$ 阶对角矩阵 $A$ 的所有主对角线元素都相等，则称矩阵 $A$ 为**数量矩阵**，即

$$A=\begin{pmatrix} a & & & \\ & a & & \\ & & \ddots & \\ & & & a \end{pmatrix}.$$

特别地，当 $a=1$ 时，该数量矩阵称为**单位矩阵**，记作 $E_n$ 或 $E$，即

$$E=\begin{pmatrix} 1 & & & \\ & 1 & & \\ & & \ddots & \\ & & & 1 \end{pmatrix}.$$

数量矩阵有如下性质：

①如果 $A$、$B$ 为同阶的数量矩阵，则 $kA$（$k$ 为常数），$A+B$，$AB$ 仍为同阶数量矩阵；

② $A$ 为数量矩阵，则 $A^{T}=A$；

③ $A$ 为数量矩阵，$E$ 为同阶单位矩阵，$a$ 为非零常数，则 $A=aE$；

④$\boldsymbol{A}$ 为数量矩阵，$\boldsymbol{B}$ 为同阶方阵，则 $\boldsymbol{AB}=\boldsymbol{BA}=a\boldsymbol{B}$；

⑤$\boldsymbol{A}$ 为数量矩阵，$a$ 为非零常数，则 $|\boldsymbol{A}|=a^n$.

**(7) 三角形矩阵**

设矩阵 $\boldsymbol{A}=(a_{ij})_{n\times n}$，如果其主对角线下方元素都等于零，即满足 $a_{ij}=0$，$i>j(i, j=1, 2, \cdots, n)$，称矩阵 $\boldsymbol{A}$ 为**上三角形矩阵**，即

$$\boldsymbol{A}=\begin{pmatrix} a_{11} & a_{12} & \cdots & a_{1n} \\ 0 & a_{22} & \cdots & a_{2n} \\ \vdots & \vdots & & \vdots \\ 0 & 0 & \cdots & a_{nn} \end{pmatrix}.$$

设矩阵 $\boldsymbol{A}=(a_{ij})_{n\times n}$，如果其主对角线上方元素都等于零，即满足 $a_{ij}=0$，$i<j(i, j=1, 2, \cdots, n)$，称矩阵 $\boldsymbol{A}$ 为**下三角形矩阵**，即

$$\boldsymbol{A}=\begin{pmatrix} a_{11} & 0 & \cdots & 0 \\ a_{21} & a_{22} & \cdots & 0 \\ \vdots & \vdots & & \vdots \\ a_{n1} & a_{n2} & \cdots & a_{nn} \end{pmatrix}.$$

三角形矩阵有如下性质：

①如果 $\boldsymbol{A}$、$\boldsymbol{B}$ 为同型的上（下）三角形矩阵，则 $k\boldsymbol{A}$（$k$ 为常数），$\boldsymbol{A}+\boldsymbol{B}$，$\boldsymbol{AB}$ 仍为上（下）三角形矩阵；

②如果 $\boldsymbol{A}$ 为上（下）三角形矩阵，则 $\boldsymbol{A}^{\mathrm{T}}$ 为下（上）三角形矩阵；

③$|\boldsymbol{A}|=a_{11}a_{22}\cdots a_{nn}$.

**(8) 对称矩阵与反对称矩阵**

如果 $n$ 阶矩阵 $\boldsymbol{A}=(a_{ij})_{n\times n}$ 满足 $\boldsymbol{A}^{\mathrm{T}}=\boldsymbol{A}$，即 $a_{ij}=a_{ji}$ $(i, j=1, 2, \cdots, n)$，则称 $\boldsymbol{A}$ 为**对称矩阵**. 如果 $n$ 阶矩阵 $\boldsymbol{A}=(a_{ij})_{n\times n}$ 满足 $\boldsymbol{A}^{\mathrm{T}}=-\boldsymbol{A}$，即 $a_{ij}=-a_{ji}$ $(i, j=1, 2, \cdots, n)$，则称 $\boldsymbol{A}$ 为**反对称矩阵**.

对称矩阵有如下性质：

① 若 $\boldsymbol{A}$、$\boldsymbol{B}$ 为同阶对称矩阵，则 $k\boldsymbol{A}$（$k$ 为常数），$\boldsymbol{A}+\boldsymbol{B}$ 仍为对称矩阵；

② 若 $\boldsymbol{A}$、$\boldsymbol{B}$ 为同阶对称矩阵，且 $\boldsymbol{AB}=\boldsymbol{BA}$，则 $\boldsymbol{AB}$ 也为对称矩阵；

③ 对任意对称矩阵 $\boldsymbol{A}$，$\boldsymbol{A}^{\mathrm{T}}\boldsymbol{A}$ 及 $\boldsymbol{AA}^{\mathrm{T}}$ 均为对称矩阵.

反对称矩阵有如下性质：

① 若 $\boldsymbol{A}$、$\boldsymbol{B}$ 为同阶反对称矩阵，则 $k\boldsymbol{A}$（$k$ 为常数），$\boldsymbol{A}+\boldsymbol{B}$ 仍为反对称矩阵；

② 若 $\boldsymbol{A}$、$\boldsymbol{B}$ 为同阶反对称矩阵，且 $\boldsymbol{AB}=-\boldsymbol{BA}$，则 $\boldsymbol{AB}$ 也为反对称矩阵；

③奇数阶反对称矩阵的行列式为零.

3. **矩阵的运算**

**(1) 矩阵的加法**

矩阵 $\boldsymbol{A}=(a_{ij})_{m\times n}$ 与 $\boldsymbol{B}=(b_{ij})_{m\times n}$ 为同型矩阵，则称矩阵 $\boldsymbol{C}=(c_{ij})=(a_{ij}+b_{ij})_{m\times n}$ 为矩阵 $\boldsymbol{A}$ **与** $\boldsymbol{B}$ **的和**，记作 $\boldsymbol{C}=\boldsymbol{A}+\boldsymbol{B}$. 称 $\boldsymbol{A}$ 与 $-\boldsymbol{B}$ 的和为矩阵 $\boldsymbol{A}$ **与** $\boldsymbol{B}$ **的差**，记作 $\boldsymbol{A}-\boldsymbol{B}$，即

$$\boldsymbol{A}-\boldsymbol{B}=\boldsymbol{A}+(-\boldsymbol{B}).$$

**注意** 只有同型矩阵才能相加，其和矩阵仍是与它们同型的矩阵.

矩阵的加法满足下列运算律：

设 $\boldsymbol{A}$，$\boldsymbol{B}$，$\boldsymbol{C}$，$\boldsymbol{O}$ 都是同型矩阵，则有

①交换律：$\boldsymbol{A}+\boldsymbol{B}=\boldsymbol{B}+\boldsymbol{A}$；

②结合律：$(\boldsymbol{A}+\boldsymbol{B})+\boldsymbol{C}=\boldsymbol{A}+(\boldsymbol{B}+\boldsymbol{C})$；

③$\boldsymbol{A}+\boldsymbol{O}=\boldsymbol{O}+\boldsymbol{A}=\boldsymbol{A}$；

④$\boldsymbol{A}-\boldsymbol{A}=\boldsymbol{A}+(-\boldsymbol{A})=\boldsymbol{O}$.

**(2) 矩阵的数量乘法**

设矩阵 $\boldsymbol{A}=(a_{ij})_{m\times n}$，$k$ 为常数，用数 $k$ 乘矩阵 $\boldsymbol{A}$ 的每一个元素得到的矩阵称为数 $k$ 与矩阵 $\boldsymbol{A}$ 的**数量乘法**，简称**数乘**，记作 $k\boldsymbol{A}$，即

$$k\boldsymbol{A}=(ka_{ij})_{m\times n}=\begin{pmatrix} ka_{11} & ka_{12} & \cdots & ka_{1n} \\ ka_{21} & ka_{22} & \cdots & ka_{2n} \\ \vdots & \vdots & & \vdots \\ ka_{m1} & ka_{m2} & \cdots & ka_{mn} \end{pmatrix}$$

设 $\boldsymbol{A}$，$\boldsymbol{B}$ 是同型矩阵，$k$，$l$ 是常数，则矩阵的数量乘法满足下列运算律：

①结合律：$(kl)\boldsymbol{A}=k(l\boldsymbol{A})$；

②分配律：$(k+l)\boldsymbol{A}=k\boldsymbol{A}+l\boldsymbol{A}$（对数的分配律），$k(\boldsymbol{A}+\boldsymbol{B})=k\boldsymbol{A}+k\boldsymbol{B}$（对矩阵的分配律）；

③ $1\boldsymbol{A}=\boldsymbol{A}$，$(-1)\boldsymbol{A}=-\boldsymbol{A}$，$0\boldsymbol{A}=\boldsymbol{O}$.

**(3) 矩阵的乘法**

设矩阵 $\boldsymbol{A}=(a_{ij})_{m\times s}$，$\boldsymbol{B}=(b_{ij})_{s\times n}$，则由元素

$$c_{ij}=a_{i1}b_{1j}+a_{i2}b_{2j}+\cdots+a_{is}b_{sj}=\sum_{k=1}^{s}a_{ik}b_{kj}$$

$(i=1,2,\cdots,m;\ j=1,2,\cdots,n)$ 组成的矩阵 $\boldsymbol{C}$ 称为矩阵 $\boldsymbol{A}$ **与** $\boldsymbol{B}$ **的乘积**，记作 $\boldsymbol{AB}$，即 $\boldsymbol{C}=\boldsymbol{AB}$. 记号 $\boldsymbol{AB}$ 常读作 $\boldsymbol{A}$ 左乘 $\boldsymbol{B}$ 或 $\boldsymbol{B}$ 右乘 $\boldsymbol{A}$.

**矩阵乘法需注意以下几点.**

① 只有第一个矩阵 $\boldsymbol{A}$ 的列数等于第二个矩阵 $\boldsymbol{B}$ 的行数，$\boldsymbol{AB}$ 才有意义.

② 乘积矩阵 $\boldsymbol{C}$ 的元素 $c_{ij}$ 等于第一个矩阵 $\boldsymbol{A}$ 的第 $i$ 行与第二个矩阵 $\boldsymbol{B}$ 的第 $j$ 列对应元素

乘积之和. 为了便于记忆，$\boldsymbol{AB}=\boldsymbol{C}$ 可以直观地表示为

$$\text{第 } i \text{ 行} \begin{pmatrix} a_{11} & a_{12} & \cdots & a_{1s} \\ \vdots & \vdots & & \vdots \\ \boxed{a_{i1} \quad a_{i2} \quad \cdots \quad a_{is}} \\ \vdots & \vdots & & \vdots \\ a_{m1} & a_{m2} & \cdots & a_{ms} \end{pmatrix} \begin{pmatrix} b_{11} & \cdots & \boxed{b_{1j}} & \cdots & b_{1n} \\ b_{21} & \cdots & b_{2j} & \cdots & b_{2n} \\ \vdots & & \vdots & & \vdots \\ b_{s1} & \cdots & b_{sj} & \cdots & b_{sn} \end{pmatrix}$$

第 $j$ 列

$$= \begin{pmatrix} c_{11} & \cdots & c_{1j} & \cdots & c_{1n} \\ \vdots & & \vdots & & \vdots \\ c_{i1} & \cdots & \boxed{c_{ij}} & \cdots & c_{in} \\ \vdots & & \vdots & & \vdots \\ c_{m1} & \cdots & c_{mj} & \cdots & c_{mn} \end{pmatrix} \text{第 } i \text{ 行}.$$

第 $j$ 列

③乘积矩阵 $\boldsymbol{C}$ 的行数等于第一个矩阵 $\boldsymbol{A}$ 的行数，列数等于第二个矩阵 $\boldsymbol{B}$ 的列数.

④一个 $1\times n$ 的行矩阵与一个 $n\times 1$ 的列矩阵的乘积是一个一阶矩阵，也就是一个数，即

$$(a_1 \quad a_2 \quad \cdots \quad a_n)\begin{pmatrix} b_1 \\ b_2 \\ \vdots \\ b_n \end{pmatrix}=a_1b_1+a_2b_2+\cdots+a_nb_n.$$

而一个 $n\times 1$ 的列矩阵与一个 $1\times n$ 的行矩阵的乘积是一个 $n$ 阶方阵，即

$$\begin{pmatrix} a_1 \\ a_2 \\ \vdots \\ a_n \end{pmatrix}(b_1 \quad b_2 \quad \cdots \quad b_n)=\begin{pmatrix} a_1b_1 & a_1b_2 & \cdots & a_1b_n \\ a_2b_1 & a_2b_2 & \cdots & a_2b_n \\ \vdots & \vdots & & \vdots \\ a_nb_1 & a_nb_2 & \cdots & a_nb_n \end{pmatrix}.$$

**(4) 矩阵的转置**

将矩阵 $\boldsymbol{A}=(a_{ij})_{m\times n}$ 的行与列互换所得到的 $n\times m$ 矩阵

$$\begin{pmatrix} a_{11} & a_{21} & \cdots & a_{m1} \\ a_{12} & a_{22} & \cdots & a_{m2} \\ \vdots & \vdots & & \vdots \\ a_{1n} & a_{2n} & \cdots & a_{mn} \end{pmatrix}$$

称为矩阵 $\boldsymbol{A}$ 的**转置矩阵**，简称 $\boldsymbol{A}$ 的**转置**，记作 $\boldsymbol{A}^{\mathrm{T}}$.

设以下矩阵的运算均有意义，矩阵的转置满足下列运算律：

① $(\boldsymbol{A}^{\mathrm{T}})^{\mathrm{T}}=\boldsymbol{A}$；

② $(\boldsymbol{A}+\boldsymbol{B})^{\mathrm{T}}=\boldsymbol{A}^{\mathrm{T}}+\boldsymbol{B}^{\mathrm{T}}$；

③ $(k\boldsymbol{A})^{\mathrm{T}}=k\boldsymbol{A}^{\mathrm{T}}$（$k$ 是常数）；

④ $(\boldsymbol{AB})^{\mathrm{T}}=\boldsymbol{B}^{\mathrm{T}}\boldsymbol{A}^{\mathrm{T}}$.

**(5) 方阵的幂**

设 $\boldsymbol{A}$ 为 $n$ 阶方阵，$k$ 为正整数，则 $k$ 个 $\boldsymbol{A}$ 的连乘积称为**方阵 $\boldsymbol{A}$ 的 $k$ 次幂**，记作 $\boldsymbol{A}^k$，即

$$\boldsymbol{A}^k=\underbrace{\boldsymbol{AA}\cdots\boldsymbol{A}}_{k\text{个}}.$$

规定

$$\boldsymbol{A}^0=\boldsymbol{E}.$$

对于任意非负整数 $k$，$l$，下列等式成立：

① $\boldsymbol{A}^k\boldsymbol{A}^l=\boldsymbol{A}^{k+l}$；

② $(\boldsymbol{A}^k)^l=\boldsymbol{A}^{kl}$.

**(6) 方阵的多项式**

设 $f(x)=a_mx^m+a_{m-1}x^{m-1}+\cdots+a_1x+a_0$ 是 $x$ 的多项式，$\boldsymbol{A}$ 是 $n$ 阶方阵，则称

$$f(\boldsymbol{A})=a_m\boldsymbol{A}^m+a_{m-1}\boldsymbol{A}^{m-1}+\cdots+a_1\boldsymbol{A}+a_0\boldsymbol{E}$$

为 $n$ 阶方阵 $\boldsymbol{A}$ **的多项式**.

**(7) 方阵的行列式**

$n$ 阶方阵 $\boldsymbol{A}$ 的元素按原来的位置排列所构成的行列式称为方阵 $\boldsymbol{A}$ **的行列式**，记作 $|\boldsymbol{A}|$ 或 $\det\boldsymbol{A}$.

**注意** 只有方阵才存在行列式.

设 $\boldsymbol{A}$，$\boldsymbol{B}$ 为 $n$ 阶方阵，$k$ 为常数，则方阵 $\boldsymbol{A}$ 的行列式满足下列运算律：

① $|\boldsymbol{A}|=|\boldsymbol{A}^{\mathrm{T}}|$；

② $|\boldsymbol{A}|=k^n|\boldsymbol{A}|$；

③ $|\boldsymbol{AB}|=|\boldsymbol{A}||\boldsymbol{B}|$.

**关于矩阵的运算，应注意以下几点：**

① 一般情况下，$\boldsymbol{AB}\neq\boldsymbol{BA}$；

② 设 $\boldsymbol{A}$、$\boldsymbol{B}$ 均为 $n$ 阶方阵，则 $(\boldsymbol{A}+\boldsymbol{B})^2\neq\boldsymbol{A}^2+2\boldsymbol{AB}+\boldsymbol{B}^2$，$(\boldsymbol{AB})^k\neq\boldsymbol{A}^k\boldsymbol{B}^k$；

③ $(\boldsymbol{AB})^{\mathrm{T}}\neq\boldsymbol{A}^{\mathrm{T}}\boldsymbol{B}^{\mathrm{T}}$；

④ $\boldsymbol{AB}=\boldsymbol{O}$ 不能推出 $\boldsymbol{A}=\boldsymbol{O}$ 或 $\boldsymbol{B}=\boldsymbol{O}$（但当 $\boldsymbol{A}$ 或 $\boldsymbol{B}$ 可逆时成立）；

⑤$\boldsymbol{AB}=\boldsymbol{AC}$ 不能推出 $\boldsymbol{B}=\boldsymbol{C}$（但当 $\boldsymbol{A}^{-1}$ 存在时成立）；

⑥$\boldsymbol{A}^2=\boldsymbol{E}$ 不能推出 $\boldsymbol{A}=\pm\boldsymbol{E}$；

⑦$|k\boldsymbol{A}|\neq k|\boldsymbol{A}|$（正确为 $|k\boldsymbol{A}|=k^n|\boldsymbol{A}|$）；

⑧$\boldsymbol{AB}+\boldsymbol{A}\neq\boldsymbol{A}(\boldsymbol{B}+1)$（正确为 $\boldsymbol{AB}+\boldsymbol{A}=\boldsymbol{A}(\boldsymbol{B}+\boldsymbol{E})$）.

**4. 逆矩阵**

**(1) 逆矩阵的概念**

对于 $n$ 阶矩阵 $\boldsymbol{A}$，如果存在一个 $n$ 阶矩阵 $\boldsymbol{B}$，使得

$$\boldsymbol{AB}=\boldsymbol{BA}=\boldsymbol{E},$$

则矩阵 $\boldsymbol{A}$ 称为**可逆矩阵**，简称 $\boldsymbol{A}$ 可逆，并称 $\boldsymbol{B}$ 为 $\boldsymbol{A}$ 的**逆矩阵**，记作 $\boldsymbol{A}^{-1}$.

**(2) 逆矩阵的性质**

①$(\boldsymbol{A}^{-1})^{-1}=\boldsymbol{A}$；

②$(\boldsymbol{A}^{\mathrm{T}})^{-1}=(\boldsymbol{A}^{-1})^{\mathrm{T}}$；

③$(\boldsymbol{AB})^{-1}=\boldsymbol{B}^{-1}\boldsymbol{A}^{-1}$；

④$|\boldsymbol{A}^{-1}|=\dfrac{1}{|\boldsymbol{A}|}$；

⑤$(a\boldsymbol{A})^{-1}=\dfrac{1}{a}\boldsymbol{A}^{-1}$（$a$ 为非零常数）.

**(3) 矩阵可逆的充要条件：**

$n$ 阶矩阵 $\boldsymbol{A}$ 可逆

$\Leftrightarrow\boldsymbol{AB}=\boldsymbol{E}$（或 $\boldsymbol{BA}=\boldsymbol{E}$）；

$\Leftrightarrow|\boldsymbol{A}|\neq 0$；

$\Leftrightarrow r(\boldsymbol{A})=n$（$\boldsymbol{A}$ 满秩）；

$\Leftrightarrow\boldsymbol{A}$ 的行（列）向量组线性无关；

$\Leftrightarrow$方程组 $\boldsymbol{AX}=\boldsymbol{O}$ 只有零解；

$\Leftrightarrow\boldsymbol{A}$ 经过初等变换可以化为单位矩阵；

$\Leftrightarrow\boldsymbol{A}$ 可以表示成有限个初等矩阵的乘积；

$\Leftrightarrow\boldsymbol{A}$ 的特征值全都不为零；

$\Leftrightarrow$对任意列向量 $\boldsymbol{\beta}$，$\boldsymbol{AX}=\boldsymbol{\beta}$ 有唯一解.

**注意** $n$ 阶矩阵 $\boldsymbol{A}$ 是可逆矩阵、非奇异矩阵、满秩矩阵的这几种说法是等价的.

**5. 伴随矩阵**

**(1) 伴随矩阵的概念**

设 $\boldsymbol{A}_{ij}$ 是 $n$ 阶方阵 $\boldsymbol{A}=(a_{ij})_{n\times n}$ 的行列式 $|\boldsymbol{A}|$ 中的元素 $a_{ij}(i, j=1, 2, \cdots, n)$ 的代数余子式，矩阵

$$A^* = \begin{pmatrix} A_{11} & A_{21} & \cdots & A_{n1} \\ A_{12} & A_{22} & \cdots & A_{n2} \\ \vdots & \vdots & & \vdots \\ A_{1n} & A_{2n} & \cdots & A_{nn} \end{pmatrix}$$

称为矩阵 $\boldsymbol{A}$ 的**伴随矩阵**.

**(2) 伴随矩阵的性质**

① $\boldsymbol{A}\boldsymbol{A}^* = \boldsymbol{A}^*\boldsymbol{A} = |\boldsymbol{A}|\boldsymbol{E}$;

② $|\boldsymbol{A}^*| = |\boldsymbol{A}|^{n-1}$;

③ $r(\boldsymbol{A}^*) = \begin{cases} n, & \text{当 } r(\boldsymbol{A}) = n, \\ 1, & \text{当 } r(\boldsymbol{A}) = n-1, \\ 0, & \text{当 } r(\boldsymbol{A}) < n-1; \end{cases}$

④ $(\boldsymbol{A}^{\mathrm{T}})^* = (\boldsymbol{A}^*)^{\mathrm{T}}$;

⑤ $(k\boldsymbol{A})^* = k^{n-1}\boldsymbol{A}^*$, $k$ 为任意非零常数，特别地，$(-\boldsymbol{A})^* = (-1)^{n-1}\boldsymbol{A}^*$;

⑥ 当 $\boldsymbol{A}$ 可逆时，$\boldsymbol{A}^* = |\boldsymbol{A}|\boldsymbol{A}^{-1}$，$(\boldsymbol{A}^*)^{-1} = \dfrac{1}{|\boldsymbol{A}|}\boldsymbol{A}$;

⑦ $(\boldsymbol{A}^*)^* = |\boldsymbol{A}|^{n-2}\boldsymbol{A}\ (n \geqslant 2)$;

⑧若 $\boldsymbol{A}$、$\boldsymbol{B}$ 为 $n$ 阶方阵，则 $(\boldsymbol{AB})^* = \boldsymbol{B}^*\boldsymbol{A}^*$. 但是一般地，$(\boldsymbol{A}+\boldsymbol{B})^* \neq \boldsymbol{A}^* + \boldsymbol{B}^*$.

**6. 分块矩阵**

**(1) 分块矩阵的概念**

用若干条贯穿整个矩阵的横线与纵线将矩阵 $\boldsymbol{A}$ 分成许多个小矩阵，每一个小矩阵称为 $\boldsymbol{A}$ 的**子矩阵**(或**子块**)，以这些子矩阵（或子块）为元素的矩阵称为**分块矩阵**.

**(2) 分块矩阵的运算**

**①分块矩阵的加法**

设矩阵 $\boldsymbol{A}$ 与 $\boldsymbol{B}$ 是同型矩阵，将它们按同样的方法分块，有

$$A = \begin{pmatrix} A_{11} & A_{12} & \cdots & A_{1t} \\ A_{21} & A_{22} & \cdots & A_{2t} \\ \vdots & \vdots & & \vdots \\ A_{s1} & A_{s2} & \cdots & A_{st} \end{pmatrix},\quad B = \begin{pmatrix} B_{11} & B_{12} & \cdots & B_{1t} \\ B_{21} & B_{22} & \cdots & B_{2t} \\ \vdots & \vdots & & \vdots \\ B_{s1} & B_{s2} & \cdots & B_{st} \end{pmatrix},$$

其中 $\boldsymbol{A}_{ij}$ 与 $\boldsymbol{B}_{ij}$ $(i=1, 2, \cdots, s;\ j=1, 2, \cdots, t)$ 是同型子矩阵，则

$$A+B = \begin{pmatrix} A_{11}+B_{11} & A_{12}+B_{12} & \cdots & A_{1t}+B_{1t} \\ A_{21}+B_{21} & A_{22}+B_{22} & \cdots & A_{2t}+B_{2t} \\ \vdots & \vdots & & \vdots \\ A_{s1}+B_{s1} & A_{s2}+B_{s2} & \cdots & A_{st}+B_{st} \end{pmatrix}.$$

**注意** 矩阵 $\boldsymbol{A}$，$\boldsymbol{B}$ 分块方法相同是为了保证各对应子块（作为矩阵）可以相加.

**②分块矩阵的数量乘法**

设 $k$ 为一个常数，则

$$kA=\begin{pmatrix} kA_{11} & kA_{12} & \cdots & kA_{1t} \\ kA_{21} & kA_{22} & \cdots & kA_{2t} \\ \vdots & \vdots & & \vdots \\ kA_{s1} & kA_{s2} & \cdots & kA_{st} \end{pmatrix}.$$

**注意** 数 $k$ 与分块矩阵相乘时，数 $k$ 应与分块矩阵的每一个子矩阵相乘.

**③分块矩阵的乘法**

设 $A$ 为 $m\times n$ 矩阵，$B$ 为 $n\times p$ 矩阵，分别分块为

$$A=\begin{pmatrix} A_{11} & A_{12} & \cdots & A_{1n} \\ A_{21} & A_{22} & \cdots & A_{2n} \\ \vdots & \vdots & & \vdots \\ A_{s1} & A_{s2} & \cdots & A_{st} \end{pmatrix},\ B=\begin{pmatrix} B_{11} & B_{12} & \cdots & B_{1r} \\ B_{21} & B_{22} & \cdots & B_{2r} \\ \vdots & \vdots & & \vdots \\ B_{t1} & B_{t2} & \cdots & B_{tr} \end{pmatrix}.$$

其中 $A_{i1}$，$A_{i2}$，$\cdots A_{it}$ 的列数分别等于 $B_{1j}$，$B_{2j}$，$\cdots B_{tj}$ 的行数（$i=1$，2，…，$s$；$j=1$，2，…，$r$），则

$$AB=\begin{pmatrix} C_{11} & C_{12} & \cdots & C_{1r} \\ C_{21} & C_{22} & \cdots & C_{2r} \\ \vdots & \vdots & & \vdots \\ C_{s1} & C_{s2} & \cdots & C_{sr} \end{pmatrix},$$

其中 $C_{ij}=\sum\limits_{k=1}^{t}A_{ik}B_{kj}$（$i=1$，2…，$s$；$j=1$，2，…，$r$）.

这就是说，在对矩阵 $A$ 与矩阵 $B$ 分块时，一定要使左矩阵 $A$ 的列的分法与右矩阵 $B$ 的行的分法完全一致，而对左矩阵 $A$ 的行的分法与右矩阵 $B$ 的列的分法不作限制.

**④分块矩阵的转置**

将 $m\times n$ 矩阵 $A$ 分成 $s\times p$ 的分块矩阵

$$A=\begin{pmatrix} A_{11} & A_{12} & \cdots & A_{1p} \\ A_{21} & A_{22} & \cdots & A_{2p} \\ \vdots & \vdots & & \vdots \\ A_{s1} & A_{s2} & \cdots & A_{sp} \end{pmatrix},$$

则 $A$ 的转置矩阵为

$$A^{T}=\begin{pmatrix} A_{11}^{T} & A_{21}^{T} & \cdots & A_{sp}^{T} \\ A_{12}^{T} & A_{22}^{T} & \cdots & A_{sp}^{T} \\ \vdots & \vdots & & \vdots \\ A_{1p}^{T} & A_{2p}^{T} & \cdots & A_{sp}^{T} \end{pmatrix}.$$

分块矩阵转置时，不仅要把当作元素看待的子块行列互换，而且要把每个子块内部的元素也进行行列互换.

**(3) 几种特殊的分块矩阵**

**①分块对角矩阵**

设 $A$ 为 $n$ 阶方阵，若 $A$ 的分块矩阵在主对角线上的子块均为方阵，且主对角线以外的

子块均为零矩阵，即

$$A=\begin{pmatrix}A_1 & O & \cdots & O\\ O & A_2 & \cdots & O\\ \vdots & \vdots & & \vdots\\ O & O & \cdots & A_s\end{pmatrix},$$

其中 $A_i(i=1,2,\cdots,s)$ 是方阵，称 $A$ 为**分块对角矩阵**，也可简记为 $A=\text{diag}(A_1,A_2,\cdots,A_s)$.

显然，分块对角矩阵是对角矩阵概念的推广，因为当分块对角矩阵对角线上的子块是一阶方阵时，它就成为对角矩阵.

分块对角矩阵满足下列运算律.

ⅰ. $|A|=|A_1||A_2|\cdots|A_s|$.

ⅱ. 若 $|A_i|\neq 0$，即 $A_i$ 可逆($i=1,2,\cdots,s$)，则 $|A|\neq 0$，且 $A$ 的逆矩阵为

$$A^{-1}=\begin{pmatrix}A_1^{-1} & & & \\ & A_2^{-1} & & \\ & & \ddots & \\ & & & A_s^{-1}\end{pmatrix}.$$

ⅲ. 设 $A=\begin{pmatrix}A_1 & & & \\ & A_2 & & \\ & & \ddots & \\ & & & A_s\end{pmatrix}$ 和 $B=\begin{pmatrix}B_1 & & & \\ & B_2 & & \\ & & \ddots & \\ & & & B_s\end{pmatrix}$ 均为分块对角矩阵，其中 $A_i$，$B_i$（$i=1,2,\cdots,s$）是同型子矩阵，则

$$AB=\begin{pmatrix}A_1B_1 & & & \\ & A_2B_2 & & \\ & & \ddots & \\ & & & A_sB_s\end{pmatrix}.$$

ⅳ. $A^{\mathrm{T}}=\begin{pmatrix}A_1^{\mathrm{T}} & & & \\ & A_2^{\mathrm{T}} & & \\ & & \ddots & \\ & & & A_s^{\mathrm{T}}\end{pmatrix}$.

**② 分块上三角形矩阵**

设 $A$ 为 $n$ 阶方阵，若 $A$ 的分块矩阵主对角线上方的子块都是方阵，主对角线下方的子块都是零矩阵，即

$$A=\begin{pmatrix}A_{11} & A_{12} & \cdots & A_{1s}\\ O & A_{22} & \cdots & A_{2s}\\ \vdots & \vdots & & \vdots\\ O & O & \cdots & A_{ss}\end{pmatrix},$$

其中 $A_{ii}(i=1,2,\cdots,s)$ 均为方阵，称 $A$ 为**分块上三角形矩阵**. 若 $A$ 的分块矩阵主对角线下方的子块都是方阵，主对角线上方的子块都是零矩阵，即

$$A=\begin{pmatrix} A_{11} & O & \cdots & O \\ A_{21} & A_{22} & \cdots & O \\ \vdots & \vdots & & \vdots \\ A_{s1} & A_{s2} & \cdots & A_{ss} \end{pmatrix},$$

其中 $A_{ii}(i=1,2,\cdots,s)$ 均为方阵，称 $A$ 为**分块下三角形矩阵**.

**7. 矩阵的初等变换**

**(1) 初等变换**

设矩阵 $A=(a_{ij})_{m\times n}$，将矩阵 $A$ 进行如下三种变换：

① 交换矩阵 $A$ 的两行（列），记为 $r_i\leftrightarrow r_j(c_i\leftrightarrow c_j)$；

②将矩阵 $A$ 的第 $i$ 行（列）元素都乘以一个非零数 $k$，记为 $r_i\times k(c_i\times k)$；

③将矩阵 $A$ 的第 $j$ 行（列）元素都乘以数 $k$ 加到第 $i$ 行（列）的对应元素上去，记为 $r_i+kr_j(c_i+kc_j)$.

将上述三种变换称为矩阵 $A$ 的**初等行（列）变换**. 矩阵的初等行变换、初等列变换统称为矩阵的**初等变换**. 显然，经过初等变换后得到的矩阵与原矩阵为同型矩阵，而且初等变换将一个矩阵变换成另一个矩阵，一般情况下，变换前后的两个矩阵并不相等.

若矩阵 $A$ 经过有限次初等变换变为矩阵 $B$，则称矩阵 $A$ 与 $B$ **等价**，记作 $A\cong B$.

矩阵之间的等价关系具有下列性质：

①反身性：$A\cong A$；

②对称性：若 $A\cong B$，则 $B\cong A$；

③传递性：若 $A\cong B$，$B\cong C$，则 $A\cong C$.

若矩阵 $A$ 的非零行的第一个非零元素的列标随着行标的增加而严格增加，且元素全为零的行（如果存在的话）位于矩阵的最下方，则称矩阵 $A$ 为**行阶梯形矩阵**. 若矩阵 $A$ 是行阶梯形矩阵，且其非零行的第一个非零元素为 1，而该元素所在列的其他元素全为 0，则称矩阵 $A$ 为**行最简形矩阵**.

矩阵的左上角是一个单位矩阵，其余元素全为零，称为**标准形矩阵**. 即

$$C=\begin{pmatrix} E_r & O \\ O & O \end{pmatrix}.$$

**(2) 初等矩阵**

对单位矩阵作一次初等变换后得到的矩阵，称为**初等矩阵**.

三种初等行（列）变换对应着下面三种初等矩阵：

①交换单位矩阵的第 $i$，$j$ 两行（列）所得到的矩阵为第一种初等矩阵，记作 $E(i,j)$，即

$$E(i,j)=\begin{pmatrix}1&&&&&&&&\\&\ddots&&&&&&&\\&&0&&\cdots&&1&&\\&&&1&&&&&\\&&\vdots&&\ddots&&\vdots&&\\&&&&&1&&&\\&&1&&\cdots&&0&&\\&&&&&&&\ddots&\\&&&&&&&&1\end{pmatrix}\begin{matrix}\\\\第\ i\ 行\\\\\\\\第\ j\ 行\\\\\\\end{matrix};$$

第 $i$ 列　　第 $j$ 列

②将单位矩阵的第 $i$ 行（列）乘以非零数 $k$ 所得到的矩阵为第二种初等矩阵，记作 $\boldsymbol{E}[i(k)]$，即

$$\boldsymbol{E}[i(k)]=\begin{pmatrix}1&&&&&&\\&\ddots&&&&&\\&&1&&&&\\&&&k&&&\\&&&&1&&\\&&&&&\ddots&\\&&&&&&1\end{pmatrix}第\ i\ 行;$$

第 $i$ 列

③将单位矩阵的第 $j$ 行（或第 $i$ 列）乘以数 $k$ 加到第 $i$ 行（第 $j$ 列）所得到的矩阵为第三种初等矩阵，记作 $\boldsymbol{E}[i,j(k)]$，即

$$\boldsymbol{E}[i,j(k)]=\begin{pmatrix}1&&&&&&\\&\ddots&&&&&\\&&1&\cdots&k&&\\&&&\ddots&\vdots&&\\&&&&1&&\\&&&&&\ddots&\\&&&&&&1\end{pmatrix}\begin{matrix}\\\\第\ i\ 行\\第\ j\ 行\\\\\\\\\end{matrix}.$$

第 $i$ 列　第 $j$ 列

初等矩阵具有以下性质：

①初等矩阵的转置仍为初等矩阵，且

$\boldsymbol{E}(i,j)^{\mathrm{T}}=\boldsymbol{E}(i,j)$；

$\boldsymbol{E}[i(k)]^{\mathrm{T}}=\boldsymbol{E}[i(k)]$；

$\boldsymbol{E}[i,j(k)]^{\mathrm{T}}=\boldsymbol{E}[j,i(k)]$.

②初等矩阵都是可逆矩阵，其逆矩阵仍为初等矩阵，且

$\boldsymbol{E}(i,j)^{-1}=E(i,j)$；

$E[i(k)]^{-1}=E[i(k^{-1})]$；

$E[i,j(k)]^{-1}=E[i,j(-k)]$.

③对 $A_{m\times n}$ 施以一次初等行变换所得到的矩阵，相当于用同种 $m$ 阶初等矩阵左乘矩阵 $A$；对 $A$ 施以一次初等列变换所得到的矩阵，相当于用同种 $n$ 阶初等矩阵右乘矩阵 $A$.

④ 任意 $n$ 阶可逆矩阵 $A$ 都可以表示成有限个初等矩阵的乘积.

求逆矩阵的初等行变换法：

① 构造 $n\times 2n$ 矩阵 $(A\quad E)$；

② 对于 $(A\quad E)$ 连续施以初等行变换，将 $A$ 化为单位矩阵，同时 $E$ 就化为 $A^{-1}$. 即

$$(A\quad E)\xrightarrow{\text{初等行变换}}(E\quad A^{-1}).$$

**8. 矩阵的秩**

**(1) 矩阵秩的概念**

矩阵 $A$ 中所有不等于零的子式的最高阶数称为**矩阵 $A$ 的秩**，记为 $r(A)$.

**(2) 矩阵秩的性质**

① 若矩阵 $A$ 有一个非零 $r$ 阶子式，则 $r(A)=r$；

② 若矩阵 $A$ 中所有 $r$ 阶子式全为零，则 $r(A)<r$；

③ 若矩阵 $A$ 是行阶梯形矩阵，则 $r(A)$ 等于 $A$ 的非零行的行数；

④ $r(A)=r(A^{\mathrm{T}})$；

⑤ $0\leqslant r(A_{m\times n})\leqslant min(m,n)$；

⑥ $r(kA)=\begin{cases} r(A), & k\neq 0, \\ 0, & k=0; \end{cases}$

⑦ $r\begin{pmatrix} A & O \\ O & B \end{pmatrix}=r(A)+r(B)$；

⑧ $r(PA)=r(QA)=r(A)$，其中 $P$、$Q$ 均可逆；

⑨ $r(A)=0\Leftrightarrow A=O$.

## 二、典型方法与范例

**1. 矩阵的运算**

**例 1** 设

$$A=\begin{pmatrix} 1 & 1 & 1 \\ 1 & 1 & -1 \\ 1 & -1 & 1 \end{pmatrix},\ B=\begin{pmatrix} 1 & 2 & 3 \\ -1 & -2 & 4 \\ 0 & 5 & 1 \end{pmatrix},$$

求 $3A-2B$.

**分析** 此题用到矩阵的数乘运算和减法运算.

**解** 根据矩阵数乘运算与加减运算的定义有

$$3\boldsymbol{A}-2\boldsymbol{B}=3\begin{pmatrix}1&1&1\\1&1&-1\\1&-1&1\end{pmatrix}-2\begin{pmatrix}1&2&3\\-1&-2&4\\0&5&1\end{pmatrix}$$

$$=\begin{pmatrix}3&3&3\\3&3&-3\\3&-3&3\end{pmatrix}-\begin{pmatrix}2&4&6\\-2&-4&8\\0&10&2\end{pmatrix}$$

$$=\begin{pmatrix}1&-1&-3\\5&7&-11\\3&-13&1\end{pmatrix}.$$

**例 2**　设 $\boldsymbol{\alpha}=(a_1, a_2, \cdots, a_n)$，$\boldsymbol{\beta}=(b_1, b_2, \cdots, b_n)$，求（1）$\boldsymbol{A}=\boldsymbol{\alpha}^{\mathrm{T}}\boldsymbol{\beta}$；（2）$\boldsymbol{\beta}\boldsymbol{\alpha}^{\mathrm{T}}$；（3）$\boldsymbol{A}^k$.

**分析**　$\boldsymbol{\alpha}$，$\boldsymbol{\beta}$ 都是 $1\times n$ 矩阵，由矩阵的乘法可知 $\boldsymbol{A}=\boldsymbol{\alpha}^{\mathrm{T}}\boldsymbol{\beta}$ 是一个 $n$ 阶方阵，而 $\boldsymbol{\beta}\boldsymbol{\alpha}^{\mathrm{T}}$ 是一个数，$\boldsymbol{A}^k$ 相当于有 $k$ 个 $\boldsymbol{\alpha}^{\mathrm{T}}\boldsymbol{\beta}$ 相乘.

**解**　（1）$\boldsymbol{A}=\boldsymbol{\alpha}^{\mathrm{T}}\boldsymbol{\beta}=\begin{pmatrix}a_1\\a_2\\\vdots\\a_n\end{pmatrix}(b_1, b_2, \cdots, b_n)=\begin{pmatrix}a_1b_1&a_1b_2&\cdots&a_1b_n\\a_2b_1&a_2b_2&\cdots&a_2b_n\\\vdots&\vdots&&\vdots\\a_nb_1&a_nb_2&\cdots&a_nb_n\end{pmatrix}$.

（2）$\boldsymbol{\beta}\boldsymbol{\alpha}^{\mathrm{T}}=(b_1, b_2, \cdots, b_n)\begin{pmatrix}a_1\\a_2\\\vdots\\a_n\end{pmatrix}=a_1b_1+a_2b_2+\cdots+a_nb_n$.

（3）由（1），（2）知

$$\boldsymbol{A}^k=\underbrace{(\boldsymbol{\alpha}^{\mathrm{T}}\boldsymbol{\beta})(\boldsymbol{\alpha}^{\mathrm{T}}\boldsymbol{\beta})\cdots(\boldsymbol{\alpha}^{\mathrm{T}}\boldsymbol{\beta})}_{k\text{个}}=\boldsymbol{\alpha}^{\mathrm{T}}\underbrace{(\boldsymbol{\beta}\boldsymbol{\alpha}^{\mathrm{T}})(\boldsymbol{\beta}\boldsymbol{\alpha}^{\mathrm{T}})\cdots(\boldsymbol{\beta}\boldsymbol{\alpha}^{\mathrm{T}})}_{k-1\text{个}}\boldsymbol{\beta}$$

$$=\boldsymbol{\alpha}^{\mathrm{T}}(\boldsymbol{\beta}\boldsymbol{\alpha}^{\mathrm{T}})^{k-1}\boldsymbol{\beta}=\begin{pmatrix}a_1\\a_2\\\vdots\\a_n\end{pmatrix}=\boldsymbol{\alpha}^{\mathrm{T}}(a_1b_1+a_2b_2+\cdots+a_nb_n)^{k-1}\boldsymbol{\beta}$$

$$=(a_1b_1+a_2b_2+\cdots+a_nb_n)^{k-1}\boldsymbol{\alpha}^{\mathrm{T}}\boldsymbol{\beta}$$

$$=(a_1b_1+a_2b_2+\cdots+a_nb_n)^{k-1}\begin{pmatrix}a_1b_1&a_1b_2&\cdots&a_1b_n\\a_2b_1&a_2b_2&\cdots&a_2b_n\\\vdots&\vdots&&\vdots\\a_nb_1&a_nb_2&\cdots&a_nb_n\end{pmatrix}.$$

**例 3**　设 $1\times n$ 矩阵 $\boldsymbol{\alpha}=\left(\frac{1}{2}, 0, \cdots, 0, \frac{1}{2}\right)$，矩阵 $\boldsymbol{A}=\boldsymbol{E}-\boldsymbol{\alpha}^{\mathrm{T}}\boldsymbol{\alpha}$，$\boldsymbol{B}=\boldsymbol{E}+2\boldsymbol{\alpha}^{\mathrm{T}}\boldsymbol{\alpha}$，其中 $\boldsymbol{E}$ 是 $n$ 阶单位矩阵，求 $\boldsymbol{AB}$.

**分析**　本题考查矩阵乘法的结合律、乘法关于加法的分配律和转置运算. $\boldsymbol{\alpha}$ 是 $1\times n$ 矩阵，$\boldsymbol{\alpha}^{\mathrm{T}}\boldsymbol{\alpha}$ 是一个 $n$ 阶方阵，$\boldsymbol{\alpha}\boldsymbol{\alpha}^{\mathrm{T}}$ 是一个数.

**解**　利用矩阵乘法，

$$\begin{aligned}\boldsymbol{AB}&=(\boldsymbol{E}-\boldsymbol{\alpha}^{\mathrm{T}}\boldsymbol{\alpha})(\boldsymbol{E}+\boldsymbol{\alpha}^{\mathrm{T}}\boldsymbol{\alpha})=\boldsymbol{E}+2\boldsymbol{\alpha}^{\mathrm{T}}\boldsymbol{\alpha}-\boldsymbol{\alpha}^{\mathrm{T}}\boldsymbol{\alpha}-2\boldsymbol{\alpha}^{\mathrm{T}}\boldsymbol{\alpha}\boldsymbol{\alpha}^{\mathrm{T}}\boldsymbol{\alpha}\\&=\boldsymbol{E}+\boldsymbol{\alpha}^{\mathrm{T}}\boldsymbol{\alpha}-2\boldsymbol{\alpha}^{\mathrm{T}}(\boldsymbol{\alpha}\boldsymbol{\alpha}^{\mathrm{T}})\boldsymbol{\alpha},\end{aligned}$$

$$\boldsymbol{\alpha}\boldsymbol{\alpha}^{\mathrm{T}}=\left(\frac{1}{2},\ 0,\ \cdots,\ 0,\ \frac{1}{2}\right)\begin{pmatrix}\frac{1}{2}\\0\\\vdots\\0\\\frac{1}{2}\end{pmatrix}=\frac{1}{2},$$

所以

$$\begin{aligned}\boldsymbol{AB}&=\boldsymbol{E}+\boldsymbol{\alpha}^{\mathrm{T}}\boldsymbol{\alpha}-2\boldsymbol{\alpha}^{\mathrm{T}}(\boldsymbol{\alpha}\boldsymbol{\alpha}^{\mathrm{T}})\boldsymbol{\alpha}=\boldsymbol{E}+\boldsymbol{\alpha}^{\mathrm{T}}\boldsymbol{\alpha}-2\boldsymbol{\alpha}^{\mathrm{T}}\left(\frac{1}{2}\right)\boldsymbol{\alpha}\\&=\boldsymbol{E}+\boldsymbol{\alpha}^{\mathrm{T}}\boldsymbol{\alpha}-\boldsymbol{\alpha}^{\mathrm{T}}\boldsymbol{\alpha}=\boldsymbol{E}.\end{aligned}$$

**例 4**　设矩阵 $\boldsymbol{M}=\begin{pmatrix}a&b&c&d\\-b&a&-d&c\\-c&d&a&-b\\-d&-c&b&a\end{pmatrix}$（$a$，$b$，$c$，$d$ 均为实数）.

(1) 计算 $\boldsymbol{MM}^{\mathrm{T}}$；(2) 求 $|\boldsymbol{M}|$.

**分析**　此题考查矩阵的转置、矩阵的乘法及方阵的行列式定义、性质.

**解**　(1) 由矩阵的转置及乘法运算得

$$\boldsymbol{MM}^{\mathrm{T}}=\begin{pmatrix}a&b&c&d\\-b&a&-d&c\\-c&d&a&-b\\-d&-c&b&a\end{pmatrix}\begin{pmatrix}a&-b&-c&-d\\b&a&d&-c\\c&-d&a&b\\d&c&-b&a\end{pmatrix}$$

$$=\begin{pmatrix}a^2+b^2+c^2+d^2&0&0&0\\0&a^2+b^2+c^2+d^2&0&0\\0&0&a^2+b^2+c^2+d^2&0\\0&0&0&a^2+b^2+c^2+d^2\end{pmatrix}.$$

(2) 由(1) 有

$$|\boldsymbol{M}\boldsymbol{M}^{\mathrm{T}}|=\begin{vmatrix} a^2+b^2+c^2+d^2 & 0 & 0 & 0 \\ 0 & a^2+b^2+c^2+d^2 & 0 & 0 \\ 0 & 0 & a^2+b^2+c^2+d^2 & 0 \\ 0 & 0 & 0 & a^2+b^2+c^2+d^2 \end{vmatrix}$$
$$=(a^2+b^2+c^2+d^2)^4,$$

$$|\boldsymbol{M}\boldsymbol{M}^{\mathrm{T}}|=|\boldsymbol{M}||\boldsymbol{M}^{\mathrm{T}}|=|\boldsymbol{M}|^2=(a^2+b^2+c^2+d^2)^4,$$

则

$$|\boldsymbol{M}|=(a^2+b^2+c^2+d^2)^2.$$

**方法总结**　在矩阵运算中主要是矩阵乘法的运算及运算律，要注意两个或者多个矩阵能够相乘的前提是，前面的矩阵的列数必须等于后面的矩阵的行数，对于乘积结果的每个元素需按照矩阵乘法定义去算．单纯的矩阵的转置、方阵行列式的运算非常简单，但是将它们与矩阵其他运算相结合的题型会变得很精彩，需要牢记矩阵转置的性质及方阵行列式的性质．

**2．逆矩阵的计算与证明**

**例 5**　设 $\boldsymbol{A}=\begin{pmatrix}2&1&1\\1&2&1\\1&1&2\end{pmatrix}$，求 $\boldsymbol{A}^{-1}$．

**分析**　求一个具体矩阵的逆矩阵，常用的方法有三个：伴随矩阵法，分块矩阵和初等变换法．选择哪种方法要根据矩阵特点而定，最常用的是初等变换法．此题不是特殊分块矩阵，因此我们用伴随矩阵法和初等变换法两种方法求解．

**解**　**解法一(伴随矩阵法)**

因为 $\boldsymbol{A}^{\mathrm{T}}=\boldsymbol{A}$，故 $(\boldsymbol{A}^{-1})^{\mathrm{T}}=(\boldsymbol{A}^{\mathrm{T}})^{-1}=\boldsymbol{A}^{-1}$，即 $\boldsymbol{A}^{-1}$ 也是对称矩阵，而

$$\boldsymbol{A}_{11}=\begin{vmatrix}2&1\\1&2\end{vmatrix}=3,\ \boldsymbol{A}_{12}=-\begin{vmatrix}1&1\\1&2\end{vmatrix}=-1,\ \boldsymbol{A}_{13}=\begin{vmatrix}1&2\\1&1\end{vmatrix}=-1,\ \boldsymbol{A}_{22}=\begin{vmatrix}2&1\\1&2\end{vmatrix}=3,$$

$$\boldsymbol{A}_{23}=-\begin{vmatrix}2&1\\1&1\end{vmatrix}=-1,\ \boldsymbol{A}_{33}=\begin{vmatrix}2&1\\1&2\end{vmatrix}=3,\ |\boldsymbol{A}|=\begin{vmatrix}2&1&1\\1&2&1\\1&1&2\end{vmatrix}=4\begin{vmatrix}1&1&1\\1&2&1\\1&1&2\end{vmatrix}=4\begin{vmatrix}1&0&0\\1&1&0\\1&0&1\end{vmatrix}=4,$$

故有

$$\boldsymbol{A}^{-1}=\frac{1}{|\boldsymbol{A}|}\boldsymbol{A}^*=\frac{1}{4}\begin{pmatrix}\boldsymbol{A}_{11}&\boldsymbol{A}_{21}&\boldsymbol{A}_{31}\\\boldsymbol{A}_{12}&\boldsymbol{A}_{22}&\boldsymbol{A}_{32}\\\boldsymbol{A}_{13}&\boldsymbol{A}_{23}&\boldsymbol{A}_{33}\end{pmatrix}=\frac{1}{4}\begin{pmatrix}3&-1&-1\\-1&3&-1\\-1&-1&3\end{pmatrix}.$$

**解法二(初等变换法)**

$$(\boldsymbol{A}\vdots\boldsymbol{E})=\begin{pmatrix}2&1&1&1&0&0\\1&2&1&0&1&0\\1&1&2&0&0&1\end{pmatrix}\xrightarrow{r_1\leftrightarrow r_3}\begin{pmatrix}1&1&2&0&0&1\\1&2&1&0&1&0\\2&1&1&1&0&0\end{pmatrix}$$

$$\xrightarrow[r_3-2r_1]{r_2-r_1}\begin{pmatrix}1 & 1 & 2 & 0 & 0 & 1\\0 & 1 & -1 & 0 & 1 & -1\\0 & -1 & -3 & 1 & 0 & -2\end{pmatrix}\xrightarrow[\substack{r_1+r_3\\r_2+r_3}]{\substack{r_1+r_3\\r_3+r_2\\r_3\times\left(-\frac{1}{4}\right)}}\begin{pmatrix}1 & 0 & 0 & -\frac{3}{4} & -\frac{1}{4} & -\frac{3}{4}\\0 & 1 & 0 & -\frac{1}{4} & \frac{3}{4} & -\frac{1}{4}\\0 & 0 & 1 & -\frac{1}{4} & -\frac{1}{4} & \frac{3}{4}\end{pmatrix},$$

即

$$A^{-1}=\begin{pmatrix}\frac{3}{4} & -\frac{1}{4} & -\frac{1}{4}\\-\frac{1}{4} & \frac{3}{4} & -\frac{1}{4}\\-\frac{1}{4} & -\frac{1}{4} & \frac{3}{4}\end{pmatrix}.$$

**例 6** 设矩阵 $\boldsymbol{A}$，$\boldsymbol{B}$ 满足 $2\boldsymbol{A}^{-1}\boldsymbol{B}=\boldsymbol{B}-4\boldsymbol{E}$，证明：矩阵 $\boldsymbol{A}-2\boldsymbol{E}$ 可逆.

**分析** 此题考查逆矩阵的定义，从已知等式中分解出因子 $\boldsymbol{A}-2\boldsymbol{E}$.

**证明** 因为 $2\boldsymbol{A}^{-1}\boldsymbol{B}=\boldsymbol{B}-4\boldsymbol{E}$，所以用同时左乘等式两边得 $2\boldsymbol{B}=\boldsymbol{AB}-4\boldsymbol{A}$，即 $\boldsymbol{AB}-4\boldsymbol{A}-2\boldsymbol{B}=\boldsymbol{O}$，整理得

$$(\boldsymbol{A}-2\boldsymbol{E})\frac{1}{8}(\boldsymbol{B}-4\boldsymbol{E})=\boldsymbol{E},$$

故 $\boldsymbol{A}-2\boldsymbol{E}$ 可逆.

**例 7** 设 $\boldsymbol{AX}+\boldsymbol{B}=3\boldsymbol{C}$，其中 $\boldsymbol{A}=\begin{pmatrix}1 & 2\\0 & 1\end{pmatrix}$，$\boldsymbol{B}=\begin{pmatrix}1 & 1\\1 & 0\end{pmatrix}$，$\boldsymbol{C}=\begin{pmatrix}1 & 0\\1 & 1\end{pmatrix}$，求 $\boldsymbol{X}$.

**分析** 这是矩阵方程问题，此题稍作整理可直接求解. 对于形式为 $\boldsymbol{AX}=\boldsymbol{B}$ 的矩阵方程，可先求出 $\boldsymbol{A}$ 的逆矩阵，再作矩阵乘法，得 $\boldsymbol{X}=\boldsymbol{BA}^{-1}$；也可通过初等变换法求解. 这里通过两种方法求矩阵方程 $\boldsymbol{AX}=\boldsymbol{B}$ 的解.

**解 方法一（逆矩阵法）**

因为 $|\boldsymbol{A}|=\begin{vmatrix}1 & 2\\0 & 1\end{vmatrix}=1\neq 0$，所以 $\boldsymbol{A}$ 可逆，且 $\boldsymbol{A}^{-1}=\begin{pmatrix}1 & -2\\0 & 1\end{pmatrix}$.

由 $\boldsymbol{AX}+\boldsymbol{B}=3\boldsymbol{C}$ 得 $\boldsymbol{AX}=3\boldsymbol{C}-\boldsymbol{B}$，进一步得 $\boldsymbol{X}=\boldsymbol{A}^{-1}(3\boldsymbol{C}-\boldsymbol{B})$，即

$$\boldsymbol{X}=\begin{pmatrix}1 & -2\\0 & 1\end{pmatrix}\begin{pmatrix}2 & -1\\2 & 3\end{pmatrix}=\begin{pmatrix}-2 & -7\\2 & 3\end{pmatrix}.$$

**方法二（初等变换法）**

由 $\boldsymbol{AX}+\boldsymbol{B}=3\boldsymbol{C}$ 得 $\boldsymbol{AX}=3\boldsymbol{C}-\boldsymbol{B}$，构造下列矩阵

$$\left(\begin{array}{cc:cc}1 & 2 & 0 & 1\\0 & 1 & 2 & 3\end{array}\right)\xrightarrow{r_1-2r_2}\left(\begin{array}{cc:cc}1 & 0 & -2 & -7\\0 & 1 & 2 & 3\end{array}\right),$$

即 $\boldsymbol{X}=\begin{pmatrix}-2 & -7\\2 & 3\end{pmatrix}$.

**例 8**　已知 $\boldsymbol{A}^3=2\boldsymbol{E}$，$\boldsymbol{B}=\boldsymbol{A}^2-2\boldsymbol{A}+2\boldsymbol{E}$，证明矩阵 $\boldsymbol{B}$ 可逆，且求出 $\boldsymbol{B}^{-1}$ 的表达式.

**分析**　根据矩阵 $\boldsymbol{B}$ 的表达式，要证明 $\boldsymbol{B}$ 可逆，可设法将 $\boldsymbol{B}$ 化成若干个可逆矩阵的乘积，在此基础上再求出 $\boldsymbol{B}^{-1}$ 的表达式.

**证明**　由已知条件 $\boldsymbol{A}^3=2\boldsymbol{E}$ 可得

$$\boldsymbol{B}=\boldsymbol{A}^2-2\boldsymbol{A}+2\boldsymbol{E}=\boldsymbol{A}^2-2\boldsymbol{A}+\boldsymbol{A}^3=\boldsymbol{A}(\boldsymbol{A}-\boldsymbol{E})(\boldsymbol{A}+2\boldsymbol{E}).$$

下面证明 $\boldsymbol{A}$、$\boldsymbol{A}-\boldsymbol{E}$、$\boldsymbol{A}+2\boldsymbol{E}$ 均可逆.

由 $\boldsymbol{A}^3=2\boldsymbol{E}$，$|\boldsymbol{A}|\neq 0$，故 $\boldsymbol{A}$ 可逆，并由 $\boldsymbol{A}\left(\frac{1}{2}\boldsymbol{A}^2\right)=\boldsymbol{E}$ 知 $\boldsymbol{A}^{-1}=\frac{1}{2}\boldsymbol{A}^2$.

由 $\boldsymbol{A}^3=2\boldsymbol{E}$，得 $\boldsymbol{A}^3-\boldsymbol{E}=\boldsymbol{E}$，即 $(\boldsymbol{A}-\boldsymbol{E})(\boldsymbol{A}^2+\boldsymbol{A}+\boldsymbol{E})=\boldsymbol{E}$，因此得 $\boldsymbol{A}-\boldsymbol{E}$ 可逆，且 $(\boldsymbol{A}-\boldsymbol{E})^{-1}=\boldsymbol{A}^2+\boldsymbol{A}+\boldsymbol{E}$.

由 $\boldsymbol{A}^3=2\boldsymbol{E}$，得 $\boldsymbol{A}^3+8\boldsymbol{E}=10\boldsymbol{E}$，即 $(\boldsymbol{A}+2\boldsymbol{E})(\boldsymbol{A}^2-2\boldsymbol{A}+4\boldsymbol{E})=10\boldsymbol{E}$，故 $\boldsymbol{A}+2\boldsymbol{E}$ 可逆，且 $(\boldsymbol{A}+2\boldsymbol{E})^{-1}=\frac{1}{10}(\boldsymbol{A}^2-2\boldsymbol{A}+4\boldsymbol{E})$.

综上所述可知，矩阵 $\boldsymbol{B}$ 可逆. 且

$$\begin{aligned}\boldsymbol{B}^{-1}&=\frac{1}{10}(\boldsymbol{A}^2-2\boldsymbol{A}+4\boldsymbol{E})(\boldsymbol{A}^2+\boldsymbol{A}+\boldsymbol{E})\frac{1}{2}\boldsymbol{A}^2=\frac{1}{20}(\boldsymbol{A}^6-\boldsymbol{A}^5+3\boldsymbol{A}^4+2\boldsymbol{A}^3+4\boldsymbol{A}^2)\\&=\frac{1}{10}(\boldsymbol{A}^2+3\boldsymbol{A}+4\boldsymbol{E})\ (\text{利用 } \boldsymbol{A}^3=2\boldsymbol{E}).\end{aligned}$$

**例 9**　设 $\boldsymbol{A}$、$\boldsymbol{B}$ 是 $n$ 阶方阵，已知 $|\boldsymbol{B}|\neq 0$，$\boldsymbol{A}-\boldsymbol{E}$ 可逆，且 $(\boldsymbol{A}-\boldsymbol{E})^{-1}=(\boldsymbol{B}-\boldsymbol{E})^{\mathrm{T}}$，求证 $\boldsymbol{A}$ 可逆.

**分析**　要证方阵 $\boldsymbol{A}$ 可逆，只需证其行列式值不为零.

**证明**　由 $(\boldsymbol{A}-\boldsymbol{E})^{-1}=(\boldsymbol{B}-\boldsymbol{E})^{\mathrm{T}}$ 得 $(\boldsymbol{A}-\boldsymbol{E})(\boldsymbol{B}-\boldsymbol{E})^{\mathrm{T}}=\boldsymbol{E}$，整理后得 $\boldsymbol{A}\boldsymbol{B}^{\mathrm{T}}-\boldsymbol{A}-\boldsymbol{B}^{\mathrm{T}}=\boldsymbol{O}$，即 $\boldsymbol{A}(\boldsymbol{B}^{\mathrm{T}}-\boldsymbol{E})=\boldsymbol{B}^{\mathrm{T}}$，于是

$$|\boldsymbol{A}(\boldsymbol{B}^{\mathrm{T}}-\boldsymbol{E})|=|\boldsymbol{B}^{\mathrm{T}}|=|\boldsymbol{B}|\neq 0.$$

从而 $|\boldsymbol{A}|\neq 0$，即 $\boldsymbol{A}$ 可逆.

**例 10**　用分块矩阵方法求 $\boldsymbol{A}=\begin{pmatrix}2&0&0&0&0\\0&3&2&0&0\\0&4&3&0&0\\0&0&0&1&2\\0&0&0&3&4\end{pmatrix}$ 的逆矩阵.

**分析**　此题根据矩阵 $\boldsymbol{A}$ 元素的特点将其分解成分块对角矩阵，利用分块对角矩阵的性质.

**解**　$\boldsymbol{A}$ 可作如下分块

$$\boldsymbol{A}=\begin{pmatrix}2&0&0&0&0\\0&3&2&0&0\\0&4&3&0&0\\0&0&0&1&2\\0&0&0&3&4\end{pmatrix}=\begin{pmatrix}\boldsymbol{A}_1&&\\&\boldsymbol{A}_2&\\&&\boldsymbol{A}_3\end{pmatrix},$$

其中$\boldsymbol{A}_1=(2)$，$\boldsymbol{A}_2=\begin{pmatrix}3&2\\4&3\end{pmatrix}$，$\boldsymbol{A}_3=\begin{pmatrix}1&2\\3&4\end{pmatrix}$，则$\boldsymbol{A}_1^{-1}=\left(\frac{1}{2}\right)$，$\boldsymbol{A}_2^{-1}=\begin{pmatrix}3&-2\\-4&3\end{pmatrix}$，$\boldsymbol{A}_3^{-1}=-\frac{1}{2}\begin{pmatrix}4&-2\\-3&1\end{pmatrix}$. 所以

$$\boldsymbol{A}^{-1}=\begin{pmatrix}\boldsymbol{A}_1^{-1}&&\\&\boldsymbol{A}_2^{-1}&\\&&\boldsymbol{A}_3^{-1}\end{pmatrix}=\begin{pmatrix}\frac{1}{2}&0&0&0&0\\0&3&-2&0&0\\0&-4&3&0&0\\0&0&0&-2&1\\0&0&0&\frac{3}{2}&-\frac{1}{2}\end{pmatrix}.$$

**方法总结**　关于逆矩阵的计算，一般可以使用以下几种方法.

(1) 伴随矩阵法：$\boldsymbol{A}^{-1}=\frac{1}{|\boldsymbol{A}|}\boldsymbol{A}^*$；

(2) 初等变换法：$(\boldsymbol{A}\vdots\boldsymbol{E})\xrightarrow{\text{只用行变换}}(\boldsymbol{E}\vdots\boldsymbol{A}^{-1})$；

(3) 定义法：找出矩阵$\boldsymbol{B}$使$\boldsymbol{AB}=\boldsymbol{E}$或$\boldsymbol{BA}=\boldsymbol{E}$；

(4) 分块矩阵法：利用特殊分块矩阵的逆矩阵公式.

关于逆矩阵的证明问题，一般使用矩阵可逆的充要条件来证明矩阵可逆或不可逆.

**3. 关于伴随矩阵的命题**

**例 11**　设$\boldsymbol{A}$为$n$阶可逆矩阵，且$\boldsymbol{A}^2=|\boldsymbol{A}|\boldsymbol{E}$，证明：$\boldsymbol{A}$的伴随矩阵$\boldsymbol{A}^*=\boldsymbol{A}$.

**分析**　可逆矩阵$\boldsymbol{A}$和它的伴随矩阵$\boldsymbol{A}^*$之间有一个重要的关系式$\boldsymbol{AA}^*=\boldsymbol{A}^*\boldsymbol{A}=|\boldsymbol{A}|\boldsymbol{E}$，从这个等式入手，利用已知条件证明.

**证明**　因为$\boldsymbol{AA}^*=\boldsymbol{A}^*\boldsymbol{A}=|\boldsymbol{A}|\boldsymbol{E}$，又已知$\boldsymbol{A}^2=|\boldsymbol{A}|\boldsymbol{E}$，所以$\boldsymbol{A}^*\boldsymbol{A}=\boldsymbol{A}^2$，又因为$\boldsymbol{A}$可逆，所以$\boldsymbol{A}^*\boldsymbol{AA}^{-1}=\boldsymbol{A}^2\boldsymbol{A}^{-1}$，因此$\boldsymbol{A}^*=\boldsymbol{A}$.

**例 12**　设$\boldsymbol{A}$为四阶方阵，且$|\boldsymbol{A}|=3$，$\boldsymbol{A}^*$为$\boldsymbol{A}$的伴随矩阵，求$|(2\boldsymbol{A})^{-1}-\boldsymbol{A}^*|$.

**分析**　由已知条件$|\boldsymbol{A}|=3$，可知$\boldsymbol{A}$是可逆矩阵，矩阵$\boldsymbol{A}$和它的伴随矩阵$\boldsymbol{A}^*$之间有关系式$\boldsymbol{A}^*=|\boldsymbol{A}|\boldsymbol{A}^{-1}$，再利用行列式的性质以及逆矩阵的行列式计算.

**解**　由于$\boldsymbol{A}^*=|\boldsymbol{A}|\boldsymbol{A}^{-1}$，知$\boldsymbol{A}^*=3\boldsymbol{A}^{-1}$，所以

$$\begin{aligned}|(2\boldsymbol{A})^{-1}-\boldsymbol{A}^*|&=\left|\frac{1}{2}\boldsymbol{A}^{-1}-3\boldsymbol{A}^{-1}\right|=\left|-\frac{5}{2}\boldsymbol{A}^{-1}\right|=\left(-\frac{5}{2}\right)^4|\boldsymbol{A}^{-1}|\\&=\frac{625}{16}|\boldsymbol{A}|^{-1}=\frac{625}{16}\cdot\frac{1}{3}=\frac{625}{48}.\end{aligned}$$

**例 13**　设$\boldsymbol{A}$是三阶非零矩阵，且$a_{ij}=\boldsymbol{A}_{ij}(i,\ j=1,\ 2,\ 3)$，其中$\boldsymbol{A}_{ij}$是行列式$|\boldsymbol{A}|$中$a_{ij}$的代数余子式，证明：$\boldsymbol{A}$可逆，并求$|\boldsymbol{A}|$.

**分析**　欲证$\boldsymbol{A}$可逆，只需证$|\boldsymbol{A}|\neq 0$. 因为已知条件涉及代数余子式，自然想到行列式按行（列）展开式. 根据$a_{ij}=\boldsymbol{A}_{ij}(i,\ j=1,\ 2,\ 3)$可得出$\boldsymbol{A}^*$与$\boldsymbol{A}^{\mathrm{T}}$的关系，然后两边取行

列式，可求$|\boldsymbol{A}|$.

**证明** 由$\boldsymbol{A}$是非零矩阵，不妨设$a_{11}\neq 0$. 将行列式$|\boldsymbol{A}|$按第一行展开，得

$$|\boldsymbol{A}|=a_{11}\boldsymbol{A}_{11}+a_{12}\boldsymbol{A}_{12}+a_{13}\boldsymbol{A}_{13}=a_{11}^2+a_{12}^2+a_{13}^2\neq 0,$$

故$\boldsymbol{A}$可逆.

因为$a_{ij}=\boldsymbol{A}_{ij}(i, j=1, 2, 3)$，所以

$$\boldsymbol{A}^*=\begin{pmatrix}\boldsymbol{A}_{11} & \boldsymbol{A}_{21} & \boldsymbol{A}_{31}\\ \boldsymbol{A}_{12} & \boldsymbol{A}_{22} & \boldsymbol{A}_{32}\\ \boldsymbol{A}_{13} & \boldsymbol{A}_{23} & \boldsymbol{A}_{33}\end{pmatrix}=\begin{pmatrix}a_{11} & a_{21} & a_{31}\\ a_{12} & a_{22} & a_{32}\\ a_{13} & a_{23} & a_{33}\end{pmatrix}=\boldsymbol{A}^{\mathrm{T}},$$

两边取行列式，得$|\boldsymbol{A}^*|=|\boldsymbol{A}^{\mathrm{T}}|=|\boldsymbol{A}|$，由$|\boldsymbol{A}^*|=|\boldsymbol{A}|^{n-1}=|\boldsymbol{A}|^{3-1}=|\boldsymbol{A}|^2$，所以$|\boldsymbol{A}|^2=|\boldsymbol{A}|$，而$|\boldsymbol{A}|\neq 0$，故$|\boldsymbol{A}|=1$.

**方法总结** 伴随矩阵的问题常用到以下知识：

(1) $\boldsymbol{A}\boldsymbol{A}^*=\boldsymbol{A}^*\boldsymbol{A}=|\boldsymbol{A}|\boldsymbol{E}_n$；

(2) $|\boldsymbol{A}^*|=|\boldsymbol{A}|^{n-1}$；

(3) $(\boldsymbol{A}^{\mathrm{T}})^*=(\boldsymbol{A}^*)^{\mathrm{T}}$；

(4) $(k\boldsymbol{A})^*=k^{n-1}\boldsymbol{A}^*$，$k$为任意非零常数，特别地，$(-\boldsymbol{A})^*=(-1)^{n-1}\boldsymbol{A}^*$；

(5) 当$\boldsymbol{A}$可逆时，$\boldsymbol{A}^*=|\boldsymbol{A}|\boldsymbol{A}^{-1}$，$(\boldsymbol{A}^*)^{-1}=\dfrac{1}{|\boldsymbol{A}|}\boldsymbol{A}$；

(6) $(\boldsymbol{A}^*)^*=|\boldsymbol{A}|^{n-2}\boldsymbol{A}(n\geqslant 2)$.

### 4. 矩阵的分块

**例 14** 设$\boldsymbol{A}=\begin{pmatrix}0&0&0&1\\0&0&0&2\\0&0&0&3\\3&2&1&0\end{pmatrix}$，求$\boldsymbol{A}^n$($n$为正整数).

**分析** 由于矩阵$\boldsymbol{A}$的阶数比较大，在矩阵次幂运算中比较麻烦，所以根据矩阵$\boldsymbol{A}$本身的特点，采用分块矩阵的方法将问题化简.

**解** 令

$$\boldsymbol{\beta}^{\mathrm{T}}=(1, 2, 3),\ \boldsymbol{\alpha}=(3, 2, 1)^{\mathrm{T}},$$

则

$$\boldsymbol{A}=\begin{pmatrix}\boldsymbol{O} & \boldsymbol{\beta}\\ \boldsymbol{\alpha}^{\mathrm{T}} & 0\end{pmatrix}.$$

注意到$\boldsymbol{\alpha}^{\mathrm{T}}\boldsymbol{\beta}=10$是一个数，于是

$$\boldsymbol{A}^2=\begin{pmatrix}\boldsymbol{O} & \boldsymbol{\beta}\\ \boldsymbol{\alpha}^{\mathrm{T}} & 0\end{pmatrix}\begin{pmatrix}\boldsymbol{O} & \boldsymbol{\alpha}\\ \boldsymbol{\alpha}^{\mathrm{T}} & 0\end{pmatrix}=\begin{pmatrix}\boldsymbol{\beta}\boldsymbol{\alpha}^{\mathrm{T}} & \boldsymbol{O}\\ \boldsymbol{O} & \boldsymbol{\alpha}^{\mathrm{T}}\boldsymbol{\beta}\end{pmatrix},$$

$$\boldsymbol{A}^3=\boldsymbol{A}^2\boldsymbol{A}=\begin{pmatrix}\boldsymbol{\beta}\boldsymbol{\alpha}^{\mathrm{T}} & \boldsymbol{O}\\ \boldsymbol{O} & \boldsymbol{\alpha}^{\mathrm{T}}\boldsymbol{\beta}\end{pmatrix}\begin{pmatrix}\boldsymbol{O} & \boldsymbol{\beta}\\ \boldsymbol{\alpha}^{\mathrm{T}} & 0\end{pmatrix}=\begin{pmatrix}\boldsymbol{O} & \boldsymbol{\beta}(\boldsymbol{\alpha}^{\mathrm{T}}\boldsymbol{\beta})\\ (\boldsymbol{\alpha}^{\mathrm{T}}\boldsymbol{\beta})\boldsymbol{\beta} & 0\end{pmatrix}=\boldsymbol{\alpha}^{\mathrm{T}}\boldsymbol{\beta}\boldsymbol{A},$$

$$\boldsymbol{A}^4=\boldsymbol{\alpha}^{\mathrm{T}}\boldsymbol{\beta}\boldsymbol{A}^2,\ \boldsymbol{A}^5=\boldsymbol{\alpha}^{\mathrm{T}}\boldsymbol{\beta}\boldsymbol{A}^3=(\boldsymbol{\alpha}^{\mathrm{T}}\boldsymbol{\beta})^2\boldsymbol{A},\ \boldsymbol{A}^6=(\boldsymbol{\alpha}^{\mathrm{T}}\boldsymbol{\beta})^2\boldsymbol{A}^2,\ \cdots$$

所以，当 $n=2k$（$k=1, 2, \cdots$）时，

$$\boldsymbol{A}^n=(\boldsymbol{\alpha}^{\mathrm{T}}\boldsymbol{\beta})^{k-1}\boldsymbol{A}^2=10^{k-1}\begin{pmatrix}3&2&1&0\\6&4&2&0\\9&6&3&0\\0&0&0&10\end{pmatrix},$$

当 $n=2k+1$（$k=0, 1, 2, \cdots$）时，

$$\boldsymbol{A}^n=(\boldsymbol{\alpha}^{\mathrm{T}}\boldsymbol{\beta})^{k}\boldsymbol{A}=10^{k}\begin{pmatrix}0&0&0&1\\0&0&0&2\\0&0&0&3\\3&2&1&0\end{pmatrix}.$$

**例** 15　设 $\boldsymbol{A}$ 为 $n$ 阶非奇异矩阵，$\boldsymbol{\alpha}$ 为 $n$ 维列向量，$b$ 为常数. 记分块矩阵

$$\boldsymbol{P}=\begin{pmatrix}\boldsymbol{E}&\boldsymbol{O}\\-\boldsymbol{\alpha}^{\mathrm{T}}\boldsymbol{A}^*&|\boldsymbol{A}|\end{pmatrix},\ \boldsymbol{Q}=\begin{pmatrix}\boldsymbol{A}&\boldsymbol{\alpha}\\\boldsymbol{\alpha}^{\mathrm{T}}&b\end{pmatrix}.$$

（1）计算并化简 $\boldsymbol{PQ}$.

（2）证明：矩阵 $\boldsymbol{Q}$ 可逆的充分必要条件是 $\boldsymbol{\alpha}^{\mathrm{T}}\boldsymbol{A}^{-1}\boldsymbol{\alpha}\neq b$.

**分析**　先利用分块矩阵的乘法化简 $\boldsymbol{PQ}$，再通过证明 $|\boldsymbol{Q}|\neq 0$ 得到 $\boldsymbol{Q}$ 可逆的充分必要条件.

**解**　（1）$\boldsymbol{PQ}=\begin{pmatrix}\boldsymbol{E}&\boldsymbol{O}\\-\boldsymbol{\alpha}^{\mathrm{T}}\boldsymbol{A}^*&|\boldsymbol{A}|\end{pmatrix}\begin{pmatrix}\boldsymbol{A}&\boldsymbol{\alpha}\\\boldsymbol{\alpha}^{\mathrm{T}}&b\end{pmatrix}=\begin{pmatrix}\boldsymbol{A}&\boldsymbol{\alpha}\boldsymbol{E}\\-\boldsymbol{\alpha}^{\mathrm{T}}\boldsymbol{A}^*\boldsymbol{A}+|\boldsymbol{A}|\boldsymbol{\alpha}^{\mathrm{T}}&-\boldsymbol{\alpha}^{\mathrm{T}}\boldsymbol{A}^*-\boldsymbol{\alpha}+b|\boldsymbol{A}|\end{pmatrix}$,

因为 $\boldsymbol{A}^{-1}=\dfrac{\boldsymbol{A}^*}{|\boldsymbol{A}|}$，所以 $\boldsymbol{A}^*\boldsymbol{A}=|\boldsymbol{A}|\boldsymbol{E}$，$-\boldsymbol{\alpha}^{\mathrm{T}}\boldsymbol{A}^*\boldsymbol{A}=-\boldsymbol{\alpha}^{\mathrm{T}}|\boldsymbol{A}|$，则有 $-\boldsymbol{\alpha}^{\mathrm{T}}\boldsymbol{A}^*\boldsymbol{A}+\boldsymbol{\alpha}^{\mathrm{T}}|\boldsymbol{A}|=\boldsymbol{O}^{\mathrm{T}}$.

因此

$$\boldsymbol{PQ}=\begin{pmatrix}\boldsymbol{A}&\boldsymbol{\alpha}\boldsymbol{E}\\\boldsymbol{O}^{\mathrm{T}}&-(\boldsymbol{\alpha}^{\mathrm{T}}\boldsymbol{A}^{-1}\boldsymbol{\alpha}-b)|\boldsymbol{A}|\end{pmatrix}.$$

（2）因为　$|\boldsymbol{P}|=\begin{vmatrix}\boldsymbol{E}&\boldsymbol{O}\\-\boldsymbol{\alpha}^{\mathrm{T}}\boldsymbol{A}^*&|\boldsymbol{A}|\end{vmatrix}=|\boldsymbol{A}|$，所以

$$|\boldsymbol{PQ}|=|\boldsymbol{P}||\boldsymbol{Q}|=|\boldsymbol{A}||\boldsymbol{Q}|=\begin{vmatrix}\boldsymbol{A}&\boldsymbol{\alpha}\boldsymbol{E}\\\boldsymbol{O}^{\mathrm{T}}&-(\boldsymbol{\alpha}^{\mathrm{T}}\boldsymbol{A}^{-1}\boldsymbol{\alpha}-b)|\boldsymbol{A}|\end{vmatrix}=-(\boldsymbol{\alpha}^{\mathrm{T}}\boldsymbol{A}^{-1}\boldsymbol{\alpha}-b)|\boldsymbol{A}|^2,$$

则 $|\boldsymbol{Q}|=(-\boldsymbol{\alpha}^{\mathrm{T}}\boldsymbol{A}^{-1}\boldsymbol{\alpha}-b)|\boldsymbol{A}|$. 又因为 $\boldsymbol{A}$ 为非奇异矩阵，即 $|\boldsymbol{A}|\neq 0$，所以 $\boldsymbol{Q}^{-1}$ 存在的充分必要条件为 $\boldsymbol{\alpha}^{\mathrm{T}}\boldsymbol{A}^{-1}\boldsymbol{\alpha}\neq b$.

**方法总结**　当矩阵阶数比较大时，通常都会根据矩阵本身的特点将矩阵分块来讨论问题，分块之后的矩阵仍然是一个矩阵，矩阵的运算及相应的运算律，矩阵的一些变换仍然满足.

**5. 矩阵的初等变换**

**例** 16　利用矩阵的初等变换化简下列矩阵为行阶梯形、行最简形、标准形.

$$\boldsymbol{A}=\begin{pmatrix}3&1&0&2\\1&-1&2&-1\\2&2&-2&3\end{pmatrix}.$$

**分析** 求矩阵的行阶梯形的方法就是综合利用矩阵的三种初等行变换，而行最简形矩阵则是在行阶梯形矩阵的基础上继续利用初等行变换，矩阵的标准形是在求出行最简形后，继续使用矩阵的初等列变换.

**解**

$$\boldsymbol{A}=\begin{pmatrix}3&1&0&2\\1&-1&2&-1\\2&2&-2&3\end{pmatrix}\xrightarrow{r_1\leftrightarrow r_2}\begin{pmatrix}1&-1&2&-1\\3&1&0&2\\2&2&-2&3\end{pmatrix}\xrightarrow[r_3-2r_1]{r_2-3r_1}\begin{pmatrix}1&-1&2&-1\\0&4&-6&5\\0&4&-6&5\end{pmatrix}$$

$$\xrightarrow{r_3-r_2}\begin{pmatrix}1&-1&2&-1\\0&4&-6&5\\0&0&0&0\end{pmatrix}\xrightarrow{r_1+\frac{1}{4}r_2}\begin{pmatrix}1&0&\frac{1}{2}&\frac{1}{4}\\0&4&-6&5\\0&0&0&0\end{pmatrix}\xrightarrow{r_2\times\frac{1}{4}}\begin{pmatrix}1&0&\frac{1}{2}&\frac{1}{4}\\0&1&-\frac{3}{2}&\frac{5}{4}\\0&0&0&0\end{pmatrix},$$

记 $\boldsymbol{A}_1=\begin{pmatrix}1&-1&2&-1\\0&4&-6&5\\0&0&0&0\end{pmatrix}$，$\boldsymbol{A}_2=\begin{pmatrix}1&0&\frac{1}{2}&\frac{1}{4}\\0&1&-\frac{3}{2}&\frac{5}{4}\\0&0&0&0\end{pmatrix}$，则 $\boldsymbol{A}_1$，$\boldsymbol{A}_2$ 都是行阶梯形矩阵，但是 $\boldsymbol{A}_2$ 的形式相对简单，也是行最简形矩阵.

对 $\boldsymbol{A}_2$ 再进行初等列变换

$$\boldsymbol{A}_2=\begin{pmatrix}1&0&\frac{1}{2}&\frac{1}{4}\\0&1&-\frac{3}{2}&\frac{5}{4}\\0&0&0&0\end{pmatrix}\xrightarrow[c_4-\frac{1}{4}c_1]{c_3-\frac{1}{2}c_1}\begin{pmatrix}1&0&0&0\\0&1&-\frac{3}{2}&\frac{5}{4}\\0&0&0&0\end{pmatrix}\xrightarrow[c_4-\frac{5}{4}c_2]{c_3+\frac{3}{2}c_2}\begin{pmatrix}1&0&0&0\\0&1&0&0\\0&0&0&0\end{pmatrix}=\boldsymbol{P},$$

此时，$\boldsymbol{P}$ 就是矩阵 $\boldsymbol{A}$ 的标准形.

**例 17** 设 $n$ 阶方阵 $\boldsymbol{A}$ 经过一次初等行变换后得到 $n$ 阶矩阵 $\boldsymbol{B}$，证明：$\boldsymbol{A}$ 可逆的充要条件为 $\boldsymbol{B}$ 可逆.

**分析** 用矩阵的行列式不等于零来证明矩阵可逆.

**证明** 因为 $\boldsymbol{A}$ 经过一次初等行变换后得到 $n$ 阶矩阵 $\boldsymbol{B}$，所以存在初等矩阵 $\boldsymbol{P}$，使得 $\boldsymbol{B}=\boldsymbol{PA}$，且 $|\boldsymbol{P}|\neq 0$，所以 $\boldsymbol{B}$ 可逆 $\Leftrightarrow|\boldsymbol{B}|\neq 0\Leftrightarrow|\boldsymbol{B}|=|\boldsymbol{PA}|=|\boldsymbol{P}||\boldsymbol{A}|\neq 0\Leftrightarrow|\boldsymbol{A}|\neq 0\Leftrightarrow\boldsymbol{A}$ 可逆.

**例 18** 证明：任意两个同阶的可逆矩阵都等价.

**分析** 可逆矩阵与单位矩阵等价，那么同阶可逆矩阵与同一个单位矩阵等价，根据等价矩阵的性质，则两个矩阵就有等价关系.

**证明** 证法一 设 $\boldsymbol{A}$，$\boldsymbol{B}$ 为 $n$ 阶可逆矩阵，$\boldsymbol{E}$ 为 $n$ 阶单位矩阵，则有 $\boldsymbol{A}\cong\boldsymbol{E}$ 且 $\boldsymbol{B}\cong\boldsymbol{E}$，即 $\boldsymbol{A}\cong\boldsymbol{E}\cong\boldsymbol{B}$，由等价的传递性可知 $\boldsymbol{A}\cong\boldsymbol{B}$.

证法二 设 $\boldsymbol{A}$，$\boldsymbol{B}$ 为 $n$ 阶可逆矩阵，$\boldsymbol{E}$ 为 $n$ 阶单位矩阵，则存在可逆矩阵 $\boldsymbol{P}_1$，$\boldsymbol{Q}_1$，使得 $\boldsymbol{P}_1\boldsymbol{A}\boldsymbol{Q}_1=\boldsymbol{E}$，且存在可逆矩阵 $\boldsymbol{P}_2$，$\boldsymbol{Q}_2$，使得 $\boldsymbol{P}_2\boldsymbol{B}\boldsymbol{Q}_2=\boldsymbol{E}$，因此有 $\boldsymbol{P}_1\boldsymbol{A}\boldsymbol{Q}_1=\boldsymbol{P}_2\boldsymbol{B}\boldsymbol{Q}_2$，即 $\boldsymbol{B}$

$=P_2^{-1}P_1AQ_1Q_2^{-1}$，$P_2^{-1}P_1$ 与 $Q_1Q_2^{-1}$ 都是可逆矩阵，所以 $A$ 与 $B$ 等价.

**例 19** 设 $A$ 是 $n$ 阶可逆矩阵，将 $A$ 的第 $i$ 行和第 $j$ 行对换后得到的矩阵记为 $B$，

（1）证明：$B$ 可逆；

（2）求 $AB^{-1}$.

**分析** 根据行列式的性质知，$A$ 的行列式与 $B$ 的行列式互为相反数，所以 $A$ 与 $B$ 同可逆或者同不可逆.

**解** （1）由于 $A$ 是 $n$ 阶可逆矩阵，故 $|A|\neq 0$，又因为 $B$ 是将 $A$ 的第 $i$ 行和第 $j$ 行对换后得到的，所以 $|B|=-|A|\neq 0$，因此 $B$ 可逆；

（2）设 $P$ 是将单位矩阵 $E$ 的第 $i$ 行和第 $j$ 行对换后得到的初等矩阵，则 $B=PA$，由（1）可得 $B^{-1}=A^{-1}P^{-1}$，故 $AB^{-1}=P^{-1}=P$.

**方法总结** 矩阵的初等变换问题主要利用以下知识点解决问题：

（1）初等变换的定义；

（2）初等矩阵的定义及性质；

（3）任意 $n$ 阶可逆矩阵 $A$ 都可以表示成有限个初等矩阵的乘积.

**6. 矩阵的秩**

**例 20** 求矩阵 $A=\begin{pmatrix}1 & 1 & 1 & 1\\ 0 & -1 & 1 & 2\\ 2 & 1 & 3 & 4\end{pmatrix}$ 的秩.

**分析** 此题为常规题. 单纯求一个具体矩阵的秩有两种方法，一种方法是利用矩阵秩的定义，另一种是利用矩阵的初等行变换化为阶梯形矩阵求秩.

**解** **解法一（矩阵秩的定义）**

由定义可知，计算出 $A$ 的各阶数子式，从而得到最高阶非零子式的阶数即为矩阵 $A$ 的秩. 经计算发现矩阵 $A$ 的最高阶非零子式的阶数是 3，从而其秩 $r(A)=2$.

**解法二（初等行变换）**

$$A=\begin{pmatrix}1 & 1 & 1 & 1\\ 0 & -1 & 1 & 2\\ 2 & 1 & 3 & 4\end{pmatrix}\xrightarrow{r_3-2r_1}\begin{pmatrix}1 & 1 & 1 & 1\\ 0 & -1 & 1 & 2\\ 0 & -1 & 1 & 2\end{pmatrix}\xrightarrow{r_3-r_2}\begin{pmatrix}1 & 1 & 1 & 1\\ 0 & -1 & 1 & 2\\ 0 & 0 & 0 & 0\end{pmatrix},$$

即 $r(A)=2$.

**例 21** 设矩阵 $A=\begin{pmatrix}1 & 1 & 1 & 1\\ 0 & -1 & 1 & b\\ 2 & a & 3 & 4\\ 3 & 1 & 5 & 7\end{pmatrix}$，求矩阵 $A$ 的秩.

**分析** 无论矩阵中的元素是全部已知还是个别未知的，求矩阵秩的首选方法就是初等行变换.

**解**　对矩阵 $\boldsymbol{A}$ 作初等行变换，将它化为行阶梯形矩阵，有

$$\boldsymbol{A}=\begin{pmatrix}1&1&1&1\\0&-1&1&b\\2&a&3&4\\3&1&5&7\end{pmatrix}\xrightarrow[r_4-3r_1]{r_3-2r_1}\begin{pmatrix}1&1&1&1\\0&-1&1&b\\0&a-2&1&2\\0&-2&2&4\end{pmatrix}\xrightarrow[r_4-2r_2]{r_3+(a-2)r_2}\begin{pmatrix}1&1&1&1\\0&-1&1&b\\0&0&a-1&ab-2b+2\\0&0&0&4-2b\end{pmatrix},$$

因此，当 $a\neq 1$，$b\neq 2$ 时，$r(\boldsymbol{A})=4$；当 $a=1$，$b=2$ 时，$r(\boldsymbol{A})=2$；当 $a=1$，$b\neq 2$ 或 $a\neq 1$，$b=2$ 时，$r(\boldsymbol{A})=3$.

**例 22**　已知 $\boldsymbol{A}=\begin{pmatrix}1&3&2&a\\2&7&a&3\\0&a&5&-5\end{pmatrix}$，如果秩 $r(\boldsymbol{A})=2$，求 $a$ 的值.

**分析**　与以往看到的求矩阵秩的问题刚好相反，先知道了矩阵的秩，求矩阵中未知的元素，也要从矩阵秩的求法入手.

**解**　由于初等变换不改变矩阵的秩，对 $\boldsymbol{A}$ 作初等行变换可得

$$\boldsymbol{A}=\begin{pmatrix}1&3&2&a\\2&7&a&3\\0&a&5&-5\end{pmatrix}\xrightarrow{r_2-2r_1}\begin{pmatrix}1&3&2&a\\0&1&a-4&3-2a\\0&a&5&-5\end{pmatrix}\xrightarrow{r_3-ar_2}\begin{pmatrix}1&3&2&a\\0&1&a-4&3-2a\\0&0&5+4a-a^2&2a^2-3a-5\end{pmatrix},$$

由于矩阵秩 $r(\boldsymbol{A})=2$，所以行阶梯形非零行的行数必须是两行，即

$$5+4a-a^2=2a^2-3a-5=0,$$

解得 $a=-1$.

**方法总结**　对于矩阵秩的问题，通常用到以下知识点：

(1) 矩阵秩的定义及性质；

(2) 初等变换不改变矩阵的秩.

# 三、练习题详解

## 习题二

### (A)

1. 设，$\boldsymbol{A}=\begin{pmatrix}1&5&1\\1&2&-3\\9&-5&3\end{pmatrix}$，$\boldsymbol{B}=\begin{pmatrix}1&x_1&x_2\\x_1&2&x_3\\x_2&x_3&3\end{pmatrix}$，$\boldsymbol{C}=\begin{pmatrix}0&y_1&y_2\\-y_1&0&y_3\\-y_2&-y_3&0\end{pmatrix}$，并且 $\boldsymbol{A}=\boldsymbol{B}+2\boldsymbol{C}$，求矩阵 $\boldsymbol{B}$，$\boldsymbol{C}$.

**解**　由 $\boldsymbol{A}=\boldsymbol{B}+2\boldsymbol{C}$，得

$$\begin{pmatrix}1&5&1\\1&2&-3\\9&-5&3\end{pmatrix}=\begin{pmatrix}1&x_1&x_2\\x_1&2&x_3\\x_2&x_3&3\end{pmatrix}+2\begin{pmatrix}0&y_1&y_2\\-y_1&0&y_3\\-y_2&-y_3&0\end{pmatrix}=\begin{pmatrix}1&x_1+2y_1&x_2+2y_2\\x_1-2y_1&2&x_3+2y_3\\x_2-2y_2&x_3-2y_3&3\end{pmatrix},$$

由矩阵相等得

$$\begin{cases}x_1+2y_1=5\\x_1-2y_1=1\end{cases},\begin{cases}x_2+2y_2=1\\x_2-2y_2=9\end{cases},\begin{cases}x_3+2y_3=-3\\x_3-2y_3=-5\end{cases},$$

解得

$$\begin{cases}x_1=3\\x_2=5\\x_3=-4\end{cases},\begin{cases}y_1=1\\y_2=-2\\y_3=\dfrac{1}{2}\end{cases}.$$

从而

$$\boldsymbol{B}=\begin{pmatrix}1&3&5\\3&2&-4\\5&-4&3\end{pmatrix},\ \boldsymbol{C}=\begin{pmatrix}0&1&-2\\-1&0&\dfrac{1}{2}\\2&-\dfrac{1}{2}&0\end{pmatrix}.$$

2. 设 $\boldsymbol{A}=\begin{pmatrix}0&-1&2\\-5&3&4\end{pmatrix}$，$\boldsymbol{B}=\begin{pmatrix}4&5&-3\\3&-4&0\end{pmatrix}$.

（1）求 $2\boldsymbol{A}-3\boldsymbol{B}$；

（2）若矩阵 $\boldsymbol{X}$ 满足 $\boldsymbol{A}+2\boldsymbol{X}=\boldsymbol{B}$，求 $\boldsymbol{X}$.

**解** （1）$2\boldsymbol{A}-3\boldsymbol{B}=\begin{pmatrix}0&-2&4\\-10&6&8\end{pmatrix}-\begin{pmatrix}12&15&-9\\9&-12&0\end{pmatrix}=\begin{pmatrix}-12&-17&13\\-19&18&8\end{pmatrix}$；

（2）设 $\boldsymbol{X}=\begin{pmatrix}x_{11}&x_{12}&x_{13}\\x_{21}&x_{22}&x_{23}\end{pmatrix}$，由 $\boldsymbol{A}+2\boldsymbol{X}=\boldsymbol{B}$ 得

$$\begin{pmatrix}0&-1&2\\-5&3&4\end{pmatrix}+\begin{pmatrix}2x_{11}&2x_{12}&2x_{13}\\2x_{21}&2x_{22}&2x_{23}\end{pmatrix}=\begin{pmatrix}4&5&-3\\3&-4&0\end{pmatrix},$$

由矩阵相等得

$2x_{11}=4$，$2x_{12}-1=5$，$2x_{13}+2=-3$，$2x_{21}-5=3$，$2x_{22}+3=-4$，$2x_{23}+4=0$，

从而

$$x_{11}=2,\ x_{12}=3,\ x_{13}=-\frac{5}{2},\ x_{21}=4,\ x_{22}=-\frac{7}{2},\ x_{23}=-2,$$

即

$$\boldsymbol{X}=\begin{pmatrix}2&3&-\dfrac{5}{2}\\4&-\dfrac{7}{2}&-2\end{pmatrix}.$$

3. 计算下列矩阵乘积.

(1) $\begin{pmatrix}3 & 1 & -1\\-2 & -1 & 1\end{pmatrix}\begin{pmatrix}2\\3\\-1\end{pmatrix}$；(2) $\begin{pmatrix}2 & -1\\-4 & 0\\3 & 1\end{pmatrix}\begin{pmatrix}7 & -9\\-8 & 10\end{pmatrix}$；

(3) $\begin{pmatrix}1 & 1\\-1 & -1\end{pmatrix}\begin{pmatrix}1 & -1\\-1 & 1\end{pmatrix}$；(4) $(x_1 \quad x_2 \quad x_3)\begin{pmatrix}a_{11} & a_{12} & a_{13}\\a_{12} & a_{22} & a_{23}\\a_{13} & a_{23} & a_{33}\end{pmatrix}\begin{pmatrix}x_1\\x_2\\x_3\end{pmatrix}$；

(5) $\begin{pmatrix}1 & 2 & 3\\2 & 4 & 6\\3 & 6 & 8\end{pmatrix}\begin{pmatrix}-1 & -2 & -4\\-1 & -2 & -4\\1 & 2 & 4\end{pmatrix}$；(6) $\begin{pmatrix}1 & 2 & 3\\-2 & 1 & 2\end{pmatrix}\begin{pmatrix}1 & 2 & 0\\0 & 1 & 1\\3 & 0 & -1\end{pmatrix}$.

**解** (1) $\begin{pmatrix}3 & 1 & -1\\-2 & -1 & 1\end{pmatrix}\begin{pmatrix}2\\3\\-1\end{pmatrix}=\begin{pmatrix}10\\-8\end{pmatrix}$；

(2) $\begin{pmatrix}2 & -1\\-4 & 0\\3 & 1\end{pmatrix}\begin{pmatrix}7 & -9\\-8 & 10\end{pmatrix}=\begin{pmatrix}22 & -28\\-28 & 36\\13 & -17\end{pmatrix}$；

(3) $\begin{pmatrix}1 & 1\\-1 & -1\end{pmatrix}\begin{pmatrix}1 & -1\\-1 & 1\end{pmatrix}=\begin{pmatrix}0 & 0\\0 & 0\end{pmatrix}$；

(4) $(x_1 \quad x_2 \quad x_3)\begin{pmatrix}a_{11} & a_{12} & a_{13}\\a_{12} & a_{22} & a_{23}\\a_{13} & a_{23} & a_{33}\end{pmatrix}\begin{pmatrix}x_1\\x_2\\x_3\end{pmatrix}$

$= (x_1a_{11}+x_2a_{12}+x_3a_{13} \quad x_1a_{12}+x_2a_{22}+x_3a_{23} \quad x_1a_{13}+x_2a_{23}+x_3a_{33})\begin{pmatrix}x_1\\x_2\\x_3\end{pmatrix}$

$= (a_{11}x_1^2+a_{22}x_2^2+a_{33}x_3^2+2a_{12}x_1x_2+2a_{13}x_1x_3+2a_{23}x_2x_3)$；

(5) $\begin{pmatrix}1 & 2 & 3\\2 & 4 & 6\\3 & 6 & 8\end{pmatrix}\begin{pmatrix}-1 & -2 & -4\\-1 & -2 & -4\\1 & 2 & 4\end{pmatrix}=\begin{pmatrix}0 & 0 & 0\\0 & 0 & 0\\-1 & -2 & -4\end{pmatrix}$；

(6) $\begin{pmatrix}1 & 2 & 3\\-2 & 1 & 2\end{pmatrix}\begin{pmatrix}1 & 2 & 0\\0 & 1 & 1\\3 & 0 & -1\end{pmatrix}=\begin{pmatrix}10 & 4 & -1\\4 & -3 & -1\end{pmatrix}$.

4. 举反例说明下列命题是错误的.

(1) 若 $\boldsymbol{A}^2=\boldsymbol{O}$，则 $\boldsymbol{A}=\boldsymbol{O}$.

(2) 若 $\boldsymbol{A}^2=\boldsymbol{A}$，则 $\boldsymbol{A}=\boldsymbol{O}$ 或 $\boldsymbol{A}=\boldsymbol{E}$.

(3) 若 $\boldsymbol{AX}=\boldsymbol{AY}$，且 $\boldsymbol{A}\neq\boldsymbol{O}$，则 $\boldsymbol{X}=\boldsymbol{Y}$.

**解** (1) 当 $\boldsymbol{A}=\begin{pmatrix}0 & 0\\1 & 0\end{pmatrix}\neq\boldsymbol{O}$ 时，$\boldsymbol{A}^2=\boldsymbol{O}$；

（2）当 $\boldsymbol{A}=\begin{pmatrix}1 & 1\\0 & 0\end{pmatrix}$时，$\boldsymbol{A}^2=\boldsymbol{A}$，而此时 $\boldsymbol{A}$ 既不是零矩阵也不是单位矩阵；

（3）当 $\boldsymbol{A}=\begin{pmatrix}1 & 1\\-1 & -1\end{pmatrix}$，$\boldsymbol{X}=\begin{pmatrix}1 & -1\\-1 & 1\end{pmatrix}$，$\boldsymbol{Y}=\begin{pmatrix}0 & 0\\0 & 0\end{pmatrix}$时 $\boldsymbol{A}\neq\boldsymbol{O}$，$\boldsymbol{X}\neq\boldsymbol{Y}$.

5. 计算：

(1) $\begin{pmatrix}0 & 1\\-1 & 0\end{pmatrix}^n$；（2）$\begin{pmatrix}\cos\varphi & -\sin\varphi\\\sin\varphi & \cos\varphi\end{pmatrix}^2$；（3）$\begin{pmatrix}a & 0 & 0\\0 & -b & 0\\0 & 0 & c\end{pmatrix}^n$.

**解**　（1）当 $n=1$ 时，

$$\begin{pmatrix}0 & 1\\-1 & 0\end{pmatrix}^n=\begin{pmatrix}0 & 1\\-1 & 0\end{pmatrix},$$

当 $n=2$ 时，

$$\begin{pmatrix}0 & 1\\-1 & 0\end{pmatrix}^2=\begin{pmatrix}-1 & 0\\0 & -1\end{pmatrix},$$

当 $n=3$ 时，

$$\begin{pmatrix}0 & 1\\-1 & 0\end{pmatrix}^3=\begin{pmatrix}-1 & 0\\0 & -1\end{pmatrix}\begin{pmatrix}0 & 1\\-1 & 0\end{pmatrix}=\begin{pmatrix}0 & -1\\1 & 0\end{pmatrix},$$

依次类推

$$\begin{pmatrix}0 & 1\\-1 & 0\end{pmatrix}^n=\begin{pmatrix}\cos\dfrac{n\pi}{2} & \sin\dfrac{n\pi}{2}\\-\sin\dfrac{n\pi}{2} & \cos\dfrac{n\pi}{2}\end{pmatrix}.$$

（2）$\begin{pmatrix}\cos\varphi & -\sin\varphi\\\sin\varphi & \cos\varphi\end{pmatrix}^2=\begin{pmatrix}\cos\varphi & -\sin\varphi\\\sin\varphi & \cos\varphi\end{pmatrix}\begin{pmatrix}\cos\varphi & -\sin\varphi\\\sin\varphi & \cos\varphi\end{pmatrix}$

$$=\begin{pmatrix}\cos^2\varphi-\sin^2\varphi & -2\cos\varphi\sin\varphi\\2\sin\varphi\cos\varphi & \cos^2\varphi-\sin^2\varphi\end{pmatrix}=\begin{pmatrix}\cos2\varphi & -\sin2\varphi\\\sin2\varphi & \cos2\varphi\end{pmatrix};$$

（3）当 $n=1$ 时，

$$\begin{pmatrix}a & 0 & 0\\0 & -b & 0\\0 & 0 & c\end{pmatrix}^n=\begin{pmatrix}a & 0 & 0\\0 & -b & 0\\0 & 0 & c\end{pmatrix},$$

当 $n=2$ 时，

$$\begin{pmatrix}a & 0 & 0\\0 & -b & 0\\0 & 0 & c\end{pmatrix}^2=\begin{pmatrix}a & 0 & 0\\0 & -b & 0\\0 & 0 & c\end{pmatrix}\begin{pmatrix}a & 0 & 0\\0 & -b & 0\\0 & 0 & c\end{pmatrix}=\begin{pmatrix}a^2 & 0 & 0\\0 & b^2 & 0\\0 & 0 & c^2\end{pmatrix},$$

当 $n=3$ 时，

$$\begin{pmatrix}a&0&0\\0&-b&0\\0&0&c\end{pmatrix}^3=\begin{pmatrix}a&0&0\\0&-b&0\\0&0&c\end{pmatrix}\begin{pmatrix}a&0&0\\0&-b&0\\0&0&c\end{pmatrix}\begin{pmatrix}a&0&0\\0&-b&0\\0&0&c\end{pmatrix}=\begin{pmatrix}a^2&0&0\\0&-b^2&0\\0&0&c^2\end{pmatrix},$$

依次类推

$$\begin{pmatrix}a&0&0\\0&-b&0\\0&0&c\end{pmatrix}^n=\underbrace{\begin{pmatrix}a&0&0\\0&-b&0\\0&0&c\end{pmatrix}\begin{pmatrix}a&0&0\\0&-b&0\\0&0&c\end{pmatrix}\cdots\begin{pmatrix}a&0&0\\0&-b&0\\0&0&c\end{pmatrix}}_{n\text{个}}=\begin{pmatrix}a^n&0&0\\0&(-1)^nb^n&0\\0&0&c^n\end{pmatrix}.$$

6. 设 $\boldsymbol{A}=\begin{pmatrix}0&1\\3&-2\end{pmatrix}$，$f(x)=\begin{vmatrix}x&-1\\-3&x+2\end{vmatrix}$，求 $f(\boldsymbol{A})$.

**解**
$$f(x)=\begin{vmatrix}x&-1\\-3&x+2\end{vmatrix}=x^2+2x-3,$$

由 $n$ 阶方阵的多项式定义得

$$f(\boldsymbol{A})=\boldsymbol{A}^2+2\boldsymbol{A}-3\boldsymbol{E},$$

即

$$f(\boldsymbol{A})=\begin{pmatrix}3&-2\\-6&7\end{pmatrix}+\begin{pmatrix}0&2\\6&-4\end{pmatrix}-\begin{pmatrix}3&0\\0&3\end{pmatrix}=\begin{pmatrix}0&0\\0&0\end{pmatrix}.$$

7. 若 $\boldsymbol{A}$ 是实对称矩阵，且 $\boldsymbol{A}^2=\boldsymbol{O}$，那么，请证明 $\boldsymbol{A}=\boldsymbol{O}$.

**证明**　设 $\boldsymbol{A}=(a_{ij})$ 为 $n$ 阶实对称方阵，有 $a_{ij}=a_{ji}$ $(i, j=1, 2, \cdots, n)$. 由于 $\boldsymbol{A}$ 满足 $\boldsymbol{A}^2=\boldsymbol{O}$，则 $\boldsymbol{A}\boldsymbol{A}^{\mathrm{T}}=\boldsymbol{O}$，即

$$a_{11}^2+a_{12}^2+\cdots+a_{1n}^2=0,$$
$$a_{21}^2+a_{22}^2+\cdots+a_{2n}^2=0,$$
$$\cdots\cdots$$
$$a_{n1}^2+a_{n2}^2+\cdots+a_{nn}^2=0,$$

所以

$$a_{ij}=0\ (i, j=1, 2, \cdots, n),$$

即 $\boldsymbol{A}=\boldsymbol{O}$.

8. 证明：如果方阵 $\boldsymbol{A}$，$\boldsymbol{B}$ 满足 $\boldsymbol{AB}+\boldsymbol{BA}=\boldsymbol{E}$，且 $\boldsymbol{A}^2=\boldsymbol{O}$（或 $\boldsymbol{B}^2=\boldsymbol{O}$），则 $(\boldsymbol{AB})^2=\boldsymbol{AB}$.

**证明**　由 $\boldsymbol{AB}+\boldsymbol{BA}=\boldsymbol{E}$ 得 $\boldsymbol{A}^2\boldsymbol{B}+\boldsymbol{ABA}=\boldsymbol{A}$，因为 $\boldsymbol{A}^2=\boldsymbol{O}$，所以 $\boldsymbol{A}^2\boldsymbol{B}=\boldsymbol{O}$，即 $\boldsymbol{ABA}=\boldsymbol{A}$，又 $\boldsymbol{ABAB}=\boldsymbol{AB}$，故 $(\boldsymbol{AB})^2=\boldsymbol{AB}$.

9. 设 $\boldsymbol{A}=\begin{pmatrix}5&-2&1\\3&4&-1\end{pmatrix}$，$\boldsymbol{B}=\begin{pmatrix}-3&2&0\\-2&0&1\end{pmatrix}$，计算 $\boldsymbol{AB}^{\mathrm{T}}$，$\boldsymbol{B}^{\mathrm{T}}\boldsymbol{A}$，$\boldsymbol{A}^{\mathrm{T}}\boldsymbol{A}$，$\boldsymbol{BB}^{\mathrm{T}}+\boldsymbol{AB}^{\mathrm{T}}$.

**解**
$$\boldsymbol{AB}^{\mathrm{T}}=\begin{pmatrix}5&-2&1\\3&4&-1\end{pmatrix}\begin{pmatrix}-3&-2\\2&0\\0&1\end{pmatrix}=\begin{pmatrix}-19&-9\\-1&-7\end{pmatrix},$$

$$\boldsymbol{B}^{\mathrm{T}}\boldsymbol{A}=\begin{pmatrix}-3 & -2\\ 2 & 0\\ 0 & 1\end{pmatrix}\begin{pmatrix}5 & -2 & 1\\ 3 & 4 & -1\end{pmatrix}=\begin{pmatrix}-21 & -2 & -1\\ 10 & -4 & 2\\ 3 & 4 & -1\end{pmatrix},$$

$$\boldsymbol{A}^{\mathrm{T}}\boldsymbol{A}=\begin{pmatrix}5 & 3\\ -2 & 4\\ 1 & -1\end{pmatrix}\begin{pmatrix}5 & -2 & 1\\ 3 & 4 & -1\end{pmatrix}=\begin{pmatrix}34 & 2 & 2\\ 2 & 20 & -6\\ 2 & -6 & 2\end{pmatrix},$$

$$\boldsymbol{B}\boldsymbol{B}^{\mathrm{T}}+\boldsymbol{A}\boldsymbol{B}^{\mathrm{T}}=\begin{pmatrix}-3 & 2 & 0\\ -2 & 0 & 1\end{pmatrix}\begin{pmatrix}-3 & -2\\ 2 & 0\\ 0 & 1\end{pmatrix}+\begin{pmatrix}-19 & -9\\ -1 & -7\end{pmatrix}=\begin{pmatrix}-6 & -3\\ 5 & -2\end{pmatrix}.$$

10．设 $\boldsymbol{A}$ 是 $n$ 阶方阵，证明：$\boldsymbol{A}\boldsymbol{A}^{\mathrm{T}}$，$\boldsymbol{A}^{\mathrm{T}}\boldsymbol{A}$，$\boldsymbol{A}+\boldsymbol{A}^{\mathrm{T}}$ 都是对称矩阵.

**证明**　因为

$$(\boldsymbol{A}\boldsymbol{A}^{\mathrm{T}})^{\mathrm{T}}=(\boldsymbol{A}^{\mathrm{T}})^{\mathrm{T}}\boldsymbol{A}^{\mathrm{T}}=\boldsymbol{A}\boldsymbol{A}^{\mathrm{T}},(\boldsymbol{A}^{\mathrm{T}}\boldsymbol{A})^{\mathrm{T}}=(\boldsymbol{A})^{\mathrm{T}}(\boldsymbol{A}^{\mathrm{T}})^{\mathrm{T}}=\boldsymbol{A}^{\mathrm{T}}\boldsymbol{A},$$
$$(\boldsymbol{A}+\boldsymbol{A}^{\mathrm{T}})^{\mathrm{T}}=\boldsymbol{A}^{\mathrm{T}}+(\boldsymbol{A}^{\mathrm{T}})^{\mathrm{T}}=\boldsymbol{A}+\boldsymbol{A}^{\mathrm{T}},$$

由对称矩阵的定义知 $\boldsymbol{A}\boldsymbol{A}^{\mathrm{T}}$，$\boldsymbol{A}^{\mathrm{T}}\boldsymbol{A}$，$\boldsymbol{A}+\boldsymbol{A}^{\mathrm{T}}$ 都是对称矩阵.

11．设 $\boldsymbol{A}=\begin{pmatrix}1 & 1 & 1\\ 0 & 0 & -1\\ 1 & -1 & 1\end{pmatrix}$，$\boldsymbol{B}=\begin{pmatrix}1 & 2 & 3\\ -1 & -2 & 4\\ 0 & 5 & 1\end{pmatrix}$，求（1）$\boldsymbol{A}^{\mathrm{T}}\boldsymbol{B}-2\boldsymbol{A}$；（2）$(\boldsymbol{A}\boldsymbol{B})^{\mathrm{T}}$.

**解**　（1）$\boldsymbol{A}^{\mathrm{T}}\boldsymbol{B}-2\boldsymbol{A}=\begin{pmatrix}1 & 0 & 1\\ 1 & 0 & -1\\ 1 & -1 & 1\end{pmatrix}\begin{pmatrix}1 & 2 & 3\\ -1 & -2 & 4\\ 0 & 5 & 1\end{pmatrix}-2\begin{pmatrix}1 & 1 & 1\\ 0 & 0 & -1\\ 1 & -1 & 1\end{pmatrix}$

$$=\begin{pmatrix}-1 & 5 & 2\\ 1 & -3 & 4\\ 0 & 11 & -2\end{pmatrix}.$$

（2）$(\boldsymbol{A}\boldsymbol{B})^{\mathrm{T}}=\boldsymbol{B}^{\mathrm{T}}\boldsymbol{A}^{\mathrm{T}}=\begin{pmatrix}1 & -1 & 0\\ 2 & -2 & 5\\ 3 & 4 & 1\end{pmatrix}\begin{pmatrix}1 & 0 & 1\\ 1 & 0 & -1\\ 1 & -1 & 1\end{pmatrix}=\begin{pmatrix}0 & 0 & 2\\ 5 & -5 & 9\\ 8 & -1 & 0\end{pmatrix}$.

12．设 $n$ 阶矩阵 $\boldsymbol{A}$ 的伴随矩阵为 $\boldsymbol{A}^*$，且 $|\boldsymbol{A}|\neq 0$，证明：$|\boldsymbol{A}^*|=|\boldsymbol{A}|^{n-1}$，

**证明**　由

$$\boldsymbol{A}\boldsymbol{A}^*=|\boldsymbol{A}|\boldsymbol{E}_n$$

得

$$|\boldsymbol{A}\boldsymbol{A}^*|=||\boldsymbol{A}|\boldsymbol{E}_n|\Rightarrow|\boldsymbol{A}||\boldsymbol{A}^*|=|\boldsymbol{A}|^n,$$

故

$$|\boldsymbol{A}^*|=|\boldsymbol{A}|^{n-1}.$$

13．设三阶矩阵 $\boldsymbol{A}$ 的伴随矩阵为 $\boldsymbol{A}^*$，已知 $\boldsymbol{A}\boldsymbol{A}^*=2\boldsymbol{E}$，求：

（1）$|2\boldsymbol{A}^{-1}|$；（2）$|(3\boldsymbol{A}^*)^2|$；（3）$\left|(3\boldsymbol{A})^{-1}-\dfrac{1}{2}\boldsymbol{A}^*\right|$.

**解**　由 $AA^*=2E \Rightarrow |AA^*|=|2E|=2^3$，从而 $|A|^3=2^3$，故 $|A|=2$.

(1) $|2A^{-1}|=2^3\dfrac{1}{|A|}=4$.

(2) $|(3A^*)^2|=(3^2)^3|(|A|A^{-1})^2|=3^6|(2A^{-1})^2|=3^6\cdot 2^6\cdot\left(\dfrac{1}{|A|}\right)^2=3^6\cdot 2^4$.

(3) $\left|(A)^{-1}-\dfrac{1}{2}A^*\right|=\left|\dfrac{1}{3}A^{-1}-\dfrac{1}{2}|A|A^{-1}\right|=\left|-\dfrac{2}{3}A^{-1}\right|=-\dfrac{4}{27}$.

14. 已知矩阵 $A=\begin{pmatrix}1&0\\2&1\\3&2\end{pmatrix}$，$B=\begin{pmatrix}1&-1\\1&2\end{pmatrix}$，用两种方法计算 $(AB)^T$.

**解**　**解法一**

$$(AB)^T=B^TA^T=\begin{pmatrix}1&1\\-1&2\end{pmatrix}\begin{pmatrix}1&2&3\\0&1&2\end{pmatrix}=\begin{pmatrix}1&3&5\\-1&0&1\end{pmatrix}.$$

**解法二**

$$(AB)^T=\left[\begin{pmatrix}1&0\\2&1\\3&2\end{pmatrix}\begin{pmatrix}1&-1\\1&2\end{pmatrix}\right]^T=\begin{pmatrix}1&-1\\3&0\\5&1\end{pmatrix}^T=\begin{pmatrix}1&3&5\\-1&0&1\end{pmatrix}.$$

15. 已知 $n$ 阶矩阵 $A$ 满足 $A^2+2A-3E=O$.

(1) 证明：$A$ 和 $A+2E$ 都可逆，并求 $A^{-1}$ 和 $(A+2E)^{-1}$.

(2) 证明：$A+4E$ 和 $A-2E$ 都可逆，并求 $(A+4E)^{-1}$ 和 $(A-2E)^{-1}$.

**证明**　(1) 由

$$A^2+2A-3E=O,$$

得

$$\frac{1}{3}A(A+2E)=E,$$

由逆矩阵的定义知，$A$，$A+2E$ 都可逆，且

$$A^{-1}=\frac{1}{3}(A+2E),(A+2E)^{-1}=\frac{1}{3}A.$$

(2) 由

$$A^2+2A-3E=O,$$

得

$$-\frac{1}{5}(A+4E)(A-2E)=E,$$

由可逆矩阵的定义知，$A+4E$，$A-2E$ 都可逆，且

$$(A+4E)^{-1}=-\frac{1}{5}(A-2E),(A-2E)^{-1}=-\frac{1}{5}(A+4E).$$

16. 设 $A$ 是可逆矩阵，证明：其伴随矩阵 $A^*$ 也可逆，且

$$(A^*)^{-1}=(A^{-1})^*.$$

**证明** 由

$$A^{-1}=\frac{1}{|A|}A^*,$$

得

$$(A^*)^{-1}=\frac{1}{|A^*|}(A^*)^*=\frac{1}{|A|^{n-1}}(|A|A^{-1})^*=\frac{|A|^*}{|A|^{n-1}}(A^{-1})^*=\frac{|A|^{n-1}}{|A|^{n-1}}(A^{-1})^*=(A^{-1})^*.$$

17. 设 $A$，$B$ 均为四阶矩阵，已知 $|A|=-2$，$|B|=3$，计算：

(1) $\left|\frac{1}{2}AB^{-1}\right|$；(2) $|-AB^{T}|$；(3) $|(AB)^{-1}|$；(4) $|[(AB)^{T}]^{-1}|$；

(5) $|-3A^*|$（$A^*$ 为 $A$ 的伴随矩阵）.

**解** (1) $\left|\frac{1}{2}AB^{-1}\right|=\left(\frac{1}{2}\right)^4|A|\cdot\frac{1}{|B|}=-\frac{1}{24}.$

(2) $|-AB^{T}|=(-1)^4|A|\cdot|B^{T}|=|A|\cdot|AB|=-6.$

(3) $|(AB)^{-1}|=\frac{1}{|AB|}=\frac{1}{|A|}\cdot\frac{1}{|B|}=-\frac{1}{6}.$

(4) $|[(AB)^{T}]^{-1}|=\frac{1}{|(AB)^{T}|}=\frac{1}{|B^{T}|}\cdot\frac{1}{|A^{T}|}=\frac{1}{|B|}\cdot\frac{1}{|A|}=-\frac{1}{6}.$

(5) $|-3A^*|=(-3)^4|A^*|=(-3)^4|A|^3=(-3)^4(-2)^3.$

18. 设 $A$ 为四阶矩阵，已知 $|A|=a\neq 0$，计算 $||A^*|A|$.

**解** 由

$$|A^*|=|A|^{n-1},$$

得

$$||A^*|A|=||A|^3A|=|A|^{12}|A|=a^{13}.$$

19. 设 $A=\begin{pmatrix}1&-3&0&0\\0&2&0&0\\0&0&1&2\\0&0&1&3\end{pmatrix}$，求：(1) $|A^5|$；(2) $A^{-1}$；(3) $A^3$.

**解** 由矩阵 $A$ 的特点，将其分块成 $B=\begin{pmatrix}B_1&O\\O&B_2\end{pmatrix}$，其中

$$B_1=\begin{pmatrix}1&-3\\0&2\end{pmatrix},\ B_2=\begin{pmatrix}1&2\\1&3\end{pmatrix}.$$

(1) $|A^5|=|B^5|=\left|\begin{pmatrix}B_1&O\\O&B_2\end{pmatrix}^5\right|=|B_1^5||B_2^5|=|B_1|^5\cdot|B_2|^5=32.$

(2) $A^{-1}=B^{-1}=\begin{pmatrix}B_1&O\\O&B_2\end{pmatrix}^{-1}=\begin{pmatrix}B_1^{-1}&O\\O&B_2^{-1}\end{pmatrix},$

因为

$$B_1^{-1}=\begin{pmatrix}1 & \frac{3}{2}\\ 0 & \frac{1}{2}\end{pmatrix},\ B_2^{-1}=\begin{pmatrix}3 & -2\\ -1 & 1\end{pmatrix}.$$

故

$$A^{-1}=\begin{pmatrix}1 & \frac{3}{2} & 0 & 0\\ 0 & \frac{1}{2} & 0 & 0\\ 0 & 0 & 3 & -2\\ 0 & 0 & -1 & 1\end{pmatrix}.$$

(3) $A^3=\begin{pmatrix}BB_1 & O\\ O & B_2\end{pmatrix}^3=\begin{pmatrix}B_1^3 & O\\ O & B_2^3\end{pmatrix}=\begin{pmatrix}1 & -21 & 0 & 0\\ 0 & 8 & 0 & 0\\ 0 & 0 & 11 & 30\\ 0 & 0 & 15 & 41\end{pmatrix}.$

20. 按指定的分块方法，用分块矩阵的加法或乘法计算下列各题.

(1) 设 $A=\left(\begin{array}{cc:cc}1 & -1 & 0 & 0\\ 3 & -1 & 0 & 0\\ \hdashline 0 & 1 & 0 & 0\\ 2 & 2 & 2 & 1\end{array}\right)$ 与 $B=\left(\begin{array}{cc:cc}1 & 0 & 0 & 0\\ -1 & 0 & 0 & 0\\ \hdashline 0 & 1 & 3 & -1\\ 0 & 2 & 1 & 4\end{array}\right)$，求 $A+B$ 和 $AB$.

(2) 设 $A=\left(\begin{array}{ccc}-2 & -1 & 2\\ \hdashline 2 & -2 & 1\\ \hdashline 1 & 2 & 2\end{array}\right)$，求 $AA^{\mathrm{T}}$.

**解** (1) 令

$$A=\begin{pmatrix}A_1 & O\\ A_2 & A_3\end{pmatrix},\ B=\begin{pmatrix}B_1 & O\\ B_2 & B_3\end{pmatrix},$$

其中

$$A_1=\begin{pmatrix}1 & -1\\ 3 & -1\end{pmatrix},\ A_2=\begin{pmatrix}0 & 1\\ 0 & 0\end{pmatrix},\ A_3=\begin{pmatrix}0 & 0\\ 2 & -1\end{pmatrix},$$

$$B_1=\begin{pmatrix}1 & 0\\ -1 & 0\end{pmatrix},\ B_2=\begin{pmatrix}0 & 1\\ 0 & 2\end{pmatrix},\ B_3=\begin{pmatrix}3 & -1\\ 1 & 4\end{pmatrix},$$

故

$$A+B=\begin{pmatrix}A_1+B_1 & O\\ A_2+B_2 & A_3+B_3\end{pmatrix}=\begin{pmatrix}2 & -1 & 0 & 0\\ 2 & -1 & 0 & 0\\ 0 & 2 & 3 & -1\\ 0 & 2 & 3 & 3\end{pmatrix}.$$

$$\boldsymbol{AB}=\begin{pmatrix}\boldsymbol{A}_1\boldsymbol{B}_1 & \boldsymbol{O}\\ \boldsymbol{A}_2\boldsymbol{B}_1+\boldsymbol{A}_3\boldsymbol{B}_2 & \boldsymbol{A}_3\boldsymbol{B}_3\end{pmatrix}=\begin{pmatrix}2&0&0&0\\4&0&0&0\\-1&0&0&0\\0&0&5&-6\end{pmatrix}.$$

（2） 令

$$\boldsymbol{A}=\begin{pmatrix}\boldsymbol{A}_1\\ \boldsymbol{A}_2\\ \boldsymbol{A}_3\end{pmatrix},$$

其中

$$\boldsymbol{A}_1=(-2\quad -1\quad 2),\ \boldsymbol{A}_2=(2\quad -2\quad 1),\ \boldsymbol{A}_3=(1\quad 2\quad 2),$$

$$\boldsymbol{A}^{\mathrm{T}}=\begin{pmatrix}\boldsymbol{A}_1\\ \boldsymbol{A}_2\\ \boldsymbol{A}_3\end{pmatrix}^{\mathrm{T}}=(\boldsymbol{A}_1^{\mathrm{T}}\quad \boldsymbol{A}_2^{\mathrm{T}}\quad \boldsymbol{A}_3^{\mathrm{T}}),$$

故

$$\boldsymbol{AA}^{\mathrm{T}}=\begin{pmatrix}\boldsymbol{A}_1\\ \boldsymbol{A}_2\\ \boldsymbol{A}_3\end{pmatrix}(\boldsymbol{A}_1^{\mathrm{T}}\quad \boldsymbol{A}_2^{\mathrm{T}}\quad \boldsymbol{A}_3^{\mathrm{T}})=\begin{pmatrix}\boldsymbol{A}_1\boldsymbol{A}_1^{\mathrm{T}} & \boldsymbol{A}_1\boldsymbol{A}_2^{\mathrm{T}} & \boldsymbol{A}_1\boldsymbol{A}_3^{\mathrm{T}}\\ \boldsymbol{A}_2\boldsymbol{A}_1^{\mathrm{T}} & \boldsymbol{A}_2\boldsymbol{A}_2^{\mathrm{T}} & \boldsymbol{A}_2\boldsymbol{A}_3^{\mathrm{T}}\\ \boldsymbol{A}_3\boldsymbol{A}_1^{\mathrm{T}} & \boldsymbol{A}_3\boldsymbol{A}_2^{\mathrm{T}} & \boldsymbol{A}_3\boldsymbol{A}_3^{\mathrm{T}}\end{pmatrix}=\begin{pmatrix}9&0&0\\0&9&0\\0&0&9\end{pmatrix}.$$

21. 设 $\boldsymbol{A}$ 为三阶矩阵，$|\boldsymbol{A}|=-1$，把 $\boldsymbol{A}$ 按列分块为 $\boldsymbol{A}=(\boldsymbol{A}_1,\ \boldsymbol{A}_2,\ \boldsymbol{A}_3)$，其中 $\boldsymbol{A}_j\,(j=1,\ 2,\ 3)$ 为 $\boldsymbol{A}$ 的第 $j$ 列，求

（1）$|3\boldsymbol{A}_3,\ -\boldsymbol{A}_1,\ \boldsymbol{A}_2|$；　　（2）$|\boldsymbol{A}_3+\boldsymbol{A}_1,\ -2\boldsymbol{A}_2,\ 3\boldsymbol{A}_1|$.

**解** （1）$|3\boldsymbol{A}_3,\ -\boldsymbol{A}_1,\ \boldsymbol{A}_2|=-|-\boldsymbol{A}_1,\ 3\boldsymbol{A}_3,\ \boldsymbol{A}_2|=|-\boldsymbol{A}_1,\ \boldsymbol{A}_2,\ 3\boldsymbol{A}_3|=-3|\boldsymbol{A}_1,\ \boldsymbol{A}_2,\ \boldsymbol{A}_3|=3$.

（2）$|\boldsymbol{A}_3+\boldsymbol{A}_1,\ -2\boldsymbol{A}_2,\ 3\boldsymbol{A}_1|=-|3\boldsymbol{A}_1,\ -2\boldsymbol{A}_2,\ \boldsymbol{A}_3+\boldsymbol{A}_1|=6|\boldsymbol{A}_1,\ \boldsymbol{A}_2,\ \boldsymbol{A}_3+\boldsymbol{A}_1|=6|\boldsymbol{A}_1,\ \boldsymbol{A}_2,\ \boldsymbol{A}_3|=-6$.

22. 求下列矩阵的标准形矩阵.

（1）$\begin{pmatrix}2&4\\1&2\end{pmatrix}$；（2）$\begin{pmatrix}1&2&3\\3&1&2\\2&3&1\end{pmatrix}$；（3）$\begin{pmatrix}3&3&9&12\\2&-2&7&9\\1&-3&4&5\end{pmatrix}$；

（4）$\begin{pmatrix}-2&-1&-4&2&-1\\3&0&6&-1&1\\0&3&0&0&1\end{pmatrix}$.

**解** （1）$\begin{pmatrix}2&4\\1&2\end{pmatrix}\xrightarrow{r_1\leftrightarrow r_2}\begin{pmatrix}1&2\\2&4\end{pmatrix}\xrightarrow{r_2-2r_1}\begin{pmatrix}1&2\\0&0\end{pmatrix}\xrightarrow{c_2-2c_1}\begin{pmatrix}1&0\\0&0\end{pmatrix}$.

（2）$\begin{pmatrix}1&2&3\\3&1&2\\2&3&1\end{pmatrix}\xrightarrow{r_2\leftrightarrow r_3}\begin{pmatrix}1&2&3\\2&3&1\\3&1&2\end{pmatrix}\xrightarrow[r_3\times(-1)]{\substack{r_2-2r_1\\ r_2\times(-1)\\ r_3-3r_1}}\begin{pmatrix}1&2&3\\0&1&5\\0&5&7\end{pmatrix}$

$$\xrightarrow[r_3\times(-\frac{1}{18})]{r_3-5r_2}\begin{pmatrix}1&2&3\\0&1&5\\0&0&1\end{pmatrix}\xrightarrow[r_1-2r_2]{\substack{r_2-5r_3\\r_1-3r_3}}\begin{pmatrix}1&0&0\\0&1&0\\0&0&1\end{pmatrix};$$

(3) $$\begin{pmatrix}3&3&9&12\\2&-2&7&9\\1&-3&4&5\end{pmatrix}\xrightarrow{r_1\leftrightarrow r_3}\begin{pmatrix}1&-3&4&5\\2&-2&7&9\\3&3&9&12\end{pmatrix}\xrightarrow[r_3\times\frac{1}{3}]{\substack{r_2-2r_1\\r_3-3r_1}}\begin{pmatrix}1&-3&4&5\\0&4&-1&-1\\0&4&-1&-1\end{pmatrix}$$

$$\xrightarrow{r_3-r_2}\begin{pmatrix}1&-3&0&1\\0&4&-1&-1\\0&0&0&0\end{pmatrix}\xrightarrow[c_2\times\frac{1}{4}]{\substack{c_2+3c_1\\c_4-c_1\\c_3+\frac{1}{4}c_2\\c_4+\frac{1}{4}c_2}}\begin{pmatrix}1&0&0&0\\0&1&0&0\\0&0&0&0\end{pmatrix};$$

(4) $$\begin{pmatrix}-2&-1&-4&2&-1\\3&0&6&-1&1\\0&3&0&0&1\end{pmatrix}\xrightarrow{r_1\times(-1)}\begin{pmatrix}2&1&4&-2&1\\3&0&6&-1&1\\0&3&0&0&1\end{pmatrix}$$

$$\xrightarrow{r_2-r_1}\begin{pmatrix}2&1&4&-2&1\\1&-1&2&1&0\\0&3&0&0&1\end{pmatrix}\xrightarrow[r_3\times\frac{1}{4}]{\substack{r_1\leftrightarrow r_2\\r_2-2r_1\\r_3-r_2}}\begin{pmatrix}1&-1&2&1&0\\0&3&0&-4&1\\0&0&0&1&0\end{pmatrix}$$

$$\xrightarrow[c_4\leftrightarrow c_3]{\substack{c_2\leftrightarrow c_5\\c_3\times\frac{1}{2}\\c_4-c_1\\c_5+c_1\\c_5-3c_2\\c_4+4c_2\\c_3-c_1}}\begin{pmatrix}1&0&0&0&0\\0&1&0&0&0\\0&0&1&0&0\end{pmatrix}.$$

23. 求下列矩阵的逆矩阵.

(1) $\begin{pmatrix}2&0&1\\1&-2&-1\\-1&3&2\end{pmatrix}$；(2) $\begin{pmatrix}1&2&3\\2&2&1\\3&4&3\end{pmatrix}$；(3) $\begin{pmatrix}1&0&0&0\\1&2&0&0\\1&2&3&0\\1&2&3&4\end{pmatrix}$；

（4）$\begin{bmatrix} 0 & a_1 & 0 & \cdots & 0 & 0 \\ 0 & 0 & a_2 & \cdots & 0 & 0 \\ \vdots & \vdots & \vdots & & \vdots & \vdots \\ 0 & 0 & 0 & \cdots & 0 & a_{n-1} \\ a_n & 0 & 0 & \cdots & 0 & 0 \end{bmatrix}$，其中 $a_i \neq 0$，$(i=1, 2, \cdots, n)$.

**解**　(1) 由

$$\begin{pmatrix} 2 & 0 & 1 & 1 & 0 & 0 \\ 1 & -2 & -1 & 0 & 1 & 0 \\ -1 & 3 & 2 & 0 & 0 & 1 \end{pmatrix} \xrightarrow[r_3+r_1]{\substack{r_1 \leftrightarrow r_2 \\ r_2-2r_1}} \begin{pmatrix} 1 & -2 & -1 & 0 & 1 & 0 \\ 0 & 4 & 3 & 1 & -2 & 0 \\ 0 & 1 & 1 & 0 & 1 & 1 \end{pmatrix}$$

$$\xrightarrow[r_1-r_3]{\substack{r_1+2r_3 \\ r_2-3r_3 \\ r_3-r_2}} \begin{pmatrix} 1 & 0 & 0 & 1 & -3 & -2 \\ 0 & 1 & 0 & 1 & -5 & -3 \\ 0 & 0 & 1 & -1 & 6 & 4 \end{pmatrix},$$

故

$$\boldsymbol{A}^{-1} = \begin{pmatrix} 1 & -3 & -2 \\ 1 & -5 & -3 \\ -1 & 6 & 4 \end{pmatrix};$$

(2) 由

$$\begin{pmatrix} 1 & 2 & 3 & 1 & 0 & 0 \\ 2 & 2 & 1 & 0 & 1 & 0 \\ 3 & 4 & 3 & 0 & 0 & 1 \end{pmatrix} \xrightarrow[r_3-3r_1]{r_2-2r_1} \begin{pmatrix} 1 & 2 & 3 & 1 & 0 & 0 \\ 0 & 2 & 5 & 2 & -1 & 0 \\ 0 & 2 & 6 & 3 & 0 & -1 \end{pmatrix}$$

$$\xrightarrow{r_3-r_2} \begin{pmatrix} 1 & 2 & 3 & 1 & 0 & 0 \\ 0 & 2 & 5 & 2 & -1 & 0 \\ 0 & 0 & 1 & 1 & 1 & -1 \end{pmatrix} \xrightarrow[r_2 \times \frac{1}{2}]{\substack{r_1-r_2 \\ r_1+2r_3 \\ r_2-5r_3}} \begin{bmatrix} 1 & 0 & 0 & 1 & 3 & -2 \\ 0 & 1 & 0 & -\dfrac{3}{2} & -3 & \dfrac{5}{2} \\ 0 & 0 & 1 & 1 & 1 & -1 \end{bmatrix},$$

故

$$\boldsymbol{A}^{-1} = \begin{bmatrix} 1 & 3 & -2 \\ -\dfrac{3}{2} & -3 & \dfrac{5}{2} \\ 1 & 1 & -1 \end{bmatrix};$$

(3) 由

$$\begin{bmatrix} 1 & 0 & 0 & 0 & 1 & 0 & 0 & 0 \\ 1 & 2 & 0 & 0 & 0 & 1 & 0 & 0 \\ 1 & 2 & 3 & 0 & 0 & 0 & 1 & 0 \\ 1 & 2 & 3 & 4 & 0 & 0 & 0 & 1 \end{bmatrix} \xrightarrow{r_i-r_1 (i=2, 3, 4)} \begin{bmatrix} 1 & 0 & 0 & 0 & 1 & 0 & 0 & 0 \\ 0 & 2 & 0 & 0 & -1 & 1 & 0 & 0 \\ 0 & 2 & 3 & 0 & -1 & 0 & 1 & 0 \\ 0 & 2 & 3 & 4 & -1 & 0 & 0 & 1 \end{bmatrix}$$

$$\xrightarrow[r_4-r_2]{r_3-r_2}\begin{pmatrix}1&0&0&0&1&0&0&0\\0&2&0&0&-1&1&0&0\\0&0&3&0&0&-1&1&0\\0&0&3&4&0&-1&0&1\end{pmatrix}\xrightarrow[r_i\times(\frac{1}{i})(i=2,3,4)]{r_4-r_3}\begin{pmatrix}1&0&0&0&1&0&0&0\\0&1&0&0&-\frac{1}{2}&\frac{1}{2}&0&0\\0&0&1&0&0&-\frac{1}{3}&\frac{1}{3}&0\\0&0&0&1&0&0&-\frac{1}{4}&\frac{1}{4}\end{pmatrix},$$

故

$$\boldsymbol{A}^{-1}=\begin{pmatrix}1&0&0&0\\-\frac{1}{2}&\frac{1}{2}&0&0\\0&-\frac{1}{3}&\frac{1}{3}&0\\0&0&-\frac{1}{4}&\frac{1}{4}\end{pmatrix};$$

（4）由

$$\begin{pmatrix}0&a_1&0&\cdots&0&0&1&0&0&\cdots&0&0\\0&0&a_2&\cdots&0&0&0&1&0&\cdots&0&0\\\vdots&\vdots&\vdots&&\vdots&\vdots&\vdots&\vdots&1&&\vdots&\vdots\\0&0&0&\cdots&0&a_{n-1}&0&0&0&\cdots&1&0\\a_n&0&0&\cdots&0&0&0&0&0&\cdots&0&1\end{pmatrix}$$

$$\xrightarrow{r_i\leftrightarrow r_{i-1}(i=n,\ n-1,\ \cdots,\ 2)}\begin{pmatrix}a_n&0&0&\cdots&0&0&0&0&0&\cdots&0&1\\0&a_1&0&\cdots&0&0&1&0&0&\cdots&0&0\\0&0&a_2&\cdots&0&0&0&1&0&\cdots&0&0\\\vdots&\vdots&\vdots&&\vdots&\vdots&\vdots&\vdots&\vdots&&\vdots&\vdots\\0&0&0&\cdots&0&a_{n-1}&0&0&0&\cdots&1&0\end{pmatrix}$$

$$\xrightarrow{r_i\times\left(\frac{1}{i}\right)(i=n,1,2,\cdots,n-1)}\begin{pmatrix}1&0&0&\cdots&0&0\\0&1&0&\cdots&0&0\\0&0&1&\cdots&0&0\\\vdots&\vdots&\vdots&&\vdots&\vdots\\0&0&0&\cdots&0&1\end{pmatrix},$$

故

$$A^{-1}=\begin{pmatrix}0&0&0&\cdots&0&\frac{1}{a_n}\\\frac{1}{a_1}&0&0&\cdots&0&0\\0&\frac{1}{a_2}&0&\cdots&0&0\\\vdots&\vdots&\vdots&&\vdots&\vdots\\0&0&0&\cdots&\frac{1}{a_{n-1}}&0\end{pmatrix}.$$

24. 解下列矩阵方程.

(1) $\begin{pmatrix}0&1&2\\1&1&4\\2&-1&0\end{pmatrix}X=\begin{pmatrix}1&1\\0&1\\-1&0\end{pmatrix}$；

(2) $X\begin{pmatrix}-2&1&0\\1&-2&1\\0&1&-2\end{pmatrix}=\begin{pmatrix}1&2&3\\0&1&2\end{pmatrix}$；

(3) $\begin{pmatrix}1&4\\-1&2\end{pmatrix}X\begin{pmatrix}2&0\\-1&1\end{pmatrix}=\begin{pmatrix}3&1\\0&0\end{pmatrix}$；

(4) $AX+B=X$，其中 $A=\begin{pmatrix}0&1&0\\-1&1&1\\-1&0&-1\end{pmatrix}$，$B=\begin{pmatrix}1&-1\\2&0\\5&-3\end{pmatrix}$.

**解** (1) 设

$$A=\begin{pmatrix}0&1&2\\1&1&4\\2&-1&0\end{pmatrix},\ B=\begin{pmatrix}1&1\\0&1\\-1&0\end{pmatrix}.$$

因为

$$|A|=\begin{vmatrix}0&1&2\\1&1&4\\2&-1&0\end{vmatrix}=2\neq 0,$$

所以 $A$ 可逆，故 $X=A^{-1}B$. 又因为

$$A^{-1}=\begin{pmatrix}2&-1&1\\4&-2&1\\-\frac{3}{2}&1&-\frac{1}{2}\end{pmatrix},\ A^{-1}B=\begin{pmatrix}2&-1&1\\4&-2&1\\-\frac{3}{2}&1&-\frac{1}{2}\end{pmatrix}\begin{pmatrix}1&1\\0&1\\-1&0\end{pmatrix}=\begin{pmatrix}1&1\\3&2\\-1&-\frac{1}{2}\end{pmatrix},$$

故

$$X=\begin{pmatrix}1&1\\3&2\\-1&-\frac{1}{2}\end{pmatrix}.$$

（2）设

$$A=\begin{pmatrix}-2&1&0\\1&-2&1\\0&1&-2\end{pmatrix},\ B=\begin{pmatrix}1&2&3\\0&1&2\end{pmatrix}.$$

因为

$$|A|=\begin{vmatrix}-2&1&0\\1&-2&1\\0&1&-2\end{vmatrix}=-4\neq0,$$

所以 $A$ 可逆，故 $X=BA^{-1}$. 又因为

$$A^{-1}=\begin{pmatrix}-\frac{3}{4}&-\frac{1}{2}&-\frac{1}{4}\\-\frac{1}{2}&-1&-\frac{1}{2}\\-\frac{1}{4}&-\frac{1}{2}&-\frac{3}{4}\end{pmatrix},\ BA^{-1}=\begin{pmatrix}1&2&3\\0&1&2\end{pmatrix}\begin{pmatrix}-\frac{3}{4}&-\frac{1}{2}&-\frac{1}{4}\\-\frac{1}{2}&-1&-\frac{1}{2}\\-\frac{1}{4}&-\frac{1}{2}&-\frac{3}{4}\end{pmatrix}=\begin{pmatrix}-\frac{5}{2}&-4&-\frac{7}{4}\\-1&-2&-2\end{pmatrix},$$

故

$$X=\begin{pmatrix}-\frac{5}{2}&-4&-\frac{7}{4}\\-1&-2&-2\end{pmatrix}.$$

（3）设

$$A=\begin{pmatrix}1&4\\-1&2\end{pmatrix},\ B=\begin{pmatrix}2&0\\-1&1\end{pmatrix},\ C=\begin{pmatrix}3&1\\0&0\end{pmatrix}.$$

因为

$$|A|=\begin{vmatrix}1&4\\-1&2\end{vmatrix}=6\neq0,\ |B|=\begin{vmatrix}2&0\\-1&1\end{vmatrix}=2\neq0,$$

所以 $A$，$B$ 都是可逆矩阵，故 $X=A^{-1}CB^{-1}$. 又因为

$$A^{-1}=\begin{pmatrix}\frac{1}{3}&-\frac{2}{3}\\\frac{1}{6}&\frac{1}{6}\end{pmatrix},\ B^{-1}=\begin{pmatrix}\frac{1}{2}&0\\\frac{1}{2}&1\end{pmatrix},$$

故

$$X=\begin{pmatrix}\frac{1}{3}&-\frac{2}{3}\\\frac{1}{6}&\frac{1}{6}\end{pmatrix}\begin{pmatrix}3&1\\0&0\end{pmatrix}\begin{pmatrix}\frac{1}{2}&0\\\frac{1}{2}&1\end{pmatrix}=\begin{pmatrix}\frac{2}{3}&\frac{1}{3}\\\frac{1}{3}&\frac{1}{6}\end{pmatrix}.$$

（4）由 $AX+B=X$ 整理得 $(A-E)X=-B$，因为 $|A-E|=-3\neq0$，故 $A-E$ 可逆，因此

$$\boldsymbol{X}=-(\boldsymbol{A}-\boldsymbol{E})^{-1}\boldsymbol{B},(\boldsymbol{A}-\boldsymbol{E})^{-1}=\begin{pmatrix}0&-\frac{2}{3}&-\frac{1}{3}\\1&-\frac{2}{3}&-\frac{1}{3}\\0&\frac{1}{3}&-\frac{1}{3}\end{pmatrix},$$

故

$$\boldsymbol{X}=-\begin{pmatrix}0&-\frac{2}{3}&-\frac{1}{3}\\1&-\frac{2}{3}&-\frac{1}{3}\\0&\frac{1}{3}&-\frac{1}{3}\end{pmatrix}\begin{pmatrix}1&-1\\2&0\\5&-3\end{pmatrix}=-\begin{pmatrix}-3&1\\-2&0\\-1&1\end{pmatrix}=\begin{pmatrix}3&-1\\2&0\\1&-1\end{pmatrix}.$$

25. 求下列矩阵的秩.

(1) $\begin{pmatrix}2&3\\1&-1\\-1&2\end{pmatrix}$；(2) $\begin{pmatrix}2&-1&1\\4&-2&2\\6&-3&3\end{pmatrix}$；(3) $\begin{pmatrix}1&-1&2&1&0\\2&-2&4&2&0\\3&0&6&-1&1\\0&3&0&0&1\end{pmatrix}$.

**解** (1) 设 $\boldsymbol{A}=\begin{pmatrix}2&3\\1&-1\\-1&2\end{pmatrix}$，由

$$\boldsymbol{A}=\begin{pmatrix}2&3\\1&-1\\-1&2\end{pmatrix}\xrightarrow[r_2\leftrightarrow r_3]{r_1\leftrightarrow r_2}\begin{pmatrix}1&-1\\-1&2\\2&3\end{pmatrix}\xrightarrow[r_3-2r_1]{r_2+r_1}\begin{pmatrix}1&-1\\0&1\\0&5\end{pmatrix}\xrightarrow[r_3-5r_2]{r_1+r_2}\begin{pmatrix}1&0\\0&1\\0&0\end{pmatrix}$$

知 $r(\boldsymbol{A})=2$；

(2) 设 $\boldsymbol{A}=\begin{pmatrix}2&-1&1\\4&-2&2\\6&-3&3\end{pmatrix}$，由

$$\boldsymbol{A}=\begin{pmatrix}2&-1&1\\4&-2&2\\6&-3&3\end{pmatrix}\xrightarrow[r_3\times\frac{1}{3}]{r_2\times\frac{1}{2}}\begin{pmatrix}2&-1&1\\2&-1&1\\2&-1&1\end{pmatrix}\xrightarrow[r_3-r_1]{r_2-r_1}\begin{pmatrix}2&-1&1\\0&0&0\\0&0&0\end{pmatrix}$$

知 $r(\boldsymbol{A})=1$；

(3) 设 $\boldsymbol{A}=\begin{pmatrix}1&-1&2&1&0\\2&-2&4&2&0\\3&0&6&-1&1\\0&3&0&0&1\end{pmatrix}$，由

$$A=\begin{pmatrix}1&-1&2&1&0\\2&-2&4&2&0\\3&0&6&-1&1\\0&3&0&0&1\end{pmatrix}\xrightarrow{r_2-r_1}\begin{pmatrix}1&-1&2&1&0\\1&-1&2&1&0\\3&0&6&-1&1\\0&3&0&0&1\end{pmatrix}$$

$$\xrightarrow[r_3-3r_1]{r_2-r_1}\begin{pmatrix}1&-1&2&1&0\\0&0&0&0&0\\0&3&0&-4&1\\0&3&0&0&1\end{pmatrix}\xrightarrow[\substack{r_4\times\frac{1}{4}\\r_3\leftrightarrow r_4}]{\substack{r_2\leftrightarrow r_3\\r_4-r_2}}\begin{pmatrix}1&-1&2&1&0\\0&3&0&-4&1\\0&0&0&1&0\\0&0&0&0&0\end{pmatrix}$$

知 $r(\boldsymbol{A})=3$.

26. 已知矩阵 $\boldsymbol{B}$，$\boldsymbol{C}$ 为可逆方阵，$\boldsymbol{A}=\begin{pmatrix}\boldsymbol{B}&\boldsymbol{O}\\\boldsymbol{D}&\boldsymbol{C}\end{pmatrix}$，证明：$\boldsymbol{A}$ 可逆，并求 $\boldsymbol{A}^{-1}$.

**证明** 因为 $\boldsymbol{B}$，$\boldsymbol{C}$ 为可逆方阵，即 $|\boldsymbol{B}|\neq0$，$|\boldsymbol{C}|\neq0$，则 $|\boldsymbol{A}|=\begin{vmatrix}\boldsymbol{B}&\boldsymbol{O}\\\boldsymbol{D}&\boldsymbol{C}\end{vmatrix}=|\boldsymbol{B}|\,|\boldsymbol{C}|\neq0$，所以 $\boldsymbol{A}$ 可逆.

设 $\boldsymbol{A}^{-1}=\begin{pmatrix}\boldsymbol{X}_1&\boldsymbol{X}_2\\\boldsymbol{X}_3&\boldsymbol{X}_4\end{pmatrix}$，由可逆矩阵的定义得 $\boldsymbol{AA}^{-1}=\boldsymbol{E}$，即 $\begin{pmatrix}\boldsymbol{B}&\boldsymbol{O}\\\boldsymbol{D}&\boldsymbol{C}\end{pmatrix}\begin{pmatrix}\boldsymbol{X}_1&\boldsymbol{X}_2\\\boldsymbol{X}_3&\boldsymbol{X}_4\end{pmatrix}=\boldsymbol{E}$，从而有

$$\begin{cases}\boldsymbol{BX}_1=\boldsymbol{E},\\\boldsymbol{BX}_2=\boldsymbol{O},\\\boldsymbol{DX}_1+\boldsymbol{CX}_3=\boldsymbol{O},\\\boldsymbol{DX}_2+\boldsymbol{CX}_4=\boldsymbol{E}.\end{cases}$$

解得

$$\boldsymbol{X}_1=\boldsymbol{B}^{-1},\ \boldsymbol{X}_2=\boldsymbol{O},\ \boldsymbol{X}_3=-\boldsymbol{C}^{-1}\boldsymbol{DB}^{-1},\ \boldsymbol{X}_4=\boldsymbol{C}^{-1},$$

故

$$\boldsymbol{A}^{-1}=\begin{pmatrix}\boldsymbol{B}^{-1}&\boldsymbol{O}\\-\boldsymbol{C}^{-1}\boldsymbol{DB}^{-1}&\boldsymbol{C}^{-1}\end{pmatrix}.$$

27. 设 $\boldsymbol{A}$ 为 $n$ 阶非奇异矩阵，$\boldsymbol{B}$ 为 $n\times m$ 矩阵，证明：$r(\boldsymbol{AB})=r(\boldsymbol{B})$.

**证明** 因为 $\boldsymbol{A}$ 为 $n$ 阶非奇异矩阵，所以矩阵 $\boldsymbol{A}$ 可逆. 由可逆矩阵的充分必要条件知：存在有限个初等矩阵 $\boldsymbol{P}_1$，$\boldsymbol{P}_2$，$\cdots\boldsymbol{P}_s$，使得 $\boldsymbol{A}=\boldsymbol{P}_1\boldsymbol{P}_2\cdots\boldsymbol{P}_s$，即 $\boldsymbol{AB}=\boldsymbol{P}_1\boldsymbol{P}_2\cdots\boldsymbol{P}_s\boldsymbol{B}$，$r(\boldsymbol{AB})=r(\boldsymbol{P}_1,\ \boldsymbol{P}_2\cdots\boldsymbol{P}_s\boldsymbol{B})$，又由于 $\boldsymbol{P}_1\boldsymbol{P}_2\cdots\boldsymbol{P}_s\boldsymbol{B}$ 相当于对矩阵 $\boldsymbol{B}$ 施以 $s$ 次初等行变换，不改变矩阵 $\boldsymbol{B}$ 的秩，从而 $r(\boldsymbol{AB})=r(\boldsymbol{B})$.

(B)

1. 已知 $\boldsymbol{\alpha}=(1,\ 2,\ 3)$，$\boldsymbol{\beta}=\left(1,\ \frac{1}{2},\ \frac{1}{3}\right)$，令 $\boldsymbol{A}=\boldsymbol{\alpha}^{\mathrm{T}}\boldsymbol{\beta}$，求 $\boldsymbol{A}^n$.

**解** $\boldsymbol{A}=\boldsymbol{\alpha}^{\mathrm{T}}\boldsymbol{\beta}=\begin{pmatrix}1\\2\\3\end{pmatrix}\left(1,\ \frac{1}{2},\ \frac{1}{3}\right)=\begin{pmatrix}1 & \frac{1}{2} & \frac{1}{3}\\ 2 & 1 & \frac{2}{3}\\ 3 & \frac{3}{2} & 1\end{pmatrix}$，

$$\boldsymbol{A}^2=\begin{pmatrix}1 & \frac{1}{2} & \frac{1}{3}\\ 2 & 1 & \frac{2}{3}\\ 3 & \frac{3}{2} & 1\end{pmatrix}^2=\begin{pmatrix}1 & \frac{1}{2} & \frac{1}{3}\\ 2 & 1 & \frac{2}{3}\\ 3 & \frac{3}{2} & 1\end{pmatrix}\begin{pmatrix}1 & \frac{1}{2} & \frac{1}{3}\\ 2 & 1 & \frac{2}{3}\\ 3 & \frac{3}{2} & 1\end{pmatrix}=\begin{pmatrix}3 & \frac{3}{2} & 1\\ 6 & 3 & 2\\ 9 & \frac{9}{2} & 3\end{pmatrix}=3\begin{pmatrix}1 & \frac{1}{2} & \frac{1}{3}\\ 2 & 1 & \frac{2}{3}\\ 3 & \frac{3}{2} & 1\end{pmatrix},$$

$$\boldsymbol{A}^3=\begin{pmatrix}1 & \frac{1}{2} & \frac{1}{3}\\ 2 & 1 & \frac{2}{3}\\ 3 & \frac{3}{2} & 1\end{pmatrix}^3=\boldsymbol{A}^2\begin{pmatrix}1 & \frac{1}{2} & \frac{1}{3}\\ 2 & 1 & \frac{2}{3}\\ 3 & \frac{3}{2} & 1\end{pmatrix}=3^2\begin{pmatrix}1 & \frac{1}{2} & \frac{1}{3}\\ 2 & 1 & \frac{2}{3}\\ 3 & \frac{3}{2} & 1\end{pmatrix}.$$

依次类推

$$\boldsymbol{A}^n=\begin{pmatrix}1 & \frac{1}{2} & \frac{1}{3}\\ 2 & 1 & \frac{2}{3}\\ 3 & \frac{3}{2} & 1\end{pmatrix}^3=\boldsymbol{A}^{n-1}\begin{pmatrix}1 & \frac{1}{2} & \frac{1}{3}\\ 2 & 1 & \frac{2}{3}\\ 3 & \frac{3}{2} & 1\end{pmatrix}=3^{n-1}\begin{pmatrix}1 & \frac{1}{2} & \frac{1}{3}\\ 2 & 1 & \frac{2}{3}\\ 3 & \frac{3}{2} & 1\end{pmatrix}.$$

2. 设 $\boldsymbol{A}$、$\boldsymbol{B}$ 均为 $n$ 阶方阵，且 $\boldsymbol{E}-\boldsymbol{AB}$ 与 $\boldsymbol{E}-\boldsymbol{BA}$ 都可逆，证明：$(\boldsymbol{E}-\boldsymbol{BA})^{-1}=\boldsymbol{E}+\boldsymbol{B}(\boldsymbol{E}-\boldsymbol{AB})^{-1}\boldsymbol{A}$.

**证明** 由逆矩阵的定义得

$$\begin{aligned}&(\boldsymbol{E}-\boldsymbol{BA})[\boldsymbol{E}+\boldsymbol{B}(\boldsymbol{E}-\boldsymbol{AB})^{-1}\boldsymbol{A}]\\ &=\boldsymbol{E}-\boldsymbol{BA}+\boldsymbol{B}(\boldsymbol{E}-\boldsymbol{AB})^{-1}\boldsymbol{A}-\boldsymbol{BAB}(\boldsymbol{E}-\boldsymbol{AB})^{-1}\boldsymbol{A}\\ &=\boldsymbol{E}-\boldsymbol{B}(\boldsymbol{E}-\boldsymbol{AB})(\boldsymbol{E}-\boldsymbol{AB})^{-1}\boldsymbol{A}+\boldsymbol{B}(\boldsymbol{E}-\boldsymbol{AB})^{-1}\boldsymbol{A}-\boldsymbol{BAB}(\boldsymbol{E}-\boldsymbol{AB})^{-1}\boldsymbol{A}\\ &=\boldsymbol{E}-[\boldsymbol{B}(\boldsymbol{E}-\boldsymbol{AB})-\boldsymbol{B}+\boldsymbol{BAB}](\boldsymbol{E}-\boldsymbol{AB})^{-1}\boldsymbol{A}\\ &=\boldsymbol{E}-(\boldsymbol{B}-\boldsymbol{BAB}-\boldsymbol{B}+\boldsymbol{BAB})(\boldsymbol{E}-\boldsymbol{AB})^{-1}\boldsymbol{A}\\ &=\boldsymbol{E}-\boldsymbol{O}=\boldsymbol{E}.\end{aligned}$$

由可逆矩阵的定义知，

$$(\boldsymbol{E}-\boldsymbol{BA})^{-1}=\boldsymbol{E}+\boldsymbol{B}(\boldsymbol{E}-\boldsymbol{AB})^{-1}\boldsymbol{A}.$$

3. 设 $\boldsymbol{A}$ 为奇数阶可逆矩阵，且 $\boldsymbol{A}^{-1}=\boldsymbol{A}^{\mathrm{T}}$，$|\boldsymbol{A}|=1$，求 $|\boldsymbol{E}-\boldsymbol{A}|$.

**解**　因

$$|E-A|=|A^{-1}A-A|=|(A^{-1}-E)A|=|A^{-1}-E||A|,$$

故由已知得

$$|E-A|=|A^{-1}-E|=|A^{T}-E|=|A-E|=|-(E-A)|=(-1)^{n}|E-A|.$$

因为 $n$ 为奇数，所以$(-1)^n=-1$，故 $|E-A|=-|E-A|$，即$|E-A|=0$.

4. 已知

$$A=\begin{pmatrix}1&0&0\\1&1&0\\1&1&1\end{pmatrix},\ B=\begin{pmatrix}0&1&1\\1&0&1\\1&1&0\end{pmatrix},$$

且矩阵 $X$ 满足 $AXA+BXB=AXB+BXA+E$，求矩阵 $X$.

**解**　因

$$AXA+BXB=AXB+BXA+E,$$

整理得

$$AXA+BXB-AXB-BXA=E,$$

有

$$AX(A-B)+BX(B-A)=E,$$

即

$$AX(A-B)-BX(A-B)=E,$$

故

$$X=[(A-B)^{-1}]^{2},$$

又

$$(A-B)^{-1}=\begin{pmatrix}1&1&2\\0&1&1\\0&0&1\end{pmatrix},$$

所以

$$X=\begin{pmatrix}1&2&5\\0&1&2\\0&0&1\end{pmatrix}.$$

5. 设矩阵 $B$ 的伴随矩阵为

$$B^{*}=\begin{pmatrix}1&0&0&0\\0&1&0&0\\1&0&1&0\\1&-3&0&8\end{pmatrix},$$

且 $BAB^{-1}=AB^{-1}+3E$，求 $A$.

**解**　因$|B^{*}|=|B|^{n-1}=|B|^{3}=8$，所以 $|B|=2$，又因为 $B^{-1}=\dfrac{B^{*}}{|B|}=\dfrac{B^{*}}{2}$，$(B^{-1})^{-1}=B$，故

$$B=\begin{pmatrix}2&0&0&0\\0&2&0&0\\-2&0&2&0\\-\frac{1}{4}&-\frac{3}{4}&0&\frac{1}{4}\end{pmatrix},$$

由 $BAB^{-1}=AB^{-1}+3E$ 整理得 $BAB^{-1}-AB^{-1}=3E$，即 $(B-E)AB^{-1}=3E$，由于 $|B-E|\neq 0$，故可逆，$A=3(B-E)^{-1}B$. 而

$$(B-E)^{-1}=\begin{pmatrix}1&0&0&0\\0&1&0&0\\2&0&1&0\\-\frac{1}{3}&1&0&-\frac{4}{3}\end{pmatrix},$$

故

$$A=3\begin{pmatrix}1&0&0&0\\0&1&0&0\\2&0&1&0\\-\frac{1}{3}&1&0&-\frac{4}{3}\end{pmatrix}\begin{pmatrix}2&0&0&0\\0&2&0&0\\-2&0&2&0\\-\frac{1}{4}&-\frac{3}{4}&0&\frac{1}{4}\end{pmatrix}=\begin{pmatrix}1&0&0&0\\0&1&0&0\\1&0&1&0\\-\frac{1}{6}&\frac{1}{2}&0&-\frac{1}{6}\end{pmatrix}.$$

6. 设 $A$，$B$，$C$，$D$ 均为 $n$ 阶矩阵，$E$ 为 $n$ 阶单位矩阵，$A$ 为可逆矩阵. 如果分块矩阵

$$P=\begin{pmatrix}E&O\\-CA^{-1}&E\end{pmatrix},\ Q=\begin{pmatrix}A&B\\C&D\end{pmatrix},\ R=\begin{pmatrix}E&-A^{-1}B\\O&E\end{pmatrix},$$

计算 $PQR$.

**解**

$$\begin{aligned}PQR&=\begin{pmatrix}E&O\\-CA^{-1}&E\end{pmatrix}\begin{pmatrix}A&B\\C&D\end{pmatrix}\begin{pmatrix}E&-A^{-1}B\\O&E\end{pmatrix}\\&=\begin{pmatrix}EA+OC&EB+OD\\-CA^{-1}A+EC&-CA^{-1}B+ED\end{pmatrix}\begin{pmatrix}E&-A^{-1}B\\O&E\end{pmatrix}\\&=\begin{pmatrix}A&B\\O&-CA^{-1}B+D\end{pmatrix}\begin{pmatrix}E&-A^{-1}B\\O&E\end{pmatrix}\\&=\begin{pmatrix}AE+BO&-AA^{-1}B+BE\\OE+(-CA^{-1}B+D)O&O(-A^{-1}B)+(-CA^{-1}B+D)E\end{pmatrix}\\&=\begin{pmatrix}A&O\\O&-CA^{-1}B+D\end{pmatrix}.\end{aligned}$$

7. 设 $n$ 阶方阵 $A$ 满足 $2A(A-E)=A^3$，求 $(E-A)^{-1}$.

**解** 由 $2A(A-E)=A^3$ 整理得 $2A(A-E)=A^3-E+E$，从而

$$2A(A-E)-(A^2+A+E)(A-E)=E,$$

即

$$(2A-A^2-A-E)(A-E)=E,$$

有

$$(A^2-A+E)(E-A)=E,$$

故 $(E-A)^{-1}=A^2-A+E$.

8. 已知 $A=\begin{pmatrix}1&1&-1\\-1&1&1\\1&-1&1\end{pmatrix}$，若 $A^*B\left(\frac{1}{2}A^*\right)^*=8A^{-1}B+12E$，求矩阵 $B$.

**解**　因为

$$\left(\frac{1}{2}A^*\right)^*=\left(\frac{1}{2}\right)^2(A^*)^*=\left(\frac{1}{2}\right)^2|A|A,\quad |A|=4,$$

所以 $\left(\frac{1}{2}A^*\right)^*=A$. 由

$$A^*B\left(\frac{1}{2}A^*\right)^*=8A^{-1}B+12E,$$

整理得

$$A^*BA=8A^{-1}B+12E,$$

从而有

$$A^{-1}|A|BA=8A^{-1}B+12E,$$

即

$$A^{-1}B(A-2E)=3E.$$

因为 $|A-2E|\neq 0$，故可逆，所以 $B=3A(A-2E)^{-1}$. 又因为

$$(A-2E)^{-1}=\begin{pmatrix}-\frac{1}{2}&-\frac{1}{2}&0\\0&-\frac{1}{2}&-\frac{1}{2}\\-\frac{1}{2}&0&-\frac{1}{2}\end{pmatrix},$$

代入得

$$B=\begin{pmatrix}0&-3&0\\0&0&-3\\-3&0&0\end{pmatrix}.$$

# 四、自测题及答案

## 自测题

一、填空题（本大题共 5 题，每小题 3 分，共 15 分）

1. 设 $\boldsymbol{A}$ 为四阶矩阵，且 $|\boldsymbol{A}|=3$，则 $|-\boldsymbol{A}|=$______，$|-2\boldsymbol{A}|=$______，$-2|\boldsymbol{A}|=$______，$|-2\boldsymbol{A}^{\mathrm{T}}|=$______．

2. 若有 $\begin{pmatrix} k & 1 & 1 \\ 3 & 0 & 1 \\ 0 & 2 & -1 \end{pmatrix}\begin{pmatrix} 3 \\ k \\ -3 \end{pmatrix}=\begin{pmatrix} k \\ 6 \\ 5 \end{pmatrix}$，则 $k=$______．

3. 设矩阵 $\boldsymbol{A}$ 的行列式为 $|\boldsymbol{A}|=\dfrac{1}{2}$，则 $|\boldsymbol{A}^{-1}|=$______．

4. 设三阶矩阵 $\boldsymbol{A}$ 按列分块为 $\boldsymbol{A}=(\boldsymbol{A}_1,\boldsymbol{A}_2,\boldsymbol{A}_3)$，且 $|\boldsymbol{A}|=-1$，设矩阵 $\boldsymbol{B}=(\boldsymbol{A}_2-2\boldsymbol{A}_3,\boldsymbol{A}_3-3\boldsymbol{A}_1,\boldsymbol{A}_1)$，则 $|\boldsymbol{B}|=$______．

5. 设矩阵 $\boldsymbol{A}=\begin{pmatrix} 3 & 0 & 0 \\ 1 & 4 & 0 \\ 0 & 0 & 3 \end{pmatrix}$，则 $(\boldsymbol{A}-2\boldsymbol{E})^{-1}=$______．

二、选择题（本大题共 5 题，每小题 3 分，共 15 分）

1. 已知矩阵 $\boldsymbol{A}=\begin{pmatrix} a_{11} & a_{12} \\ a_{21} & a_{22} \\ a_{31} & a_{32} \end{pmatrix}$，则能左乘 $\boldsymbol{A}$ 的矩阵是（　　）．

(A) $\begin{pmatrix} b_{11} & b_{12} \\ b_{21} & b_{22} \\ b_{31} & b_{32} \end{pmatrix}$　(B) $(b_{11}\ \ b_{12}\ \ b_{13})$　(C) $\begin{pmatrix} b_{11} \\ b_{21} \\ b_{31} \end{pmatrix}$　(D) $\begin{pmatrix} b_{11} & b_{12} \\ b_{21} & b_{22} \end{pmatrix}$

2. 设 $\boldsymbol{A}$，$\boldsymbol{B}$ 均为 $n(n>1)$ 阶可逆矩阵，$k$ 为非零常数，则下列结论中正确的是（　　）．

(A) $(\boldsymbol{A}+\boldsymbol{B})^{-1}=\boldsymbol{A}^{-1}+\boldsymbol{B}^{-1}$　　(B) $(\boldsymbol{AB})^{-1}=\boldsymbol{A}^{-1}\boldsymbol{B}^{-1}$

(C) $|(k\boldsymbol{A})^{-1}|=\dfrac{1}{k}|\boldsymbol{A}^{-1}|$　　(D) $[(\boldsymbol{AB})^{\mathrm{T}}]^{-1}=(\boldsymbol{A}^{-1})^{\mathrm{T}}(\boldsymbol{B}^{-1})^{\mathrm{T}}$

3. 设 $\boldsymbol{A}$ 是 $m$ 阶矩阵，$\boldsymbol{B}$ 是 $n$ 阶矩阵，且已知 $|\boldsymbol{A}|=a$，$|\boldsymbol{B}|=b$．若分块矩阵 $\boldsymbol{C}=\begin{pmatrix} \boldsymbol{O} & 3A \\ \boldsymbol{B} & \boldsymbol{O} \end{pmatrix}$，则 $|\boldsymbol{C}|=$（　　）．

(A) $-3ab$　(B) $3^m ab$　(C) $(-1)^{mn}3^m ab$　(D) $(-1)^{(m+1)n}3^m ab$

4. 设 $\boldsymbol{A}$ 是 $n(n\geqslant 2)$ 阶矩阵，$\boldsymbol{A}^*$ 为 $\boldsymbol{A}$ 的伴随矩阵，则 $||\boldsymbol{A}^*|\boldsymbol{A}|=$（　　）．

(A) $|\boldsymbol{A}|^{n^2}$　(B) $|\boldsymbol{A}|^{n^2-n}$　(C) $|\boldsymbol{A}|^{n^2-n+1}$　(D) $|\boldsymbol{A}|^{n^2+n}$

5. 若矩阵 $\boldsymbol{A}=\begin{pmatrix} 1 & 1 & 1 \\ 1 & 2 & 1 \\ 2 & 3 & \lambda+1 \end{pmatrix}$ 的秩为 2，则 $\lambda=$（　　）．

(A) 0　(B) 2　(C) $-1$　(D) 1

三、计算题（本大题共 4 题，第 1 题 15 分，第 2～4 题每题 10 分，共 45 分）

1. 设矩阵 $\boldsymbol{A}=\boldsymbol{BC}$，其中 $\boldsymbol{B}=\begin{pmatrix}1\\2\\3\end{pmatrix}$，$\boldsymbol{C}=(5\quad 4\quad -6)$，求：

（1）$\boldsymbol{A}^2$，$\boldsymbol{A}^3$，$\boldsymbol{A}^n$；（6 分）

（2）$(\mathbf{E}+\boldsymbol{A})^2$，$(\boldsymbol{E}+\boldsymbol{A})^3$（其中 $\boldsymbol{E}$ 为单位矩阵，$n$ 为正整数）．（9 分）

2. 设三阶矩阵 $\boldsymbol{A}$，$\boldsymbol{B}$ 满足 $\boldsymbol{A}^{-1}\boldsymbol{BA}=6\boldsymbol{A}+\boldsymbol{BA}$，且 $\boldsymbol{A}=\begin{pmatrix}\frac{1}{3}&&\\&\frac{1}{4}&\\&&\frac{1}{7}\end{pmatrix}$，求 $\boldsymbol{B}$．（10 分）

3. 设 $\boldsymbol{A}=\begin{pmatrix}1&1&0\\1&0&-1\\2&2&-2\end{pmatrix}$，满足 $\boldsymbol{A}^*\boldsymbol{X}+4\boldsymbol{A}^{-1}=\boldsymbol{A}+\boldsymbol{X}$，求 $\boldsymbol{X}$．（10 分）

4. 若矩阵 $\boldsymbol{A}$ 的伴随矩阵 $\boldsymbol{A}^*$ 的秩为 1，其中 $\boldsymbol{A}=\begin{pmatrix}1&a&a&a\\a&1&a&a\\a&a&1&a\\a&a&a&1\end{pmatrix}$，试求 $a$ 的值．（10 分）

四、证明题（本大题共 2 题，第 1 题 15 分，第 2 题 10 分，共 25 分）

1. 已知 $\boldsymbol{A}$，$\boldsymbol{B}$ 为同阶可逆矩阵，$\boldsymbol{A}^*$、$\boldsymbol{B}^*$ 分别为其伴随矩阵，证明：

（1）$\boldsymbol{B}^*\boldsymbol{A}^*$ 为 $\boldsymbol{AB}$ 的伴随矩阵；（6 分）

（2）$(\boldsymbol{A}^*)^{-1}=(\boldsymbol{A}^{-1})^*$．（9 分）

2. 设 $\boldsymbol{A}$，$\boldsymbol{B}$ 为 $n$ 阶矩阵，已知 $\boldsymbol{E}-\boldsymbol{AB}$ 可逆，证明：$\boldsymbol{E}-\boldsymbol{BA}$ 也可逆．（10 分）

## 答案

一、1. 3，48，－6，48；

2. 1；

3. 2；

4. －1；

5. $\begin{pmatrix}1&0&0\\-\frac{1}{2}&\frac{1}{2}&0\\0&0&1\end{pmatrix}$.

二、1. B；

2. D；

3. C. 提示：利用拉普拉斯定理；

4. C；

5. D.

三、1. （1）$\boldsymbol{A}=\begin{pmatrix}5&4&-6\\10&8&-12\\15&12&-18\end{pmatrix}$，$\boldsymbol{A}^2=-5\boldsymbol{A}$，$\boldsymbol{A}^3=25\boldsymbol{A}$，$\boldsymbol{A}^n=(-5)^{n-1}\boldsymbol{A}$；

（2）$(\boldsymbol{E}+\boldsymbol{A})^2=\boldsymbol{E}-3\boldsymbol{A}$，$(\boldsymbol{E}+\boldsymbol{A})^3=\boldsymbol{E}+13\boldsymbol{A}$.

2. 已知 $\boldsymbol{A}$ 可逆，用 $\boldsymbol{A}$ 左乘式子 $\boldsymbol{A}^{-1}\boldsymbol{BA}=6\boldsymbol{A}+\boldsymbol{BA}$ 两端，得 $\boldsymbol{BA}=6\boldsymbol{AA}+\boldsymbol{BAA}$，再用 $\boldsymbol{A}^{-1}$ 右乘 $\boldsymbol{BA}=6\boldsymbol{AA}+\boldsymbol{ABA}$ 两端，得 $\boldsymbol{B}=6\boldsymbol{A}+\boldsymbol{AB}$，于是$(\boldsymbol{E}-\boldsymbol{A})\boldsymbol{B}=6\boldsymbol{A}$，即

$$\boldsymbol{B}=6(\boldsymbol{E}-\boldsymbol{A})^{-1}=6\begin{pmatrix}\frac{2}{3}&&\\&\frac{3}{4}&\\&&\frac{6}{7}\end{pmatrix}^{-1}\begin{pmatrix}\frac{1}{3}&&\\&\frac{1}{4}&\\&&\frac{1}{7}\end{pmatrix}=6\begin{pmatrix}\frac{3}{2}&&\\&\frac{4}{3}&\\&&\frac{7}{6}\end{pmatrix}\begin{pmatrix}\frac{1}{3}&&\\&\frac{1}{4}&\\&&\frac{1}{7}\end{pmatrix}=\begin{pmatrix}3&0&0\\0&2&0\\0&0&1\end{pmatrix}.$$

3. $\boldsymbol{X}=\begin{pmatrix}-3&-1&0\\-1&-2&1\\-2&-2&0\end{pmatrix}$.

4. $a=-\frac{1}{3}$.

四、1. （1）根据公式 $\boldsymbol{AA}^*=\boldsymbol{A}^*\boldsymbol{A}=|\boldsymbol{A}|\boldsymbol{E}$，对其变形或是替换，可以得出很多结论.

由于$(\boldsymbol{AB})^{-1}=\frac{1}{|\boldsymbol{AB}|}(\boldsymbol{AB})^*$，可得$(\boldsymbol{AB})^*=|\boldsymbol{AB}|(\boldsymbol{AB})^{-1}$，同理可得 $\boldsymbol{B}^*=|\boldsymbol{B}|\boldsymbol{B}^{-1}$，$\boldsymbol{A}^*=|\boldsymbol{A}|\boldsymbol{A}^{-1}$，即 $\boldsymbol{B}^*\boldsymbol{A}^*=|\boldsymbol{B}|\boldsymbol{B}^{-1}|\boldsymbol{A}|\boldsymbol{A}^*=|\boldsymbol{B}||\boldsymbol{A}|\boldsymbol{B}^{-1}\boldsymbol{A}^{-1}=|\boldsymbol{AB}|(\boldsymbol{AB})^{-1}=(\boldsymbol{AB})^*$，所以 $\boldsymbol{B}^*\boldsymbol{A}^*$ 是 $\boldsymbol{AB}$ 的伴随矩阵.

（2）因为 $\boldsymbol{A}$ 可逆，且 $\boldsymbol{AA}^*=\boldsymbol{A}^*\boldsymbol{A}=|\boldsymbol{A}|\boldsymbol{E}$，所以$\left(\boldsymbol{A}\frac{1}{|\boldsymbol{A}|}\right)\boldsymbol{A}^*=\boldsymbol{A}^*\left(\frac{1}{|\boldsymbol{A}|}\right)=\boldsymbol{E}$，即 $\boldsymbol{A}^*$ 可逆，且$(\boldsymbol{A}^*)^{-1}=\frac{1}{|\boldsymbol{A}|}\boldsymbol{A}$；又因为 $\boldsymbol{A}^{-1}(\boldsymbol{A}^{-1})^*=|\boldsymbol{A}^{-1}|\boldsymbol{E}$，用 $\boldsymbol{A}$ 同时左乘式子两端，得 $(\boldsymbol{A}^{-1})^*=\boldsymbol{A}|\boldsymbol{A}^{-1}|=\frac{1}{|\boldsymbol{A}|}\boldsymbol{A}$，即$(\boldsymbol{A}^*)^{-1}=(\boldsymbol{A}^{-1})^*$.

2. 根据 $\boldsymbol{E}-\boldsymbol{AB}$ 可逆，可设其逆矩阵为 $\boldsymbol{C}$，则由逆矩阵的定义有$(\boldsymbol{E}-\boldsymbol{AB})\boldsymbol{C}=\boldsymbol{C}(\boldsymbol{E}-\boldsymbol{AB})=\boldsymbol{E}$.

将上式展开即得 $\boldsymbol{CAB}=\boldsymbol{ABC}=\boldsymbol{C}-\boldsymbol{E}$. 所以 $\boldsymbol{B}(\boldsymbol{ABC})\boldsymbol{A}=\boldsymbol{B}(\boldsymbol{C}-\boldsymbol{E})\boldsymbol{A}$，整理得 $\boldsymbol{BA}(\boldsymbol{BCA})-\boldsymbol{BCA}+\boldsymbol{BA}-\boldsymbol{E}=-\boldsymbol{E}$，对其因式分解得$(\boldsymbol{E}-\boldsymbol{BA})(\boldsymbol{E}+\boldsymbol{BCA})=\boldsymbol{E}$，故 $\boldsymbol{E}-\boldsymbol{BA}$ 是可逆矩阵.

# 第三章　线性方程组

## 一、教学基本要求与内容提要

### （一）教学基本要求

1. 掌握齐次线性方程组有非零解的充分必要条件和非齐次线性方程组有解的充分必要条件；

2. 了解 $n$ 维向量的概念，掌握向量的线性运算；

3. 理解向量组的线性组合、向量组的线性相关与线性无关等概念，掌握向量组线性相关、线性无关的有关性质及判别法；

4. 理解向量组的极大线性无关组的概念，会求向量组的极大线性无关组；

5. 了解向量组等价的概念和向量组的秩的概念，理解矩阵的秩与其行（列）向量组的秩之间的关系，会求向量组的秩；

6. 理解齐次线性方程组的基础解系的概念，掌握齐次线性方程组的基础解系和通解的求法；

7. 理解非齐次线性方程组解的结构及通解的概念，掌握非齐次线性方程组通解的求法.

### （二）内容提要

#### 1. 线性方程组的形式

**(1) 线性方程组的一般形式**

含有 $m$ 个方程、$n$ 个未知量的线性方程组的一般形式为

$$\begin{cases} a_{11}x_1+a_{12}x_2+\cdots+a_{1n}x_n=b_1, \\ a_{21}x_1+a_{22}x_2+\cdots+a_{2n}x_n=b_2, \\ \qquad\vdots \\ a_{m1}x_1+a_{m2}x_2+\cdots+a_{mn}x_n=b_m, \end{cases} \tag{3.1}$$

其中 $x_1, x_2, \cdots, x_n$ 是方程组的 $n$ 个未知量，$a_{ij}(i=1, 2, \cdots, m; j=1, 2, \cdots, n)$ 是第 $i$ 个方程中第 $j$ 个未知量的系数，$b_i(i=1, 2, \cdots, m)$ 是第 $i$ 个方程的常数项.

**(2) 线性方程组的矩阵形式**

若记矩阵

$$\boldsymbol{A}=\begin{pmatrix}a_{11}&a_{12}&\cdots&a_{1n}\\a_{21}&a_{22}&\cdots&a_{2n}\\\vdots&\vdots&&\vdots\\a_{m1}&a_{m2}&\cdots&a_{mn}\end{pmatrix},\quad \boldsymbol{X}=\begin{pmatrix}x_1\\x_2\\\vdots\\x_n\end{pmatrix},\quad \boldsymbol{B}=\begin{pmatrix}b_1\\b_2\\\vdots\\b_m\end{pmatrix},$$

则线性方程组（3.1）可以写成矩阵形式为

$$\boldsymbol{AX}=\boldsymbol{B}, \tag{3.2}$$

其中 $m\times n$ 矩阵 $\boldsymbol{A}$ 称为线性方程组（3.1）的**系数矩阵**，$\boldsymbol{B}$ 称为**常数项矩阵**，$\boldsymbol{X}$ 称为**未知量矩阵**. 而矩阵（$\boldsymbol{A}$，$\boldsymbol{B}$）称为线性方程组（3.1）的**增广矩阵**，记为 $\overline{\boldsymbol{A}}$，即

$$\overline{\boldsymbol{A}}=\begin{pmatrix}a_{11}&a_{12}&\cdots&a_{1n}&b_1\\a_{21}&a_{22}&\cdots&a_{2n}&b_2\\\vdots&\vdots&&\vdots&\vdots\\a_{m1}&a_{m2}&\cdots&a_{mn}&b_m\end{pmatrix}.$$

**(3) 线性方程组的向量形式**

在线性方程组（3.1）中，将系数矩阵 $\boldsymbol{A}$ 按列分块为 $\boldsymbol{A}=(\boldsymbol{\alpha}_1,\boldsymbol{\alpha}_2,\cdots,\boldsymbol{\alpha}_n)$，则线性方程组（3.1）可表示为如下的向量形式

$$x_1\boldsymbol{\alpha}_1+x_2\boldsymbol{\alpha}_2+\cdots+x_n\boldsymbol{\alpha}_n=\boldsymbol{\beta}, \tag{3.3}$$

其中 $\boldsymbol{\beta}=\begin{pmatrix}b_1\\b_2\\\vdots\\b_m\end{pmatrix}$.

**2. 线性方程组有解的判定**

**定理** 线性方程组（3.1）有解的充分必要条件是 $r(\boldsymbol{A})=r(\overline{\boldsymbol{A}})$.

**推论 1** 线性方程组（3.1）有唯一解的充分必要条件是 $r(\boldsymbol{A})=r(\overline{\boldsymbol{A}})=n$.

**推论 2** 线性方程组（3.1）有无穷多个解的充分必要条件是 $r(\boldsymbol{A})=r(\overline{\boldsymbol{A}})<n$.

**定理** ① $n$ 元齐次线性方程组 $\boldsymbol{AX}=\boldsymbol{O}$ 仅有零解的充分必要条件是 $r(\boldsymbol{A})=n$；

② $n$ 元齐次线性方程组 $\boldsymbol{AX}=\boldsymbol{O}$ 有非零解的充分必要条件是 $r(\boldsymbol{A})<n$.

**推论** $n$ 个未知量、$m$ 个方程的齐次线性方程组 $\boldsymbol{AX}=\boldsymbol{O}$ 中方程的个数小于未知量的个数，即 $m<n$，则方程组必有非零解.

**定理** $n$ 个未知量、$n$ 个方程的齐次线性方程组 $\boldsymbol{AX}=\boldsymbol{O}$ 有非零解的充分必要条件是它的系数行列式 $|\boldsymbol{A}|=0$.

**3. $n$ 维向量的概念**

$n$ 个数 $a_1$，$a_2$，…，$a_n$ 所组成的有序数组（$a_1$，$a_2$，…，$a_n$）称为一个 $n$ **维向量**，其中数 $a_i$（$i=1,2,\cdots,n$）称为 $n$ 维向量的**第 $i$ 个分量**. 常用小写希腊字母 $\boldsymbol{\alpha}$，$\boldsymbol{\beta}$，$\boldsymbol{\gamma}$，…表示向量. 称

$$\boldsymbol{\alpha}=(a_1,a_2,\cdots,a_n)$$

为 $n$ **维行向量**，称

$$\boldsymbol{\alpha}=\begin{pmatrix}a_1\\a_2\\\vdots\\a_n\end{pmatrix}$$

为 $n$ **维列向量**，列向量也常表示为 $\boldsymbol{\alpha}=(a_1, a_2, \cdots, a_n)^{\mathrm{T}}$.

分量全是实数的向量称为**实向量**，分量是复数的向量称为**复向量**.

设 $n$ 维向量 $\boldsymbol{\alpha}=(a_1, a_2, \cdots, a_n)$，$\boldsymbol{\beta}=(b_1, b_2, \cdots, b_n)$，如果它们对应的分量都相等，即 $a_i=b_i(i=1, 2, \cdots, n)$，称向量 $\boldsymbol{\alpha}$ 与 $\boldsymbol{\beta}$ **相等**，记作 $\boldsymbol{\alpha}=\boldsymbol{\beta}$.

所有分量都是零的向量称为**零向量**，记作 $\boldsymbol{O}=(0, 0, \cdots, 0)$.

$n$ 维向量 $\boldsymbol{\alpha}=(a_1, a_2, \cdots, a_n)$ 的各分量的相反数组成的向量，称为向量 $\boldsymbol{\alpha}$ 的**负向量**，记作 $-\boldsymbol{\alpha}=(-a_1, -a_2, \cdots, -a_n)$.

**4. $n$ 维向量的线性运算**

**(1) 加法**

设 $n$ 维向量 $\boldsymbol{\alpha}=(a_1, a_2, \cdots, a_n)$，$\boldsymbol{\beta}=(b_1, b_2, \cdots, b_n)$，$\boldsymbol{\alpha}$ 与 $\boldsymbol{\beta}$ 的对应分量的和组成的向量称为**向量 $\boldsymbol{\alpha}$ 与 $\boldsymbol{\beta}$ 的和**，记作 $\boldsymbol{\alpha}+\boldsymbol{\beta}$，即 $\boldsymbol{\alpha}+\boldsymbol{\beta}=(a_1+b_1, a_2+b_2, \cdots, a_n+b_n)$.

**(2) 数乘**

设 $n$ 维向量 $\boldsymbol{\alpha}=(a_1, a_2, \cdots, a_n)$，数 $k$ 与向量 $\boldsymbol{\alpha}$ 的各个分量的乘积所组成的向量称为**数 $k$ 与向量 $\boldsymbol{\alpha}$ 的乘积**，简称**数乘**，记作 $k\boldsymbol{\alpha}$，即 $k\boldsymbol{\alpha}=(ka_1, ka_2, \cdots, ka_n)$.

向量的加法及向量的数乘运算统称为**向量的线性运算**.

**(3) 线性运算的运算律**

① $\boldsymbol{\alpha}+\boldsymbol{\beta}=\boldsymbol{\beta}+\boldsymbol{\alpha}$；

② $(\boldsymbol{\alpha}+\boldsymbol{\beta})+\boldsymbol{\gamma}=\boldsymbol{\alpha}+(\boldsymbol{\beta}+\boldsymbol{\gamma})$；

③ $\boldsymbol{\alpha}+\boldsymbol{O}=\boldsymbol{\alpha}$；

④ $\boldsymbol{\alpha}+(-\boldsymbol{\alpha})=\boldsymbol{O}$；

⑤ $k(\boldsymbol{\alpha}+\boldsymbol{\beta})=k\boldsymbol{\alpha}+k\boldsymbol{\beta}$；

⑥ $(k+l)\boldsymbol{\alpha}=k\boldsymbol{\alpha}+l\boldsymbol{\alpha}$；

⑦ $k(l\boldsymbol{\alpha})=(kl)\boldsymbol{\alpha}$；

⑧ $1\boldsymbol{\alpha}=\boldsymbol{\alpha}$，$(-1)\boldsymbol{\alpha}=-\boldsymbol{\alpha}$，$0\boldsymbol{\alpha}=\boldsymbol{O}$.

其中 $\boldsymbol{\alpha}$，$\boldsymbol{\beta}$，$\boldsymbol{\gamma}$ 都是 $n$ 维向量，$k$，$l$ 是常数.

**5. 向量组的概念**

若干个同维数的行向量(或列向量)组成的集合称为**向量组**.

矩阵 $\boldsymbol{A}=(a_{ij})_{m\times n}$ 的每一行构成一个 $n$ 维行向量，可记作

$$\boldsymbol{\beta}_i=(a_{i1}, a_{i2}, \cdots, a_{in})(i=1, 2, \cdots, m),$$

把向量组 $\boldsymbol{\beta}_1, \boldsymbol{\beta}_2, \cdots, \boldsymbol{\beta}_m$ 称为矩阵 $\boldsymbol{A}$ 的**行向量组**. 而由 $\boldsymbol{A}$ 的每一列构成一个 $m$ 维列向量，可记作

$$\boldsymbol{\alpha}_j=\begin{pmatrix}a_{1j}\\a_{2j}\\\vdots\\a_{mj}\end{pmatrix}(j=1, 2, \cdots, n),$$

把向量组 $\boldsymbol{\alpha}_1$，$\boldsymbol{\alpha}_2$，…，$\boldsymbol{\alpha}_n$ 称为矩阵 $\boldsymbol{A}$ 的**列向量组**.

向量组 $\boldsymbol{\varepsilon}_1=(1, 0, \cdots, 0)$，$\boldsymbol{\varepsilon}_2=(0, 1, \cdots, 0)$，…，$\boldsymbol{\varepsilon}_n=(0, 0, \cdots, 1)$ 称为 **$n$ 维基本单位向量组**.

6. **向量组的线性组合**

**(1) 向量组的线性组合的概念**

给定向量组 $\boldsymbol{\alpha}_1$，$\boldsymbol{\alpha}_2$，…，$\boldsymbol{\alpha}_s$ 和向量 $\boldsymbol{\beta}$，如果存在一组数 $k_1$，$k_2$，…，$k_s$，使得

$$\boldsymbol{\beta}=k_1\boldsymbol{\alpha}_1+k_2\boldsymbol{\alpha}_2+\cdots+k_s\boldsymbol{\alpha}_s,$$

则称向量 $\boldsymbol{\beta}$ 是向量组 $\boldsymbol{\alpha}_1$，$\boldsymbol{\alpha}_2$，…，$\boldsymbol{\alpha}_s$ 的**线性组合**，或称向量 $\boldsymbol{\beta}$ 可由向量组 $\boldsymbol{\alpha}_1$，$\boldsymbol{\alpha}_2$，…，$\boldsymbol{\alpha}_s$ **线性表示**.

**(2) 相关命题**

① 零向量可由任意同维向量组线性表示；

② 向量组 $\boldsymbol{\alpha}_1$，$\boldsymbol{\alpha}_2$，…，$\boldsymbol{\alpha}_s$ 中的每个向量都可由该向量组线性表示；

③ 任一 $n$ 维向量 $\boldsymbol{\alpha}$ 都可由 $n$ 维基本单位向量组线性表示.

**(3) 判定**

**定理** 设向量

$$\boldsymbol{\beta}=\begin{pmatrix}b_1\\b_2\\\vdots\\b_m\end{pmatrix},\ \boldsymbol{\alpha}_j=\begin{pmatrix}a_{1j}\\a_{2j}\\\vdots\\a_{mj}\end{pmatrix}\quad(j=1, 2, \cdots, s),$$

则向量 $\boldsymbol{\beta}$ 可由向量组 $\boldsymbol{\alpha}_1$，$\boldsymbol{\alpha}_2$，…，$\boldsymbol{\alpha}_s$ 线性表示的充分必要条件是矩阵 $\boldsymbol{A}=(\boldsymbol{\alpha}_1, \boldsymbol{\alpha}_2, \cdots, \boldsymbol{\alpha}_s)$ 与矩阵 $\boldsymbol{B}=(\boldsymbol{\alpha}_1, \boldsymbol{\alpha}_2, \cdots, \boldsymbol{\alpha}_s, \boldsymbol{\beta})$ 的秩相等.

7. **向量组等价**

**(1) 向量组等价的概念**

设有两个 $n$ 维向量组(Ⅰ)$\boldsymbol{\alpha}_1$，$\boldsymbol{\alpha}_2$，…，$\boldsymbol{\alpha}_s$，(Ⅱ)$\boldsymbol{\beta}_1$，$\boldsymbol{\beta}_2$，…，$\boldsymbol{\beta}_t$. 如果向量组(Ⅰ)中的每一个向量 $\boldsymbol{\alpha}_i(i=1, 2, \cdots s)$ 都可由向量组(Ⅱ)线性表示，则称向量组(Ⅰ)可由向量组(Ⅱ)**线性表示**. 如果向量组(Ⅱ)可由向量组(Ⅰ)线性表示，且向量组(Ⅰ)也能由向量组(Ⅱ)线性表示，则称向量组(Ⅰ)与向量组(Ⅱ)**等价**，记作 $\{\boldsymbol{\alpha}_1, \boldsymbol{\alpha}_2, \cdots, \boldsymbol{\alpha}_s\}\cong\{\boldsymbol{\beta}_1, \boldsymbol{\beta}_2, \cdots, \boldsymbol{\beta}_t\}$.

**(2) 向量组等价关系的性质**

① 反身性：任一向量组和它自身等价，即 $\{\boldsymbol{\alpha}_1, \boldsymbol{\alpha}_2, \cdots, \boldsymbol{\alpha}_s\}\cong\{\boldsymbol{\alpha}_1, \boldsymbol{\alpha}_2, \cdots, \boldsymbol{\alpha}_s\}$；

② 对称性：如果 $\{\boldsymbol{\alpha}_1, \boldsymbol{\alpha}_2, \cdots, \boldsymbol{\alpha}_s\}\cong\{\boldsymbol{\beta}_1, \boldsymbol{\beta}_2, \cdots, \boldsymbol{\beta}_t\}$，则 $\{\boldsymbol{\beta}_1, \boldsymbol{\beta}_2, \cdots, \boldsymbol{\beta}_t\}\cong\{\boldsymbol{\alpha}_1, \boldsymbol{\alpha}_2, \cdots, \boldsymbol{\alpha}_s\}$；

③ 传递性：如果 $\{\boldsymbol{\alpha}_1, \boldsymbol{\alpha}_2, \cdots, \boldsymbol{\alpha}_s\}\cong\{\boldsymbol{\beta}_1, \boldsymbol{\beta}_2, \cdots, \boldsymbol{\beta}_t\}$，且 $\{\boldsymbol{\beta}_1, \boldsymbol{\beta}_2, \cdots, \boldsymbol{\beta}_t\}\cong\{\boldsymbol{\gamma}_1, \boldsymbol{\gamma}_2, \cdots, \boldsymbol{\gamma}_p\}$，则 $\{\boldsymbol{\alpha}_1, \boldsymbol{\alpha}_2, \cdots, \boldsymbol{\alpha}_s\}\cong\{\boldsymbol{\gamma}_1, \boldsymbol{\gamma}_2, \cdots, \boldsymbol{\gamma}_p\}$.

8. **向量组的线性相关性**

**(1) 向量组的线性相关性的概念**

对于向量组 $\boldsymbol{\alpha}_1$，$\boldsymbol{\alpha}_2$，…，$\boldsymbol{\alpha}_s$，如果存在一组不全为零的数 $k_1$，$k_2$，…，$k_s$，使得

$$k_1\boldsymbol{\alpha}_1+k_2\boldsymbol{\alpha}_2+\cdots+k_s\boldsymbol{\alpha}_s=\boldsymbol{O}. \tag{3.4}$$

则称向量组 $\boldsymbol{\alpha}_1$，$\boldsymbol{\alpha}_2$，…，$\boldsymbol{\alpha}_s$ **线性相关**. 如果只有当 $k_1=k_2=\cdots=k_s=0$ 时，才能使式

(3.4) 成立，则称向量组 $\boldsymbol{\alpha}_1$，$\boldsymbol{\alpha}_2$，…，$\boldsymbol{\alpha}_s$ **线性无关**.

**(2) 向量组线性相关性的常用结论**

① 单个非零向量线性无关，单个零向量线性相关；

② 两个非零向量线性相关(线性无关)，当且仅当它们的对应分量成比例(不成比例)；

③ 含有零向量的任一向量组必线性相关；

④$n$ 维基本单位向量组 $\boldsymbol{\varepsilon}_1=(1, 0, \cdots, 0)$，$\boldsymbol{\varepsilon}_2=(0, 1, \cdots, 0)$，…，$\boldsymbol{\varepsilon}_n=(0, 0, \cdots, 1)$ 是线性无关的.

**(3) 向量组的线性相关性的判定**

**定理**　向量组 $\boldsymbol{\alpha}_1$，$\boldsymbol{\alpha}_2$，…，$\boldsymbol{\alpha}_s$ 线性相关(线性无关)的充分必要条件是齐次线性方程组 $x_1\boldsymbol{\alpha}_1+x_2\boldsymbol{\alpha}_2+\cdots+x_s\boldsymbol{\alpha}_s=\boldsymbol{O}$ 有非零解(只有零解).

**推论 1**　设向量组 $\boldsymbol{\alpha}_j=(a_{1j}, a_{2j}, \cdots, a_{mj})^{\mathrm{T}}$ $(j=1, 2, \cdots, s)$，则向量组 $\boldsymbol{\alpha}_1$，$\boldsymbol{\alpha}_2$，…，$\boldsymbol{\alpha}_s$ 线性相关（线性无关）的充分必要条件是矩阵 $\boldsymbol{A}=(\boldsymbol{\alpha}_1, \boldsymbol{\alpha}_2, \cdots, \boldsymbol{\alpha}_s)$ 的秩小于（等于）向量的个数 $s$.

**推论 2**　$n$ 个 $n$ 维向量 $\boldsymbol{\alpha}_1=(a_{11}, a_{12}, \cdots, a_{1n})$，$\boldsymbol{\alpha}_2=(a_{21}, a_{22}, \cdots, a_{2n})$，…，$\boldsymbol{\alpha}_n=(a_{n1}, a_{n2}, \cdots, a_{nn})$ 线性相关（线性无关）的充分必要条件是行列式

$$\begin{vmatrix} a_{11} & a_{12} & \cdots & a_{1n} \\ a_{21} & a_{22} & \cdots & a_{2n} \\ \vdots & \vdots & & \vdots \\ a_{n1} & a_{n2} & \cdots & a_{nn} \end{vmatrix}=0\text{(或}\begin{vmatrix} a_{11} & a_{12} & \cdots & a_{1n} \\ a_{21} & a_{22} & \cdots & a_{2n} \\ \vdots & \vdots & & \vdots \\ a_{n1} & a_{n2} & \cdots & a_{nn} \end{vmatrix}\neq 0\text{)}.$$

**推论 3**　当向量组中向量的个数大于向量的维数时，此向量组线性相关.

**定理**　如果向量组中有一个部分组线性相关，则整个向量组也线性相关.

**推论**　如果一个向量组线性无关，则它的任意一个部分组也线性无关.

**定理**　设向量组 $\boldsymbol{\alpha}_i=(a_{i1}, a_{i2}, \cdots, a_{ir})(i=1, 2, \cdots, s)$ 线性无关，则在每个向量上再添加 $n-r$ 个分量所得到的 $n$ 维向量组 $\boldsymbol{\beta}_i=(a_{i1}, a_{i2}, \cdots, a_{ir}, a_{i\,r+1}, \cdots, a_{in})$ $(i=1, 2, \cdots, s)$ 也线性无关.

**推论**　若 $n$ 维向量组 $\boldsymbol{\beta}_i=(a_{i1}, a_{i2}, \cdots a_{ir}, a_{i\,r+1}, \cdots, a_{in})(i=1, 2, \cdots, s)$ 线性相关，则在每个向量上都去掉相同的 $n-r$ 个分量所得到的 $r$ 维向量组 $\boldsymbol{\alpha}_i=(a_{i1}, a_{i2}, \cdots, a_{ir})(i=1, 2, \cdots, s)$ 也线性相关.

**(4) 关于线性组合与线性相关的定理**

**定理**　向量组 $\boldsymbol{\alpha}_1$，$\boldsymbol{\alpha}_2$，…，$\boldsymbol{\alpha}_s$ $(s\geqslant 2)$ 线性相关的充分必要条件是其中至少有一个向量可由其余 $s-1$ 个向量线性表示.

**推论**　向量组 $\boldsymbol{\alpha}_1$，$\boldsymbol{\alpha}_2$，…，$\boldsymbol{\alpha}_s$ $(s\geqslant 2)$ 线性无关的充分必要条件是向量组中的任何一个向量都不能由其余向量线性表示.

**定理**　如果向量组 $\boldsymbol{\alpha}_1$，$\boldsymbol{\alpha}_2$，…，$\boldsymbol{\alpha}_s$ 线性无关，而向量组 $\boldsymbol{\alpha}_1$，$\boldsymbol{\alpha}_2$，…，$\boldsymbol{\alpha}_s$，$\boldsymbol{\beta}$ 线性相关，则向量 $\boldsymbol{\beta}$ 能由向量组 $\boldsymbol{\alpha}_1$，$\boldsymbol{\alpha}_2$，…，$\boldsymbol{\alpha}_s$ 线性表示，并且表示法唯一.

**定理**　如果向量组 $\boldsymbol{\alpha}_1$，$\boldsymbol{\alpha}_2$，…，$\boldsymbol{\alpha}_s$ 可由向量组 $\boldsymbol{\beta}_1$，$\boldsymbol{\beta}_2$，…，$\boldsymbol{\beta}_t$ 线性表示，并且 $s>t$，则向量组 $\boldsymbol{\alpha}_1$，$\boldsymbol{\alpha}_2$，…，$\boldsymbol{\alpha}_s$ 线性相关.

**推论 1**　如果向量组 $\boldsymbol{\alpha}_1$，$\boldsymbol{\alpha}_2$，…，$\boldsymbol{\alpha}_s$ 线性无关，并且可以由向量组 $\boldsymbol{\beta}_1$，$\boldsymbol{\beta}_2$，…，$\boldsymbol{\beta}_t$ 线性表示，则 $s\leqslant t$.

**推论 2** 两个等价的线性无关的向量组所含向量的个数相同.

**9. 向量组的极大线性无关组**

**(1) 向量组的极大线性无关组的概念**

设 $\boldsymbol{\alpha}_{j1}$，$\boldsymbol{\alpha}_{j2}$，…，$\boldsymbol{\alpha}_{jr}$ 是向量组 $\boldsymbol{\alpha}_1$，$\boldsymbol{\alpha}_2$，…，$\boldsymbol{\alpha}_s$ 的一个部分组，如果 $\boldsymbol{\alpha}_{j1}$，$\boldsymbol{\alpha}_{j2}$，…，$\boldsymbol{\alpha}_{jr}$ 线性无关，且向量组中的任意一个向量 $\boldsymbol{\alpha}_j$ 都可由 $\boldsymbol{\alpha}_{j1}$，$\boldsymbol{\alpha}_{j2}$，…，$\boldsymbol{\alpha}_{jr}$ 线性表示（任取向量组中的一个向量 $\boldsymbol{\alpha}_j$，向量组 $\boldsymbol{\alpha}_j$，$\boldsymbol{\alpha}_{j1}$，$\boldsymbol{\alpha}_{j2}$，…，$\boldsymbol{\alpha}_{jr}$ 必线性相关），则称 $\boldsymbol{\alpha}_{j1}$，$\boldsymbol{\alpha}_{j2}$，…，$\boldsymbol{\alpha}_{jr}$ 为向量组 $\boldsymbol{\alpha}_1$，$\boldsymbol{\alpha}_2$，…，$\boldsymbol{\alpha}_s$ 的一个**极大线性无关组**，简称为**极大无关组**.

**(2) 向量组的极大线性无关组具有的性质**

① 向量组的极大无关组一般是不唯一的；

② 线性无关向量组的极大无关组就是它本身；

③ 只含有零向量的向量组不存在极大无关组；

④ 向量组与它的极大无关组等价；

⑤ 向量组的任意两个极大无关组等价；

⑥ 向量组的任意两个极大无关组所含的向量个数相同.

**10. 向量组的秩**

**(1) 向量组的秩的概念**

向量组 $\boldsymbol{\alpha}_1$，$\boldsymbol{\alpha}_2$，…，$\boldsymbol{\alpha}_s$ 的极大无关组所含向量的个数称为此**向量组的秩**，记作 $r(\boldsymbol{\alpha}_1, \boldsymbol{\alpha}_2, \cdots, \boldsymbol{\alpha}_s)$.

**(2) 向量组的秩的性质**

① 只含零向量的向量组的秩为零.

② 向量组 $\boldsymbol{\alpha}_1$，$\boldsymbol{\alpha}_2$，…，$\boldsymbol{\alpha}_s$ 线性无关的充分必要条件是 $r(\boldsymbol{\alpha}_1, \boldsymbol{\alpha}_2, \cdots, \boldsymbol{\alpha}_s)=s$.

③ 若向量组的秩为 $r$，则其中任意 $r$ 个线性无关的向量都是它的一个极大无关组.

④向量组 $\boldsymbol{\alpha}_1$，$\boldsymbol{\alpha}_2$，…，$\boldsymbol{\alpha}_s$ 能由向量组 $\boldsymbol{\beta}_1$，$\boldsymbol{\beta}_2$，…，$\boldsymbol{\beta}_t$ 线性表示，则 $r(\boldsymbol{\alpha}_1, \boldsymbol{\alpha}_2, \cdots, \boldsymbol{\alpha}_s) \leqslant r(\boldsymbol{\beta}_1, \boldsymbol{\beta}_2, \cdots, \boldsymbol{\beta}_t)$.

⑤ 等价的向量组有相同的秩.

**(3) 矩阵的秩与向量组的秩的关系及矩阵秩的相关结论**

① 矩阵 $\boldsymbol{A}$ 的行向量组的秩称为矩阵 $\boldsymbol{A}$ 的**行秩**，矩阵 $\boldsymbol{A}$ 的列向量组的秩称为矩阵 $\boldsymbol{A}$ 的**列秩**；

② 矩阵 $\boldsymbol{A}$ 的秩等于其列秩，也等于其行秩；

③ 设 $\boldsymbol{A}$ 为 $m\times n$ 矩阵，$\boldsymbol{B}$ 为 $n\times p$ 矩阵，则 $r(\boldsymbol{AB})\leqslant\min\{r(\boldsymbol{A}), r(\boldsymbol{B})\}$；

④ 设 $\boldsymbol{A}$、$\boldsymbol{B}$ 均为 $m\times n$ 矩阵，则 $r(\boldsymbol{A}+\boldsymbol{B})\leqslant r(\boldsymbol{A})+r(\boldsymbol{B})$；

⑤ 设 $\boldsymbol{A}$ 为 $m\times n$ 矩阵，$\boldsymbol{B}$ 为 $n\times t$ 矩阵，若 $\boldsymbol{AB}=\boldsymbol{O}$，则 $r(\boldsymbol{A})+r(\boldsymbol{B})\leqslant n$.

**(4) 用初等变换求向量组的秩和极大无关组**

以向量组为列向量组构成矩阵 $\boldsymbol{A}$，仅通过初等行变换将其先化为行阶梯形矩阵，然后再化为行最简形矩阵，则向量组的秩等于行阶梯形矩阵的非零行的行数；行阶梯形矩阵（或行最简形矩阵）中每行第一个非零元所在列对应的原矩阵 $\boldsymbol{A}$ 的相应列向量，就构成它的一个极大线性无关组；用行最简形矩阵可以直接写出其余向量用极大线性无关组表示的表达式. 同理，也可以将向量组作为行向量组构成矩阵后，通过初等列变换求向量组的极大无关组.

11. **齐次线性方程组解的结构**

**(1) 齐次线性方程组解的性质**

**性质 1**　如果 $\boldsymbol{\eta}_1$，$\boldsymbol{\eta}_2$ 是齐次线性方程组 $\boldsymbol{AX}=\boldsymbol{O}$ 的两个解，则 $\boldsymbol{\eta}_1+\boldsymbol{\eta}_2$ 也是该方程组的解.

**性质 2**　如果 $\boldsymbol{\eta}$ 是齐次线性方程组 $\boldsymbol{AX}=\boldsymbol{O}$ 的解，$c$ 是任意常数，则 $c\boldsymbol{\eta}$ 也是该方程组的解.

**(2) 齐次线性方程组的基础解系**

设 $\boldsymbol{\eta}_1$，$\boldsymbol{\eta}_2$，…，$\boldsymbol{\eta}_s$ 是齐次线性方程组 $\boldsymbol{AX}=\boldsymbol{O}$ 的一组解向量，如果 $\boldsymbol{\eta}_1$，$\boldsymbol{\eta}_2$，…，$\boldsymbol{\eta}_s$ 线性无关，且齐次线性方程组 $\boldsymbol{AX}=\boldsymbol{O}$ 的任意一个解向量都可以由 $\boldsymbol{\eta}_1$，$\boldsymbol{\eta}_2$，…，$\boldsymbol{\eta}_s$ 线性表示，则称向量组 $\boldsymbol{\eta}_1$，$\boldsymbol{\eta}_2$，…，$\boldsymbol{\eta}_s$ 为齐次线性方程组 $\boldsymbol{AX}=\boldsymbol{O}$ 的一个**基础解系**.

设 $\boldsymbol{A}$ 是 $m\times n$ 矩阵. 如果 $r(\boldsymbol{A})=r<n$，则齐次线性方程组 $\boldsymbol{AX}=\boldsymbol{O}$ 存在基础解系，并且它的任一基础解系中所含解向量的个数为 $n-r$.

**(3) 齐次线性方程组基础解系的求法**

设 $\boldsymbol{A}$ 是 $m\times n$ 矩阵，$r(\boldsymbol{A})=r<n$，则求解齐次线性方程组 $\boldsymbol{AX}=\boldsymbol{O}$ 的基础解系的方法如下：

第 1 步　利用初等行变换将增广矩阵 $\overline{\boldsymbol{A}}$ 化为行最简形矩阵，得到同解方程组；

第 2 步　根据同解方程组和矩阵的秩，确定自由未知量(其个数为 $n-r$)，并求出基础解系 $\boldsymbol{\eta}_1$，$\boldsymbol{\eta}_2$，…，$\boldsymbol{\eta}_{n-r}$；

第 3 步　写出基础解系的线性组合，则方程组 $\boldsymbol{AX}=\boldsymbol{O}$ 的通解为

$$\boldsymbol{X}=c_1\boldsymbol{\eta}_1+c_2\boldsymbol{\eta}_2+\cdots+c_{n-r}\boldsymbol{\eta}_{n-r},$$

其中 $c_1$，$c_2$，…，$c_{n-r}$ 为任意常数.

**(4) 齐次线性方程组的通解**

设 $\boldsymbol{A}$ 是 $m\times n$ 矩阵. 如 $r(\boldsymbol{A})=r<n$，且齐次线性方程组 $\boldsymbol{AX}=\boldsymbol{O}$ 的基础解系为 $\boldsymbol{\eta}_1$，$\boldsymbol{\eta}_2$，…，$\boldsymbol{\eta}_{n-r}$，则齐次线性方程组 $\boldsymbol{AX}=\boldsymbol{O}$ 的通解为

$$\boldsymbol{X}=c_1\boldsymbol{\eta}_1+c_2\boldsymbol{\eta}_2+\cdots+c_{n-r}\boldsymbol{\eta}_{n-r},$$

其中 $c_1$，$c_2$，…，$c_{n-r}$ 为任意常数.

12. **非齐次线性方程组解的结构**

**(1) 非齐次线性方程组解的性质**

**性质 1**　若 $\boldsymbol{\gamma}$ 是非齐次线性方程组 $\boldsymbol{AX}=\boldsymbol{B}$ 的一个解，而 $\boldsymbol{\eta}$ 是其导出组 $\boldsymbol{AX}=\boldsymbol{O}$ 的一个解，则 $\boldsymbol{\gamma}+\boldsymbol{\eta}$ 是方程组 $\boldsymbol{AX}=\boldsymbol{B}$ 的解.

**性质 2**　如果 $\boldsymbol{\gamma}_1$，$\boldsymbol{\gamma}_2$ 是非齐次线性方程组 $\boldsymbol{AX}=\boldsymbol{B}$ 的两个解，则 $\boldsymbol{\gamma}_1-\boldsymbol{\gamma}_2$ 是其导出组 $\boldsymbol{AX}=\boldsymbol{O}$ 的解.

**(2) 非齐次线性方程组的通解**

如果 $\boldsymbol{\gamma}_0$ 是非齐次线性方程组 $\boldsymbol{AX}=\boldsymbol{B}$ 的一个解，$\boldsymbol{\eta}$ 是其导出组 $\boldsymbol{AX}=\boldsymbol{O}$ 的通解，即

$$\boldsymbol{\eta}=c_1\boldsymbol{\eta}_1+c_2\boldsymbol{\eta}_2+\cdots+c_{n-r}\boldsymbol{\eta}_{n-r},$$

其中 $\boldsymbol{\eta}_1$，$\boldsymbol{\eta}_2$，…，$\boldsymbol{\eta}_{n-r}$ 是导出组 $\boldsymbol{AX}=\boldsymbol{O}$ 的一个基础解系，则非齐次线性方程组 $\boldsymbol{AX}=\boldsymbol{B}$ 的通解可表示为

$$\boldsymbol{\gamma}=\boldsymbol{\gamma}_0+\boldsymbol{\eta}=\boldsymbol{\gamma}_0+c_1\boldsymbol{\eta}_1+c_2\boldsymbol{\eta}_2+\cdots+c_{n-r}\boldsymbol{\eta}_{n-r},$$

其中 $c_1$，$c_2$，…，$c_{n-r}$ 为任意常数.

**(3) 非齐次线性方程组的通解的求法**

第 1 步　利用初等行变换法将非齐次线性方程组 $\boldsymbol{AX}=\boldsymbol{B}$ 的增广矩阵 $\overline{\boldsymbol{A}}$ 化为行阶梯形矩阵，根据行阶梯形矩阵判断 $\boldsymbol{AX}=\boldsymbol{B}$ 是否有解．在有解的情况下，进一步将行阶梯形矩阵化为行最简形矩阵；

第 2 步　根据行最简形矩阵，写出同解的非齐次线性方程组，并求出一个特解 $\boldsymbol{\gamma}_0$；

第 3 步　根据行最简形矩阵，写出原方程组的导出组的同解方程组，求出基础解系 $\boldsymbol{\eta}_1$，$\boldsymbol{\eta}_2$，…，$\boldsymbol{\eta}_{n-r}$，其中 $r(\boldsymbol{A})=r<n$，进而得出 $\boldsymbol{AX}=\boldsymbol{B}$ 的通解

$$\boldsymbol{\gamma}=\boldsymbol{\gamma}_0+c_1\boldsymbol{\eta}_1+c_2\boldsymbol{\eta}_2+\cdots+c_{n-r}\boldsymbol{\eta}_{n-r},$$

其中 $c_1$，$c_2$，…，$c_{n-r}$ 为任意常数．

## 二、典型方法与范例

### 1. 线性方程组解的存在性判定

**例 1**　已知方程组 $\begin{pmatrix}1&2&1\\2&3&a+2\\1&a&-2\end{pmatrix}\begin{pmatrix}x_1\\x_2\\x_3\end{pmatrix}=\begin{pmatrix}1\\3\\0\end{pmatrix}$ 无解，求 $a$．

**分析**　本题中方程个数与未知量个数相等，且系数含有参数，因此可以采用行列式法和初等行变换法求解．

**解**　**方法一　行列式法**

$$|\boldsymbol{A}|=\begin{vmatrix}1&2&1\\2&3&a+2\\1&a&-2\end{vmatrix}=\begin{vmatrix}1&2&1\\0&-1&a\\0&0&(a-3)(a+1)\end{vmatrix}=(3-a)(a+1),$$

当 $a=3$ 或 $a-1$ 时，$|\boldsymbol{A}|=0$．

当 $a=-1$ 时，

$$(\boldsymbol{A},\boldsymbol{B})=\begin{pmatrix}1&2&1&1\\2&3&1&3\\1&-1&-2&0\end{pmatrix}\xrightarrow[r_3-r_1]{r_2-2r_1}\begin{pmatrix}1&2&1&1\\0&-1&-1&1\\0&-3&-3&-1\end{pmatrix}\xrightarrow{r_3-3r_2}\begin{pmatrix}1&2&1&1\\0&-1&-1&1\\0&0&0&-4\end{pmatrix},$$

则 $r(\boldsymbol{A})=2$，$r(\boldsymbol{A},\boldsymbol{B})=3$，方程组无解．

**方法二　初等行变换法**

对方程组的增广矩阵施以初等行变换，化为行阶梯形矩阵

$$(\boldsymbol{A},\boldsymbol{B})=\begin{pmatrix}1&2&1&1\\2&3&a+2&3\\1&a&-2&0\end{pmatrix}\xrightarrow[r_3-r_1]{r_2-2r_1}\begin{pmatrix}1&2&1&1\\0&-1&a&1\\0&a-2&-3&-1\end{pmatrix}$$

$$\xrightarrow{r_3+(a-2)r_2}\begin{pmatrix}1&2&1&1\\0&-1&a&1\\0&0&(a-3)(a+1)&a-3\end{pmatrix},$$

可知当 $a=-1$ 时，$r(\boldsymbol{A})=2$，$r(\boldsymbol{A},\boldsymbol{B})=3$，方程组无解．

**例 2**　设 $\boldsymbol{A}=\begin{pmatrix}1 & 2 & -2\\ 4 & t & 3\\ 3 & -1 & 1\end{pmatrix}$，$\boldsymbol{B}$ 是三阶非零矩阵，且 $\boldsymbol{AB}=\boldsymbol{O}$，求 $t$.

**分析**　令 $\boldsymbol{B}=(\boldsymbol{B}_1,\boldsymbol{B}_2,\boldsymbol{B}_3)$，由 $\boldsymbol{AB}=\boldsymbol{O}$ 得 $\boldsymbol{AB}_i=\boldsymbol{O}$，$i=1,2,3$. 因此 $\boldsymbol{B}$ 的每列都是齐次线性方程组 $\boldsymbol{AX}=\boldsymbol{O}$ 的解. 由于 $\boldsymbol{B}\neq\boldsymbol{O}$，说明方程组 $\boldsymbol{AX}=\boldsymbol{O}$ 有非零解，从而 $|\boldsymbol{A}|=0$，由此求出 $t$.

**解**　令 $\boldsymbol{B}=(\boldsymbol{B}_1,\boldsymbol{B}_2,\boldsymbol{B}_3)$，由 $\boldsymbol{AB}=\boldsymbol{O}$ 得 $\boldsymbol{AB}_i=\boldsymbol{O}$，$i=1,2,3$. 因此 $\boldsymbol{B}$ 的每列都是齐次线性方程组 $\boldsymbol{AX}=\boldsymbol{O}$ 的解. 由于 $\boldsymbol{B}\neq\boldsymbol{O}$，说明方程组 $\boldsymbol{AX}=\boldsymbol{O}$ 有非零解，从而 $|\boldsymbol{A}|=0$，即

$$\begin{vmatrix}1 & 2 & -2\\ 4 & t & 3\\ 3 & -1 & 1\end{vmatrix}=\begin{vmatrix}1 & 0 & -2\\ 4 & t+3 & 3\\ 3 & 0 & 1\end{vmatrix}=7(t+3)=0,$$

则 $t=-3$.

**例 3**　证明：线性方程组

$$\begin{cases}x_1-x_2=a_1,\\ x_2-x_3=a_2,\\ x_3-x_4=a_3,\\ x_4-x_5=a_4,\\ x_5-x_1=a_5\end{cases}$$

有解的充分必要条件是 $\sum\limits_{i=1}^{5}a_i=0$，在有解的情况下求方程组的全部解.

**分析**　虽然本题中方程个数和未知量个数相等，但方程的系数不含参数，为了验证参数与解的存在性之间的关系，只能利用化增广矩阵为行阶梯形矩阵的方法对其研究.

**证明**　对方程组的增广矩阵施以初等行变换，化为行阶梯形矩阵

$$\overline{\boldsymbol{A}}=\begin{pmatrix}1 & -1 & 0 & 0 & 0 & a_1\\ 0 & 1 & -1 & 0 & 0 & a_2\\ 0 & 0 & 1 & -1 & 0 & a_3\\ 0 & 0 & 0 & 1 & -1 & a_4\\ -1 & 0 & 0 & 0 & 1 & a_5\end{pmatrix}\to\begin{pmatrix}1 & -1 & 0 & 0 & 0 & a_1\\ 0 & 1 & -1 & 0 & 0 & a_2\\ 0 & 0 & 1 & -1 & 0 & a_3\\ 0 & 0 & 0 & 1 & -1 & a_4\\ 0 & 0 & 0 & 0 & 0 & \sum\limits_{i=1}^{5}a_i\end{pmatrix},$$

此方程组有解的充分必要条件是 $r(\boldsymbol{A})=r(\overline{\boldsymbol{A}})$，即 $\sum\limits_{i=1}^{5}a_i=0$，所以该方程组有解的充分必要条件是 $\sum\limits_{i=1}^{5}a_i=0$.

继续对上面的行阶梯形矩阵施以初等行变换，化为行最简形矩阵

$$\begin{pmatrix}1 & -1 & 0 & 0 & 0 & a_1\\0 & 1 & -1 & 0 & 0 & a_2\\0 & 0 & 1 & -1 & 0 & a_3\\0 & 0 & 0 & 1 & -1 & a_4\\0 & 0 & 0 & 0 & 0 & \sum\limits_{i=1}^{5} a_i\end{pmatrix} \to \begin{pmatrix}1 & 0 & 0 & 0 & -1 & a_1+a_2+a_3+a_4\\0 & 1 & 0 & 0 & -1 & a_2+a_3+a_4\\0 & 0 & 1 & 0 & -1 & a_3+a_4\\0 & 0 & 0 & 1 & -1 & a_4\\0 & 0 & 0 & 0 & 0 & 0\end{pmatrix}.$$

令自由未知量 $x_5=c$，则方程组的全部解为

$$\begin{cases}x_1=c+a_1+a_2+a_3+a_4,\\x_2=c+a_2+a_3+a_4,\\x_3=c+a_3+a_4,\\x_3=c+a_4,\\x_5=c\end{cases}\quad (c\ 为任意常数).$$

**例 4** 已知非齐次线性方程组

$$\begin{cases}x_1+x_2+x_3+x_4+x_5=a,\\3x_1+2x_2+x_3+x_4-3x_5=0,\\x_2+2x_3+2x_4+6x_5=b,\\5x_1+4x_2+3x_3+3x_4-x_5=2.\end{cases}$$

求当 $a$、$b$ 为何值时，方程组有解．在有解时，求其全部解．

**分析** 本题中方程个数与未知量个数不相等，只能用初等行变换化增广矩阵为行阶梯形矩阵后再求解．

**解** 对方程组的增广矩阵施以初等行变换，化为行阶梯形矩阵

$$\overline{\mathbf{A}}=\begin{pmatrix}1 & 1 & 1 & 1 & 1 & a\\3 & 2 & 1 & 1 & -3 & 0\\0 & 1 & 2 & 2 & 6 & b\\5 & 4 & 3 & 3 & -1 & 2\end{pmatrix} \to \begin{pmatrix}1 & 1 & 1 & 1 & 1 & a\\0 & 1 & 2 & 2 & 6 & 3a\\0 & 0 & 0 & 0 & 0 & b-3a\\0 & 0 & 0 & 0 & 0 & 2-2a\end{pmatrix}.$$

当 $b-3a=0$ 且 $2-2a=0$，即 $a=1$ 且 $b=3$ 时，$r(\mathbf{A})=r(\mathbf{A})=2<5$，方程组有无穷多个解．

当 $a=1$ 且 $b=3$ 时，

$$\overline{\mathbf{A}} \to \begin{pmatrix}1 & 0 & -1 & -1 & -5 & -2\\0 & 1 & 2 & 2 & 6 & 3\\0 & 0 & 0 & 0 & 0 & 0\\0 & 0 & 0 & 0 & 0 & 0\end{pmatrix},$$

由此可得对应的原方程组同解的阶梯形方程组为

$$\begin{cases}x_1=-2+x_3+x_4+5x_5,\\x_2=3-2x_3-2x_4-6x_5.\end{cases}$$

令自由未知量 $x_3=c_1$，$x_4=c_2$，$x_5=c_3$，则原方程组的全部解为

$$\begin{cases} x_1 = -2 + c_3 + c_4 + 5c_5, \\ x_2 = 3 - 2c_3 - 2c_4 - 6c_5, \\ x_3 = c_1, \\ x_4 = c_2, \\ x_5 = c_3 \end{cases} \quad (c_1, c_2, c_3 \text{ 为任意常数}).$$

**方法总结** 对含有参数的线性方程组解的讨论主要有两种方法.

(1) 行列式法

当方程个数与未知量个数相等，且系数矩阵 $\boldsymbol{A}$ 中含有参数时，求出系数行列式的值，当参数的取值使 $|\boldsymbol{A}| \neq 0$ 时，方程组有唯一解；当 $|\boldsymbol{A}| = 0$ 时，方程组无解或有无穷多个解，再根据参数的取值分别讨论.

(2) 初等行变换法

对方程组的增广矩阵 $\overline{\boldsymbol{A}}$ 通过初等行变换化为行阶梯形矩阵，然后根据 $r(\overline{\boldsymbol{A}}) = r(\boldsymbol{A})$ 是否成立，讨论参数在什么情况下有唯一解、无解、有无穷多个解，并求出全部解.

初等行变换法是求解含参数线性方程组解的最一般方法，但当方程个数与未知量个数相等，且系数矩阵含有参数时，行列式法比较方便.

当方程个数与未知量个数不相等，或系数矩阵中不含参数，或系数行列式等于零，则只能用初等行变换法讨论.

**2. 向量的线性运算**

**例 5** 设 $\boldsymbol{\alpha}_1 = (2, 1, 3, 1)^{\mathrm{T}}$，$\boldsymbol{\alpha}_2 = (1, 3, 1, 2)^{\mathrm{T}}$，$\boldsymbol{\alpha}_3 = (4, 1, -1, 1)^{\mathrm{T}}$. 求满足 $2(\boldsymbol{\alpha}_1 - \boldsymbol{\alpha}) + 5(\boldsymbol{\alpha}_2 + \boldsymbol{\alpha}) = 2(\boldsymbol{\alpha}_3 + \boldsymbol{\alpha})$ 的 $\boldsymbol{\alpha}$.

**分析** 此题主要考查向量的加法和数乘运算，以及线性运算的运算律.

**解** 利用向量的线性运算的运算律，将 $2(\boldsymbol{\alpha}_1 - \boldsymbol{\alpha}) + 5(\boldsymbol{\alpha}_2 + \boldsymbol{\alpha}) = 2(\boldsymbol{\alpha}_3 + \boldsymbol{\alpha})$ 整理为

$$\boldsymbol{\alpha} = -2\boldsymbol{\alpha}_1 - 5\boldsymbol{\alpha}_2 + 2\boldsymbol{\alpha}_3,$$

即

$$\boldsymbol{\alpha} = -2\begin{pmatrix} 2 \\ 1 \\ 3 \\ 1 \end{pmatrix} - 5\begin{pmatrix} 1 \\ 3 \\ 1 \\ 2 \end{pmatrix} + 2\begin{pmatrix} 4 \\ 1 \\ -1 \\ 1 \end{pmatrix} = \begin{pmatrix} -2\times 2 - 5\times 1 + 2\times 4 \\ -2\times 1 - 5\times 3 + 2\times 1 \\ -2\times 3 - 5\times 1 + 2\times(-1) \\ -2\times 1 - 5\times 2 + 2\times 1 \end{pmatrix} = \begin{pmatrix} -1 \\ -15 \\ -13 \\ -10 \end{pmatrix}.$$

**例 6** 设 $\boldsymbol{\alpha} = (2, -1, 1, 1)^{\mathrm{T}}$，$\boldsymbol{\beta} = (1, 2, -1, 5)^{\mathrm{T}}$，$\boldsymbol{\gamma} = (4, 3, -1, 11)^{\mathrm{T}}$，数 $k$ 使得 $\boldsymbol{\alpha} + k\boldsymbol{\beta} - \boldsymbol{\gamma} = \boldsymbol{O}$，求数 $k$.

**解** 由题意可知

$$\begin{pmatrix} 2 \\ -1 \\ 1 \\ 1 \end{pmatrix} + k\begin{pmatrix} 1 \\ 2 \\ -1 \\ 5 \end{pmatrix} - \begin{pmatrix} 4 \\ 3 \\ -1 \\ 11 \end{pmatrix} = \begin{pmatrix} 0 \\ 0 \\ 0 \\ 0 \end{pmatrix},$$

即

$$\begin{pmatrix} k-2 \\ 2k-4 \\ -k+2 \\ 5k-10 \end{pmatrix} = \begin{pmatrix} 0 \\ 0 \\ 0 \\ 0 \end{pmatrix},$$

由此得 $k-2=0$，于是 $k=2$.

**方法总结** 向量的线性运算为加法运算和数乘运算，在向量的线性运算中通常使用运算律解决问题.

**3. 一个向量被一个向量组线性表示**

**例 7** 设 $\boldsymbol{\alpha}_1=(2,2,1,1)^{\mathrm{T}}$，$\boldsymbol{\alpha}_2=(3,1,2,1)^{\mathrm{T}}$，$\boldsymbol{\alpha}_3=(0,4,-1,1)^{\mathrm{T}}$，$\boldsymbol{\beta}=(1,3,0,1)^{\mathrm{T}}$，证明：向量 $\boldsymbol{\beta}$ 可由向量组 $\boldsymbol{\alpha}_1$，$\boldsymbol{\alpha}_2$，$\boldsymbol{\alpha}_3$ 线性表示，并求出其中一个表达式.

**分析** 为了证明向量 $\boldsymbol{\beta}$ 可由向量组 $\boldsymbol{\alpha}_1$，$\boldsymbol{\alpha}_2$，$\boldsymbol{\alpha}_3$ 线性表示可以采用矩阵秩法；将问题转化为证明非齐次线性方程组有解的方法；利用线性表示的定义和定理法. 本题中向量的分量都已知，因此采用矩阵秩法比较简单.

**解** 设 $\boldsymbol{\beta}=k_1\boldsymbol{\alpha}_1+k_2\boldsymbol{\alpha}_2+k_3\boldsymbol{\alpha}_3$. 对 $\boldsymbol{B}=(\boldsymbol{\alpha}_1,\boldsymbol{\alpha}_2,\boldsymbol{\alpha}_3,\boldsymbol{\beta})$ 施以初等行变换，化为行阶梯形矩阵

$$\boldsymbol{B}=\begin{pmatrix} 2 & 3 & 0 & 1 \\ 2 & 1 & 4 & 3 \\ 1 & 2 & -1 & 0 \\ 1 & 1 & 1 & 1 \end{pmatrix} \xrightarrow{r_1 \leftrightarrow r_4} \begin{pmatrix} 1 & 1 & 1 & 1 \\ 2 & 1 & 4 & 3 \\ 1 & 2 & -1 & 0 \\ 2 & 3 & 0 & 1 \end{pmatrix}$$

$$\xrightarrow[\substack{r_3-r_1 \\ r_4-2r_1}]{r_2-2r_1} \begin{pmatrix} 1 & 1 & 1 & 1 \\ 0 & -1 & 2 & 1 \\ 0 & 1 & -2 & -1 \\ 0 & 1 & -2 & -1 \end{pmatrix} \xrightarrow[r_4+r_2]{r_3+r_2} \begin{pmatrix} 1 & 1 & 1 & 1 \\ 0 & -1 & 2 & 1 \\ 0 & 0 & 0 & 0 \\ 0 & 0 & 0 & 0 \end{pmatrix}.$$

由于

$$r(\boldsymbol{\alpha}_1,\boldsymbol{\alpha}_2,\boldsymbol{\alpha}_3,\boldsymbol{\beta})=r(\boldsymbol{\alpha}_1,\boldsymbol{\alpha}_2,\boldsymbol{\alpha}_3)=2,$$

所以向量 $\boldsymbol{\beta}$ 可以由向量组 $\boldsymbol{\alpha}_1$，$\boldsymbol{\alpha}_2$，$\boldsymbol{\alpha}_3$ 线性表示.

为求出表达式，继续对上面的矩阵施以初等行变换化为行最简形矩阵

$$\begin{pmatrix} 1 & 1 & 1 & 1 \\ 0 & -1 & 2 & 1 \\ 0 & 0 & 0 & 0 \\ 0 & 0 & 0 & 0 \end{pmatrix} \xrightarrow{r_1+r_2} \begin{pmatrix} 1 & 0 & 3 & 2 \\ 0 & -1 & 2 & 1 \\ 0 & 0 & 0 & 0 \\ 0 & 0 & 0 & 0 \end{pmatrix} \xrightarrow{r_2\times(-1)} \begin{pmatrix} 1 & 0 & 3 & 2 \\ 0 & 1 & -2 & -1 \\ 0 & 0 & 0 & 0 \\ 0 & 0 & 0 & 0 \end{pmatrix},$$

因此，以 $\boldsymbol{B}$ 为增广矩阵的线性方程组有无穷多个解，其同解方程组为

$$\begin{cases} k_1+3k_3=2, \\ k_2-2k_3=-1, \end{cases}$$

令自由未知量 $k_3=0$，则 $\begin{pmatrix} k_1 \\ k_2 \\ k_3 \end{pmatrix}=\begin{pmatrix} 2 \\ -1 \\ 0 \end{pmatrix}$，于是向量 $\boldsymbol{\beta}$ 可以表示为向量组 $\boldsymbol{\alpha}_1$，$\boldsymbol{\alpha}_2$，$\boldsymbol{\alpha}_3$ 的线性组

合，且其中一个表达式为

$$\boldsymbol{\beta}=2\boldsymbol{\alpha}_1-\boldsymbol{\alpha}_2+0\boldsymbol{\alpha}_3.$$

**例 8** 已知 $\boldsymbol{\beta}=(0,\lambda,\lambda^2)^{\mathrm{T}}$，$\boldsymbol{\alpha}_1=(1+\lambda,1,1)^{\mathrm{T}}$，$\boldsymbol{\alpha}_2=(1,1+\lambda,1)^{\mathrm{T}}$，$\boldsymbol{\alpha}_3=(1,1,1+\lambda)^{\mathrm{T}}$，问 $\lambda$ 取何值时，$\boldsymbol{\beta}$ 可由 $\boldsymbol{\alpha}_1$，$\boldsymbol{\alpha}_2$，$\boldsymbol{\alpha}_3$ 线性表示.

**分析** $\boldsymbol{\beta}$ 可否由 $\boldsymbol{\alpha}_1$，$\boldsymbol{\alpha}_2$，$\boldsymbol{\alpha}_3$ 线性表示，相当于对应的非齐次线性方程组是否有解的问题，可转化为方程组的解的情形进行讨论.

**解** **方法一** 设 $\boldsymbol{\beta}=k_1\boldsymbol{\alpha}_1+k_2\boldsymbol{\alpha}_2+k_3\boldsymbol{\alpha}_3$. 因为

$$\overline{\boldsymbol{A}}=(\boldsymbol{\alpha}_1,\boldsymbol{\alpha}_2,\boldsymbol{\alpha}_3,\boldsymbol{\beta})=\begin{pmatrix}1+\lambda & 1 & 1 & 0\\ 1 & 1+\lambda & 1 & \lambda\\ 1 & 1 & 1+\lambda & \lambda^2\end{pmatrix}$$

$$\xrightarrow[\substack{r_3-(1+\lambda)r_1\\ r_3+r_2}]{\substack{r_1\leftrightarrow r_3\\ r_2-r_1}}\begin{pmatrix}1 & 1 & 1+\lambda & \lambda^2\\ 0 & \lambda & -\lambda & \lambda(1-\lambda)\\ 0 & 0 & -\lambda(\lambda+3) & -\lambda(\lambda^2+2\lambda-1)\end{pmatrix},$$

所以，当 $\lambda=-3$ 时，$r(\boldsymbol{A})=2$，$r(\overline{\boldsymbol{A}})=3$，$r(\boldsymbol{A})\neq r(\overline{\boldsymbol{A}})$，即 $\boldsymbol{\beta}$ 不能由 $\boldsymbol{\alpha}_1$，$\boldsymbol{\alpha}_2$，$\boldsymbol{\alpha}_3$ 线性表示；当 $\lambda\neq0$ 且 $\lambda\neq-3$ 时，$r(\overline{\boldsymbol{A}})=r(\boldsymbol{A})=3$，$\boldsymbol{\beta}$ 可由 $\boldsymbol{\alpha}_1$，$\boldsymbol{\alpha}_2$，$\boldsymbol{\alpha}_3$ 以唯一的表达式线性表示；当 $\lambda=0$ 时，$r(\overline{\boldsymbol{A}})=r(\boldsymbol{A})=1<3$，$\boldsymbol{\beta}$ 可由 $\boldsymbol{\alpha}_1$，$\boldsymbol{\alpha}_2$，$\boldsymbol{\alpha}_3$ 线性表示，并且表达式有无穷多个.

**方法二** 因为 $|\boldsymbol{A}|=|\boldsymbol{\alpha}_1,\boldsymbol{\alpha}_2,\boldsymbol{\alpha}_3|=\begin{vmatrix}1+\lambda & 1 & 1\\ 1 & 1+\lambda & 1\\ 1 & 1 & 1+\lambda\end{vmatrix}=\lambda^2(3+\lambda)$，所以当 $\lambda\neq0$ 且 $\lambda\neq-3$ 时，$r(\boldsymbol{A})=3$，$\boldsymbol{\alpha}_1$，$\boldsymbol{\alpha}_2$，$\boldsymbol{\alpha}_3$ 线性无关. 又 $\boldsymbol{\alpha}_1$，$\boldsymbol{\alpha}_2$，$\boldsymbol{\alpha}_3$，$\boldsymbol{\beta}$ 线性相关，则 $\boldsymbol{\beta}$ 可由 $\boldsymbol{\alpha}_1$，$\boldsymbol{\alpha}_2$，$\boldsymbol{\alpha}_3$ 线性表示，且表达式唯一.

当 $\lambda=0$ 时，有

$$\overline{\boldsymbol{A}}=(\boldsymbol{\alpha}_1,\boldsymbol{\alpha}_2,\boldsymbol{\alpha}_3,\boldsymbol{\beta})=\begin{pmatrix}1 & 1 & 1 & 0\\ 1 & 1 & 1 & 0\\ 1 & 1 & 1 & 0\end{pmatrix}\xrightarrow{\substack{r_2-r_1\\ r_3-r_1}}\begin{pmatrix}1 & 1 & 1 & 0\\ 0 & 0 & 0 & 0\\ 0 & 0 & 0 & 0\end{pmatrix},$$

$r(\boldsymbol{A})=r(\overline{\boldsymbol{A}})=1<3$，所以 $\boldsymbol{\beta}$ 可由 $\boldsymbol{\alpha}_1$，$\boldsymbol{\alpha}_2$，$\boldsymbol{\alpha}_3$ 线性表示，并且表达式有无穷多个.

当 $\lambda=-3$ 时，有

$$\overline{\boldsymbol{A}}=(\boldsymbol{\alpha}_1,\boldsymbol{\alpha}_2,\boldsymbol{\alpha}_3,\boldsymbol{\beta})=\begin{pmatrix}-2 & 1 & 1 & 0\\ 1 & -2 & 1 & -3\\ 1 & 1 & -2 & 9\end{pmatrix}\longrightarrow\begin{pmatrix}1 & 1 & -2 & 9\\ 0 & -3 & 3 & -12\\ 0 & 0 & 0 & 6\end{pmatrix},$$

$r(\boldsymbol{A})\neq r(\overline{\boldsymbol{A}})$，所以 $\boldsymbol{\beta}$ 不能由 $\boldsymbol{\alpha}_1$，$\boldsymbol{\alpha}_2$，$\boldsymbol{\alpha}_3$ 线性表示.

**例 9** 设向量组 $\boldsymbol{\alpha}_1$，$\boldsymbol{\alpha}_2$，…，$\boldsymbol{\alpha}_{m-1}(m\geqslant3)$ 线性相关，向量组 $\boldsymbol{\alpha}_2$，$\boldsymbol{\alpha}_3$，…，$\boldsymbol{\alpha}_m$ 线性无关，讨论：

(1) $\boldsymbol{\alpha}_1$ 能否由 $\boldsymbol{\alpha}_2$，$\boldsymbol{\alpha}_3$，…，$\boldsymbol{\alpha}_{m-1}$ 线性表示？

(2) $\boldsymbol{\alpha}_m$ 能否由 $\boldsymbol{\alpha}_1$，$\boldsymbol{\alpha}_2$，…，$\boldsymbol{\alpha}_{m-1}$ 线性表示？

**分析** 此题向量为抽象型的，其线性表示的问题一般利用相关定理解决，例如，若向量组 $\boldsymbol{\alpha}_1$，$\boldsymbol{\alpha}_2$，…，$\boldsymbol{\alpha}_s$ 线性无关，而向量组 $\boldsymbol{\alpha}_1$，$\boldsymbol{\alpha}_2$，…，$\boldsymbol{\alpha}_s$，$\boldsymbol{\beta}$ 线性相关，则向量 $\boldsymbol{\beta}$ 能由向

量组$\boldsymbol{\alpha}_1$，$\boldsymbol{\alpha}_2$，…，$\boldsymbol{\alpha}_s$ 线性表示，并且表示法唯一.

**解** (1)由$\boldsymbol{\alpha}_2$，$\boldsymbol{\alpha}_3$，…，$\boldsymbol{\alpha}_m$ 线性无关，知$\boldsymbol{\alpha}_2$，$\boldsymbol{\alpha}_3$，…，$\boldsymbol{\alpha}_{m-1}$ 线性无关，又$\boldsymbol{\alpha}_1$，$\boldsymbol{\alpha}_2$，…，$\boldsymbol{\alpha}_{m-1}$ 线性相关，所以$\boldsymbol{\alpha}_1$ 能由$\boldsymbol{\alpha}_2$，$\boldsymbol{\alpha}_3$，…，$\boldsymbol{\alpha}_{m-1}$ 线性表示.

(2)反证法. 若$\boldsymbol{\alpha}_m$ 能由$\boldsymbol{\alpha}_1$，$\boldsymbol{\alpha}_2$，…，$\boldsymbol{\alpha}_{m-1}$ 线性表示，而由(1)知$\boldsymbol{\alpha}_1$ 能由$\boldsymbol{\alpha}_2$，$\boldsymbol{\alpha}_3$，…，$\boldsymbol{\alpha}_{m-1}$ 线性表示. 这样$\boldsymbol{\alpha}_m$ 就能由$\boldsymbol{\alpha}_2$，$\boldsymbol{\alpha}_3$，…，$\boldsymbol{\alpha}_{m-1}$ 线性表示，从而$\boldsymbol{\alpha}_2$，$\boldsymbol{\alpha}_3$，…，$\boldsymbol{\alpha}_m$ 线性相关，与已知条件矛盾. 所以$\boldsymbol{\alpha}_m$ 不能由$\boldsymbol{\alpha}_1$，$\boldsymbol{\alpha}_2$，…，$\boldsymbol{\alpha}_{m-1}$ 线性表示.

**方法总结** 一个向量$\boldsymbol{\beta}$ 可否被一个向量组$\boldsymbol{\alpha}_1$，$\boldsymbol{\alpha}_2$，…，$\boldsymbol{\alpha}_s$ 线性表示的讨论主要有三种思路.

(1)利用矩阵的秩：只需要判断矩阵$\boldsymbol{A}=(\boldsymbol{\alpha}_1，\boldsymbol{\alpha}_2，\cdots，\boldsymbol{\alpha}_s)$与矩阵$\boldsymbol{B}=(\boldsymbol{\alpha}_1，\boldsymbol{\alpha}_2，\cdots，\boldsymbol{\alpha}_s，\boldsymbol{\beta})$的秩相等.

(2)转化为非齐次线性方程组：令

$$\boldsymbol{\beta}=x_1\boldsymbol{\alpha}_1+x_2\boldsymbol{\alpha}_2+\cdots+x_s\boldsymbol{\alpha}_s,$$

则$\boldsymbol{\beta}$ 可否被$\boldsymbol{\alpha}_1$，$\boldsymbol{\alpha}_2$，…，$\boldsymbol{\alpha}_s$ 线性表示，转化为判断上述非齐次线性方程组是否有解.

① 若方程组无解，即$r(\boldsymbol{\alpha}_1，\boldsymbol{\alpha}_2，\cdots，\boldsymbol{\alpha}_s)\neq r(\boldsymbol{\alpha}_1，\boldsymbol{\alpha}_2，\cdots，\boldsymbol{\alpha}_s，\boldsymbol{\beta})$，$\boldsymbol{\beta}$ 不能由$\boldsymbol{\alpha}_1$，$\boldsymbol{\alpha}_2$，…，$\boldsymbol{\alpha}_s$ 线性表示；

② 若方程组有解，即$r(\boldsymbol{\alpha}_1，\boldsymbol{\alpha}_2，\cdots，\boldsymbol{\alpha}_s)=r(\boldsymbol{\alpha}_1，\boldsymbol{\alpha}_2，\cdots，\boldsymbol{\alpha}_s，\boldsymbol{\beta})$，$\boldsymbol{\beta}$ 可由$\boldsymbol{\alpha}_1$，$\boldsymbol{\alpha}_2$，…，$\boldsymbol{\alpha}_s$ 线性表示. 当方程组有唯一解时，$\boldsymbol{\beta}$ 被$\boldsymbol{\alpha}_1$，$\boldsymbol{\alpha}_2$，…，$\boldsymbol{\alpha}_s$ 线性表示的方法唯一；否则有无穷多种表示方法.

(3)利用定理：若$\boldsymbol{\alpha}_1$，$\boldsymbol{\alpha}_2$，…，$\boldsymbol{\alpha}_s$ 线性无关，而$\boldsymbol{\alpha}_1$，$\boldsymbol{\alpha}_2$，…，$\boldsymbol{\alpha}_s$，$\boldsymbol{\beta}$ 线性相关，则$\boldsymbol{\beta}$ 能由$\boldsymbol{\alpha}_1$，$\boldsymbol{\alpha}_2$，…，$\boldsymbol{\alpha}_s$ 线性表示，且表示方法是唯一的.

**4. 向量组的线性相关性的讨论**

**例 10** 设$\boldsymbol{\alpha}_1=(6，a+1，3)^{\mathrm{T}}$，$\boldsymbol{\alpha}_2=(a，2，-2)^{\mathrm{T}}$，$\boldsymbol{\alpha}_3=(a，1，0)^{\mathrm{T}}$，$\boldsymbol{\alpha}_4=(0，1，a)^{\mathrm{T}}$，试问：

(1)$a$ 为何值时，$\boldsymbol{\alpha}_1$，$\boldsymbol{\alpha}_2$ 线性相关，线性无关？

(2)$a$ 为何值时，$\boldsymbol{\alpha}_1$，$\boldsymbol{\alpha}_2$，$\boldsymbol{\alpha}_3$ 线性相关，线性无关？

(3)$a$ 为何值时，$\boldsymbol{\alpha}_1$，$\boldsymbol{\alpha}_2$，$\boldsymbol{\alpha}_3$，$\boldsymbol{\alpha}_4$ 线性相关，线性无关？

**分析** 本题主要考查数值型向量组的线性相关性. 对于具体数值型向量组的线性相关性的判别，可以化为齐次线性方程组解的问题进行讨论，也可以采用矩阵秩法和行列式法. 在具体解题时，应根据向量的个数、维数及其他条件采用不同方法. 如(1)中，向量个数少于向量维数，利用线性方程组法或矩阵秩法；(2)中，向量个数等于向量维数，用行列式法最简单；(3)中，向量个数大于向量维数，不用判断即有结论.

**解** (1)**方法一 转化为齐次线性方程组**

设存在数$k_1$，$k_2$，使得$k_1\boldsymbol{\alpha}_1+k_2\boldsymbol{\alpha}_2=\boldsymbol{O}$，即有齐次线性方程组

$$\begin{cases}6k_1+ak_2=0,\\(a+1)k_1+2k_2=0,\\3k_1-2k_2=0.\end{cases}$$

由消元法，得同解的线性方程组

$$\begin{cases}6k_1+ak_2=0,\\(a+4)k_2=0.\end{cases}$$

于是，当$a=-4$时，方程组有非零解，即$\boldsymbol{\alpha}_1$，$\boldsymbol{\alpha}_2$ 线性相关. 当$a\neq-4$时，方程组只有零

解，即 $\boldsymbol{\alpha}_1$，$\boldsymbol{\alpha}_2$ 线性无关.

**方法二　矩阵秩法**

将向量 $\boldsymbol{\alpha}_1$，$\boldsymbol{\alpha}_2$ 直接构造成矩阵 $\boldsymbol{A}=(\boldsymbol{\alpha}_1,\ \boldsymbol{\alpha}_2)$，通过初等行变换讨论矩阵的秩作出判断. 即由

$$\boldsymbol{A}=\begin{pmatrix}6 & a\\ a+1 & 2\\ 3 & -2\end{pmatrix}\longrightarrow\begin{pmatrix}6 & a\\ 0 & a^2+a-12\\ 0 & a+4\end{pmatrix}$$

知，当 $a=-4$ 时，$r(\boldsymbol{\alpha}_1,\ \boldsymbol{\alpha}_2)=1$，即 $\boldsymbol{\alpha}_1$，$\boldsymbol{\alpha}_2$ 线性相关. 当 $a\neq-4$ 时，$r(\boldsymbol{\alpha}_1,\ \boldsymbol{\alpha}_2)=2$，即 $\boldsymbol{\alpha}_1$，$\boldsymbol{\alpha}_2$ 线性无关.

（2）向量组向量的个数等于维数时，直接用对应的行列式是否为零判断线性相关性最简单．即由

$$|\boldsymbol{\alpha}_1,\ \boldsymbol{\alpha}_2,\ \boldsymbol{\alpha}_3|=\begin{vmatrix}6 & a & a\\ a+1 & 2 & 1\\ 3 & -2 & 0\end{vmatrix}=\begin{vmatrix}6-a^2-a & -a & 0\\ a+1 & 2 & 1\\ 3 & -2 & 0\end{vmatrix}=-(a+4)(2a-3)$$

可知当 $a=-4$ 或 $a=1.5$ 时，$\boldsymbol{\alpha}_1$，$\boldsymbol{\alpha}_2$，$\boldsymbol{\alpha}_3$ 线性相关；当 $a\neq-4$ 且 $a\neq1.5$ 时，$\boldsymbol{\alpha}_1$，$\boldsymbol{\alpha}_2$，$\boldsymbol{\alpha}_3$ 线性无关.

（3）当向量组中向量的个数大于向量的维数时，向量组必线性相关，因此 $a$ 取任意数值时，$\boldsymbol{\alpha}_1$，$\boldsymbol{\alpha}_2$，$\boldsymbol{\alpha}_3$，$\boldsymbol{\alpha}_4$ 均线性相关.

**例 11**　已知向量组 $\boldsymbol{\alpha}_1=(2,\ 1,\ 1,\ 1)^{\mathrm{T}}$，$\boldsymbol{\alpha}_2=(2,\ 1,\ a,\ a)^{\mathrm{T}}$，$\boldsymbol{\alpha}_3=(3,\ 2,\ 1,\ a)^{\mathrm{T}}$，$\boldsymbol{\alpha}_4=(4,\ 3,\ 2,\ 1)^{\mathrm{T}}$ 线性相关，求 $a$.

**分析**　本题主要考查数值型向量组的线性相关性，可以转化为齐次线性方程组，也可以利用矩阵秩法或行列式法. 而此题中向量的个数等于向量的维数，利用行列式法最简单.

**解**　因为

$$|\boldsymbol{\alpha}_1,\ \boldsymbol{\alpha}_2,\ \boldsymbol{\alpha}_3,\ \boldsymbol{\alpha}_4|=\begin{vmatrix}2 & 2 & 3 & 4\\ 1 & 1 & 2 & 3\\ 1 & a & 1 & 2\\ 1 & a & a & 1\end{vmatrix}=(a-1)(2a-1)=0,$$

所以当 $a=1$ 或 $a=\dfrac{1}{2}$ 时，向量组 $\boldsymbol{\alpha}_1$，$\boldsymbol{\alpha}_2$，$\boldsymbol{\alpha}_3$，$\boldsymbol{\alpha}_4$ 线性相关.

**例 12**　设向量组 $\boldsymbol{\alpha}_1$，$\boldsymbol{\alpha}_2$，…，$\boldsymbol{\alpha}_m$ 中 $\boldsymbol{\alpha}_1\neq\boldsymbol{O}$，且每个 $\boldsymbol{\alpha}_i(i=2,\ 3,\ \cdots,\ m)$ 都不能由 $\boldsymbol{\alpha}_1$，$\boldsymbol{\alpha}_2$，…，$\boldsymbol{\alpha}_{i-1}$ 线性表示，证明：向量组 $\boldsymbol{\alpha}_1$，$\boldsymbol{\alpha}_2$，…，$\boldsymbol{\alpha}_m$ 线性无关.

**分析**　此题主要考查抽象型向量组的线性相关性，可以利用线性组合和线性无关的定义解决问题.

**证明　方法一　定义法**

设存在数 $k_1$，$k_2$，…，$k_m$，使得 $k_1\boldsymbol{\alpha}_1+k_2\boldsymbol{\alpha}_2+\cdots+k_m\boldsymbol{\alpha}_m=\boldsymbol{O}$. 由于 $\boldsymbol{\alpha}_m$ 不能由 $\boldsymbol{\alpha}_1$，$\boldsymbol{\alpha}_2$，…，$\boldsymbol{\alpha}_{m-1}$ 线性表示，故 $k_m=0$. 否则，$\boldsymbol{\alpha}_m$ 能由 $\boldsymbol{\alpha}_1$，$\boldsymbol{\alpha}_2$，…，$\boldsymbol{\alpha}_{m-1}$ 线性表示. 于是有

$$k_1\boldsymbol{\alpha}_1+k_2\boldsymbol{\alpha}_2+\cdots+k_{m-1}\boldsymbol{\alpha}_{m-1}=\boldsymbol{O}.$$

由于 $\boldsymbol{\alpha}_{m-1}$ 不能由 $\boldsymbol{\alpha}_1$，$\boldsymbol{\alpha}_2$，…，$\boldsymbol{\alpha}_{m-2}$ 线性表示，则 $k_{m-1}=0$.

同理可得 $k_{m-2}=k_{m-3}=\cdots=k_2=0$，于是 $k_1\boldsymbol{\alpha}_1=\boldsymbol{O}$，由于 $\boldsymbol{\alpha}_1\neq\boldsymbol{O}$. 所以 $k_1=0$，从而 $k_1=k_2=\cdots=k_m=0$，则向量组 $\boldsymbol{\alpha}_1$，$\boldsymbol{\alpha}_2$，…，$\boldsymbol{\alpha}_m$ 线性无关.

**方法二　反证法**

假设 $\boldsymbol{\alpha}_1$，$\boldsymbol{\alpha}_2$，…，$\boldsymbol{\alpha}_m$ 线性相关，则存在不全为零的数 $k_1$，$k_2$，…，$k_m$，使得

$$k_1\boldsymbol{\alpha}_1+k_2\boldsymbol{\alpha}_2+\cdots+k_m\boldsymbol{\alpha}_m=\boldsymbol{O}. \tag{1}$$

设(1) 式中依次按照从右到左的顺序第一个不为零的数为 $k_i$，即 $k_m=k_{m-1}=\cdots=k_{i+1}=0$，$k_i\neq0$，于是(1) 式变为

$$k_1\boldsymbol{\alpha}_1+k_2\boldsymbol{\alpha}_2+\cdots+k_i\boldsymbol{\alpha}_i=\boldsymbol{O}.$$

若 $i=1$，则 $k_1\boldsymbol{\alpha}_1=\boldsymbol{O}$，从而 $\boldsymbol{\alpha}_1=\boldsymbol{O}$，与假设矛盾. 所以 $i>1$，于是有

$$\boldsymbol{\alpha}_i=-\frac{k_1}{k_i}\boldsymbol{\alpha}_1-\frac{k_2}{k_i}\boldsymbol{\alpha}_2-\cdots-\frac{k_{i-1}}{k_i}\boldsymbol{\alpha}_{i-1},$$

即 $\boldsymbol{\alpha}_i$ 可以由 $\boldsymbol{\alpha}_1$，$\boldsymbol{\alpha}_2$，…，$\boldsymbol{\alpha}_{i-1}$ 线性表示，与假设矛盾. 所以 $\boldsymbol{\alpha}_1$，$\boldsymbol{\alpha}_2$，…，$\boldsymbol{\alpha}_m$ 线性无关.

**例 13**　设 $\boldsymbol{A}$ 是 $n\times m$ 矩阵，$\boldsymbol{B}$ 是 $m\times n$ 矩阵，其中 $m<n$，若 $\boldsymbol{AB}=\boldsymbol{E}$，证明：$\boldsymbol{B}$ 的列向量组线性无关.

**分析**　$\boldsymbol{B}$ 的列向量组是抽象型的向量组，可以利用定义法解决问题，也可以利用矩阵秩法解决问题.

**证明　方法一　定义法**

设 $\boldsymbol{B}$ 的列向量组为 $\boldsymbol{\beta}_1$，$\boldsymbol{\beta}_2$，…，$\boldsymbol{\beta}_n$，即 $\boldsymbol{B}=(\boldsymbol{\beta}_1,\boldsymbol{\beta}_2,\cdots,\boldsymbol{\beta}_n)$，$\boldsymbol{E}=(\boldsymbol{\varepsilon}_1,\boldsymbol{\varepsilon}_2,\cdots,\boldsymbol{\varepsilon}_n)$.

由于 $\boldsymbol{AB}=\boldsymbol{E}$，所以 $\boldsymbol{A}\boldsymbol{\beta}_i=\boldsymbol{\varepsilon}_i(i=1,2,\cdots,n)$. 设存在数 $k_1$，$k_2$，…，$k_n$，使得

$$k_1\boldsymbol{\beta}_1+k_2\boldsymbol{\beta}_2+\cdots+k_n\boldsymbol{\beta}_n=\boldsymbol{O}. \tag{2}$$

对(2) 式两边同时左乘 $\boldsymbol{A}$ 得

$$k_1\boldsymbol{A}\boldsymbol{\beta}_1+k_2\boldsymbol{A}\boldsymbol{\beta}_2+\cdots+k_n\boldsymbol{A}\boldsymbol{\beta}_n=\boldsymbol{O},$$

即 $k_1\boldsymbol{\varepsilon}_1+k_2\boldsymbol{\varepsilon}_2+\cdots+k_n\boldsymbol{\varepsilon}_n=\boldsymbol{O}$. 由于 $\boldsymbol{\varepsilon}_1$，$\boldsymbol{\varepsilon}_2$，…，$\boldsymbol{\varepsilon}_n$ 线性无关，则 $k_1=k_2=\cdots=k_n=0$，所以 $\boldsymbol{\beta}_1$，$\boldsymbol{\beta}_2$，…，$\boldsymbol{\beta}_n$ 线性无关，即 $\boldsymbol{B}$ 的列向量组线性无关.

**方法二　矩阵秩法**

已知 $\boldsymbol{AB}=\boldsymbol{E}$，得 $r(\boldsymbol{AB})=n$，而 $r(\boldsymbol{AB})\leqslant r(\boldsymbol{B})$，则 $r(\boldsymbol{B})\geqslant n$. 又 $\boldsymbol{B}$ 是 $m\times n$ 矩阵，所以 $r(\boldsymbol{B})\leqslant n$，故 $r(\boldsymbol{B})=n$，即 $r(\boldsymbol{\beta}_1,\boldsymbol{\beta}_2,\cdots,\boldsymbol{\beta}_n)=n$，所以 $\boldsymbol{B}$ 的列向量组是线性无关的.

**方法总结**　判断向量组的线性相关性主要有以下几种方法：

(1) 定义法

对于向量组 $\boldsymbol{\alpha}_1$，$\boldsymbol{\alpha}_2$，…，$\boldsymbol{\alpha}_s$，如果存在一组不全为零的数 $k_1$，$k_2$，…，$k_s$，使得

$$k_1\boldsymbol{\alpha}_1+k_2\boldsymbol{\alpha}_2+\cdots+k_s\boldsymbol{\alpha}_s=\boldsymbol{O},$$

则向量组 $\boldsymbol{\alpha}_1$，$\boldsymbol{\alpha}_2$，…$\boldsymbol{\alpha}_s$ 线性相关. 如果只有当 $k_1=k_2=\cdots=k_s=0$ 时上式成立，则向量组 $\boldsymbol{\alpha}_1$，$\boldsymbol{\alpha}_2$，…，$\boldsymbol{\alpha}_s$ 线性无关.

(2) 转化为齐次线性方程组

将向量组的线性相关(线性无关) 问题转化为判断齐次线性方程组有非零解(只有零解) 问题.

(3) 矩阵秩法

设有 $m$ 个 $n$ 维列向量组 $\boldsymbol{\alpha}_1$，$\boldsymbol{\alpha}_2$，…，$\boldsymbol{\alpha}_m$. 记 $\boldsymbol{A}=(\boldsymbol{\alpha}_1,\boldsymbol{\alpha}_2,\cdots,\boldsymbol{\alpha}_m)$，则有：

① 当 $r(\boldsymbol{A})=m$ 时，向量组 $\boldsymbol{\alpha}_1,\boldsymbol{\alpha}_2,\cdots,\boldsymbol{\alpha}_m$ 线性无关；

② 当 $r(\boldsymbol{A})<m$ 时，向量组 $\boldsymbol{\alpha}_1,\boldsymbol{\alpha}_2,\cdots,\boldsymbol{\alpha}_m$ 线性相关.

(4) 行列式法

若向量的个数与向量的维数相同，即有 $n$ 个 $n$ 维列向量 $\boldsymbol{\alpha}_1,\boldsymbol{\alpha}_2,\cdots,\boldsymbol{\alpha}_n$，令 $\boldsymbol{A}=(\boldsymbol{\alpha}_1,\boldsymbol{\alpha}_2,\cdots,\boldsymbol{\alpha}_n)$（若 $\boldsymbol{\alpha}_1,\boldsymbol{\alpha}_2,\cdots,\boldsymbol{\alpha}_n$ 为行向量，则令 $\boldsymbol{A}=\begin{pmatrix}\boldsymbol{\alpha}_1\\ \boldsymbol{\alpha}_2\\ \vdots\\ \boldsymbol{\alpha}_n\end{pmatrix}$ 即可），则有：

① 当 $|\boldsymbol{A}|\neq 0$ 时，向量组 $\boldsymbol{\alpha}_1,\boldsymbol{\alpha}_2,\cdots,\boldsymbol{\alpha}_n$ 线性无关；

② 当 $|\boldsymbol{A}|=0$ 时，向量组 $\boldsymbol{\alpha}_1,\boldsymbol{\alpha}_2,\cdots,\boldsymbol{\alpha}_n$ 线性相关.

**5. 已知一个向量组的线性相关性，讨论另一个向量组的线性相关性**

**例 14** 设向量组 $\boldsymbol{\alpha}_1,\boldsymbol{\alpha}_2,\cdots,\boldsymbol{\alpha}_m$ 线性无关，向量 $\boldsymbol{\beta}_1$ 可由它们线性表示，向量 $\boldsymbol{\beta}_2$ 不能由它们线性表示，证明：向量组 $\boldsymbol{\alpha}_1,\boldsymbol{\alpha}_2,\cdots,\boldsymbol{\alpha}_m,\lambda\boldsymbol{\beta}_1+\boldsymbol{\beta}_2$（$\lambda$ 为常数）线性无关.

**分析** 本题是对抽象型向量组线性相关性的判定问题，常用定义法. 先设 $k_1\boldsymbol{\alpha}_1+k_2\boldsymbol{\alpha}_2+\cdots+k_m\boldsymbol{\alpha}_m+k_{m+1}(\lambda\boldsymbol{\beta}_1+\boldsymbol{\beta}_2)=\boldsymbol{O}$，再根据已知条件论证是否当且仅当 $k_1=k_2=\cdots=k_{m+1}=0$ 成立，从而得出所证的结果.

**证明** 设存在数 $k_1,k_2,\cdots,k_m,k_{m+1}$，使得

$$k_1\boldsymbol{\alpha}_1+k_2\boldsymbol{\alpha}_2+\cdots+k_m\boldsymbol{\alpha}_m+k_{m+1}(\lambda\boldsymbol{\beta}_1+\boldsymbol{\beta}_2)=\boldsymbol{O}. \tag{3}$$

由题中条件，存在常数 $l_1,l_2,\cdots,l_m$，使

$$\boldsymbol{\beta}_1=l_1\boldsymbol{\alpha}_1+l_2\boldsymbol{\alpha}_2+\cdots+l_m\boldsymbol{\alpha}_m. \tag{4}$$

将(4)式代入(3)式得

$$k_1\boldsymbol{\alpha}_1+k_2\boldsymbol{\alpha}_2+\cdots+k_m\boldsymbol{\alpha}_m+k_{m+1}(\lambda l_1\boldsymbol{\alpha}_1+\lambda l_2\boldsymbol{\alpha}_2+\cdots+l\lambda_m\boldsymbol{\alpha}_m+\boldsymbol{\beta}_2)=\boldsymbol{O},$$

即 $(k_1+k_{m+1}\lambda l_1)\boldsymbol{\alpha}_1+(k_2+k_{m+1}\lambda l_2)\boldsymbol{\alpha}_2+\cdots+(k_m+k_{m+1}\lambda l_m)\boldsymbol{\alpha}_m+k_{m+1}\boldsymbol{\beta}_2=\boldsymbol{O}$，其中 $k_{m+1}=0$，否则 $\boldsymbol{\beta}_2$ 可由 $\boldsymbol{\alpha}_1,\boldsymbol{\alpha}_2,\cdots,\boldsymbol{\alpha}_m$ 线性表示，与题设矛盾.

由 $k_{m+1}=0$，且 $\boldsymbol{\alpha}_1,\boldsymbol{\alpha}_2,\cdots,\boldsymbol{\alpha}_m$ 线性无关，得 $k_1=k_2=\cdots=k_m=0$. 所以向量组 $\boldsymbol{\alpha}_1,\boldsymbol{\alpha}_2,\cdots,\boldsymbol{\alpha}_m,\lambda\boldsymbol{\beta}_1+\boldsymbol{\beta}_2$（$\lambda$ 为常数）线性无关.

**例 15** 设 $\boldsymbol{\beta}_1=\boldsymbol{\alpha}_1,\boldsymbol{\beta}_2=\boldsymbol{\alpha}_1+\boldsymbol{\alpha}_2,\cdots,\boldsymbol{\beta}_r=\boldsymbol{\alpha}_1+\boldsymbol{\alpha}_2+\cdots+\boldsymbol{\alpha}_r$，若 $\boldsymbol{\alpha}_1,\boldsymbol{\alpha}_2,\cdots,\boldsymbol{\alpha}_r$ 线性无关，证明：向量组 $\boldsymbol{\beta}_1,\boldsymbol{\beta}_2,\cdots,\boldsymbol{\beta}_r$ 也线性无关.

**分析** 本题主要考查由一个线性无关向量组线性表示的向量组的线性相关性问题，基本方法是采用定义法. 先设 $k_1\boldsymbol{\beta}_1+k_2\boldsymbol{\beta}_2+\cdots+k_r\boldsymbol{\beta}_r=\boldsymbol{O}$，再根据已知条件论证是否当且仅当 $k_1=k_2=\cdots=k_r=0$ 成立，从而得出所证的结果. 由于向量组 $\boldsymbol{\alpha}_1,\boldsymbol{\alpha}_2,\cdots,\boldsymbol{\alpha}_r$ 与向量组 $\boldsymbol{\beta}_1,\boldsymbol{\beta}_2,\cdots,\boldsymbol{\beta}_r$ 所含向量个数相等，且可以互相线性表示，所以亦可采用矩阵秩法和等价法.

**证明 方法一 定义法**

设存在数 $k_1,k_2,\cdots,k_r$，使得 $k_1\boldsymbol{\beta}_1+k_2\boldsymbol{\beta}_2+\cdots+k_r\boldsymbol{\beta}_r=\boldsymbol{O}$，即

$$k_1\boldsymbol{\alpha}_1+k_2(\boldsymbol{\alpha}_1+\boldsymbol{\alpha}_2)+\cdots+k_r(\boldsymbol{\alpha}_1+\boldsymbol{\alpha}_2+\cdots+\boldsymbol{\alpha}_r)=\boldsymbol{O},$$

整理得 $(k_1+k_2+\cdots+k_r)\boldsymbol{\alpha}_1+(k_2+k_3+\cdots+k_r)\boldsymbol{\alpha}_2+\cdots+k_r\boldsymbol{\alpha}_r=\boldsymbol{O}$.

因为 $\boldsymbol{\alpha}_1,\boldsymbol{\alpha}_2,\cdots,\boldsymbol{\alpha}_r$ 线性无关，所以

$$\begin{cases} k_1+k_2+k_3+\cdots+k_r=0, \\ k_2+k_3+\cdots+k_r=0, \\ \qquad \vdots \\ k_r=0. \end{cases}$$

解此齐次线性方程组得 $k_1=k_2=\cdots=k_r=0$，因此向量组 $\boldsymbol{\beta}_1$，$\boldsymbol{\beta}_2$，…，$\boldsymbol{\beta}_r$ 也线性无关.

**方法二　矩阵秩法**

不妨设 $\boldsymbol{\alpha}_i(i=1, 2, \cdots, r)$ 为列向量，由题意可知

$$(\boldsymbol{\beta}_1, \boldsymbol{\beta}_2, \cdots, \boldsymbol{\beta}_r)=(\boldsymbol{\alpha}_1, \boldsymbol{\alpha}_2, \cdots, \boldsymbol{\alpha}_r)\begin{pmatrix} 1 & 1 & \cdots & 1 \\ 0 & 1 & \cdots & 1 \\ 0 & 0 & \cdots & 1 \\ \vdots & \vdots & & \vdots \\ 0 & 0 & \cdots & 1 \end{pmatrix}.$$

由于 $\boldsymbol{\alpha}_1$，$\boldsymbol{\alpha}_2$，…，$\boldsymbol{\alpha}_r$ 线性无关，且 $r\left(\begin{pmatrix} 1 & 1 & \cdots & 1 \\ 0 & 1 & \cdots & 1 \\ 0 & 0 & \cdots & 1 \\ \vdots & \vdots & & \vdots \\ 0 & 0 & \cdots & 1 \end{pmatrix}\right)=r$，所以 $\boldsymbol{\beta}_1$，$\boldsymbol{\beta}_2$，…，$\boldsymbol{\beta}_r$ 的秩为 $r$，则 $\boldsymbol{\beta}_1$，$\boldsymbol{\beta}_2$，…，$\boldsymbol{\beta}_r$ 线性无关.

**方法三　等价法**

由题意可知 $\boldsymbol{\alpha}_1=\boldsymbol{\beta}_1$，$\boldsymbol{\alpha}_2=\boldsymbol{\beta}_2-\boldsymbol{\beta}_1$，…，$\boldsymbol{\alpha}_r=\boldsymbol{\beta}_r-\boldsymbol{\beta}_{r-1}$，则向量组 $\boldsymbol{\alpha}_1$，$\boldsymbol{\alpha}_2$，…，$\boldsymbol{\alpha}_r$ 与向量组 $\boldsymbol{\beta}_1$，$\boldsymbol{\beta}_2$，…，$\boldsymbol{\beta}_r$ 等价，即 $r(\boldsymbol{\alpha}_1, \boldsymbol{\alpha}_2, \cdots, \boldsymbol{\alpha}_r)=r(\boldsymbol{\beta}_1, \boldsymbol{\beta}_2, \cdots, \boldsymbol{\beta}_r)=r$，因此向量组 $\boldsymbol{\beta}_1$，$\boldsymbol{\beta}_2$，…，$\boldsymbol{\beta}_r$ 线性无关.

**例 16**　设向量组 $\boldsymbol{\alpha}_1$，$\boldsymbol{\alpha}_2$，$\boldsymbol{\alpha}_3$ 线性无关，则下列向量组线性相关的是（　）.

(A) $\boldsymbol{\alpha}_1-\boldsymbol{\alpha}_2$，$\boldsymbol{\alpha}_2-\boldsymbol{\alpha}_3$，$\boldsymbol{\alpha}_3-\boldsymbol{\alpha}_1$　　(B) $\boldsymbol{\alpha}_1+\boldsymbol{\alpha}_2$，$\boldsymbol{\alpha}_2+\boldsymbol{\alpha}_3$，$\boldsymbol{\alpha}_3+\boldsymbol{\alpha}_1$

(C) $\boldsymbol{\alpha}_1-2\boldsymbol{\alpha}_2$，$\boldsymbol{\alpha}_2-2\boldsymbol{\alpha}_3$，$\boldsymbol{\alpha}_3-2\boldsymbol{\alpha}_1$　　(D) $\boldsymbol{\alpha}_1+2\boldsymbol{\alpha}_2$，$\boldsymbol{\alpha}_2+2\boldsymbol{\alpha}_3$，$\boldsymbol{\alpha}_3+2\boldsymbol{\alpha}_1$

**分析**　本题主要考查由一个线性无关向量组线性表示的向量组的线性相关性问题. 在本题中给定的线性无关向量组的向量个数与所求向量组的向量个数相等，采用行列式法比较简单.

**解**　$(\boldsymbol{\alpha}_1-\boldsymbol{\alpha}_2, \boldsymbol{\alpha}_2-\boldsymbol{\alpha}_3, \boldsymbol{\alpha}_3-\boldsymbol{\alpha}_1)=(\boldsymbol{\alpha}_1, \boldsymbol{\alpha}_2, \boldsymbol{\alpha}_3)\boldsymbol{A}_1$，

$(\boldsymbol{\alpha}_1+\boldsymbol{\alpha}_2, \boldsymbol{\alpha}_2+\boldsymbol{\alpha}_3, \boldsymbol{\alpha}_3+\boldsymbol{\alpha}_1)=(\boldsymbol{\alpha}_1, \boldsymbol{\alpha}_2, \boldsymbol{\alpha}_3)\boldsymbol{A}_2$，

$(\boldsymbol{\alpha}_1-2\boldsymbol{\alpha}_2, \boldsymbol{\alpha}_2-2\boldsymbol{\alpha}_3, \boldsymbol{\alpha}_3-2\boldsymbol{\alpha}_1)=(\boldsymbol{\alpha}_1, \boldsymbol{\alpha}_2, \boldsymbol{\alpha}_3)\boldsymbol{A}_3$，

$(\boldsymbol{\alpha}_1+2\boldsymbol{\alpha}_2, \boldsymbol{\alpha}_2+2\boldsymbol{\alpha}_3, \boldsymbol{\alpha}_3+2\boldsymbol{\alpha}_1)=(\boldsymbol{\alpha}_1, \boldsymbol{\alpha}_2, \boldsymbol{\alpha}_3)\boldsymbol{A}_4$.

由于

$$|\boldsymbol{A}_1|=\begin{vmatrix} 1 & 0 & -1 \\ -1 & 1 & 0 \\ 0 & -1 & 1 \end{vmatrix}=0，|\boldsymbol{A}_2|=\begin{vmatrix} 1 & 0 & 1 \\ 1 & 1 & 0 \\ 0 & 1 & 1 \end{vmatrix}=2，$$

$$|\boldsymbol{A}_3|=\begin{vmatrix} 1 & 0 & -2 \\ -2 & 1 & 0 \\ 0 & -2 & 1 \end{vmatrix}=-7，|\boldsymbol{A}_4|=\begin{vmatrix} 1 & 0 & 2 \\ 2 & 1 & 0 \\ 0 & 2 & 1 \end{vmatrix}=9，$$

且向量组 $\boldsymbol{\alpha}_1$，$\boldsymbol{\alpha}_2$，$\boldsymbol{\alpha}_3$ 线性无关，所以向量组 $\boldsymbol{\alpha}_1-\boldsymbol{\alpha}_2$，$\boldsymbol{\alpha}_2-\boldsymbol{\alpha}_3$，$\boldsymbol{\alpha}_3-\boldsymbol{\alpha}_1$ 线性相关，故选择(A).

**例 17** 设 $\boldsymbol{\alpha}_i=(a_{i1}, a_{i2}, \cdots, a_{in})^{\mathrm{T}}(i=1, 2, \cdots, r; r<n)$ 是 $n$ 维实向量；且 $\boldsymbol{\alpha}_1$，$\boldsymbol{\alpha}_2$，…，$\boldsymbol{\alpha}_r$ 线性无关，已知 $\boldsymbol{\beta}=(b_1, b_2, \cdots, b_n)^{\mathrm{T}}$ 是线性方程组

$$\begin{cases} a_{11}x_1+a_{12}x_2+\cdots+a_{1n}x_n=0, \\ a_{21}x_1+a_{22}x_2+\cdots+a_{2n}x_n=0, \\ \qquad\qquad\vdots \\ a_{r1}x_1+a_{r2}x_2+\cdots+a_{rn}x_n=0 \end{cases}$$

的非零解向量，证明：$\boldsymbol{\alpha}_1$，$\boldsymbol{\alpha}_2$，…，$\boldsymbol{\alpha}_r$，$\boldsymbol{\beta}$ 线性无关.

**分析** 本题主要考查由线性方程组解的性质讨论向量组的线性相关性. 由题设，$\boldsymbol{\alpha}_i^{\mathrm{T}}\boldsymbol{\beta}=0$，即 $\boldsymbol{\beta}^{\mathrm{T}}\boldsymbol{\alpha}_i=0$，且 $\boldsymbol{\beta}^{\mathrm{T}}\boldsymbol{\beta}\neq 0$，即 $\boldsymbol{\alpha}_1$，$\boldsymbol{\alpha}_2$，…，$\boldsymbol{\alpha}_r$ 是方程 $\boldsymbol{\beta}^{\mathrm{T}}\boldsymbol{X}=0$ 的解，而 $\boldsymbol{\beta}$ 不是方程 $\boldsymbol{\beta}^{\mathrm{T}}\boldsymbol{X}=0$ 的解，因此，在设定向量组线性相关性的定义式后，要将这两类向量分离开，利用线性方程组解的性质处理.

**证明** 依题设有 $\boldsymbol{\alpha}_i^{\mathrm{T}}\boldsymbol{\beta}=0$，即 $\boldsymbol{\beta}^{\mathrm{T}}\boldsymbol{\alpha}_i=0(i=1, 2, \cdots, r)$，又 $\boldsymbol{\beta}\neq\boldsymbol{O}$，因此 $\boldsymbol{\beta}^{\mathrm{T}}\boldsymbol{\beta}\neq 0$.

设存在数 $k_1$，$k_2$，…，$k_r$，$l$，使得

$$k_1\boldsymbol{\alpha}_1+k_2\boldsymbol{\alpha}_2+\cdots+k_r\boldsymbol{\alpha}_r+l\boldsymbol{\beta}^{\mathrm{T}}\boldsymbol{\beta}=\boldsymbol{O},$$

两边同时左乘 $\boldsymbol{\beta}^{\mathrm{T}}$，有

$$k_1\boldsymbol{\beta}^{\mathrm{T}}\boldsymbol{\alpha}_1+k_2\boldsymbol{\beta}^{\mathrm{T}}\boldsymbol{\alpha}_2+\cdots+k_r\boldsymbol{\beta}^{\mathrm{T}}\boldsymbol{\alpha}_r+l\boldsymbol{\beta}^{\mathrm{T}}\boldsymbol{\beta}=l\boldsymbol{\beta}^{\mathrm{T}}\boldsymbol{\beta}=0,$$

得 $l=0$，从而有

$$k_1\boldsymbol{\alpha}_1+k_2\boldsymbol{\alpha}_2+\cdots+k_r\boldsymbol{\alpha}_r=\boldsymbol{O},$$

由于 $\boldsymbol{\alpha}_1$，$\boldsymbol{\alpha}_2$，…，$\boldsymbol{\alpha}_r$ 线性无关，所以 $k_1=k_2=\cdots=k_r=0$，由此可知，$\boldsymbol{\alpha}_1$，$\boldsymbol{\alpha}_2$，…，$\boldsymbol{\alpha}_r$，$\boldsymbol{\beta}$ 线性无关.

**方法总结** 已知一个向量组 $\boldsymbol{\alpha}_1$，$\boldsymbol{\alpha}_2$，…，$\boldsymbol{\alpha}_s$ 线性无关，讨论另一个向量组 $\boldsymbol{\beta}_1$，$\boldsymbol{\beta}_2$，…，$\boldsymbol{\beta}_t$ 的线性相关性，主要有以下几个方法：

(1) 定义法

设

$$k_1\boldsymbol{\beta}_1+k_2\boldsymbol{\beta}_2+\cdots+k_t\boldsymbol{\beta}_t=\boldsymbol{O},$$

然后把此式转化为关于 $\boldsymbol{\alpha}_1$，$\boldsymbol{\alpha}_2$，…，$\boldsymbol{\alpha}_s$ 的线性组合，再利用 $\boldsymbol{\alpha}_1$，$\boldsymbol{\alpha}_2$，…，$\boldsymbol{\alpha}_s$ 线性无关的条件，得出 $k_1$，$k_2$，…，$k_t$ 是否不全为零的结论，从而得出 $\boldsymbol{\beta}_1$，$\boldsymbol{\beta}_2$，…，$\boldsymbol{\beta}_t$ 线性相关还是线性无关的判断.

(2) 矩阵秩法或行列式法

当 $s=t$ 时，使用此种方法比较简单.

设 $\boldsymbol{\alpha}_i$，$\boldsymbol{\beta}_j(i, j=1, 2, \cdots, s)$ 都是列向量，若存在矩阵 $\boldsymbol{A}=(a_{ij})_{s\times s}$，使得

$$(\boldsymbol{\beta}_1, \boldsymbol{\beta}_2, \cdots, \boldsymbol{\beta}_s)=(\boldsymbol{\alpha}_1, \boldsymbol{\alpha}_2, \cdots, \boldsymbol{\alpha}_s)\boldsymbol{A}.$$

① 当 $\boldsymbol{A}$ 可逆时，即 $r(\boldsymbol{A})=s$ 或 $|\boldsymbol{A}|\neq 0$，$\boldsymbol{\beta}_1$，$\boldsymbol{\beta}_2$，…，$\boldsymbol{\beta}_t$ 线性无关；

② 当 $\boldsymbol{A}$ 不可逆时，即 $r(\boldsymbol{A})<s$ 或 $|\boldsymbol{A}|=0$，$\boldsymbol{\beta}_1$，$\boldsymbol{\beta}_2$，…，$\boldsymbol{\beta}_t$ 线性相关.

当 $\boldsymbol{\alpha}_i$，$\boldsymbol{\beta}_j(i, j=1, 2, \cdots, s)$ 为行向量时，同理可以讨论.

(3) 等价法

若 $\boldsymbol{\alpha}_1$，$\boldsymbol{\alpha}_2$，…，$\boldsymbol{\alpha}_s$ 与 $\boldsymbol{\beta}_1$，$\boldsymbol{\beta}_2$，…，$\boldsymbol{\beta}_t$ 等价，则

$$r(\boldsymbol{\alpha}_1, \boldsymbol{\alpha}_2, \cdots, \boldsymbol{\alpha}_s)=r(\boldsymbol{\beta}_1, \boldsymbol{\beta}_2, \cdots, \boldsymbol{\beta}_t)=s,$$

因此，若 $t=s$，则 $\boldsymbol{\beta}_1$，$\boldsymbol{\beta}_2$，…，$\boldsymbol{\beta}_t$ 线性无关；若 $t>s$，则 $\boldsymbol{\beta}_1$，$\boldsymbol{\beta}_2$，…，$\boldsymbol{\beta}_t$ 线性相关.

6. **向量组的极大线性无关组**

**例 18**　求向量组 $\boldsymbol{\alpha}_1=(1,2,2)^T$，$\boldsymbol{\alpha}_2=(2,4,4)^T$，$\boldsymbol{\alpha}_3=(1,0,3)^T$，$\boldsymbol{\alpha}_4=(0,4,-2)^T$ 的一个极大线性无关组，并把其余向量用此极大无关组线性表示.

**分析**　本题中向量组是数值型向量组，求其极大线性无关组的常用方法是初等行变换法.

**解**　把向量 $\boldsymbol{\alpha}_1$，$\boldsymbol{\alpha}_2$，$\boldsymbol{\alpha}_3$，$\boldsymbol{\alpha}_4$ 看作一个矩阵的列向量组构造矩阵 $\boldsymbol{A}$，对 $\boldsymbol{A}$ 仅施以初等行变换化为行最简形矩阵.

$$\boldsymbol{A}=(\boldsymbol{\alpha}_1,\boldsymbol{\alpha}_2,\boldsymbol{\alpha}_3,\boldsymbol{\alpha}_4)=\begin{pmatrix}1&2&1&0\\2&4&0&4\\2&4&3&-2\end{pmatrix}$$

$$\xrightarrow[r_3-2r_1]{r_2-2r_1}\begin{pmatrix}1&2&1&0\\0&0&-2&4\\0&0&1&-2\end{pmatrix}\xrightarrow{r_2\times\left(-\frac{1}{2}\right)}\begin{pmatrix}1&2&1&0\\0&0&1&-2\\0&0&1&-2\end{pmatrix}$$

$$\xrightarrow{r_3-r_2}\begin{pmatrix}1&2&1&0\\0&0&1&-2\\0&0&0&0\end{pmatrix}\xrightarrow{r_1-r_2}\begin{pmatrix}1&2&0&2\\0&0&1&-2\\0&0&0&0\end{pmatrix}.$$

由此可得，$r(\boldsymbol{A})=2$，所以向量组 $\boldsymbol{\alpha}_1$，$\boldsymbol{\alpha}_2$，$\boldsymbol{\alpha}_3$，$\boldsymbol{\alpha}_4$ 的秩为 2，则该向量组的极大无关组含有两个向量. 而在行最简形矩阵中两个非零行的第一个非零元在第 1，3 列，所以该向量组的一个极大无关组是 $\boldsymbol{\alpha}_1$，$\boldsymbol{\alpha}_3$. 由 $\boldsymbol{A}$ 的行最简形矩阵可知

$$\boldsymbol{\alpha}_2=2\boldsymbol{\alpha}_1+0\boldsymbol{\alpha}_3,$$

$$\boldsymbol{\alpha}_4=2\boldsymbol{\alpha}_1-2\boldsymbol{\alpha}_3.$$

**例 19**　试证：若向量组 $\boldsymbol{\alpha}_1$，$\boldsymbol{\alpha}_2$，…，$\boldsymbol{\alpha}_s$ 的秩为 $r$，则向量组中任意 $r$ 个线性无关的向量都是该向量组的一个极大线性无关组.

**分析**　此题考查了向量组的极大线性无关组的定义. 为证明部分组是整个向量组的极大线性无关组需要满足两个条件：① 部分组是线性无关的；② 任一向量都可由部分组线性表示. 此题的关键是证明任一向量都可由 $r$ 个线性无关的向量组线性表示.

**证明**　设 $\boldsymbol{\alpha}_{j1}$，$\boldsymbol{\alpha}_{j2}$，…，$\boldsymbol{\alpha}_{jr}$ 是向量组 $\boldsymbol{\alpha}_1$，$\boldsymbol{\alpha}_2$，…，$\boldsymbol{\alpha}_s$ 中任意 $r$ 个线性无关的向量，那么由极大线性无关组定义，只需证明原向量组中任意一个向量都可以由 $\boldsymbol{\alpha}_{j1}$，$\boldsymbol{\alpha}_{j2}$，…，$\boldsymbol{\alpha}_{jr}$ 线性表示，也就证明了 $\boldsymbol{\alpha}_{j1}$，$\boldsymbol{\alpha}_{j2}$，…，$\boldsymbol{\alpha}_{jr}$ 是一个极大线性无关组.

不妨设 $\boldsymbol{\alpha}$ 为向量组中任一个向量，分两种情形讨论. 若 $\boldsymbol{\alpha}$ 是 $\boldsymbol{\alpha}_{j1}$，$\boldsymbol{\alpha}_{j2}$，…，$\boldsymbol{\alpha}_{jr}$ 中某一个向量，那么 $\boldsymbol{\alpha}$ 可以由 $\boldsymbol{\alpha}_{j1}$，$\boldsymbol{\alpha}_{j2}$，…，$\boldsymbol{\alpha}_{jr}$ 线性表示. 若 $\boldsymbol{\alpha}$ 不是 $\boldsymbol{\alpha}_{j1}$，$\boldsymbol{\alpha}_{j2}$，…，$\boldsymbol{\alpha}_{jr}$ 中某一个，那么 $\boldsymbol{\alpha}_{j1}$，$\boldsymbol{\alpha}_{j2}$，…，$\boldsymbol{\alpha}_{jr}$，$\boldsymbol{\alpha}$ 成为原向量组中的 $r+1$ 个向量，由于向量组的秩为 $r$，这 $r+1$ 个向量是线性相关的，于是 $\boldsymbol{\alpha}$ 可以由 $\boldsymbol{\alpha}_{j1}$，$\boldsymbol{\alpha}_{j2}$，…，$\boldsymbol{\alpha}_{jr}$ 线性表示. 所以，$\boldsymbol{\alpha}_{j1}$，$\boldsymbol{\alpha}_{j2}$，…，$\boldsymbol{\alpha}_{jr}$ 可以成为原向量组的一个极大线性无关组.

**方法总结**　(1) 向量组的极大线性无关组的求法：以向量组为列向量组构成矩阵 $\boldsymbol{A}$，仅通过初等行变换将其先化为行阶梯形矩阵，然后再化为行最简形矩阵，则向量组的秩等于行阶梯形矩阵的非零行的行数；行阶梯形矩阵(或行最简形矩阵) 中每行第一个非零元所在列对应的原矩阵 $\boldsymbol{A}$ 的相应列向量，就构成它的一个极大线性无关组；用行最简形矩阵可以直接写出其余向量用极大线性无关组表示的表达式.

(2) 设向量组的秩为 $r$，为验证部分组 $\boldsymbol{\alpha}_{j1}$，$\boldsymbol{\alpha}_{j2}$，…，$\boldsymbol{\alpha}_{jr}$ 是向量组$\boldsymbol{\alpha}_1$，$\boldsymbol{\alpha}_2$，…，$\boldsymbol{\alpha}_s$ 的一个极大线性无关组，需验证两个方面：① 部分组 $\boldsymbol{\alpha}_{j1}$，$\boldsymbol{\alpha}_{j2}$，…，$\boldsymbol{\alpha}_{jr}$ 是线性无关的；② 向量组的任一向量 $\boldsymbol{\alpha}_j$ 都可由$\boldsymbol{\alpha}_{j1}$，$\boldsymbol{\alpha}_{j2}$，…，$\boldsymbol{\alpha}_{jr}$ 线性表示.

**7. 向量组的秩**

**例 20**　已知向量组$\boldsymbol{\alpha}_1=(1, 2, -1, 1)^{\mathrm{T}}$，$\boldsymbol{\alpha}_2=(2, 0, t, 0)^{\mathrm{T}}$，$\boldsymbol{\alpha}_3=(0, -4, 5, -2)^{\mathrm{T}}$的秩为 2，求 $t$.

**分析**　数值型向量组求秩的主要方法是把向量组排成矩阵后通过初等行变换化为行阶梯形矩阵，利用非零行的个数决定向量组的秩.

**解**　将 $\boldsymbol{\alpha}_1$，$\boldsymbol{\alpha}_2$，$\boldsymbol{\alpha}_3$ 看作矩阵 $\boldsymbol{A}$ 的列向量组，则有

$$\boldsymbol{A}=\begin{pmatrix}1&2&0\\2&0&-4\\-1&t&5\\1&0&-2\end{pmatrix}\xrightarrow[r_4-r_1]{\substack{r_2-2r_1\\r_3+r_1}}\begin{pmatrix}1&2&0\\0&-4&-4\\0&t+2&5\\0&-2&-2\end{pmatrix}$$

$$\xrightarrow[r_4+2r_2]{r_2\times\left(-\frac{1}{4}\right)}\begin{pmatrix}1&2&0\\0&1&1\\0&t+2&5\\0&0&0\end{pmatrix}\xrightarrow{r_3-(t+2)r_2}\begin{pmatrix}1&2&0\\0&1&1\\0&0&3-t\\0&0&0\end{pmatrix}.$$

由于向量组 $\boldsymbol{\alpha}_1$，$\boldsymbol{\alpha}_2$，$\boldsymbol{\alpha}_3$ 的秩为 2，所以 $r(\boldsymbol{A})=2$，于是有 $t=3$.

**例 21**　设 $n$ 维向量组$\boldsymbol{\alpha}_1$，$\boldsymbol{\alpha}_2$，$\boldsymbol{\alpha}_3$，$\boldsymbol{\alpha}_4$ 的秩为 4，求向量组 $\boldsymbol{\beta}_1=\boldsymbol{\alpha}_1+k_1\boldsymbol{\alpha}_1$，$\boldsymbol{\beta}_2=\boldsymbol{\alpha}_2+k_2\boldsymbol{\alpha}_3$，$\boldsymbol{\beta}_3=\boldsymbol{\alpha}_3+k_3\boldsymbol{\alpha}_4$ 的秩.

**分析**　本题主要考查利用两个向量组的线性关系求向量组的秩. 首先利用定义法证明 $\boldsymbol{\beta}_1$，$\boldsymbol{\beta}_2$，$\boldsymbol{\beta}_3$ 的线性相关性. 若 $\boldsymbol{\beta}_1$，$\boldsymbol{\beta}_2$，$\boldsymbol{\beta}_3$ 线性无关，则 $\boldsymbol{\beta}_1$，$\boldsymbol{\beta}_2$，$\boldsymbol{\beta}_3$ 的秩为 3.

**解**　设存在数 $l_1$，$l_2$，$l_3$，使得 $l_1\boldsymbol{\beta}_1+l_2\boldsymbol{\beta}_2+l_3\boldsymbol{\beta}_3=\boldsymbol{O}$，即

$$l_1\boldsymbol{\alpha}_1+(l_1k_1+l_2)\boldsymbol{\alpha}_2+(l_2k_2+l_3)\boldsymbol{\alpha}_3+l_3k_3\boldsymbol{\alpha}_4=\boldsymbol{O}.$$

因为向量组 $\boldsymbol{\alpha}_1$，$\boldsymbol{\alpha}_2$，$\boldsymbol{\alpha}_3$，$\boldsymbol{\alpha}_4$ 的秩为 4，所以 $\boldsymbol{\alpha}_1$，$\boldsymbol{\alpha}_2$，$\boldsymbol{\alpha}_3$，$\boldsymbol{\alpha}_4$ 线性无关，则

$$\begin{cases}l_1=0,\\l_1k_1+l_2=0,\\l_2k_2+l_3=0,\\l_3k_3=0,\end{cases}$$

即 $l_1=l_2=l_3=0$，因此向量组 $\boldsymbol{\beta}_1$，$\boldsymbol{\beta}_2$，$\boldsymbol{\beta}_3$ 线性无关，则 $\boldsymbol{\beta}_1$，$\boldsymbol{\beta}_2$，$\boldsymbol{\beta}_3$ 的秩为 3.

**例 22**　设向量组(Ⅰ)$\boldsymbol{\alpha}_1$，$\boldsymbol{\alpha}_2$，…，$\boldsymbol{\alpha}_m$ 的秩为 $r(r>1)$，证明：向量组(Ⅱ)$\boldsymbol{\beta}_1=\boldsymbol{\alpha}_2+\boldsymbol{\alpha}_3+\cdots+\boldsymbol{\alpha}_m$，$\boldsymbol{\beta}_2=\boldsymbol{\alpha}_1+\boldsymbol{\alpha}_3+\cdots+\boldsymbol{\alpha}_m$，…，$\boldsymbol{\beta}_m=\boldsymbol{\alpha}_1+\boldsymbol{\alpha}_2+\cdots+\boldsymbol{\alpha}_{m-1}$ 的秩也为 $r$.

**分析**　由于等价的向量组秩相等，在本题中向量组（Ⅱ）已经由向量组（Ⅰ）线性表示，所以只需证明向量组（Ⅰ）也可由向量组（Ⅱ）线性表示即可.

**证明**　向量组（Ⅱ）显然可由向量组（Ⅰ）线性表示，又

$$\begin{cases}\boldsymbol{\alpha}_1=\dfrac{1}{m-1}(\boldsymbol{\beta}_1+\boldsymbol{\beta}_2+\cdots+\boldsymbol{\beta}_m)-\boldsymbol{\beta}_1,\\ \boldsymbol{\alpha}_2=\dfrac{1}{m-1}(\boldsymbol{\beta}_1+\boldsymbol{\beta}_2+\cdots+\boldsymbol{\beta}_m)-\boldsymbol{\beta}_2,\\ \qquad\qquad\vdots\\ \boldsymbol{\alpha}_m=\dfrac{1}{m-1}(\boldsymbol{\beta}_1+\boldsymbol{\beta}_2+\cdots+\boldsymbol{\beta}_m)-\boldsymbol{\beta}_m,\end{cases}$$

即向量组（Ⅰ）又可由向量组（Ⅱ）线性表示，所以向量组（Ⅰ）与（Ⅱ）等价，从而有 $r(\text{Ⅰ})=r(\text{Ⅱ})=r$.

**例 23** 设向量组 $\boldsymbol{\alpha}_1$，$\boldsymbol{\alpha}_2$，…，$\boldsymbol{\alpha}_s$ 的秩为 $r$，证明：从其中任取 $m$ 个向量构成的向量组的秩 $\geqslant r+m-s$.

**分析** 本题主要考查向量组与其部分组的秩的关系．要从一个极大线性无关组的扩展过程中考查.

**证明** 不妨设从向量组 $\boldsymbol{\alpha}_1$，$\boldsymbol{\alpha}_2$，…，$\boldsymbol{\alpha}_s$ 中任取 $m$ 个向量 $\boldsymbol{\alpha}_1$，$\boldsymbol{\alpha}_2$，…，$\boldsymbol{\alpha}_m(m\leqslant s)$，设其秩为 $r_1$，$\boldsymbol{\alpha}_1$，$\boldsymbol{\alpha}_2$，…，$\boldsymbol{\alpha}_{r_1}$ 为其一个极大线性无关组．于是，原向量组的极大线性无关组可以由扩展 $\boldsymbol{\alpha}_1$，$\boldsymbol{\alpha}_2$，…，$\boldsymbol{\alpha}_{r_1}$ 得到，即从剩余的 $(s-m)$ 个向量中再找出 $(r-r_1)$ 个扩展向量构造原向量组的极大线性无关组，显然有不等式 $(s-m)\geqslant r-r_1$，即 $r_1\geqslant r+m-s$.

**方法总结** (1) 数值型向量组求秩的主要方法是把向量组排成矩阵后通过初等行变换化为行阶梯形矩阵，利用非零行的个数确定向量组的秩.

(2) 抽象型向量组讨论秩的问题主要有三种方法：

① 利用向量组的等价性求秩．等价向量组有相同的秩，若已知某个向量组的秩，与之等价的另一个向量组的秩即可求出.

② 要让 $r$ 个向量组成的向量组 $\boldsymbol{\alpha}_1$，$\boldsymbol{\alpha}_2$，…，$\boldsymbol{\alpha}_r$ 的秩为 $r$，只需证明这个向量组线性无关.

③ 借助极大线性无关组讨论向量组秩的不等关系.

由于向量组的秩与向量组的极大线性无关组是关系紧密的概念，往往可以通过极大线性无关组来建立两个向量组之间的线性关系，然后对有关向量组秩的问题进行讨论.

**8. 齐次线性方程组的基础解系和通解**

**例 24** 求齐次线性方程组

$$\begin{cases}x_1+x_2+x_3+4x_4-3x_5=0,\\ x_1-x_2+3x_3-2x_4-x_5=0,\\ 2x_1+x_2+3x_3+5x_4-5x_5=0,\\ 3x_1+x_2+5x_3+6x_4-7x_5=0\end{cases}$$

的一个基础解系及其通解.

**分析** 方程组中方程个数小于未知量个数，方程组存在基础解系.

**解** 对方程组的增广矩阵施以初等行变换，化为行最简形矩阵

$$\overline{\boldsymbol{A}}=\begin{pmatrix}1&1&1&4&-3&0\\1&-1&3&-2&-1&0\\2&1&3&5&-5&0\\3&1&5&6&-7&0\end{pmatrix}\xrightarrow[r_4-3r_1]{\substack{r_2-r_1\\ r_3-2r_1}}\begin{pmatrix}1&1&1&4&-3&0\\0&-2&2&-6&2&0\\0&-1&1&-3&1&0\\0&-2&2&-6&2&0\end{pmatrix}$$

$$\xrightarrow[r_2\leftrightarrow r_3]{\substack{r_4-r_2\\ r_2-2r_3\\ r_1+r_3\\ r_3\times(-1)}}\begin{pmatrix}1&0&2&1&-2&0\\0&1&-1&3&-1&0\\0&0&0&0&0&0\\0&0&0&0&0&0\end{pmatrix}.$$

由于 $r(\boldsymbol{A})=2$，所以方程组的基础解系有三个解向量，原方程组的同解方程组为

$$\begin{cases}x_1=-2x_3-x_4+2x_5,\\x_2=x_3-3x_4+x_5,\end{cases}$$

其中 $x_3$，$x_4$，$x_5$ 为自由未知量.

令 $\begin{pmatrix}x_3\\x_4\\x_5\end{pmatrix}$ 分别取 $\begin{pmatrix}1\\0\\0\end{pmatrix}$，$\begin{pmatrix}0\\1\\0\end{pmatrix}$，$\begin{pmatrix}0\\0\\1\end{pmatrix}$，可得原方程组的一个基础解系为

$$\boldsymbol{\eta}_1=\begin{pmatrix}-2\\1\\1\\0\\0\end{pmatrix},\ \boldsymbol{\eta}_2=\begin{pmatrix}-1\\-3\\0\\1\\0\end{pmatrix},\ \boldsymbol{\eta}_3=\begin{pmatrix}2\\1\\0\\0\\1\end{pmatrix},$$

因此，原方程组的通解为

$$\boldsymbol{\eta}=c_1\boldsymbol{\eta}_1+c_2\boldsymbol{\eta}_2+c_3\boldsymbol{\eta}_3(c_1,\ c_2,\ c_3\text{ 为任意常数}).$$

**例 25**　设 $\boldsymbol{A}=\begin{pmatrix}1&2&1&2\\0&1&t&t\\1&t&0&1\end{pmatrix}$，且方程组 $\boldsymbol{AX}=\boldsymbol{O}$ 的基础解系含有两个线性无关的解向量，求 $\boldsymbol{AX}=\boldsymbol{O}$ 的通解.

**分析**　本题中，尽管系数矩阵中含有参数，但题设有确定参数的条件，可以先确定参数的值，再求解基础解系，并用基础解系表示通解.

**解**　由题设可知 $r(\boldsymbol{A})=4-2=2$，由此可以确定参数 $t$.

$$\boldsymbol{A}=\begin{pmatrix}1&2&1&2\\0&1&t&t\\1&t&0&1\end{pmatrix}\xrightarrow{r_3-r_1}\begin{pmatrix}1&2&1&2\\0&1&t&t\\0&t-2&-1&-1\end{pmatrix}$$

$$\xrightarrow{r_3-(t-2)r_2}\begin{pmatrix}1&2&1&2\\0&1&t&t\\0&0&-(t-1)^2&-(t-1)^2\end{pmatrix},$$

所以 $t=1$.

当 $t=1$ 时，$\boldsymbol{A}\to\begin{pmatrix}1&0&-1&0\\0&1&1&1\\0&0&0&0\end{pmatrix}$，所以原方程组的同解方程组为

$$\begin{cases}x_1-x_3=0,\\x_2+x_3+x_4=0.\end{cases}$$

令自由未知量$\begin{pmatrix}x_3\\x_4\end{pmatrix}=\begin{pmatrix}1\\0\end{pmatrix}$，$\begin{pmatrix}0\\1\end{pmatrix}$，所以原方程组的一个基础解系为

$$\boldsymbol{\eta}_1=\begin{pmatrix}1\\-1\\1\\0\end{pmatrix},\ \boldsymbol{\eta}_2=\begin{pmatrix}0\\-1\\0\\1\end{pmatrix},$$

则 $\boldsymbol{AX}=\boldsymbol{O}$ 的通解为

$$\boldsymbol{\eta}=c_1\boldsymbol{\eta}_1+c_2\boldsymbol{\eta}_2(c_1,\ c_2 \text{ 为任意常数}).$$

**例 26** 设 $\boldsymbol{\xi}_1$，$\boldsymbol{\xi}_2$，$\boldsymbol{\xi}_3$ 是齐次线性方程组 $\boldsymbol{AX}=\boldsymbol{O}$ 的一个基础解系，证明：$\boldsymbol{\xi}_1-\boldsymbol{\xi}_2$，$\boldsymbol{\xi}_1+\boldsymbol{\xi}_2+\boldsymbol{\xi}_3$，$\boldsymbol{\xi}_1+2\boldsymbol{\xi}_3$ 也是齐次线性方程组 $\boldsymbol{AX}=\boldsymbol{O}$ 的一个基础解系.

**分析** 要证明某一向量组是方程组 $\boldsymbol{AX}=\boldsymbol{O}$ 的基础解系，需要证明三个结论：

① 该组向量都是方程组的解；

② 该组向量线性无关；

③ 方程组的任一解均可由该向量组线性表示，或向量组所含向量的个数为 $n-r(\boldsymbol{A})$.

**证明** 因为 $\boldsymbol{\xi}_1$，$\boldsymbol{\xi}_2$，$\boldsymbol{\xi}_3$ 是齐次线性方程组 $\boldsymbol{AX}=\boldsymbol{O}$ 的一个基础解系，所以有以下结论成立.

(1) $\boldsymbol{\xi}_1$，$\boldsymbol{\xi}_2$，$\boldsymbol{\xi}_3$ 是齐次线性方程组 $\boldsymbol{AX}=\boldsymbol{O}$ 的一组解向量，根据齐次线性方程组解的性质可知，$\boldsymbol{\xi}_1-\boldsymbol{\xi}_2$，$\boldsymbol{\xi}_1+\boldsymbol{\xi}_2+\boldsymbol{\xi}_3$，$\boldsymbol{\xi}_1+2\boldsymbol{\xi}_3$ 也是齐次线性方程组 $\boldsymbol{AX}=\boldsymbol{O}$ 的一组解向量.

(2) $\boldsymbol{\xi}_1$，$\boldsymbol{\xi}_2$，$\boldsymbol{\xi}_3$ 线性无关，而

$$(\boldsymbol{\xi}_1-\boldsymbol{\xi}_2,\ \boldsymbol{\xi}_1+\boldsymbol{\xi}_2+\boldsymbol{\xi}_3,\ \boldsymbol{\xi}_1+2\boldsymbol{\xi}_3)=(\boldsymbol{\xi}_1,\ \boldsymbol{\xi}_2,\ \boldsymbol{\xi}_3)\begin{pmatrix}1&1&1\\-1&1&0\\0&1&2\end{pmatrix},$$

且 $\begin{vmatrix}1&1&1\\-1&1&0\\0&1&2\end{vmatrix}=3\neq0$，所以向量组 $\boldsymbol{\xi}_1-\boldsymbol{\xi}_2$，$\boldsymbol{\xi}_1+\boldsymbol{\xi}_2+\boldsymbol{\xi}_3$，$\boldsymbol{\xi}_1+2\boldsymbol{\xi}_3$ 线性无关，并且

$$(\boldsymbol{\xi}_1,\ \boldsymbol{\xi}_2,\ \boldsymbol{\xi}_3)=(\boldsymbol{\xi}_1-\boldsymbol{\xi}_2,\ \boldsymbol{\xi}_1+\boldsymbol{\xi}_2+\boldsymbol{\xi}_3,\ \boldsymbol{\xi}_1+2\boldsymbol{\xi}_3)\begin{pmatrix}1&1&1\\-1&1&0\\0&1&2\end{pmatrix}^{-1},$$

即 $\boldsymbol{\xi}_1$，$\boldsymbol{\xi}_2$，$\boldsymbol{\xi}_3$ 也可由 $\boldsymbol{\xi}_1-\boldsymbol{\xi}_2$，$\boldsymbol{\xi}_1+\boldsymbol{\xi}_2+\boldsymbol{\xi}_3$，$\boldsymbol{\xi}_1+2\boldsymbol{\xi}_3$ 线性表示.

(3) 方程组 $\boldsymbol{AX}=\boldsymbol{O}$ 的任一解 $\boldsymbol{\eta}$ 可由 $\boldsymbol{\xi}_1$，$\boldsymbol{\xi}_2$，$\boldsymbol{\xi}_3$ 线性表示. 再根据(2)得知，$\boldsymbol{\eta}$ 也可由 $\boldsymbol{\xi}_1-\boldsymbol{\xi}_2$，$\boldsymbol{\xi}_1+\boldsymbol{\xi}_2+\boldsymbol{\xi}_3$，$\boldsymbol{\xi}_1+2\boldsymbol{\xi}_3$ 线性表示.

综上所述，$\boldsymbol{\xi}_1-\boldsymbol{\xi}_2$，$\boldsymbol{\xi}_1+\boldsymbol{\xi}_2+\boldsymbol{\xi}_3$，$\boldsymbol{\xi}_1+2\boldsymbol{\xi}_3$ 也是齐次线性方程组 $\boldsymbol{AX}=\boldsymbol{O}$ 的一个基础解系.

**例 27** 设 $n$ 阶矩阵 $\boldsymbol{A}$ 的伴随矩阵 $\boldsymbol{A}^*\neq\boldsymbol{O}$，若 $\boldsymbol{\xi}_1$，$\boldsymbol{\xi}_2$，$\boldsymbol{\xi}_3$，$\boldsymbol{\xi}_4$ 是非齐次线性方程组 $\boldsymbol{AX}=\boldsymbol{B}$ 的互不相等的解，则对应的齐次线性方程组 $\boldsymbol{AX}=\boldsymbol{O}$ 的基础解系（　　）.

(A) 不存在　　　　　　　　　　(B) 仅含一个非零解向量

(C) 含有两个线性无关的解向量　　(D) 含有三个线性无关的解向量

**分析** 要确定基础解系所含解向量的个数，实际只要确定未知数的个数和系数矩阵的秩.

**解** 因为基础解系含解向量的个数为 $n-r(\boldsymbol{A})$，而且

$$r(\boldsymbol{A}^*)=\begin{cases}n, & r(\boldsymbol{A})=n,\\ 1, & r(\boldsymbol{A})=n-1,\\ 0, & r(\boldsymbol{A})<n-1.\end{cases}$$

根据已知条件 $\boldsymbol{A}^*\neq\boldsymbol{O}$，于是 $r(\boldsymbol{A})$ 等于 $n$ 或 $n-1$. 又 $\boldsymbol{AX}=\boldsymbol{B}$ 有互不相等的解，即解不唯一，故 $r(\boldsymbol{A})=n-1$，从而基础解系仅含一个解向量，故选择（B）.

**方法总结**　(1) 设 $\boldsymbol{A}$ 是 $m\times n$ 矩阵，$r(\boldsymbol{A})=r<n$，$n$ 是未知量个数，若系数矩阵 $\boldsymbol{A}$ 的元素都是具体数字，则齐次线性方程组 $\boldsymbol{AX}=\boldsymbol{O}$ 的基础解系的求解步骤如下：

第 1 步　利用初等行变换将增广矩阵 $\overline{\boldsymbol{A}}$ 化为行最简形矩阵，得到同解方程组；

第 2 步　根据同解方程组和矩阵的秩，确定自由未知量（其个数为 $n-r$），并求出基础解系 $\boldsymbol{\eta}_1$，$\boldsymbol{\eta}_2$，…，$\boldsymbol{\eta}_{n-r}$；

第 3 步 写出基础解系的线性组合 $c_1\boldsymbol{\eta}_1$，$c_2\boldsymbol{\eta}_2$，…，$c_{n-r}\boldsymbol{\eta}_{n-r}$，其中 $c_1$，$c_2$，…，$c_{n-r}$ 为任意常数，即是方程组的通解.

**注意**　基础解系不唯一.

(2) 已知一组向量是基础解系，证明或判断其线性组合构成的另一组向量也是基础解系需要考虑三个方面：①该组向量都是方程组的解；②该组向量线性无关；③该向量组所含向量的个数为 $n-r(\boldsymbol{A})$.

(3) 已知非齐次线性方程组解的情况，求解对应的齐次线性方程组的基础解系的方法：利用非齐次线性方程解的信息求得系数矩阵的秩，从而确定基础解系所含解向量的个数，并利用非齐次线性方程组的任何两个解的差是对应齐次线性方程组的解等有关性质.

**9. 非齐次线性方程组的通解**

**例 28**　求非齐次线性方程组

$$\begin{cases}x_1+x_2-x_3+2x_4=3,\\ 2x_1+x_2-3x_4=1,\\ -2x_1-2x_3+10x_4=4\end{cases}$$

的通解.

**分析**　本题中先利用初等行变换将方程组的增广矩阵化为行最简形矩阵，再求得方程组的一个特解和其对应的导出组的一个基础解系，最后特解和基础解系的线性组合即为所求方程组的通解.

**解**　对方程组的增广矩阵施以初等行变换，化为行阶梯形矩阵

$$\overline{\boldsymbol{A}}=\begin{pmatrix}1&1&-1&2&3\\2&1&0&-3&1\\-2&0&-2&10&4\end{pmatrix}\xrightarrow[r_3+2r_1]{r_2-2r_1}\begin{pmatrix}1&1&-1&2&3\\0&-1&2&-7&-5\\0&2&-4&14&10\end{pmatrix}$$

$$\xrightarrow[r_3+2r_2]{r_1+r_2}\begin{pmatrix}1&0&1&-5&-2\\0&-1&2&-7&-5\\0&0&0&0&0\end{pmatrix}\xrightarrow{r_2\times(-1)}\begin{pmatrix}1&0&1&-5&-2\\0&1&-2&7&5\\0&0&0&0&0\end{pmatrix}.$$

由于 $r(\boldsymbol{A})=r(\overline{\boldsymbol{A}})=2<4$，所以方程组有无穷多个解. 原方程组的同解方程组为

$$\begin{cases}x_1=-2-x_3+5x_4,\\ x_2=5+2x_3-7x_4.\end{cases}$$

令自由未知量 $x_3=x_4=0$，可得原方程组的一个特解

$$\boldsymbol{\gamma}_0=\begin{pmatrix}-2\\5\\0\\0\end{pmatrix}.$$

原方程组的导出组的同解方程组为

$$\begin{cases}x_1=-x_3+5x_4,\\x_2=2x_3-7x_4.\end{cases}$$

令自由未知量$\begin{pmatrix}x_3\\x_4\end{pmatrix}$分别取$\begin{pmatrix}1\\0\end{pmatrix}$，$\begin{pmatrix}0\\1\end{pmatrix}$，可得导出组的一个基础解系为

$$\boldsymbol{\eta}_1=\begin{pmatrix}1\\-2\\1\\0\end{pmatrix}，\boldsymbol{\eta}_2=\begin{pmatrix}5\\-7\\0\\1\end{pmatrix},$$

所以原方程组的通解为

$$\boldsymbol{\gamma}=\boldsymbol{\gamma}_0+c_1\boldsymbol{\eta}_1+c_2\boldsymbol{\eta}_2\ (c_1,\ c_2\ \text{为任意常数}),$$

即

$$\begin{pmatrix}x_1\\x_2\\x_3\\x_4\end{pmatrix}=\begin{pmatrix}-2\\5\\0\\0\end{pmatrix}+c_1\begin{pmatrix}-1\\2\\1\\0\end{pmatrix}+c_2\begin{pmatrix}5\\-7\\0\\1\end{pmatrix}\ (c_1,\ c_2\ \text{为任意常数}).$$

**例 29** 设 $\boldsymbol{\alpha}_1$，$\boldsymbol{\alpha}_2$，$\boldsymbol{\alpha}_3$ 是四元非齐次线性方程组 $\boldsymbol{AX}=\boldsymbol{B}$ 的三个解向量，且 $r(\mathbf{A})=3$，$\boldsymbol{\alpha}_1=(1,\ 2,\ 3,\ 4)^{\mathrm{T}}$，$\boldsymbol{\alpha}_2+\boldsymbol{\alpha}_3=(0,\ 1,\ 2,\ 3)^{\mathrm{T}}$，求线性方程组 $\boldsymbol{AX}=\boldsymbol{B}$ 的通解.

**分析** 为求线性方程组 $\boldsymbol{AX}=\boldsymbol{B}$ 的通解，需要解决两件事：①寻求非齐次线性方程组对应的导出组的基础解系；②寻求非齐次线性方程组的一个特解. 由于 $r(\mathbf{A})=3$，非齐次线性方程组 $\boldsymbol{AX}=\boldsymbol{B}$ 对应的导出组 $\boldsymbol{AX}=\boldsymbol{O}$ 的基础解系含有 $4-3=1$ 个解向量，$\boldsymbol{AX}=\boldsymbol{O}$ 的任意一个非零解均可作为其基础解系. 由于非齐次线性方程组两个解的差是其导出组的解，所以取 $\boldsymbol{\alpha}_1-\frac{1}{2}(\boldsymbol{\alpha}_2+\boldsymbol{\alpha}_3)\neq\boldsymbol{O}$ 作为导出组的基础解系.

**解** 由题意知，方程组 $\boldsymbol{AX}=\boldsymbol{B}$ 的导出组的基础解系含有 $4-3=1$ 个解向量. 已知非齐次线性方程组的一个解 $\boldsymbol{\alpha}_1$，故只需求得其导出组的一个基础解系. 由齐次及非齐次线性方程组解的性质，可取

$$\boldsymbol{\alpha}_1-\frac{1}{2}(\boldsymbol{\alpha}_2+\boldsymbol{\alpha}_3)=\begin{pmatrix}1\\\frac{3}{2}\\2\\\frac{5}{2}\end{pmatrix}\neq\boldsymbol{O}$$

作为其基础解系，故方程组 $\boldsymbol{AX}=\boldsymbol{B}$ 的通解为

$$\boldsymbol{\gamma}=\boldsymbol{\alpha}_1+c\left[\boldsymbol{\alpha}_1-\frac{1}{2}(\boldsymbol{\alpha}_2+\boldsymbol{\alpha}_3)\right]$$

$$=\begin{pmatrix}1\\2\\3\\4\end{pmatrix}+c\begin{pmatrix}1\\\frac{3}{2}\\2\\\frac{5}{2}\end{pmatrix}(c \text{ 为任意常数}).$$

**例 30**　$\boldsymbol{A}=(\boldsymbol{\alpha}_1,\boldsymbol{\alpha}_2,\boldsymbol{\alpha}_3,\boldsymbol{\alpha}_4)$，$\boldsymbol{\alpha}_1$，$\boldsymbol{\alpha}_2$，$\boldsymbol{\alpha}_3$，$\boldsymbol{\alpha}_4$ 均为4维列向量，其中 $\boldsymbol{\alpha}_2$，$\boldsymbol{\alpha}_3$，$\boldsymbol{\alpha}_4$ 线性无关，$\boldsymbol{\alpha}_1=2\boldsymbol{\alpha}_2-\boldsymbol{\alpha}_3$，如果 $\boldsymbol{\beta}=\boldsymbol{\alpha}_1+\boldsymbol{\alpha}_2+\boldsymbol{\alpha}_3+\boldsymbol{\alpha}_4$，求非齐次线性方程组 $\boldsymbol{AX}=\boldsymbol{B}$ 的通解.

**分析**　本题主要由非齐次线性方程组的向量形式考查其通解. 依题设，方程组的通解讨论均从方程组的向量方程角度进行. 为求非齐次线性方程组的通解需要求其所对应的导出组的基础解系和非齐次线性方程组的一个特解.

**解**　由 $\boldsymbol{\alpha}_2$，$\boldsymbol{\alpha}_3$，$\boldsymbol{\alpha}_4$ 线性无关，$\boldsymbol{\alpha}_1=2\boldsymbol{\alpha}_2-\boldsymbol{\alpha}_3$，可得向量组 $\boldsymbol{\alpha}_1$，$\boldsymbol{\alpha}_2$，$\boldsymbol{\alpha}_3$，$\boldsymbol{\alpha}_4$ 线性相关，且 $\boldsymbol{\alpha}_2$，$\boldsymbol{\alpha}_3$，$\boldsymbol{\alpha}_4$ 是向量组 $\boldsymbol{\alpha}_1$，$\boldsymbol{\alpha}_2$，$\boldsymbol{\alpha}_3$，$\boldsymbol{\alpha}_4$ 的一个极大线性无关组，则 $r(\boldsymbol{A})=r(\boldsymbol{\alpha}_1,\boldsymbol{\alpha}_2,\boldsymbol{\alpha}_3,\boldsymbol{\alpha}_4)=3$. 因此线性方程组 $\boldsymbol{AX}=\boldsymbol{B}$ 对应的导出组的基础解系中含有 $4-3=1$ 个解向量. 另外 $\boldsymbol{\alpha}_1=2\boldsymbol{\alpha}_2-\boldsymbol{\alpha}_3$ 蕴含着 $\boldsymbol{\alpha}_1-2\boldsymbol{\alpha}_2+\boldsymbol{\alpha}_3+0\boldsymbol{\alpha}_4=\boldsymbol{O}$，这是方程组的向量形式，因此 $(1,-2,1,0)^{\mathrm{T}}$ 是导出组 $\boldsymbol{AX}=\boldsymbol{O}$ 的一个非零解，可以作为 $\boldsymbol{AX}=\boldsymbol{O}$ 的一个基础解系. 又由 $\boldsymbol{\beta}=\boldsymbol{\alpha}_1+\boldsymbol{\alpha}_2+\boldsymbol{\alpha}_3+\boldsymbol{\alpha}_4$，可知 $(1,1,1,1)^{\mathrm{T}}$ 是 $\boldsymbol{AX}=\boldsymbol{B}$ 的一个特解.

因此，非齐次线性方程组 $\boldsymbol{AX}=\boldsymbol{B}$ 的通解为

$$\begin{pmatrix}1\\1\\1\\1\end{pmatrix}+c\begin{pmatrix}1\\-2\\1\\0\end{pmatrix}(c \text{ 为任意常数}).$$

**方法总结**　抽象方程组的通解的求解方法为：

(1) 利用解的定义，注意结合方程组的三种等价形式；

(2) 利用非齐次线性方程组解的性质求得方程组所对应的导出组的基础解系，进而利用非齐次线性方程组解的结构求得通解.

**10. 两个线性方程组解之间的关系**

**例 31**　设四元线性方程组(Ⅰ)为 $\begin{cases}2x_1+3x_2-x_3=0,\\x_1+2x_2+x_3-x_4.\end{cases}$ 且已知另一四元齐次线性方程组(Ⅱ)的一个基础解系为 $\boldsymbol{\alpha}_1=(2,-1,a+2,1)^{\mathrm{T}}$，$\boldsymbol{\alpha}_2=(-1,2,4,a+8)^{\mathrm{T}}$.

(1) 求方程组(Ⅰ)的一个基础解系；

(2) 当 $a$ 为何值时，方程组(Ⅰ)与(Ⅱ)有非零公共解？在有非零公共解时，求出全部非零公共解.

**分析**　方程组(Ⅰ)的基础解系可按通常方法求出. 由于方程组(Ⅱ)的表达式未给出，所以关于(Ⅰ)与(Ⅱ)是否有非零公共解，主要有两种方法：1.(Ⅱ)的通解已知，(Ⅱ)的通解中满足(Ⅰ)的非零解，即是(Ⅰ)与(Ⅱ)的公共解；2. 直接令(Ⅰ)与(Ⅱ)的通解表达式相等，求出非零公共解.

**解**　(1) 方程组(Ⅰ)的系数矩阵

$$\boldsymbol{A}=\begin{pmatrix}2&3&-1&0\\1&2&1&-1\end{pmatrix}\xrightarrow{r_1\leftrightarrow r_2}\begin{pmatrix}1&2&1&-1\\2&3&-1&0\end{pmatrix}$$

$$\xrightarrow{r_2-2r_1}\begin{pmatrix}1 & 2 & 1 & -1\\0 & -1 & -3 & 2\end{pmatrix}\xrightarrow[r_2\times(-1)]{r_1+2r_2}\begin{pmatrix}1 & 0 & -5 & 3\\0 & 1 & 3 & -2\end{pmatrix},$$

求得其基础解系为 $\boldsymbol{\eta}_1=(5,\ -3,\ 1,\ 0)^{\mathrm{T}}$，$\boldsymbol{\eta}_2=(-3,\ 2,\ 0,\ 1)^{\mathrm{T}}$.

(2) **方法一**　由题设条件，方程组(Ⅱ)的全部解为

$$\begin{pmatrix}x_1\\x_2\\x_3\\x_4\end{pmatrix}=k_1\boldsymbol{\alpha}_1+k_2\boldsymbol{\alpha}_2=\begin{pmatrix}2k_1-k_2\\-k_1+2k_2\\(a+2)k_1+4k_2\\k_1+(a+8)k_2\end{pmatrix}\ (k_1,\ k_2\text{ 为任意常数}). \tag{5}$$

将(5)式代入方程组(Ⅰ)，得

$$\begin{cases}(a+1)k_1=0,\\(a+1)k_1-(a+1)k_2=0.\end{cases} \tag{6}$$

要使方程组(Ⅰ)与(Ⅱ)有非零公共解，只需关于 $k_1$，$k_2$ 的方程组(6)有非零解. 因为

$$\begin{vmatrix}a+1 & 0\\a+1 & -(a+1)\end{vmatrix}=-(a+1)^2,$$

所以，当 $a\neq-1$ 时，方程组(Ⅰ)与(Ⅱ)无非零公共解.

当 $a=-1$ 时，方程组(6)有非零解. 因此，方程组(Ⅰ)与(Ⅱ)的全部非零公共解为

$$\begin{pmatrix}x_1\\x_2\\x_3\\x_4\end{pmatrix}=k_1\begin{pmatrix}2\\-1\\1\\1\end{pmatrix}+k_2\begin{pmatrix}-1\\2\\4\\7\end{pmatrix}\ (k_1,\ k_2\text{ 为不全为零的任意常数}).$$

**方法二**　设方程组(Ⅰ)与(Ⅱ)的公共解为 $\boldsymbol{\eta}$，则有数 $k_1$，$k_2$，$k_3$，$k_4$，使得

$$\boldsymbol{\eta}=k_1\boldsymbol{\eta}_1+k_2\boldsymbol{\eta}_2=k_3\boldsymbol{\alpha}_1+k_4\boldsymbol{\alpha}_2,$$

由此得线性方程组(Ⅲ) $\begin{cases}5k_1-3k_2-2k_3+k_4=0,\\-3k_1+2k_2+k_3-2k_4=0,\\k_1-(a+2)k_3-4k_4=0,\\k_2-k_3-(a+8)k_4=0.\end{cases}$

对方程组(Ⅲ)的系数矩阵作初等行变换，有

$$\begin{pmatrix}5 & -3 & -2 & 1\\-3 & 2 & 1 & -2\\1 & 0 & -(a+2) & -4\\0 & 1 & -1 & -(a+8)\end{pmatrix}\xrightarrow{r_1\leftrightarrow r_3}\begin{pmatrix}1 & 0 & -(a+2) & -4\\-3 & 2 & 1 & -2\\5 & -3 & -2 & 1\\0 & 1 & -1 & -(a+8)\end{pmatrix}$$

$$\xrightarrow[r_3-5r_1]{r_2+3r_1}\begin{pmatrix}1 & 0 & -(a+2) & -4\\0 & 2 & -3a-5 & -14\\0 & -3 & 5a+8 & 21\\0 & 1 & -1 & -(a+8)\end{pmatrix}\xrightarrow[\substack{r_2\leftrightarrow r_4\\ r_4+\frac{3}{5}r_3}]{\substack{r_2-2r_4\\ r_3+3r_4}}\begin{pmatrix}1 & 0 & -(a+2) & -4\\0 & 1 & -1 & -(a+8)\\0 & 0 & 5(a+1) & -3(a+1)\\0 & 0 & 0 & \frac{1}{5}(a+1)\end{pmatrix},$$

当 $a\neq-1$ 时，方程组(Ⅲ)只有零解，故方程组(Ⅰ)与(Ⅱ)无非零公共解.

当 $a=-1$ 时，方程组(Ⅲ)的同解方程组为

$$\begin{cases} k_1-k_3-4k_4=0, \\ k_2-k_3-7k_4=0. \end{cases}$$

令 $k_3=c_1$，$k_4=c_2$，得方程组(Ⅰ)与(Ⅱ)的非零公共解为

$$\begin{pmatrix} x_1 \\ x_2 \\ x_3 \\ x_4 \end{pmatrix}=c_1\begin{pmatrix} 2 \\ -1 \\ 1 \\ 1 \end{pmatrix}+c_2\begin{pmatrix} -1 \\ 2 \\ 4 \\ 7 \end{pmatrix}\ (c_1,\ c_2\ \text{为不全为零的任意常数}).$$

**例 32**　已知非齐次线性方程组

$$(\text{Ⅰ})\begin{cases} x_1+x_2-2x_4=-6, \\ 4x_1-2x_2-x_3=5, \\ 3x_1-x_2-x_3=3 \end{cases}\quad \text{和}(\text{Ⅱ})\begin{cases} x_1+mx_2-x_3-x_4=-5, \\ nx_2-x_3-2x_4=-11, \\ x_3-2x_4=-t+1 \end{cases}$$

同解，求 $m$，$n$，$t$ 的值.

**分析**　所谓方程组(Ⅰ)与(Ⅱ)同解，是指(Ⅰ)与(Ⅱ)有相同的解集合，即(Ⅰ)的解都是(Ⅱ)的解，同时(Ⅱ)的解也都是(Ⅰ)的解．当(Ⅰ)的解都是(Ⅱ)的解时，(Ⅰ)的每个解都满足(Ⅱ)的每个方程，因此可将(Ⅰ)的通解代入(Ⅱ)的每个方程，从而确定参数 $m$，$n$，$t$ 的值，然后再验证(Ⅱ)的解也都是(Ⅰ)的解．这是本题的解题思路.

**解**　解方程组(Ⅰ)，由

$$\overline{\mathbf{A}}=\begin{pmatrix} 1 & 1 & 0 & -2 & -6 \\ 4 & -2 & -1 & 0 & 5 \\ 3 & -1 & -1 & 0 & 3 \end{pmatrix}\longrightarrow\begin{pmatrix} 1 & 0 & 0 & -1 & -2 \\ 0 & 1 & 0 & -1 & -4 \\ 0 & 0 & 1 & -2 & -5 \end{pmatrix},$$

知 $r(\overline{\mathbf{A}})=r(\overline{\mathbf{A}})=3<4$，方程组有无穷多个解，且通解为

$$\begin{pmatrix} x_1 \\ x_2 \\ x_3 \\ x_4 \end{pmatrix}=\begin{pmatrix} -2 \\ -4 \\ -5 \\ 0 \end{pmatrix}+k\begin{pmatrix} 1 \\ 1 \\ 2 \\ 1 \end{pmatrix}\ (k\ \text{为任意常数}).$$

将通解代入方程组(Ⅱ)第一个方程，得

$$(-2+k)+m(-4+k)-(-5+2k)-k=-5,$$

$$m=2.$$

将通解代入方程组(Ⅱ)第二个方程，得

$$n(-4+k)-(-5+2k)-2k=-11,$$

$$n=4.$$

将通解代入方程组(Ⅱ)第三个方程，得

$$(-5+2k)-2k=-t+1,$$

$$t=6.$$

因此方程组（Ⅱ）的参数为

$$m=2,\ n=4,\ t=6.$$

即当 $m=2$，$n=4$，$t=6$ 时，方程组(Ⅰ)的解是方程组(Ⅱ)的解，方程组(Ⅱ)为

$$\begin{cases}x_1+2x_2-x_3-x_4=-5,\\4x_2-x_3-2x_4=-11,\\x_3-2x_4=-5.\end{cases}$$

求解方程组的通解为

$$x=\begin{pmatrix}-2\\-4\\-5\\0\end{pmatrix}+k\begin{pmatrix}1\\1\\2\\1\end{pmatrix}\text{（}k\text{ 为任意常数）}.$$

从而知两方程组的解完全相同，即（Ⅰ）和（Ⅱ）同解.

**方法总结** (1) 记方程组（Ⅰ）为 $\boldsymbol{AX}=\boldsymbol{O}$，记方程组（Ⅱ）为 $\boldsymbol{BX}=\boldsymbol{O}$，求解方程组（Ⅰ）和（Ⅱ）的公共解的方法有三种：

① 两方程联立法．将方程组（Ⅰ）和（Ⅱ）联列求解，即求解线性方程组 $\boldsymbol{CX}=\boldsymbol{O}$，其中 $\boldsymbol{C}=\begin{pmatrix}\boldsymbol{A}\\\boldsymbol{B}\end{pmatrix}$.

② 两通解代入法．在方程组（Ⅰ）的解中找出满足方程组（Ⅱ）的解，或在方程组（Ⅱ）的解中找出满足方程组（Ⅰ）的解. 即将（Ⅰ）的通解代入方程组（Ⅱ）中，得公共解；或将方程组（Ⅱ）的通解代入方程组（Ⅰ）中，得公共解. 此法尤其适合给出一个方程组和另一个方程组的通解的情形.

③ 两通解相等法．直接令方程组（Ⅰ）和方程组（Ⅱ）的通解表达式相等，求出非零公共解. 此法特别适合已给出两方程组基础解系的情形．

(2) 已知方程组（Ⅰ）和方程组（Ⅱ）同解，求其中参数的方法如下：

若方程组（Ⅰ）的解已知或容易求出，将方程组（Ⅰ）的解代入方程组（Ⅱ）中，求得参数值，然后再验证方程组（Ⅱ）的解也都是方程组（Ⅰ）的解．反之，同法处理.

## 三、练习题详解

### 习题三

(A)

1. 用消元法解下列线性方程组.

(1) $\begin{cases}x_1-x_2+2x_3=1,\\x_1-2x_2-x_3=2,\\3x_1-x_2+5x_3=3,\\-x_1+2x_3=-2;\end{cases}$

(2) $\begin{cases}x_1-x_2+3x_3-x_4=1,\\2x_1-x_2-x_3+4x_4=2,\\3x_1-2x_2+2x_3+3x_4=3,\\x_1-4x_3+5x_4=-1;\end{cases}$

(3) $\begin{cases} 2x_1+3x_2+x_3=4, \\ x_1-2x_2+4x_3=-5, \\ 3x_1+8x_2-2x_3=13, \\ 4x_1-x_2+9x_3=-6; \end{cases}$

(4) $\begin{cases} x_1+x_2-3x_3-x_4=1, \\ 3x_1-x_2-3x_3+4x_4=1, \\ x_1+5x_2-9x_3-8x_4=1; \end{cases}$

(5) $\begin{cases} 2x_1-2x_2+x_3-x_4+x_5=2, \\ x_1-3x_2+2x_3-2x_4+4x_5=3, \\ 3x_1-6x_2+4x_3-2x_4+8x_5=7, \\ x_1+x_2-x_3+x_4-3x_5=-1. \end{cases}$

(6) $\begin{cases} 2x_1-4x_2+5x_3+3x_4=0, \\ 3x_1-6x_2+4x_3+2x_4=0, \\ 4x_1-8x_2+17x_3+11x_4=0. \end{cases}$

**解**　(1) $\overline{\mathbf{A}}=\begin{pmatrix} 1 & -1 & 2 & 1 \\ 1 & -2 & -1 & 2 \\ 3 & -1 & 5 & 3 \\ -1 & 0 & 2 & -2 \end{pmatrix} \xrightarrow[r_4+r_1]{\substack{r_2-r_1 \\ r_3-3r_1}} \begin{pmatrix} 1 & -1 & 2 & 1 \\ 0 & -1 & -3 & 1 \\ 0 & 2 & -1 & 0 \\ 0 & -1 & 4 & -1 \end{pmatrix}$

$$\xrightarrow[r_4+r_3]{\substack{r_3+2r_2 \\ r_4-r_2}} \begin{pmatrix} 1 & -1 & 2 & 1 \\ 0 & -1 & -3 & 1 \\ 0 & 0 & -7 & 2 \\ 0 & 0 & 0 & 0 \end{pmatrix} \xrightarrow[r_1+r_2]{\substack{r_3\times\left(-\frac{1}{7}\right) \\ r_2\times(-1)}} \begin{pmatrix} 1 & 0 & 5 & 0 \\ 0 & 1 & 3 & -1 \\ 0 & 0 & 1 & -\frac{2}{7} \\ 0 & 0 & 0 & 0 \end{pmatrix}$$

$$\xrightarrow[r_2-3r_3]{r_1-5r_3} \begin{pmatrix} 1 & 0 & 0 & \frac{10}{7} \\ 0 & 1 & 0 & -\frac{1}{7} \\ 0 & 0 & 1 & -\frac{2}{7} \\ 0 & 0 & 0 & 0 \end{pmatrix}.$$

由上面的行阶梯形矩阵可得对应的原方程组同解的阶梯形方程组为

$$\begin{cases} x_1=\dfrac{10}{7}, \\ x_2=-\dfrac{1}{7}, \\ x_3=-\dfrac{2}{7}. \end{cases}$$

**解** （2） $$\overline{\boldsymbol{A}}=\begin{pmatrix}1&-1&3&-1&1\\2&-1&-1&4&2\\3&-2&2&3&3\\1&0&-4&5&-1\end{pmatrix}\xrightarrow[r_4-r_1]{\substack{r_2-2r_1\\r_3-3r_1}}\begin{pmatrix}1&-1&3&-1&1\\0&1&-7&6&0\\0&1&-7&6&0\\0&1&-7&6&-2\end{pmatrix}$$

$$\xrightarrow[r_4-r_2]{r_3-r_2}\begin{pmatrix}1&-1&3&-1&1\\0&1&-7&6&0\\0&0&0&0&0\\0&0&0&0&-2\end{pmatrix}\xrightarrow{r_3\leftrightarrow r_4}\begin{pmatrix}1&-1&3&-1&1\\0&1&-7&6&0\\0&0&0&0&-2\\0&0&0&0&0\end{pmatrix}.$$

由上面的行阶梯形矩阵可得对应的原方程组同解的阶梯形方程组为

$$\begin{cases}x_1-x_2+3x_3-x_4=1,\\ x_2-7x_3+6x_4=0,\\ 0=-2.\end{cases}$$

由于最后一个方程是矛盾方程，所以原方程组无解.

**解** （3） $$\overline{\boldsymbol{A}}=\begin{pmatrix}2&3&1&4\\1&-2&4&-5\\3&8&-2&13\\4&-1&9&-6\end{pmatrix}\xrightarrow{r_1\leftrightarrow r_2}\begin{pmatrix}1&-2&4&-5\\2&3&1&4\\3&8&-2&13\\4&-1&9&-6\end{pmatrix}$$

$$\xrightarrow[r_4-4r_1]{\substack{r_2-2r_1\\r_3-3r_1}}\begin{pmatrix}1&-2&4&-5\\0&7&-7&14\\0&14&-14&28\\0&7&-7&14\end{pmatrix}\xrightarrow[r_2\times\left(\frac{1}{7}\right)]{\substack{r_3-2r_2\\r_4-r_2}}\begin{pmatrix}1&-2&4&-5\\0&1&-1&2\\0&0&0&0\\0&0&0&0\end{pmatrix}$$

$$\xrightarrow{r_1+2r_2}\begin{pmatrix}1&0&2&-1\\0&1&-1&2\\0&0&0&0\\0&0&0&0\end{pmatrix}.$$

由上面的行阶梯形矩阵可得对应的原方程组同解的阶梯形方程组为

$$\begin{cases}x_1=-1-2x_3,\\ x_2=2+x_3.\end{cases}$$

令自由未知量 $x_3=c$，则原方程组的全部解为

$$\begin{cases}x_1=-1-2c,\\ x_2=2+c,\\ x_3=c\end{cases}\quad(c\text{ 为任意常数}).$$

**解** （4） $$\overline{\boldsymbol{A}}=\begin{pmatrix}1&1&-3&-1&1\\3&-1&-3&4&1\\1&5&-9&-8&1\end{pmatrix}\xrightarrow[r_3-r_1]{r_2-3r_1}\begin{pmatrix}1&1&-3&-1&1\\0&-4&6&7&-2\\0&4&-6&-7&0\end{pmatrix}$$

$$\xrightarrow{r_3+r_2}\begin{pmatrix}1&1&-3&-1&1\\0&-4&6&7&-2\\0&0&0&0&-2\end{pmatrix}.$$

由上面的行阶梯形矩阵可得对应的原方程组同解的阶梯形方程组为

$$\begin{cases} x_1+x_2-3x_3-x_4=1, \\ -4x_2+6x_3+7x_4=-2, \\ 0=-2. \end{cases}$$

最后一个方程是矛盾方程，所以原方程组无解.

**解**　(5) $\overline{\mathbf{A}}=\begin{pmatrix} 2 & -2 & 1 & -1 & 1 & 2 \\ 1 & -3 & 2 & -2 & 4 & 3 \\ 3 & -6 & 4 & -2 & 8 & 7 \\ 1 & 1 & -1 & 1 & -3 & -1 \end{pmatrix} \xrightarrow{r_1 \leftrightarrow r_2} \begin{pmatrix} 1 & -3 & 2 & -2 & 4 & 3 \\ 2 & -2 & 1 & -1 & 1 & 2 \\ 3 & -6 & 4 & -2 & 8 & 7 \\ 1 & 1 & -1 & 1 & -3 & -1 \end{pmatrix}$

$$\xrightarrow[r_4-r_1]{\substack{r_2-2r_1 \\ r_3-3r_1}} \begin{pmatrix} 1 & -3 & 2 & -2 & 4 & 3 \\ 0 & 4 & -3 & 3 & -7 & -4 \\ 0 & 3 & -2 & 4 & -4 & -2 \\ 0 & 4 & -3 & 3 & -7 & -4 \end{pmatrix} \xrightarrow[r_4-r_2]{\substack{r_1+\frac{3}{4}r_2 \\ r_3-\frac{3}{4}r_2}} \begin{pmatrix} 1 & 0 & -\frac{1}{4} & \frac{1}{4} & -\frac{5}{4} & 0 \\ 0 & 4 & -3 & 3 & -7 & -4 \\ 0 & 0 & \frac{1}{4} & \frac{7}{4} & \frac{5}{4} & 1 \\ 0 & 0 & 0 & 0 & 0 & 0 \end{pmatrix}$$

$$\xrightarrow[r_1+\frac{1}{4}r_3]{\substack{r_3\times 4 \\ r_2+3r_3}} \begin{pmatrix} 1 & 0 & 0 & 2 & 0 & 1 \\ 0 & 4 & 0 & 24 & 8 & 8 \\ 0 & 0 & 1 & 7 & 5 & 4 \\ 0 & 0 & 0 & 0 & 0 & 0 \end{pmatrix} \xrightarrow{r_2\times\frac{1}{4}} \begin{pmatrix} 1 & 0 & 0 & 2 & 0 & 1 \\ 0 & 1 & 0 & 6 & 2 & 2 \\ 0 & 0 & 1 & 7 & 5 & 4 \\ 0 & 0 & 0 & 0 & 0 & 0 \end{pmatrix}.$$

由上面的行阶梯形矩阵可得对应的原方程组同解的阶梯形方程组为

$$\begin{cases} x_1+2x_4=1, \\ x_2+6x_4+2x_5=2, \\ x_3+7x_4+5x_5=4. \end{cases}$$

即

$$\begin{cases} x_1=1-2x_4, \\ x_2=2-6x_4-2x_5, \\ x_3=4-7x_4-5x_5. \end{cases}$$

令自由未知量 $x_4=c_1$，$x_5=c_2$，则原方程组的全部解为

$$\begin{cases} x_1=1-2c_1, \\ x_2=2-6c_1-2c_2, \\ x_3=4-7c_1-5c_2, \\ x_4=c_1, \\ x_5=c_2 \end{cases} (c_1,\ c_2 \text{ 为任意常数}).$$

**解**　(6) $\overline{\mathbf{A}}=\begin{pmatrix} 2 & -4 & 5 & 3 & 0 \\ 3 & -6 & 4 & 2 & 0 \\ 4 & -8 & 17 & 11 & 0 \end{pmatrix} \xrightarrow[r_3-2r_1]{r_2-\frac{3}{2}r_1} \begin{pmatrix} 2 & -4 & 5 & 3 & 0 \\ 0 & 0 & -\frac{7}{2} & -\frac{5}{2} & 0 \\ 0 & 0 & 7 & 5 & 0 \end{pmatrix}$

$$\xrightarrow[r_1-\frac{5}{7}r_2]{\substack{r_2\times(-2)\\ r_3-r_2}}\begin{pmatrix}2&-4&0&-\frac{4}{7}&0\\0&0&7&5&0\\0&0&0&0&0\end{pmatrix}\xrightarrow[r_2\times\frac{1}{7}]{r_1\times\frac{1}{2}}\begin{pmatrix}1&-2&0&-\frac{2}{7}&0\\0&0&1&\frac{5}{7}&0\\0&0&0&0&0\end{pmatrix}.$$

由上面的行阶梯形矩阵可得对应的原方程组同解的阶梯形方程组为

$$\begin{cases}x_1-2x_2\quad-\dfrac{2}{7}x_4=0,\\ \qquad\qquad x_3+\dfrac{5}{7}x_4=0.\end{cases}$$

即

$$\begin{cases}x_1=2x_2+\dfrac{2}{7}x_4,\\ x_3=-\dfrac{5}{7}x_4.\end{cases}$$

令自由未知量 $x_2=c_1$，$x_4=c_2$，则原方程组的全部解为

$$\begin{cases}x_1=2c_1+\dfrac{2}{7}c_2,\\ x_2=c_1,\\ x_3=-\dfrac{5}{7}c_2,\\ x_4=c_2\end{cases}\quad(c_1,\ c_2\text{ 为任意常数}).$$

2. 若齐次线性方程组

$$\begin{cases}\lambda x_1+x_2+\lambda^2x_3=0,\\ x_1+\lambda x_2+x_3=0,\\ x_1+x_2+\lambda x_3=0\end{cases}$$

有非零解，求 $\lambda$ 的值.

**解** 对方程组的增广矩阵 $\overline{\mathbf{A}}$ 施以初等行变换，把它化为行阶梯形矩阵

$$\overline{\mathbf{A}}=\begin{pmatrix}\lambda&1&\lambda^2&0\\1&\lambda&1&0\\1&1&\lambda&0\end{pmatrix}\xrightarrow{r_1\leftrightarrow r_2}\begin{pmatrix}1&\lambda&1&0\\\lambda&1&\lambda^2&0\\1&1&\lambda&0\end{pmatrix}$$

$$\xrightarrow[r_3-r_1]{r_2-\lambda r_1}\begin{pmatrix}1&\lambda&1&0\\0&1-\lambda^2&\lambda^2-\lambda&0\\0&1-\lambda&\lambda-1&0\end{pmatrix}\xrightarrow[r_3-(1+\lambda)r_2]{r_2\leftrightarrow r_3}\begin{pmatrix}1&\lambda&1&0\\0&1-\lambda&\lambda-1&0\\0&0&1-\lambda&0\end{pmatrix},$$

由上面的行阶梯形矩阵可以看出，当 $\lambda=1$ 时，$r(\mathbf{A})=1<3$，方程组有非零解.

3. 当 $a$ 为何值时，线性方程组

$$\begin{cases}x_1+x_2-x_3=1,\\ 2x_1+3x_2+ax_3=3,\\ x_1+ax_2+3x_3=2\end{cases}$$

无解，有唯一解，有无穷多个解？在方程组有无穷多个解的情况下，求出它的全部解.

**解**　将方程组的增广矩阵施以初等行变换，化为行阶梯形矩阵

$$\overline{\boldsymbol{A}}=\begin{pmatrix}1&1&-1&1\\2&3&a&3\\1&a&3&2\end{pmatrix}\xrightarrow[r_3-r_1]{r_2-2r_1}\begin{pmatrix}1&1&-1&1\\0&1&a+2&1\\0&a-1&4&1\end{pmatrix}$$

$$\xrightarrow{r_3+(1-a)r_2}\begin{pmatrix}1&1&-1&1\\0&1&a+2&1\\0&0&(a+3)(2-a)&2-a\end{pmatrix}.$$

当 $a=-3$ 时，

$$\overline{\boldsymbol{A}}=\begin{pmatrix}1&1&-1&1\\2&3&-3&3\\1&-3&3&2\end{pmatrix}\xrightarrow[r_3-r_1]{r_2-2r_1}\begin{pmatrix}1&1&-1&1\\0&1&-1&1\\0&-4&4&1\end{pmatrix}\xrightarrow{r_3+4r_2}\begin{pmatrix}1&1&-1&1\\0&1&-1&1\\0&0&0&5\end{pmatrix},$$

显然，$r(\boldsymbol{A})=2$，$r(\overline{\boldsymbol{A}})=3$，即 $r(\boldsymbol{A})\neq r(\overline{\boldsymbol{A}})$，方程组无解；当 $a\neq-3$ 且 $a\neq2$ 时，$r(\boldsymbol{A})=r(\overline{\boldsymbol{A}})=3$，方程组有唯一解；当 $a=2$ 时，

$$\overline{\boldsymbol{A}}=\begin{pmatrix}1&1&-1&1\\2&3&2&3\\1&2&3&2\end{pmatrix}\xrightarrow[r_3-r_1]{r_2-2r_1}\begin{pmatrix}1&1&-1&1\\0&1&4&1\\0&1&4&1\end{pmatrix}\xrightarrow[r_3-r_2]{r_1-r_2}\begin{pmatrix}1&0&-5&0\\0&1&4&1\\0&0&0&0\end{pmatrix},$$

则 $r(\boldsymbol{A})=r(\overline{\boldsymbol{A}})=2$，方程组有无穷多个解. 由上面的行阶梯形矩阵可得对应的原方程组同解的阶梯形方程组为 $\begin{cases}x_1-5x_3=0,\\x_2+4x_3=1,\end{cases}$ 即 $\begin{cases}x_1=5x_3,\\x_2=1-4x_3.\end{cases}$ 令自由未知量 $x_3=c$，则原方程组的全部解为

$$\begin{cases}x_1=5c,\\x_2=1-4c,\ (c\text{ 为任意常数}).\\x_3=c\end{cases}$$

4. 设 $\boldsymbol{\alpha}=(2,\ 0-1,\ 3)$，$\boldsymbol{\beta}=(1,\ 7,\ 4,\ -2)$，$\boldsymbol{\gamma}=(0,\ 1,\ 0,\ 1)$.

(1) 求 $2\boldsymbol{\alpha}+\boldsymbol{\beta}-3\boldsymbol{\gamma}$；(2) 若有 $\boldsymbol{X}$，满足 $3\boldsymbol{\alpha}-\boldsymbol{\beta}+5\boldsymbol{\gamma}+2\boldsymbol{X}=\boldsymbol{O}$，求 $\boldsymbol{X}$.

**解**

(1)
$$\begin{aligned}2\boldsymbol{\alpha}+\boldsymbol{\beta}-3\boldsymbol{\gamma}&=2(2,\ 0,\ -1,\ 3)+(1,\ 7,\ 4,\ -2)-3(0,\ 1,\ 0,\ 1)\\&=(5,\ 4,\ 2,\ 1).\end{aligned}$$

(2) 由题得 $\boldsymbol{X}=-\dfrac{3}{2}\boldsymbol{\alpha}+\dfrac{1}{2}\boldsymbol{\beta}-\dfrac{5}{2}\boldsymbol{\gamma}$，所以

$$\begin{aligned}\boldsymbol{X}&=-\frac{3}{2}(2,\ 0,\ -1,\ 3)+\frac{1}{2}(1,\ 7,\ 4,\ -2)-\frac{5}{2}(0,\ 1,\ 0,\ 1)\\&=(-\frac{5}{2},\ 1,\ \frac{7}{2},\ -8).\end{aligned}$$

5. 设向量 $\boldsymbol{\alpha}_1=(-1,\ 4)$，$\boldsymbol{\alpha}_2=(1,\ 2)$，$\boldsymbol{\alpha}_3=(4,\ 11)$，且满足 $a\boldsymbol{\alpha}_1-b\boldsymbol{\alpha}_2-\boldsymbol{\alpha}_3=\boldsymbol{O}$. 求 $a$，$b$ 的值.

**解**　由题得 $a(-1,\ 4)-b(1,\ 2)-(4,\ 11)=(-a-b-4,\ 4a-2b-11)=(0,\ 0)$，即

$$\begin{cases}-a-b-4=0,\\4a-2b-11=0,\end{cases}$$

所以

$$\begin{cases} a=\dfrac{1}{2}, \\ b=-\dfrac{9}{2}. \end{cases}$$

6. 将向量 $\boldsymbol{\beta}$ 用向量组 $\boldsymbol{\alpha}_1$，$\boldsymbol{\alpha}_2$，$\boldsymbol{\alpha}_3$ 线性表示.

(1) $\boldsymbol{\beta}=(3,\ 5,\ -6)$，$\boldsymbol{\alpha}_1=(1,\ 0,\ 1)$，$\boldsymbol{\alpha}_2=(1,\ 1,\ 1)$，$\boldsymbol{\alpha}_3=(0,\ -1,\ -1)$；

(2) $\boldsymbol{\beta}=(-1,\ 1,\ 3,\ 1)$，$\boldsymbol{\alpha}_1=(1,\ 2,\ 1,\ 1)$，$\boldsymbol{\alpha}_2=(1,\ 1,\ 1,\ 2)$，$\boldsymbol{\alpha}_3=(-3,\ -2,\ 1,\ -3)$；

(3) $\boldsymbol{\beta}=(1,\ 0,\ -\dfrac{1}{2})$，$\boldsymbol{\alpha}_1=(1,\ 1,\ 1)$，$\boldsymbol{\alpha}_2=(1,\ -1,\ -2)$，$\boldsymbol{\alpha}_3=(-1,\ 1,\ 2)$.

**解**　设 $\boldsymbol{\beta}=k_1\boldsymbol{\alpha}_1+k_2\boldsymbol{\alpha}_2+k_3\boldsymbol{\alpha}_3$.

(1) 对 $\boldsymbol{B}=(\boldsymbol{\alpha}_1^{\mathrm{T}},\ \boldsymbol{\alpha}_2^{\mathrm{T}},\ \boldsymbol{\alpha}_3^{\mathrm{T}},\ \boldsymbol{\beta}^{\mathrm{T}})$ 施以初等行变换，化为行阶梯形矩阵

$$\boldsymbol{B}=\begin{pmatrix} 1 & 1 & 0 & 3 \\ 0 & 1 & -1 & 5 \\ 1 & 1 & -1 & -6 \end{pmatrix}\xrightarrow{r_3-r_1}\begin{pmatrix} 1 & 1 & 0 & 3 \\ 0 & 1 & -1 & 5 \\ 0 & 0 & -1 & -9 \end{pmatrix}.$$

由于

$$r(\boldsymbol{\alpha}_1^{\mathrm{T}},\ \boldsymbol{\alpha}_2^{\mathrm{T}},\ \boldsymbol{\alpha}_3^{\mathrm{T}},\ \boldsymbol{\beta}^{\mathrm{T}})=r(\boldsymbol{\alpha}_1^{\mathrm{T}},\ \boldsymbol{\alpha}_2^{\mathrm{T}},\ \boldsymbol{\alpha}_3^{\mathrm{T}})=3,$$

所以向量 $\boldsymbol{\beta}$ 可以由向量组 $\boldsymbol{\alpha}_1$，$\boldsymbol{\alpha}_2$，$\boldsymbol{\alpha}_3$ 线性表示.

为求出表达式，继续对上面的矩阵施以初等行变换化为行最简形矩阵

$$\begin{pmatrix} 1 & 1 & 0 & 3 \\ 0 & 1 & -1 & 5 \\ 0 & 0 & -1 & -9 \end{pmatrix}\longrightarrow\begin{pmatrix} 1 & 0 & 0 & -11 \\ 0 & 1 & 0 & 14 \\ 0 & 0 & 1 & 9 \end{pmatrix}.$$

以 $\boldsymbol{B}$ 为增广矩阵的线性方程组的同解方程组为

$$\begin{cases} k_1=-11, \\ k_2=14, \\ k_3=9, \end{cases}$$

于是 $\boldsymbol{\beta}=-11\boldsymbol{\alpha}_1+14\boldsymbol{\alpha}_2+9\boldsymbol{\alpha}_3$.

(2) 对 $\boldsymbol{B}=(\boldsymbol{\alpha}_1^{\mathrm{T}},\ \boldsymbol{\alpha}_2^{\mathrm{T}},\ \boldsymbol{\alpha}_3^{\mathrm{T}},\ \boldsymbol{\beta}^{\mathrm{T}})$ 施以初等行变换，化为行阶梯形矩阵

$$\boldsymbol{B}=\begin{pmatrix} 1 & 1 & -3 & -1 \\ 2 & 1 & -2 & 1 \\ 1 & 1 & 1 & 3 \\ 1 & 2 & -3 & 1 \end{pmatrix}\xrightarrow[r_4-r_1]{\substack{r_2-2r_1 \\ r_3-r_1}}\begin{pmatrix} 1 & 1 & -3 & -1 \\ 0 & -1 & 4 & 3 \\ 0 & 0 & 4 & 4 \\ 0 & 1 & 0 & 2 \end{pmatrix}$$

$$\xrightarrow{r_2\leftrightarrow r_4}\begin{pmatrix} 1 & 1 & -3 & -1 \\ 0 & 1 & 0 & 2 \\ 0 & 0 & 4 & 4 \\ 0 & -1 & 4 & 3 \end{pmatrix}\xrightarrow[r_4-r_3]{r_4+r_2}\begin{pmatrix} 1 & 1 & -3 & -1 \\ 0 & 1 & 0 & 2 \\ 0 & 0 & 4 & 4 \\ 0 & 0 & 0 & 1 \end{pmatrix}.$$

由于

$$r(\boldsymbol{\alpha}_1^{\mathrm{T}},\ \boldsymbol{\alpha}_2^{\mathrm{T}},\ \boldsymbol{\alpha}_3^{\mathrm{T}},\ \boldsymbol{\beta}^{\mathrm{T}})\neq r(\boldsymbol{\alpha}_1^{\mathrm{T}},\ \boldsymbol{\alpha}_2^{\mathrm{T}},\ \boldsymbol{\alpha}_3^{\mathrm{T}}),$$

所以向量 $\boldsymbol{\beta}$ 不能由向量组 $\boldsymbol{\alpha}_1$，$\boldsymbol{\alpha}_2$，$\boldsymbol{\alpha}_3$ 线性表示.

(3) 对 $\boldsymbol{B}=(\boldsymbol{\alpha}_1^{\mathrm{T}}, \boldsymbol{\alpha}_2^{\mathrm{T}}, \boldsymbol{\alpha}_3^{\mathrm{T}}, \boldsymbol{\beta}^{\mathrm{T}})$ 施以初等行变换，化为行阶梯形矩阵

$$\boldsymbol{B}=\begin{pmatrix}1 & 1 & -1 & 1\\ 1 & -1 & 1 & 0\\ 1 & -2 & 2 & -\frac{1}{2}\end{pmatrix}\xrightarrow[r_3-r_1]{r_2-r_1}\begin{pmatrix}1 & 1 & -1 & 1\\ 0 & -2 & 2 & -1\\ 0 & -3 & 3 & -\frac{3}{2}\end{pmatrix}\xrightarrow[\substack{r_1-r_2\\ r_3+3r_2}]{r_2\times(-\frac{1}{2})}\begin{pmatrix}1 & 0 & 0 & \frac{1}{2}\\ 0 & 1 & -1 & \frac{1}{2}\\ 0 & 0 & 0 & 0\end{pmatrix}.$$

由于

$$r(\boldsymbol{\alpha}_1^{\mathrm{T}}, \boldsymbol{\alpha}_2^{\mathrm{T}}, \boldsymbol{\alpha}_3^{\mathrm{T}}, \boldsymbol{\beta}^{\mathrm{T}})=r(\boldsymbol{\alpha}_1^{\mathrm{T}}, \boldsymbol{\alpha}_2^{\mathrm{T}}, \boldsymbol{\alpha}_3^{\mathrm{T}})=2,$$

所以向量 $\boldsymbol{\beta}$ 可以由向量组 $\boldsymbol{\alpha}_1$，$\boldsymbol{\alpha}_2$，$\boldsymbol{\alpha}_3$ 线性表示.

以 $\boldsymbol{B}$ 为增广矩阵的线性方程组的同解方程组为

$$\begin{cases}k_1=\frac{1}{2},\\ k_2-k_3=\frac{1}{2},\end{cases}$$

所以方程组有无穷多个解，即 $\boldsymbol{\beta}$ 可以表示为向量组 $\boldsymbol{\alpha}_1$，$\boldsymbol{\alpha}_2$，$\boldsymbol{\alpha}_3$ 的线性组合，且表达式有无穷多个，取 $k_3=0$，则

$$\boldsymbol{\beta}=\frac{1}{2}\boldsymbol{\alpha}_1+\frac{1}{2}\boldsymbol{\alpha}_2+0\boldsymbol{\alpha}_3.$$

7. 设有向量

$$\boldsymbol{\alpha}_1=\begin{pmatrix}a\\ 2\\ 10\end{pmatrix},\ \boldsymbol{\alpha}_2=\begin{pmatrix}-2\\ 1\\ 5\end{pmatrix},\ \boldsymbol{\alpha}_3=\begin{pmatrix}-1\\ 1\\ 4\end{pmatrix},\ \boldsymbol{\beta}=\begin{pmatrix}1\\ b\\ c\end{pmatrix}.$$

试问当 $a$，$b$，$c$ 为何值时，可满足下列情况？

(1) $\boldsymbol{\beta}$ 可以表示为 $\boldsymbol{\alpha}_1$，$\boldsymbol{\alpha}_2$，$\boldsymbol{\alpha}_3$ 的线性组合，且表示法唯一；

(2) $\boldsymbol{\beta}$ 可以表示为 $\boldsymbol{\alpha}_1$，$\boldsymbol{\alpha}_2$，$\boldsymbol{\alpha}_3$ 的线性组合，但表示法不唯一，并求出一般表达式；

(3) $\boldsymbol{\beta}$ 不能表示为 $\boldsymbol{\alpha}_1$，$\boldsymbol{\alpha}_2$，$\boldsymbol{\alpha}_3$ 的线性组合.

**解** 设 $\boldsymbol{\beta}=k_1\boldsymbol{\alpha}_1+k_2\boldsymbol{\alpha}_2+k_3\boldsymbol{\alpha}_3$. 对 $\boldsymbol{B}=(\boldsymbol{\alpha}_1, \boldsymbol{\alpha}_2, \boldsymbol{\alpha}_3, \boldsymbol{\beta})$ 施以初等行变换，化为行阶梯形矩阵

$$\boldsymbol{B}=\begin{pmatrix}a & -2 & -1 & 1\\ 2 & 1 & 1 & b\\ 10 & 5 & 4 & c\end{pmatrix}\xrightarrow{r_1\leftrightarrow r_2}\begin{pmatrix}2 & 1 & 1 & b\\ a & -2 & -1 & 1\\ 10 & 5 & 4 & c\end{pmatrix}$$

$$\xrightarrow[r_3-5r_1]{r_2-\frac{a}{2}r_1}\begin{pmatrix}2 & 1 & 1 & b\\ 0 & -2-\frac{a}{2} & -1-\frac{a}{2} & 1-\frac{ab}{2}\\ 0 & 0 & -1 & c-5b\end{pmatrix}$$

$$\xrightarrow[\substack{r_2+(1+\frac{a}{2})r_3\\ r_1-r_3}]{r_3\times(-1)}\begin{pmatrix}2 & 1 & 0 & c-4b\\ 0 & -2-\frac{a}{2} & 0 & (1-\frac{ab}{2})+(1+\frac{a}{2})(5b-c)\\ 0 & 0 & 1 & 5b-c\end{pmatrix}.$$

（1）当 $-2-\frac{a}{2}\neq 0$，即 $a\neq -4$ 时，$r(\boldsymbol{\alpha}_1,\boldsymbol{\alpha}_2,\boldsymbol{\alpha}_3,\boldsymbol{\beta})=r(\boldsymbol{\alpha}_1,\boldsymbol{\alpha}_2,\boldsymbol{\alpha}_3)=3$，此时以 $\boldsymbol{B}$ 为增广矩阵的线性方程组有唯一解，所以 $\boldsymbol{\beta}$ 可以表示为 $\boldsymbol{\alpha}_1$，$\boldsymbol{\alpha}_2$，$\boldsymbol{\alpha}_3$ 的线性组合，且表示法唯一.

（2）当 $-2-\frac{a}{2}=0$，且 $(1-\frac{ab}{2})+(1+\frac{a}{2})(5b-c)=0$ 时，$r(\boldsymbol{\alpha}_1,\boldsymbol{\alpha}_2,\boldsymbol{\alpha}_3,\boldsymbol{\beta})=r(\boldsymbol{\alpha}_1,\boldsymbol{\alpha}_2,\boldsymbol{\alpha}_3)=2$，此时以 $\boldsymbol{B}$ 为增广矩阵的线性方程组有无穷多个解. 即当 $a=-4$，$3b-c=1$ 时 $\boldsymbol{\beta}$ 可以表示为 $\boldsymbol{\alpha}_1$，$\boldsymbol{\alpha}_2$，$\boldsymbol{\alpha}_3$ 的线性组合，且表示方法不唯一.

以 $\boldsymbol{B}$ 为增广矩阵的线性方程组的同解方程组为 $\begin{cases}2k_1+k_2=-b-1,\\ k_3=2b+1,\end{cases}$ 令自由未知量 $k_1=k$，则

$$\boldsymbol{\beta}=k\boldsymbol{\alpha}_1-(1+b+2k)\boldsymbol{\alpha}_2+(1+2b)\boldsymbol{\alpha}_3(k\text{ 为任意常数}).$$

（3）当 $-2-\frac{a}{2}=0$ 且 $(1-\frac{ab}{2})+(1+\frac{a}{2})(5b-c)\neq 0$ 时，$r(\boldsymbol{\alpha}_1,\boldsymbol{\alpha}_2,\boldsymbol{\alpha}_3,\boldsymbol{\beta})\neq r(\boldsymbol{\alpha}_1,\boldsymbol{\alpha}_2,\boldsymbol{\alpha}_3)$，此时以 $\boldsymbol{B}$ 为增广矩阵的线性方程组无解，所以当 $a=-4$，$3b-c\neq 1$ 时，$\boldsymbol{\beta}$ 不能表示为 $\boldsymbol{\alpha}_1$，$\boldsymbol{\alpha}_2$，$\boldsymbol{\alpha}_3$ 的线性组合.

8. 设向量 $\boldsymbol{\beta}$ 可由向量组 $\boldsymbol{\alpha}_1$，$\boldsymbol{\alpha}_2$，…，$\boldsymbol{\alpha}_m$ 线性表示，但不能由向量组（Ⅰ）：$\boldsymbol{\alpha}_1$，$\boldsymbol{\alpha}_2$，…，$\boldsymbol{\alpha}_{m-1}$ 线性表示. 记向量组（Ⅱ）：$\boldsymbol{\alpha}_1$，$\boldsymbol{\alpha}_2$，…，$\boldsymbol{\alpha}_{m-1}$，$\boldsymbol{\beta}$. 证明：$\boldsymbol{\alpha}_m$ 不能由向量组（Ⅰ）线性表示，但可由向量组（Ⅱ）线性表示.

**证明** 由题设知 $\boldsymbol{\beta}$ 可由向量组 $\boldsymbol{\alpha}_1$，$\boldsymbol{\alpha}_2$，…，$\boldsymbol{\alpha}_m$ 线性表示，即存在数 $k_1$，$k_2$，…，$k_m$，使得

$$\boldsymbol{\beta}=k_1\boldsymbol{\alpha}_1+k_2\boldsymbol{\alpha}_2+\cdots+k_m\boldsymbol{\alpha}_m. \tag{7}$$

又因为 $\boldsymbol{\beta}$ 不能由向量组（Ⅰ）：$\boldsymbol{\alpha}_1$，$\boldsymbol{\alpha}_2$，…，$\boldsymbol{\alpha}_{m-1}$ 线性表示，所以 $k_m\neq 0$，于是由(7)式，整理可得

$$\boldsymbol{\alpha}_m=\frac{1}{k_m}\boldsymbol{\beta}-\frac{k_1}{k_m}\boldsymbol{\alpha}_1-\frac{k_2}{k_m}\boldsymbol{\alpha}_2-\cdots-\frac{k_{m-1}}{k_m}\boldsymbol{\alpha}_{m-1}.$$

说明 $\boldsymbol{\alpha}_m$ 可由向量组（Ⅱ）线性表示.

用反证法证明 $\boldsymbol{\alpha}_m$ 不能由向量组（Ⅰ）线性表示. 假设

$$\boldsymbol{\alpha}_m=l_1\boldsymbol{\alpha}_1+l_2\boldsymbol{\alpha}_2+\cdots+l_{m-1}\boldsymbol{\alpha}_{m-1},$$

将上式代入（7）式，并整理得

$$\boldsymbol{\beta}=(k_1+k_ml_1)\boldsymbol{\alpha}_1+(k_2+k_ml_2)\boldsymbol{\alpha}_2+\cdots+(k_{m-1}+k_ml_{m-1})\boldsymbol{\alpha}_{m-1}.$$

这说明 $\boldsymbol{\beta}$ 能由 $\boldsymbol{\alpha}_1$，$\boldsymbol{\alpha}_2$，…，$\boldsymbol{\alpha}_{m-1}$ 线性表示，与已知矛盾. 所以 $\boldsymbol{\alpha}_m$ 不能由向量组（Ⅰ）线性表示.

9. 设 $n$ 维向量组 $\boldsymbol{\alpha}_1=(1,0,0,\cdots,0)$，$\boldsymbol{\alpha}_2=(1,1,0,\cdots,0)$，…，$\boldsymbol{\alpha}_n=(1,1,1,\cdots,1)$，证明：$\boldsymbol{\alpha}_1$，$\boldsymbol{\alpha}_2$，…，$\boldsymbol{\alpha}_n$ 与 $n$ 维基本单位向量组 $\boldsymbol{\varepsilon}_1$，$\boldsymbol{\varepsilon}_2$，…，$\boldsymbol{\varepsilon}_n$ 等价.

**证明** 向量组 $\boldsymbol{\alpha}_1$，$\boldsymbol{\alpha}_2$，…，$\boldsymbol{\alpha}_n$ 可由 $n$ 维基本单位向量组 $\boldsymbol{\varepsilon}_1$，$\boldsymbol{\varepsilon}_2$，…，$\boldsymbol{\varepsilon}_n$ 线性表示，即

$$\boldsymbol{\alpha}_1=\boldsymbol{\varepsilon}_1,\ \boldsymbol{\alpha}_2=\boldsymbol{\varepsilon}_1+\boldsymbol{\varepsilon}_2,\ \cdots,\ \boldsymbol{\alpha}_n=\boldsymbol{\varepsilon}_1+\boldsymbol{\varepsilon}_2+\cdots+\boldsymbol{\varepsilon}_n.$$

$n$ 维基本单位向量组 $\boldsymbol{\varepsilon}_1$，$\boldsymbol{\varepsilon}_2$，…，$\boldsymbol{\varepsilon}_n$ 可由向量组 $\boldsymbol{\alpha}_1$，$\boldsymbol{\alpha}_2$，…，$\boldsymbol{\alpha}_n$ 线性表示，即

$$\boldsymbol{\varepsilon}_1=\boldsymbol{\alpha}_1,\ \boldsymbol{\varepsilon}_2=\boldsymbol{\alpha}_2-\boldsymbol{\alpha}_1,\ \cdots,\ \boldsymbol{\varepsilon}_n=\boldsymbol{\alpha}_n-\boldsymbol{\alpha}_{n-1}.$$

向量组 $\boldsymbol{\alpha}_1$，$\boldsymbol{\alpha}_2$，…，$\boldsymbol{\alpha}_n$ 与 $n$ 维基本单位向量组 $\boldsymbol{\varepsilon}_1$，$\boldsymbol{\varepsilon}_2$，…，$\boldsymbol{\varepsilon}_n$ 能相互线性表示，所以这两个向量组等价.

10. 判断下列向量组是线性相关，还是线性无关.

(1) $\boldsymbol{\alpha}_1=(1,0,-1)$，$\boldsymbol{\alpha}_2=(-2,2,0)$，$\boldsymbol{\alpha}_3=(3,-5,2)$；

(2) $\boldsymbol{\alpha}_1=(1,1,3,1)$，$\boldsymbol{\alpha}_2=(3,-1,2,4)$，$\boldsymbol{\alpha}_3=(2,2,7,-1)$.

**解**　(1) $\boldsymbol{A}=(\boldsymbol{\alpha}_1^{\mathrm{T}},\boldsymbol{\alpha}_2^{\mathrm{T}},\boldsymbol{\alpha}_3^{\mathrm{T}})=\begin{pmatrix}1&-2&3\\0&2&-5\\-1&0&2\end{pmatrix}\to\begin{pmatrix}1&-2&3\\0&2&-5\\0&-2&5\end{pmatrix}\to\begin{pmatrix}1&-2&3\\0&2&-5\\0&0&0\end{pmatrix}$，

于是 $r(\boldsymbol{A})=2<3$，则向量组 $\boldsymbol{\alpha}_1$，$\boldsymbol{\alpha}_2$，$\boldsymbol{\alpha}_3$ 线性相关.

(2) $\boldsymbol{A}=(\boldsymbol{\alpha}_1^{\mathrm{T}},\boldsymbol{\alpha}_2^{\mathrm{T}},\boldsymbol{\alpha}_3^{\mathrm{T}})=\begin{bmatrix}1&3&2\\1&-1&2\\3&2&7\\1&4&-1\end{bmatrix}\to\begin{bmatrix}1&3&2\\0&-4&0\\0&-7&1\\0&1&-3\end{bmatrix}\to\begin{bmatrix}1&3&2\\0&1&0\\0&0&1\\0&0&0\end{bmatrix}$，

于是 $r(\boldsymbol{A})=3$，则向量组 $\boldsymbol{\alpha}_1$，$\boldsymbol{\alpha}_2$，$\boldsymbol{\alpha}_3$ 线性无关.

11. 已知向量组 $\boldsymbol{\alpha}_1=(-2,3,1)$，$\boldsymbol{\alpha}_2=(3,1,2)$，$\boldsymbol{\alpha}_3=(2,t,-1)$，问 $t$ 为何值时，向量组 $\boldsymbol{\alpha}_1$，$\boldsymbol{\alpha}_2$，$\boldsymbol{\alpha}_3$ 线性相关？线性无关？

**解**

$$\boldsymbol{A}=\begin{pmatrix}-2&3&2\\3&1&t\\1&2&-1\end{pmatrix}\to\begin{pmatrix}1&2&-1\\3&1&t\\-2&3&2\end{pmatrix}\to\begin{pmatrix}1&2&-1\\0&1&0\\0&0&t+3\end{pmatrix},$$

当 $t\neq-3$ 时，$r(\boldsymbol{A})=3$，向量组 $\boldsymbol{\alpha}_1$，$\boldsymbol{\alpha}_2$，$\boldsymbol{\alpha}_3$ 线性无关；当 $t=-3$ 时，$r(\boldsymbol{A})=2<3$，向量组 $\boldsymbol{\alpha}_1$，$\boldsymbol{\alpha}_2$，$\boldsymbol{\alpha}_3$ 线性相关.

12. 已知向量组 $\boldsymbol{\alpha}_1$，$\boldsymbol{\alpha}_2$，$\boldsymbol{\alpha}_3$ 线性无关，试证：向量组 $\boldsymbol{\alpha}_1+\boldsymbol{\alpha}_2$，$\boldsymbol{\alpha}_2+\boldsymbol{\alpha}_3$，$\boldsymbol{\alpha}_3+\boldsymbol{\alpha}_1$ 也线性无关.

**证明**　设存在数 $k_1$，$k_2$，$k_3$，使得

$$k_1(\boldsymbol{\alpha}_1+\boldsymbol{\alpha}_2)+k_2(\boldsymbol{\alpha}_2+\boldsymbol{\alpha}_3)+k_3(\boldsymbol{\alpha}_3+\boldsymbol{\alpha}_1)=\boldsymbol{O},$$

即

$$(k_1+k_3)\boldsymbol{\alpha}_1+(k_1+k_2)\boldsymbol{\alpha}_2+(k_2+k_3)\boldsymbol{\alpha}_3=\boldsymbol{O},$$

由于向量组 $\boldsymbol{\alpha}_1$，$\boldsymbol{\alpha}_2$，$\boldsymbol{\alpha}_3$ 线性无关，所以

$$\begin{cases}k_1+k_3=0,\\k_1+k_2=0,\\k_2+k_3=0.\end{cases}$$

解这个方程组得 $k_1=k_2=k_3=0$，由此可知，向量组 $\boldsymbol{\alpha}_1+\boldsymbol{\alpha}_2$，$\boldsymbol{\alpha}_2+\boldsymbol{\alpha}_3$，$\boldsymbol{\alpha}_3+\boldsymbol{\alpha}_1$ 也线性无关.

13. 设 $\boldsymbol{\alpha}_1$，$\boldsymbol{\alpha}_2$，$\boldsymbol{\alpha}_3$ 是一个 $n$ 维向量组，且向量组 $\boldsymbol{\beta}_1=\boldsymbol{\alpha}_2+\boldsymbol{\alpha}_3$，$\boldsymbol{\beta}_2=\boldsymbol{\alpha}_1+\boldsymbol{\alpha}_3$，$\boldsymbol{\beta}_3=\boldsymbol{\alpha}_1+\boldsymbol{\alpha}_2$. 证明：向量组 $\boldsymbol{\alpha}_1$，$\boldsymbol{\alpha}_2$，$\boldsymbol{\alpha}_3$ 线性无关的充分必要条件是 $\boldsymbol{\beta}_1$，$\boldsymbol{\beta}_2$，$\boldsymbol{\beta}_3$ 线性无关.

**证明**　必要性. 已知向量组 $\boldsymbol{\alpha}_1$，$\boldsymbol{\alpha}_2$，$\boldsymbol{\alpha}_3$ 线性无关，证明向量组 $\boldsymbol{\beta}_1$，$\boldsymbol{\beta}_2$，$\boldsymbol{\beta}_3$ 线性无关.

设存在数 $k_1$，$k_2$，$k_3$，使得

$$k_1\boldsymbol{\beta}_1+k_2\boldsymbol{\beta}_2+k_3\boldsymbol{\beta}_3=\boldsymbol{O}.$$

由题义可知，

$$k_1(\boldsymbol{\alpha}_2+\boldsymbol{\alpha}_3)+k_2(\boldsymbol{\alpha}_1+\boldsymbol{\alpha}_3)+k_3(\boldsymbol{\alpha}_1+\boldsymbol{\alpha}_2)=\boldsymbol{O},$$

即$(k_2+k_3)\boldsymbol{\alpha}_1+(k_1+k_3)\boldsymbol{\alpha}_2+(k_1+k_2)\boldsymbol{\alpha}_3=\boldsymbol{O}$.

因为 $\boldsymbol{\alpha}_1$，$\boldsymbol{\alpha}_2$，$\boldsymbol{\alpha}_3$ 线性无关，所以有

$$\begin{cases}k_2+k_3=0,\\k_1+k_3=0,\\k_1+k_2=0.\end{cases}$$

此齐次线性方程组的系数行列式

$$\boldsymbol{D}=\begin{vmatrix}0&1&1\\1&0&1\\1&1&0\end{vmatrix}\neq 0,$$

故此齐次线性方程组只有零解，即 $k_1=k_2=k_3=0$，因此，向量组 $\boldsymbol{\beta}_1$，$\boldsymbol{\beta}_2$，$\boldsymbol{\beta}_3$ 线性无关.

充分性. 已知向量组 $\boldsymbol{\beta}_1$，$\boldsymbol{\beta}_2$，$\boldsymbol{\beta}_3$ 线性无关，证明向量组 $\boldsymbol{\alpha}_1$，$\boldsymbol{\alpha}_2$，$\boldsymbol{\alpha}_3$ 线性无关.

由 $\boldsymbol{\beta}_1=\boldsymbol{\alpha}_2+\boldsymbol{\alpha}_3$，$\boldsymbol{\beta}_2=\boldsymbol{\alpha}_1+\boldsymbol{\alpha}_3$，$\boldsymbol{\beta}_3=\boldsymbol{\alpha}_1+\boldsymbol{\alpha}_2$，知

$$\begin{cases}\boldsymbol{\alpha}_1=\dfrac{1}{2}(\boldsymbol{\beta}_1+\boldsymbol{\beta}_2+\boldsymbol{\beta}_3)-\boldsymbol{\beta}_1,\\\boldsymbol{\alpha}_2=\dfrac{1}{2}(\boldsymbol{\beta}_1+\boldsymbol{\beta}_2+\boldsymbol{\beta}_3)-\boldsymbol{\beta}_2,\\\boldsymbol{\alpha}_3=\dfrac{1}{2}(\boldsymbol{\beta}_1+\boldsymbol{\beta}_2+\boldsymbol{\beta}_3)-\boldsymbol{\beta}_3,\end{cases}$$

因而向量组 $\boldsymbol{\alpha}_1$，$\boldsymbol{\alpha}_2$，$\boldsymbol{\alpha}_3$ 与向量组 $\boldsymbol{\beta}_1$，$\boldsymbol{\beta}_2$，$\boldsymbol{\beta}_3$ 等价，两者具有相同的秩. 由于 $\boldsymbol{\beta}_1$，$\boldsymbol{\beta}_2$，$\boldsymbol{\beta}_3$ 线性无关，则 $r(\boldsymbol{\beta}_1,\boldsymbol{\beta}_2,\boldsymbol{\beta}_3)=3$，从而 $r(\boldsymbol{\alpha}_1,\boldsymbol{\alpha}_2,\boldsymbol{\alpha}_3)=3$，所以 $\boldsymbol{\alpha}_1$，$\boldsymbol{\alpha}_2$，$\boldsymbol{\alpha}_3$ 线性无关.

14. 设向量组 $\boldsymbol{\alpha}_1$，$\boldsymbol{\alpha}_2$，…，$\boldsymbol{\alpha}_m$ 线性无关，向量 $\boldsymbol{\beta}_1$ 可由该向量组线性表示，而向量 $\boldsymbol{\beta}_2$ 不能由该向量组线性表示. 证明：向量组 $\boldsymbol{\alpha}_1$，$\boldsymbol{\alpha}_2$，…，$\boldsymbol{\alpha}_m$，$k\boldsymbol{\beta}_1+\boldsymbol{\beta}_2$ 线性无关（其中 $k$ 为任意常数）.

**证明** 设存在数 $l_1$，$l_2$，…，$l_m$，$l$，使得

$$l_1\boldsymbol{\alpha}_1+l_2\boldsymbol{\alpha}_2+\cdots+l_m\boldsymbol{\alpha}_m+l(k\boldsymbol{\beta}_1+\boldsymbol{\beta}_2)=\boldsymbol{O},$$

即

$$l_1\boldsymbol{\alpha}_1+l_2\boldsymbol{\alpha}_2+\cdots+l_m\boldsymbol{\alpha}_m+lk\boldsymbol{\beta}_1+l\boldsymbol{\beta}_2=\boldsymbol{O}. \tag{8}$$

由于 $\boldsymbol{\beta}_1$ 可由 $\boldsymbol{\alpha}_1$，$\boldsymbol{\alpha}_2$，…，$\boldsymbol{\alpha}_m$ 线性表示，所以令 $\boldsymbol{\beta}_1=k_1\boldsymbol{\alpha}_1+k_2\boldsymbol{\alpha}_2+k_m\boldsymbol{\alpha}_m$，则(8)式变为

$$(l_1+lkk_1)\ \boldsymbol{\alpha}_1+\ (l_2+lkk_2)\ \boldsymbol{\alpha}_2+\cdots+\ (l_m+lkk_m)\ \boldsymbol{\alpha}_m+l\boldsymbol{\beta}_2=\boldsymbol{O},$$

由题意知 $\boldsymbol{\beta}_2$ 不能由 $\boldsymbol{\alpha}_1$，$\boldsymbol{\alpha}_2$，…，$\boldsymbol{\alpha}_m$ 线性表示，则 $l=0$. 又由于 $\boldsymbol{\alpha}_1$，$\boldsymbol{\alpha}_2$，…，$\boldsymbol{\alpha}_m$ 线性无关，所以

$$\begin{cases}l_1+lkk_1=0,\\l_2+lkk_2=0,\\\quad\vdots\\l_m+lkk_m=0,\end{cases}$$

即 $l_1=l_2=\cdots=l_m=l=0$. 向量组 $\boldsymbol{\alpha}_1$，$\boldsymbol{\alpha}_2$，…，$\boldsymbol{\alpha}_m$，$k\boldsymbol{\beta}_1+\boldsymbol{\beta}_2$ 线性无关.

15. 设 $\boldsymbol{\alpha}_1$，$\boldsymbol{\alpha}_2$，$\boldsymbol{\alpha}_3$ 是某个向量组的一个极大无关组，而 $\boldsymbol{\beta}_1$，$\boldsymbol{\beta}_2$，$\boldsymbol{\beta}_3$ 也是该向量组中的

三个向量，且已知 $\boldsymbol{\beta}_1=\boldsymbol{\alpha}_1+\boldsymbol{\alpha}_2+\boldsymbol{\alpha}_3$，$\boldsymbol{\beta}_2=\boldsymbol{\alpha}_1+\boldsymbol{\alpha}_2+2\boldsymbol{\alpha}_3$，$\boldsymbol{\beta}_3=\boldsymbol{\alpha}_1+2\boldsymbol{\alpha}_2+3\boldsymbol{\alpha}_3$. 证明：$\boldsymbol{\beta}_1$，$\boldsymbol{\beta}_2$，$\boldsymbol{\beta}_3$ 也是该向量组的一个极大无关组.

**证明**　由 $\boldsymbol{\alpha}_1$，$\boldsymbol{\alpha}_2$，$\boldsymbol{\alpha}_3$ 是一个极大线性无关组，知 $\boldsymbol{\alpha}_1$，$\boldsymbol{\alpha}_2$，$\boldsymbol{\alpha}_3$ 线性无关.

设存在数 $k_1$，$k_2$，$k_3$，使得

$$k_1\boldsymbol{\beta}_1+k_2\boldsymbol{\beta}_2+k_3\boldsymbol{\beta}_3=\boldsymbol{O},$$

即

$$k_1(\boldsymbol{\alpha}_1+\boldsymbol{\alpha}_2+\boldsymbol{\alpha}_3)+k_2(\boldsymbol{\alpha}_1+\boldsymbol{\alpha}_2+2\boldsymbol{\alpha}_3)+k_3(\boldsymbol{\alpha}_1+2\boldsymbol{\alpha}_2+3\boldsymbol{\alpha}_3)=\boldsymbol{O},$$

整理得

$$(k_1+k_2+k_3)\boldsymbol{\alpha}_1+(k_1+k_2+2k_3)\boldsymbol{\alpha}_2+(k_1+2k_2+3k_3)\boldsymbol{\alpha}_3=\boldsymbol{O}.$$

由 $\boldsymbol{\alpha}_1$，$\boldsymbol{\alpha}_2$，$\boldsymbol{\alpha}_3$ 线性无关，得

$$\begin{cases}k_1+k_2+k_3=0,\\k_1+k_2+2k_3=0,\\k_1+2k_2+3k_3=0,\end{cases}$$

解得 $k_1=k_2=k_3=0$，则 $\boldsymbol{\beta}_1$，$\boldsymbol{\beta}_2$，$\boldsymbol{\beta}_3$ 线性无关.

由于 $\boldsymbol{\beta}_1=\boldsymbol{\alpha}_1+\boldsymbol{\alpha}_2+\boldsymbol{\alpha}_3$，$\boldsymbol{\beta}_2=\boldsymbol{\alpha}_1+\boldsymbol{\alpha}_2+2\boldsymbol{\alpha}_3$，$\boldsymbol{\beta}_3=\boldsymbol{\alpha}_1+2\boldsymbol{\alpha}_2+3\boldsymbol{\alpha}_3$，可得

$$\boldsymbol{\alpha}_1=\boldsymbol{\beta}_1+\boldsymbol{\beta}_2-\boldsymbol{\beta}_3,\quad \boldsymbol{\alpha}_2=\boldsymbol{\beta}_3-2\boldsymbol{\beta}_2+\boldsymbol{\beta}_1,\quad \boldsymbol{\alpha}_3=\boldsymbol{\beta}_2-\boldsymbol{\beta}_1,$$

则向量组 $\boldsymbol{\alpha}_1$，$\boldsymbol{\alpha}_2$，$\boldsymbol{\alpha}_3$ 与向量组 $\boldsymbol{\beta}_1$，$\boldsymbol{\beta}_2$，$\boldsymbol{\beta}_3$ 等价.

由于向量组中的任一向量都可由 $\boldsymbol{\alpha}_1$，$\boldsymbol{\alpha}_2$，$\boldsymbol{\alpha}_3$ 线性表示，则必可由 $\boldsymbol{\beta}_1$，$\boldsymbol{\beta}_2$，$\boldsymbol{\beta}_3$ 线性表示. 综合可得，$\boldsymbol{\beta}_1$，$\boldsymbol{\beta}_2$，$\boldsymbol{\beta}_3$ 也是该向量组的一个极大无关组.

16. 设向量组 $\boldsymbol{\alpha}_1$，$\boldsymbol{\alpha}_2$，…，$\boldsymbol{\alpha}_s$ 的秩为 $r(r<s)$，若已知 $\boldsymbol{\alpha}_{r+1}$，$\boldsymbol{\alpha}_{r+2}$，…，$\boldsymbol{\alpha}_s$ 可由 $\boldsymbol{\alpha}_1$，$\boldsymbol{\alpha}_2$，…，$\boldsymbol{\alpha}_r$ 线性表示. 证明：$\boldsymbol{\alpha}_1$，$\boldsymbol{\alpha}_2$，…，$\boldsymbol{\alpha}_r$ 必为向量组 $\boldsymbol{\alpha}_1$，$\boldsymbol{\alpha}_2$，…，$\boldsymbol{\alpha}_s$ 的一个极大无关组.

**证明**　由 $\boldsymbol{\alpha}_{r+1}$，$\boldsymbol{\alpha}_{r+2}$，…，$\boldsymbol{\alpha}_s$ 可由 $\boldsymbol{\alpha}_1$，$\boldsymbol{\alpha}_2$，…，$\boldsymbol{\alpha}_r$ 线性表示，可知向量组 $\boldsymbol{\alpha}_1$，$\boldsymbol{\alpha}_2$，…，$\boldsymbol{\alpha}_s$ 可由向量组 $\boldsymbol{\alpha}_1$，$\boldsymbol{\alpha}_2$，…，$\boldsymbol{\alpha}_r$ 线性表示. 而 $\boldsymbol{\alpha}_1$，$\boldsymbol{\alpha}_2$，…，$\boldsymbol{\alpha}_r$ 是 $\boldsymbol{\alpha}_1$，$\boldsymbol{\alpha}_2$，…，$\boldsymbol{\alpha}_s$ 的部分组，所以 $\boldsymbol{\alpha}_1$，$\boldsymbol{\alpha}_2$，…，$\boldsymbol{\alpha}_r$ 必可由 $\boldsymbol{\alpha}_1$，$\boldsymbol{\alpha}_2$，…，$\boldsymbol{\alpha}_s$ 线性表示，因此向量组 $\boldsymbol{\alpha}_1$，$\boldsymbol{\alpha}_2$，…，$\boldsymbol{\alpha}_s$ 与向量组 $\boldsymbol{\alpha}_1$，$\boldsymbol{\alpha}_2$，…，$\boldsymbol{\alpha}_r$ 等价. 而 $\boldsymbol{\alpha}_1$，$\boldsymbol{\alpha}_2$，…，$\boldsymbol{\alpha}_s$ 的秩为 $r$，则得 $\boldsymbol{\alpha}_1$，$\boldsymbol{\alpha}_2$，…，$\boldsymbol{\alpha}_r$ 的秩也为 $r$，所以 $\boldsymbol{\alpha}_1$，$\boldsymbol{\alpha}_2$，…，$\boldsymbol{\alpha}_r$ 线性无关. 而 $\boldsymbol{\alpha}_1$，$\boldsymbol{\alpha}_2$，…，$\boldsymbol{\alpha}_s$ 中的任一向量都可由 $\boldsymbol{\alpha}_1$，$\boldsymbol{\alpha}_2$，…，$\boldsymbol{\alpha}_r$ 线性表示，所以 $\boldsymbol{\alpha}_1$，$\boldsymbol{\alpha}_2$，…，$\boldsymbol{\alpha}_r$ 必为向量组 $\boldsymbol{\alpha}_1$，$\boldsymbol{\alpha}_2$，…，$\boldsymbol{\alpha}_s$ 的一个极大无关组.

17. 已知向量组 $\boldsymbol{\alpha}_1=(1,3,0,5)$，$\boldsymbol{\alpha}_2=(1,2,1,4)$，$\boldsymbol{\alpha}_3=(1,1,2,3)$，$\boldsymbol{\alpha}_4=(1,x,3,y)$，求 $x$，$y$ 的值，使该向量组的秩等于 2.

**解**　以 $\boldsymbol{\alpha}_1$，$\boldsymbol{\alpha}_2$，$\boldsymbol{\alpha}_3$，$\boldsymbol{\alpha}_4$ 为列向量组构造矩阵 $\boldsymbol{A}$，并对 $\boldsymbol{A}$ 作初等行变换，化为行阶梯形矩阵，

$$\boldsymbol{A}=\begin{pmatrix}1&1&1&1\\3&2&1&x\\0&1&2&3\\5&4&3&y\end{pmatrix}\xrightarrow[r_4-5r_1]{r_2-3r_1}\begin{pmatrix}1&1&1&1\\0&-1&-2&x-3\\0&1&2&3\\0&-1&-2&y-5\end{pmatrix}\xrightarrow[r_4-r_2]{r_3+r_2}\begin{pmatrix}1&1&1&1\\0&-1&-2&x-3\\0&0&0&x\\0&0&0&y-x-2\end{pmatrix}.$$

若该向量组的秩等于 2，则有

$$\begin{cases}x=0,\\y-x-2=0,\end{cases}$$

即 $x=0$，$y=2$ 时，该向量组的秩等于 2.

18. 设向量组 $\boldsymbol{\alpha}_1$，$\boldsymbol{\alpha}_2$，…，$\boldsymbol{\alpha}_s$ 的秩为 $r_1$，向量组 $\boldsymbol{\beta}_1$，$\boldsymbol{\beta}_2$，…，$\boldsymbol{\beta}_t$ 的秩为 $r_2$，向量组 $\boldsymbol{\alpha}_1$，$\boldsymbol{\alpha}_2$，…，$\boldsymbol{\alpha}_s$，$\boldsymbol{\beta}_1$，$\boldsymbol{\beta}_2$，…，$\boldsymbol{\beta}_t$ 的秩为 $r_3$，证明：$\max\{r_1, r_2\} \leqslant r_3 \leqslant r_1 + r_2$.

**证明　方法一**　当 $r_1=0$ 或 $r_2=0$ 时，结论显然成立. 当 $r_1 \neq 0$，$r_2 \neq 0$ 时，不失一般性，设 $\boldsymbol{\alpha}_1$，$\boldsymbol{\alpha}_2$，…，$\boldsymbol{\alpha}_{r_1}$ 和 $\boldsymbol{\beta}_1$，$\boldsymbol{\beta}_2$，…，$\boldsymbol{\beta}_{r_2}$ 分别是向量组 $\boldsymbol{\alpha}_1$，$\boldsymbol{\alpha}_2$，…，$\boldsymbol{\alpha}_s$ 和向量组 $\boldsymbol{\beta}_1$，$\boldsymbol{\beta}_2$，…，$\boldsymbol{\beta}_t$ 的极大线性无关组.

显然 $\{\boldsymbol{\alpha}_1, \boldsymbol{\alpha}_2, \cdots, \boldsymbol{\alpha}_s, \boldsymbol{\beta}_1, \boldsymbol{\beta}_2, \cdots, \boldsymbol{\beta}_t\} \cong \{\boldsymbol{\alpha}_1, \boldsymbol{\alpha}_2, \cdots, \boldsymbol{\alpha}_{r_1}, \boldsymbol{\beta}_1, \boldsymbol{\beta}_2, \cdots, \boldsymbol{\beta}_{r_2}\}$，于是

$$r(\boldsymbol{\alpha}_1, \boldsymbol{\alpha}_2, \cdots, \boldsymbol{\alpha}_s, \boldsymbol{\beta}_1, \boldsymbol{\beta}_2, \cdots, \boldsymbol{\beta}_t)=r(\boldsymbol{\alpha}_1, \boldsymbol{\alpha}_2, \cdots, \boldsymbol{\alpha}_{r_1}, \boldsymbol{\beta}_1, \boldsymbol{\beta}_2, \cdots, \boldsymbol{\beta}_{r_2})=r_3.$$

如果向量组 $\boldsymbol{\alpha}_1$，$\boldsymbol{\alpha}_2$，…，$\boldsymbol{\alpha}_{r_1}$，$\boldsymbol{\beta}_1$，$\boldsymbol{\beta}_2$，…，$\boldsymbol{\beta}_{r_2}$ 线性相关，则 $r_3 < r_1 + r_2$.

如果向量组 $\boldsymbol{\alpha}_1$，$\boldsymbol{\alpha}_2$，…，$\boldsymbol{\alpha}_{r_1}$，$\boldsymbol{\beta}_1$，$\boldsymbol{\beta}_2$，…，$\boldsymbol{\beta}_{r_2}$ 线性无关，则 $r_3 = r_1 + r_2$. 因此

$$r_3 \leqslant r_1 + r_2.$$

再者，显然 $\boldsymbol{\alpha}_1$，$\boldsymbol{\alpha}_2$，…，$\boldsymbol{\alpha}_{r_1}$ 能由 $\boldsymbol{\alpha}_1$，$\boldsymbol{\alpha}_2$，…，$\boldsymbol{\alpha}_{r_1}$，$\boldsymbol{\beta}_1$，$\boldsymbol{\beta}_2$，…，$\boldsymbol{\beta}_{r_2}$ 线性表示，因此得

$$r(\boldsymbol{\alpha}_1, \boldsymbol{\alpha}_2, \cdots, \boldsymbol{\alpha}_{r_1}) \leqslant r(\boldsymbol{\alpha}_1, \boldsymbol{\alpha}_2, \cdots, \boldsymbol{\alpha}_{r_1}, \boldsymbol{\beta}_1, \boldsymbol{\beta}_2, \cdots, \boldsymbol{\beta}_{r_2}),$$

即 $r_1 \leqslant r_3$. 同理可知 $r_2 \leqslant r_3$.

综上所述，$\max\{r_1, r_2\} \leqslant r_3 \leqslant r_1 + r_2$.

**方法二**　当 $r_1=0$ 或 $r_2=0$ 时，结论显然成立. 当 $r_1 \neq 0$，$r_2 \neq 0$ 时，不失一般性，分别设向量组 $\boldsymbol{\alpha}_1$，$\boldsymbol{\alpha}_2$，…，$\boldsymbol{\alpha}_s$；$\boldsymbol{\beta}_1$，$\boldsymbol{\beta}_2$，…，$\boldsymbol{\beta}_t$；$\boldsymbol{\alpha}_1$，$\boldsymbol{\alpha}_2$，…，$\boldsymbol{\alpha}_s$，$\boldsymbol{\beta}_1$，$\boldsymbol{\beta}_2$，…，$\boldsymbol{\beta}_t$ 的极大无关组是 $\boldsymbol{\alpha}_1$，$\boldsymbol{\alpha}_2$，…，$\boldsymbol{\alpha}_{r_1}$，$\boldsymbol{\beta}_1$，$\boldsymbol{\beta}_2$，…，$\boldsymbol{\beta}_{r_2}$；$\boldsymbol{\gamma}_1$，$\boldsymbol{\gamma}_2$，…，$\boldsymbol{\gamma}_{r_3}$. 显然，$\boldsymbol{\gamma}_1$，$\boldsymbol{\gamma}_2$，…，$\boldsymbol{\gamma}_{r_3}$ 可由 $\boldsymbol{\alpha}_1$，$\boldsymbol{\alpha}_2$，…，$\boldsymbol{\alpha}_{r_1}$，$\boldsymbol{\beta}_1$，$\boldsymbol{\beta}_2$，…，$\boldsymbol{\beta}_{r_2}$ 线性表示，并且 $\boldsymbol{\gamma}_1$，$\boldsymbol{\gamma}_2$，…，$\boldsymbol{\gamma}_{r_3}$ 线性无关，因此 $r_3 \leqslant r_1 + r_2$.

$\boldsymbol{\alpha}_1$，$\boldsymbol{\alpha}_2$，…，$\boldsymbol{\alpha}_s$ 可由 $\boldsymbol{\alpha}_1$，$\boldsymbol{\alpha}_2$，…，$\boldsymbol{\alpha}_s$，$\boldsymbol{\beta}_1$，$\boldsymbol{\beta}_2$，…，$\boldsymbol{\beta}_t$ 线性表示，所以 $r_1 \leqslant r_3$. 同理可知 $r_2 \leqslant r_3$.

综上所述，$\max\{r_1, r_2\} \leqslant r_3 \leqslant r_1 + r_2$.

19. 已知向量组（Ⅰ）：$\boldsymbol{\alpha}_1$，$\boldsymbol{\alpha}_2$，$\boldsymbol{\alpha}_3$（Ⅱ）：$\boldsymbol{\alpha}_1$，$\boldsymbol{\alpha}_2$，$\boldsymbol{\alpha}_3$，$\boldsymbol{\alpha}_4$ 和（Ⅲ）：$\boldsymbol{\alpha}_1$，$\boldsymbol{\alpha}_2$，$\boldsymbol{\alpha}_3$，$\boldsymbol{\alpha}_5$. 如果各向量组的秩分别为 $r$（Ⅰ）$=r$（Ⅱ）$=3$，$r$（Ⅲ）$=4$. 证明：向量组 $\boldsymbol{\alpha}_1$，$\boldsymbol{\alpha}_2$，$\boldsymbol{\alpha}_3$，$\boldsymbol{\alpha}_4+\boldsymbol{\alpha}_5$ 的秩为 4.

**证明**　设存在数 $k_1$，$k_2$，$k_3$，$k_4$，使得

$$k_1\boldsymbol{\alpha}_1 + k_2\boldsymbol{\alpha}_2 + k_3\boldsymbol{\alpha}_3 + k_4(\boldsymbol{\alpha}_4 + \boldsymbol{\alpha}_5) = \boldsymbol{O}. \tag{9}$$

因为 $r$（Ⅰ）$=r$（Ⅱ）$=3$，所以向量组（Ⅰ）线性无关，向量组（Ⅱ）线性相关，从而向量 $\boldsymbol{\alpha}_4$ 可以由向量组（Ⅰ）线性表示，即存在数 $\lambda_1$，$\lambda_2$，$\lambda_3$，使得

$$\boldsymbol{\alpha}_4 = \lambda_1\boldsymbol{\alpha}_1 + \lambda_2\boldsymbol{\alpha}_2 + \lambda_3\boldsymbol{\alpha}_3. \tag{10}$$

将（10）式代入（9）式得

$$(k_1+\lambda_1 k_4)\boldsymbol{\alpha}_1 + (k_2+\lambda_2 k_4)\boldsymbol{\alpha}_2 + (k_3+\lambda_3 k_4)\boldsymbol{\alpha}_3 + k_4\boldsymbol{\alpha}_5 = \boldsymbol{O}.$$

因为 $r$（Ⅲ）$=4$，即 $\boldsymbol{\alpha}_1$，$\boldsymbol{\alpha}_2$，$\boldsymbol{\alpha}_3$，$\boldsymbol{\alpha}_5$ 线性无关，所以

$$\begin{cases} k_1 + \lambda_1 k_4 = 0, \\ k_2 + \lambda_2 k_4 = 0, \\ k_3 + \lambda_3 k_4 = 0, \\ k_4 = 0. \end{cases}$$

解得 $k_1=k_2=k_3=k_4=0$，故向量组 $\boldsymbol{\alpha}_1$，$\boldsymbol{\alpha}_2$，$\boldsymbol{\alpha}_3$，$\boldsymbol{\alpha}_4+\boldsymbol{\alpha}_5$ 的秩为 4.

20. 设 $\boldsymbol{A}$、$\boldsymbol{B}$ 均为 $m \times n$ 矩阵，证明：$r(\boldsymbol{A}+\boldsymbol{B}) \leqslant r(\boldsymbol{A}) + r(\boldsymbol{B})$.

**证明** 设 $\boldsymbol{A}$、$\boldsymbol{B}$ 按列分块为 $\boldsymbol{A}=(\boldsymbol{\alpha}_1, \boldsymbol{\alpha}_2, \cdots, \boldsymbol{\alpha}_n)$，$\boldsymbol{B}=(\boldsymbol{\beta}_1, \boldsymbol{\beta}_2, \cdots, \boldsymbol{\beta}_n)$，且 $r(\boldsymbol{A})=s$，$r(\boldsymbol{B})=t$.

设 $\boldsymbol{A}$ 的列向量组的极大线性无关组为 $\boldsymbol{\alpha}_{i_1}, \boldsymbol{\alpha}_{i_2}, \cdots, \boldsymbol{\alpha}_{i_s}$，$\boldsymbol{B}$ 的列向量组的极大线性无关组为 $\boldsymbol{\beta}_{j_1}, \boldsymbol{\beta}_{j_2}, \cdots, \boldsymbol{\beta}_{j_t}$，则 $\boldsymbol{A}$ 的所有列向量组都可以表示为 $\boldsymbol{\alpha}_{i_1}, \boldsymbol{\alpha}_{i_2}, \cdots, \boldsymbol{\alpha}_{i_s}$ 的线性组合，$\boldsymbol{B}$ 的所有列向量组都可以表示为 $\boldsymbol{\beta}_{j_1}, \boldsymbol{\beta}_{j_2}, \cdots, \boldsymbol{\beta}_{j_t}$ 的线性组合，于是 $\boldsymbol{A}+\boldsymbol{B}$ 的所有列向量组都可以表示为

$$\boldsymbol{\alpha}_{i_1}, \boldsymbol{\alpha}_{i_2}, \cdots, \boldsymbol{\alpha}_{i_s}, \boldsymbol{\beta}_{j_1}, \boldsymbol{\beta}_{j_2}, \cdots, \boldsymbol{\beta}_{j_t}$$

的线性组合，因此

$$r(\boldsymbol{A}+\boldsymbol{B}) \leqslant r(\boldsymbol{\alpha}_{i_1}, \boldsymbol{\alpha}_{i_2}, \cdots, \boldsymbol{\alpha}_{i_s}, \boldsymbol{\beta}_{j_1}, \boldsymbol{\beta}_{j_2}, \cdots, \boldsymbol{\beta}_{j_t}) \leqslant s+t=r(\boldsymbol{A})+r(\boldsymbol{B}).$$

21. 求下列向量组的一个极大无关组，并把其余向量用此极大无关组线性表示.

(1) $\boldsymbol{\alpha}_1=(1, 2, 1)$，$\boldsymbol{\alpha}_2=(2, 3, -1)$，$\boldsymbol{\alpha}_3=(-2, -2, 4)$；

(2) $\boldsymbol{\alpha}_1=(1, -1, 2, 3)$，$\boldsymbol{\alpha}_2=(0, 2, 5, 8)$，$\boldsymbol{\alpha}_3=(2, 2, 0, -1)$，$\boldsymbol{\alpha}_4=(-1, 7, -1, -2)$；

(3) $\boldsymbol{\alpha}_1=(1, 0, 2, 1)$，$\boldsymbol{\alpha}_2=(1, 2, 0, 1)$，$\boldsymbol{\alpha}_3=(2, 1, 3, 0)$，$\boldsymbol{\alpha}_4=(2, 5, -1, 4)$，$\boldsymbol{\alpha}_5=(1, -1, 3, -1)$.

**解** (1) 把向量 $\boldsymbol{\alpha}_1$，$\boldsymbol{\alpha}_2$，$\boldsymbol{\alpha}_3$ 看作一个矩阵的列向量组构造矩阵 $\boldsymbol{A}$，对 $\boldsymbol{A}$ 仅施以初等行变换化为行最简形矩阵.

$$\boldsymbol{A}=\begin{pmatrix}1 & 2 & -2\\ 2 & 3 & -2\\ 1 & -1 & 4\end{pmatrix}\xrightarrow[r_3-r_1]{r_2-2r_1}\begin{pmatrix}1 & 2 & -2\\ 0 & -1 & 2\\ 0 & -3 & 6\end{pmatrix}\xrightarrow[r_2\times(-1)]{\substack{r_3-3r_2\\ r_1+2r_2}}\begin{pmatrix}1 & 0 & 2\\ 0 & 1 & -2\\ 0 & 0 & 0\end{pmatrix},$$

由此可得，$r(\boldsymbol{A})=2$，所以向量组 $\boldsymbol{\alpha}_1$，$\boldsymbol{\alpha}_2$，$\boldsymbol{\alpha}_3$ 的秩为 2，则该向量组的极大无关组含有两个向量. 而在行最简形矩阵中两个非零行的第一个非零元在第 1，2 列，所以该向量组的一个极大无关组是 $\boldsymbol{\alpha}_1$，$\boldsymbol{\alpha}_2$. 由 $\boldsymbol{A}$ 的行最简形矩阵可知 $\boldsymbol{\alpha}_3=2\boldsymbol{\alpha}_1-2\boldsymbol{\alpha}_2$.

(2) 把向量 $\boldsymbol{\alpha}_1$，$\boldsymbol{\alpha}_2$，$\boldsymbol{\alpha}_3$，$\boldsymbol{\alpha}_4$ 看作一个矩阵的列向量组构造矩阵 $\boldsymbol{A}$，对 $\boldsymbol{A}$ 仅施以初等行变换化为行最简形矩阵.

$$\boldsymbol{A}=\begin{pmatrix}1 & 0 & 2 & -1\\ -1 & 2 & 2 & 7\\ 2 & 5 & 0 & -1\\ 3 & 8 & -1 & -2\end{pmatrix}\xrightarrow{\substack{r_2+r_1\\ r_3-2r_1\\ r_4-3r_1}}\begin{pmatrix}1 & 0 & 2 & -1\\ 0 & 2 & 4 & 6\\ 0 & 5 & -4 & 1\\ 0 & 8 & -7 & 1\end{pmatrix}$$

$$\xrightarrow{\substack{r_2\times\frac{1}{2}\\ r_3-5r_2\\ r_4-8r_2}}\begin{pmatrix}1 & 0 & 2 & -1\\ 0 & 1 & 2 & 3\\ 0 & 0 & -14 & -14\\ 0 & 0 & -23 & -23\end{pmatrix}\xrightarrow{\substack{r_3\times\left(-\frac{1}{14}\right)\\ r_4\times\left(-\frac{1}{23}\right)\\ r_4-r_3\\ r_2-2r_3\\ r_1-2r_3}}\begin{pmatrix}1 & 0 & 0 & -3\\ 0 & 1 & 0 & 1\\ 0 & 0 & 1 & 1\\ 0 & 0 & 0 & 0\end{pmatrix},$$

由此可得，$r(\boldsymbol{A})=3$，所以向量组 $\boldsymbol{\alpha}_1$，$\boldsymbol{\alpha}_2$，$\boldsymbol{\alpha}_3$，$\boldsymbol{\alpha}_4$ 的秩为 3，则该向量组的极大无关组含有三个向量. 而在行最简形矩阵中三个非零行的第一个非零元在第 1，2，3 列，所以该向量组的一个极大无关组是 $\boldsymbol{\alpha}_1$，$\boldsymbol{\alpha}_2$，$\boldsymbol{\alpha}_3$. 由 $\boldsymbol{A}$ 的行最简形矩阵可知 $\boldsymbol{\alpha}_4=-3\boldsymbol{\alpha}_1+\boldsymbol{\alpha}_2+\boldsymbol{\alpha}_3$.

(3) 把向量 $\boldsymbol{\alpha}_1$，$\boldsymbol{\alpha}_2$，$\boldsymbol{\alpha}_3$，$\boldsymbol{\alpha}_4$，$\boldsymbol{\alpha}_5$ 看作一个矩阵的列向量组构造矩阵 $\boldsymbol{A}$，对 $\boldsymbol{A}$ 仅施以初等行变换化为行最简形矩阵.

$$\boldsymbol{A}=\begin{pmatrix}1&1&2&2&1\\0&2&1&5&-1\\2&0&3&-1&3\\1&1&0&4&-1\end{pmatrix}\xrightarrow[r_4-r_1]{r_3-2r_1}\begin{pmatrix}1&1&2&2&1\\0&2&1&5&-1\\0&-2&-1&-5&1\\0&0&-2&2&-2\end{pmatrix}\xrightarrow[\substack{r_2\times(\frac{1}{2})\\ r_1-r_2}]{\substack{r_3+r_2\\ r_4\times(-\frac{1}{2})\\ r_3\leftrightarrow r_4\\ r_1-2r_3\\ r_2-r_3}}\begin{pmatrix}1&0&0&1&0\\0&1&0&3&-1\\0&0&1&-1&1\\0&0&0&0&0\end{pmatrix},$$

由此可得，$r(\boldsymbol{A})=3$，所以向量组 $\boldsymbol{\alpha}_1$，$\boldsymbol{\alpha}_2$，$\boldsymbol{\alpha}_3$，$\boldsymbol{\alpha}_4$，$\boldsymbol{\alpha}_5$ 的秩为 3，则该向量组的极大无关组含有三个向量. 而在行最简形矩阵中三个非零行的第一个非零元在第 1，2，3 列，所以该向量组的一个极大无关组是 $\boldsymbol{\alpha}_1$，$\boldsymbol{\alpha}_2$，$\boldsymbol{\alpha}_3$. 由 $\boldsymbol{A}$ 的行最简形矩阵可知

$$\boldsymbol{\alpha}_4=\boldsymbol{\alpha}_1+3\boldsymbol{\alpha}_2-\boldsymbol{\alpha}_3,\ \boldsymbol{\alpha}_5=\boldsymbol{\alpha}_3-\boldsymbol{\alpha}_2.$$

22. 设 $\boldsymbol{\eta}_1$，$\boldsymbol{\eta}_2$，$\boldsymbol{\eta}_3$ 是齐次线性方程组 $\boldsymbol{AX}=\boldsymbol{O}$ 的一个基础解系，$\boldsymbol{\beta}_1=\boldsymbol{\eta}_1+\boldsymbol{\eta}_2+\boldsymbol{\eta}_3$，$\boldsymbol{\beta}_2=\boldsymbol{\eta}_1+\boldsymbol{\eta}_2$，$\boldsymbol{\beta}_3=\boldsymbol{\eta}_2+\boldsymbol{\eta}_3$，证明：$\boldsymbol{\beta}_1$，$\boldsymbol{\beta}_2$，$\boldsymbol{\beta}_3$ 也是该齐次线性方程组的一个基础解系.

**证明** 设存在数 $k_1$，$k_2$，$k_3$，使得

$$k_1\boldsymbol{\beta}_1+k_2\boldsymbol{\beta}_2+k_3\boldsymbol{\beta}_3=\boldsymbol{O},$$

即

$$k_1(\boldsymbol{\eta}_1+\boldsymbol{\eta}_2+\boldsymbol{\eta}_3)+k_2(\boldsymbol{\eta}_1+\boldsymbol{\eta}_2)+k_3(\boldsymbol{\eta}_2+\boldsymbol{\eta}_3)=\boldsymbol{O},$$

整理得

$$(k_1+k_2)\boldsymbol{\eta}_1+(k_1+k_2+k_3)\boldsymbol{\eta}_2+(k_1+k_3)\boldsymbol{\eta}_3=\boldsymbol{O}.$$

因为 $\boldsymbol{\eta}_1$，$\boldsymbol{\eta}_2$，$\boldsymbol{\eta}_3$ 是齐次线性方程组 $\boldsymbol{AX}=\boldsymbol{O}$ 的一个基础解系，所以 $\boldsymbol{\eta}_1$，$\boldsymbol{\eta}_2$，$\boldsymbol{\eta}_3$ 线性无关，故有

$$\begin{cases}k_1+k_2=0,\\ k_1+k_2+k_3=0,\\ k_1+k_3=0.\end{cases}$$

该方程组的系数行列式

$$\begin{vmatrix}1&1&0\\1&1&1\\1&0&1\end{vmatrix}=1\neq0,$$

所以该方程组只有零解，即 $k_1=k_2=k_3=0$，则 $\boldsymbol{\beta}_1$，$\boldsymbol{\beta}_2$，$\boldsymbol{\beta}_3$ 线性无关.

又由齐次线性方程组的性质知，$\boldsymbol{\beta}_1$，$\boldsymbol{\beta}_2$，$\boldsymbol{\beta}_3$ 都是方程组的解，所以 $\boldsymbol{\beta}_1$，$\boldsymbol{\beta}_2$，$\boldsymbol{\beta}_3$ 也是该齐次线性方程组的一个基础解系.

23. 设 $\boldsymbol{\eta}^*$ 是非齐次线性方程组 $\boldsymbol{AX}=\boldsymbol{B}$ 的一个解，$\boldsymbol{\xi}_1$，$\boldsymbol{\xi}_2$，…，$\boldsymbol{\xi}_{n-r}$ 是对应的齐次线性方程组的一个基础解系. 证明：

(1) $\boldsymbol{\eta}^*$，$\boldsymbol{\xi}_1$，$\boldsymbol{\xi}_2$，…，$\boldsymbol{\xi}_{n-r}$ 线性无关；

(2) $\boldsymbol{\eta}^*$，$\boldsymbol{\eta}^*+\boldsymbol{\xi}_1$，$\boldsymbol{\eta}^*+\boldsymbol{\xi}_2$，…，$\boldsymbol{\eta}^*+\boldsymbol{\xi}_{n-r}$ 线性无关.

**证明** (1) 设存在数 $k_0$，$k_1$，$k_2$，…，$k_{n-r}$，使得

$$k_0\boldsymbol{\eta}^*+k_1\boldsymbol{\xi}_1+k_2\boldsymbol{\xi}_2+\cdots+k_{n-r}\boldsymbol{\xi}_{n-r}=\boldsymbol{O}.$$

依题有 $\boldsymbol{A\xi}_i=\boldsymbol{O}$（$i=1, 2, \cdots n-r$），$\boldsymbol{A\eta}^*=\boldsymbol{B}$，所以上式两边同时左乘 $\boldsymbol{A}$ 得

$$k_0\boldsymbol{A\eta}^*+k_1\boldsymbol{A\xi}_1+k_2\boldsymbol{A\xi}_2+\cdots+k_{n-r}\boldsymbol{A\xi}_{n-r}=\boldsymbol{O},$$

于是 $k_0\boldsymbol{B}=\boldsymbol{O}$，由于 $\boldsymbol{B}\neq\boldsymbol{O}$，所以 $k_0=0$，且 $k_1\boldsymbol{\xi}_1+k_2\boldsymbol{\xi}_2+\cdots+k_{n-r}\boldsymbol{\xi}_{n-r}=\boldsymbol{O}$. 而 $\boldsymbol{\xi}_1$，$\boldsymbol{\xi}_2$，…，$\boldsymbol{\xi}_{n-r}$ 线性无关，所以 $k_1=k_2=\cdots=k_{n-r}=0$，因而 $\boldsymbol{\eta}^*$，$\boldsymbol{\xi}_1$，$\boldsymbol{\xi}_2$，…，$\boldsymbol{\xi}_{n-r}$ 线性无关.

（2）设存在数 $\lambda_0$，$\lambda_1$，$\lambda_2$，…，$\lambda_{n-r}$，使得

$$\lambda_0\boldsymbol{\eta}^*+\lambda_1(\boldsymbol{\eta}^*+\boldsymbol{\xi}_1)+\lambda_2(\boldsymbol{\eta}^*+\boldsymbol{\xi}_2)+\cdots+\lambda_{n-r}(\boldsymbol{\eta}^*+\boldsymbol{\xi}_{n-r})=\boldsymbol{O},$$

整理得

$$(\lambda_0+\lambda_1+\cdots+\lambda_{n-r})\boldsymbol{\eta}^*+\lambda_1\boldsymbol{\xi}_1+\lambda_2\boldsymbol{\xi}_2+\cdots+\lambda_{n-r}\boldsymbol{\xi}_{n-r}=\boldsymbol{O},$$

上式两边同时左乘 $\boldsymbol{A}$ 得

$$(\lambda_0+\lambda_1+\cdots+\lambda_{n-r})\boldsymbol{B}=\boldsymbol{O}.$$

由于 $\boldsymbol{B}\neq\boldsymbol{O}$，所以

$$\lambda_0+\lambda_1+\cdots+\lambda_{n-r}=0. \tag{11}$$

于是有 $\lambda_1\boldsymbol{\xi}_1+\lambda_2\boldsymbol{\xi}_2+\cdots+\lambda_{n-r}\boldsymbol{\xi}_{n-r}=\boldsymbol{O}$. 因为 $\boldsymbol{\xi}_1$，$\boldsymbol{\xi}_2$，…，$\boldsymbol{\xi}_{n-r}$ 线性无关，所以 $\lambda_1=\lambda_2=\cdots=\lambda_{n-r}=0$，将它们代入（11）式得 $\lambda_0=0$，故

$$\boldsymbol{\eta}^*, \boldsymbol{\eta}^*+\boldsymbol{\xi}_1, \boldsymbol{\eta}^*+\boldsymbol{\xi}_2, \cdots, \boldsymbol{\eta}^*+\boldsymbol{\xi}_{n-r}$$

线性无关.

24. 设齐次线性方程组 $\boldsymbol{AX}=\boldsymbol{O}$ 的基础解系中含有两个线性无关的解向量，其中

$$\boldsymbol{A}=\begin{pmatrix}1&2&1&2\\0&1&t&t\\1&t&0&1\end{pmatrix},$$

求该方程组的通解.

**解** $$\boldsymbol{A}\to\begin{pmatrix}1&2&1&2\\0&1&t&t\\0&t-2&-1&-1\end{pmatrix}\to\begin{pmatrix}1&0&1-2t&2-2t\\0&1&t&t\\0&0&-(t-1)^2&-(t-1)^2\end{pmatrix},$$

由于方程组 $\boldsymbol{AX}=\boldsymbol{O}$ 的基础解系中含有两个线性无关的解向量，所以 $r(\boldsymbol{A})=2$，必有 $t-1=0$，即 $t=1$，此时原方程组的同解方程组为

$$\begin{cases}x_1-x_3=0,\\x_2+x_3+x_4=0.\end{cases}$$

求得其通解为

$$\begin{pmatrix}x_1\\x_2\\x_3\\x_4\end{pmatrix}=c_1\begin{pmatrix}1\\-1\\1\\0\end{pmatrix}+c_2\begin{pmatrix}0\\-1\\0\\1\end{pmatrix}\text{（}c_1\text{，}c_2\text{ 为任意常数）}.$$

25. 求下列齐次线性方程组的一个基础解系，并求方程组的通解.

（1）$\begin{cases}x_1+x_2-x_3=0,\\-2x_1-x_2+2x_3=0,\\-x_1+x_3=0;\end{cases}$

(2) $\begin{cases} x_1+2x_2+4x_3-3x_4=0, \\ 2x_1+3x_2+2x_3-x_4=0, \\ 4x_1+5x_2-2x_3+3x_4=0, \\ -x_1+3x_2+26x_3-22x_4=0; \end{cases}$

(3) $\begin{cases} x_1+x_2+x_3+4x_4-3x_5=0, \\ x_1-x_2+3x_3-2x_4-x_5=0, \\ 2x_1+x_2+3x_3+5x_4-5x_5=0, \\ 3x_1+x_2+5x_3+6x_4-7x_5=0. \end{cases}$

**解** (1) $\overline{\mathbf{A}}=\begin{pmatrix} 1 & 1 & -1 & 0 \\ -2 & -1 & 2 & 0 \\ -1 & 0 & 1 & 0 \end{pmatrix} \xrightarrow[r_3+r_1]{r_2+2r_1} \begin{pmatrix} 1 & 1 & -1 & 0 \\ 0 & 1 & 0 & 0 \\ 0 & 1 & 0 & 0 \end{pmatrix} \xrightarrow[r_3-r_2]{r_1-r_2} \begin{pmatrix} 1 & 0 & -1 & 0 \\ 0 & 1 & 0 & 0 \\ 0 & 0 & 0 & 0 \end{pmatrix}$，

由于 $r(\mathbf{A})=2$，所以方程组的基础解系有 1 个解向量，原方程组的同解方程组为

$$\begin{cases} x_1-x_3=0, \\ x_2=0. \end{cases}$$

令自由未知量 $x_3=1$，可得原方程组的一个基础解系为 $\boldsymbol{\eta}=\begin{pmatrix} 1 \\ 0 \\ 1 \end{pmatrix}$，因此，原方程组的通解为

$$\begin{pmatrix} x_1 \\ x_2 \\ x_3 \end{pmatrix}=c\begin{pmatrix} 1 \\ 0 \\ 1 \end{pmatrix}（c \text{ 为任意常数}）.$$

(2) $\overline{\mathbf{A}}=\begin{pmatrix} 1 & 2 & 4 & -3 & 0 \\ 2 & 3 & 2 & -1 & 0 \\ 4 & 5 & -2 & 3 & 0 \\ -1 & 3 & 26 & -22 & 0 \end{pmatrix} \xrightarrow[\substack{r_3-4r_1 \\ r_4+r_1}]{r_2-2r_1} \begin{pmatrix} 1 & 2 & 4 & -3 & 0 \\ 0 & -1 & -6 & 5 & 0 \\ 0 & -3 & -18 & 15 & 0 \\ 0 & 5 & 30 & -25 & 0 \end{pmatrix}$

$\xrightarrow[\substack{r_3-3r_2 \\ r_4+5r_2}]{r_1+2r_2} \begin{pmatrix} 1 & 0 & -8 & 7 & 0 \\ 0 & -1 & -6 & 5 & 0 \\ 0 & 0 & 0 & 0 & 0 \\ 0 & 0 & 0 & 0 & 0 \end{pmatrix} \xrightarrow{r_2\times(-1)} \begin{pmatrix} 1 & 0 & -8 & 7 & 0 \\ 0 & 1 & 6 & -5 & 0 \\ 0 & 0 & 0 & 0 & 0 \\ 0 & 0 & 0 & 0 & 0 \end{pmatrix}$，

由于 $r(\mathbf{A})=2$，所以方程组的基础解系含有 2 个解向量，原方程组的同解方程组为

$$\begin{cases} x_1-8x_3+7x_4=0, \\ x_2+6x_3-5x_4=0. \end{cases}$$

令自由未知量 $\begin{pmatrix} x_3 \\ x_4 \end{pmatrix}=\begin{pmatrix} 1 \\ 0 \end{pmatrix}$，$\begin{pmatrix} 0 \\ 1 \end{pmatrix}$，可得原方程组的一个基础解系为 $\boldsymbol{\eta}_1=\begin{pmatrix} 8 \\ -6 \\ 1 \\ 0 \end{pmatrix}$，

$\boldsymbol{\eta}_2=\begin{pmatrix}-7\\5\\0\\1\end{pmatrix}$，因此，原方程组的通解为

$$\begin{pmatrix}x_1\\x_2\\x_3\\x_4\end{pmatrix}=c_1\begin{pmatrix}8\\-6\\1\\0\end{pmatrix}+c_2\begin{pmatrix}-7\\5\\0\\1\end{pmatrix}\ (c_1,\ c_2\ \text{为任意常数}).$$

(3) $\overline{\boldsymbol{A}}=\begin{pmatrix}1&1&1&4&-3&0\\1&-1&3&-2&-1&0\\2&1&3&5&-5&0\\3&1&5&6&-7&0\end{pmatrix}\xrightarrow[r_4-3r_1]{\substack{r_2-r_1\\r_3-2r_1}}\begin{pmatrix}1&1&1&4&-3&0\\0&-2&2&-6&2&0\\0&-1&1&-3&1&0\\0&-2&2&-6&2&0\end{pmatrix}$

$$\xrightarrow[r_2\leftrightarrow r_3]{\substack{r_1+r_3\\r_2-2r_3\\r_4-2r_3\\r_3\times(-1)}}\begin{pmatrix}1&0&2&1&-2&0\\0&1&-1&3&-1&0\\0&0&0&0&0&0\\0&0&0&0&0&0\end{pmatrix}.$$

由于$r(\boldsymbol{A})=2$，所以方程组的基础解系含有3个解向量，原方程组的同解方程组为

$$\begin{cases}x_1+2x_3+x_4-2x_5=0,\\x_2-x_3+3x_4-x_5=0.\end{cases}$$

令自由未知量$\begin{pmatrix}x_3\\x_4\\x_5\end{pmatrix}=\begin{pmatrix}1\\0\\0\end{pmatrix},\begin{pmatrix}0\\1\\0\end{pmatrix},\begin{pmatrix}0\\0\\1\end{pmatrix}$，可得原方程组的一个基础解系为

$$\boldsymbol{\eta}_1=\begin{pmatrix}-2\\1\\1\\0\\0\end{pmatrix},\ \boldsymbol{\eta}_2=\begin{pmatrix}-1\\-3\\0\\1\\0\end{pmatrix},\ \boldsymbol{\eta}_3=\begin{pmatrix}2\\1\\0\\0\\1\end{pmatrix},$$

因此，原方程组的通解为

$$\begin{pmatrix}x_1\\x_2\\x_3\\x_4\\x_5\end{pmatrix}=c_1\begin{pmatrix}-2\\1\\1\\0\\0\end{pmatrix}+c_2\begin{pmatrix}-1\\-3\\0\\1\\0\end{pmatrix}+c_3\begin{pmatrix}2\\1\\0\\0\\1\end{pmatrix}\ (c_1,\ c_2,\ c_3\ \text{为任意常数}).$$

26. 判断下列线性方程组是否有解，若方程组有解，试求其解（在有无穷多个解时，求方程组的通解）.

(1) $\begin{cases} 3x_1-5x_2+5x_3=0, \\ 2x_1-3x_2+2x_3=1, \\ \quad x_2-4x_3=8; \end{cases}$

(2) $\begin{cases} 9x_1+12x_2+3x_3+7x_4=10, \\ 6x_1+8x_2+2x_3+5x_4=7, \\ 3x_1+4x_2+x_3+5x_4=6; \end{cases}$

(3) $\begin{cases} x_1+3x_2+3x_3-2x_4+x_5=3, \\ 2x_1+6x_2+x_3-3x_4=2, \\ x_1+3x_2-2x_3-x_4-x_5=-1, \\ 3x_1+9x_2+x_3-5x_4+x_5=5. \end{cases}$

**解**　(1) 对方程组的增广矩阵施以初等行变换，化为行阶梯形矩阵

$$\overline{\boldsymbol{A}}=\begin{pmatrix} 3 & -5 & 5 & 0 \\ 2 & -3 & 2 & 1 \\ 0 & 1 & -4 & 8 \end{pmatrix} \xrightarrow{r_2-\frac{2}{3}r_1} \begin{pmatrix} 3 & -5 & 5 & 0 \\ 0 & \frac{1}{3} & -\frac{4}{3} & 1 \\ 0 & 1 & -4 & 8 \end{pmatrix} \xrightarrow{r_3-3r_2} \begin{pmatrix} 3 & -5 & 5 & 0 \\ 0 & \frac{1}{3} & -\frac{4}{3} & 1 \\ 0 & 0 & 0 & 5 \end{pmatrix},$$

因为 $r(\boldsymbol{A})\neq r(\overline{\boldsymbol{A}})$，所以方程组无解.

(2) 对方程组的增广矩阵施以初等行变换，化为行阶梯形矩阵

$$\overline{\boldsymbol{A}}=\begin{pmatrix} 9 & 12 & 3 & 7 & 10 \\ 6 & 8 & 2 & 5 & 7 \\ 3 & 4 & 1 & 5 & 6 \end{pmatrix} \xrightarrow{r_1\leftrightarrow r_3} \begin{pmatrix} 3 & 4 & 1 & 5 & 6 \\ 6 & 8 & 2 & 5 & 7 \\ 9 & 12 & 3 & 7 & 10 \end{pmatrix}$$

$$\xrightarrow[r_3-3r_1]{r_2-2r_1} \begin{pmatrix} 3 & 4 & 1 & 5 & 6 \\ 0 & 0 & 0 & -5 & -5 \\ 0 & 0 & 0 & -8 & -8 \end{pmatrix} \xrightarrow[\substack{r_1-5r_2 \\ r_3+8r_2}]{r_2\times\left(-\frac{1}{5}\right)} \begin{pmatrix} 3 & 4 & 1 & 0 & 1 \\ 0 & 0 & 0 & 1 & 1 \\ 0 & 0 & 0 & 0 & 0 \end{pmatrix}$$

$$\xrightarrow{r_1\times\left(\frac{1}{3}\right)} \begin{pmatrix} 1 & \frac{4}{3} & \frac{1}{3} & 0 & \frac{1}{3} \\ 0 & 0 & 0 & 1 & 1 \\ 0 & 0 & 0 & 0 & 0 \end{pmatrix}.$$

由于 $r(\boldsymbol{A})=r(\overline{\boldsymbol{A}})=2<4$，所以方程组有无穷多个解. 原方程组的同解方程组为

$$\begin{cases} x_1=\frac{1}{3}-\frac{4}{3}x_2-\frac{1}{3}x_3, \\ x_4=1. \end{cases}$$

令自由未知量 $x_2=0$，$x_3=1$，可得原方程组的一个特解

$$\boldsymbol{\gamma}_0=\begin{pmatrix} 0 \\ 0 \\ 1 \\ 1 \end{pmatrix}.$$

原方程组的导出组的同解方程组为

$$\begin{cases}x_1 = -\frac{4}{3}x_2 - \frac{1}{3}x_3, \\ x_4 = 0.\end{cases}$$

令自由未知量 $\begin{pmatrix}x_2\\x_3\end{pmatrix}$ 分别取 $\begin{pmatrix}0\\-3\end{pmatrix}$，$\begin{pmatrix}1\\-4\end{pmatrix}$，得导出组的一个基础解系为

$$\boldsymbol{\eta}_1 = \begin{pmatrix}1\\0\\-3\\0\end{pmatrix},\ \boldsymbol{\eta}_2 = \begin{pmatrix}0\\1\\-4\\0\end{pmatrix},$$

所以原方程组的通解为

$$\boldsymbol{\gamma} = \boldsymbol{\gamma}_0 + c_1\boldsymbol{\eta}_1 + c_2\boldsymbol{\eta}_2\ (c_1,\ c_2 \text{ 为任意常数}),$$

即

$$\begin{pmatrix}x_1\\x_2\\x_3\\x_4\end{pmatrix} = \begin{pmatrix}0\\0\\1\\1\end{pmatrix} + c_1\begin{pmatrix}1\\0\\-3\\0\end{pmatrix} + c_2\begin{pmatrix}0\\1\\-4\\0\end{pmatrix}(c_1,\ c_2 \text{ 为任意常数}).$$

(3) 对方程组的增广矩阵施以初等行变换，化为行阶梯形矩阵

$$\overline{\boldsymbol{A}} = \begin{pmatrix}1 & 3 & 3 & -2 & 1 & 3\\ 2 & 6 & 1 & -3 & 0 & 2\\ 1 & 3 & -2 & -1 & -1 & -1\\ 3 & 9 & 1 & -5 & 1 & 5\end{pmatrix} \xrightarrow[r_4 - 3r_1]{\substack{r_2 - 2r_1\\ r_3 - r_1}} \begin{pmatrix}1 & 3 & 3 & -2 & 1 & 3\\ 0 & 0 & -5 & 1 & -2 & -4\\ 0 & 0 & -5 & 1 & -2 & -4\\ 0 & 0 & -8 & 1 & -2 & -4\end{pmatrix}$$

$$\xrightarrow[r_4 - r_2]{r_3 - r_2} \begin{pmatrix}1 & 3 & 3 & -2 & 1 & 3\\ 0 & 0 & -5 & 1 & -2 & -4\\ 0 & 0 & 0 & 0 & 0 & 0\\ 0 & 0 & -3 & 0 & 0 & 0\end{pmatrix} \xrightarrow[r_1 - 3r_4]{\substack{r_4\times(-\frac{1}{3})\\ r_2 + 5r_4}} \begin{pmatrix}1 & 3 & 0 & -2 & 1 & 3\\ 0 & 0 & 0 & 1 & -2 & -4\\ 0 & 0 & 0 & 0 & 0 & 0\\ 0 & 0 & 1 & 0 & 0 & 0\end{pmatrix}$$

$$\xrightarrow[r_3 \leftrightarrow r_4]{r_2 \leftrightarrow r_4} \begin{pmatrix}1 & 3 & 0 & -2 & 1 & 3\\ 0 & 0 & 1 & 0 & 0 & 0\\ 0 & 0 & 0 & 1 & -2 & -4\\ 0 & 0 & 0 & 0 & 0 & 0\end{pmatrix} \xrightarrow{r_1 + 2r_3} \begin{pmatrix}1 & 3 & 0 & 0 & -3 & -5\\ 0 & 0 & 1 & 0 & 0 & 0\\ 0 & 0 & 0 & 1 & -2 & -4\\ 0 & 0 & 0 & 0 & 0 & 0\end{pmatrix}.$$

由于 $r(\boldsymbol{A}) = r(\overline{\boldsymbol{A}}) = 3 < 5$，所以方程组有无穷多个解. 原方程组的同解方程组为

$$\begin{cases}x_1 = -5 - 3x_2 + 3x_5, \\ x_3 = 0, \\ x_4 = -4 + 2x_5.\end{cases}$$

令自由未知量 $x_2 = 0$，$x_5 = 0$，可得原方程组的一个特解

$$\boldsymbol{\gamma}_0=\begin{pmatrix}-5\\0\\0\\-4\\0\end{pmatrix}.$$

原方程组的导出组的同解方程组为

$$\begin{cases}x_1=-3x_2+3x_5,\\x_3=0,\\x_4=2x_5.\end{cases}$$

令自由未知量 $\begin{pmatrix}x_2\\x_5\end{pmatrix}$ 分别取 $\begin{pmatrix}1\\0\end{pmatrix}$，$\begin{pmatrix}0\\1\end{pmatrix}$，得导出组的一个基础解系为

$$\boldsymbol{\eta}_1=\begin{pmatrix}-3\\1\\0\\0\\0\end{pmatrix},\ \boldsymbol{\eta}_2=\begin{pmatrix}3\\0\\0\\2\\1\end{pmatrix},$$

所以原方程组的通解为

$$\boldsymbol{\gamma}=\boldsymbol{\gamma}_0+c_1\boldsymbol{\eta}_1+c_2\boldsymbol{\eta}_2\ (c_1,\ c_2\ 为任意常数),$$

即

$$\begin{pmatrix}x_1\\x_2\\x_3\\x_4\\x_5\end{pmatrix}=\begin{pmatrix}-5\\0\\0\\-4\\0\end{pmatrix}+c_1\begin{pmatrix}-3\\1\\0\\0\\0\end{pmatrix}+c_2\begin{pmatrix}3\\0\\0\\2\\1\end{pmatrix}\ (c_1,\ c_2\ 为任意常数).$$

27. 设四元非齐次线性方程组 $\boldsymbol{AX}=\boldsymbol{B}$ 的系数矩阵的秩为3，已知 $\boldsymbol{\eta}_1$，$\boldsymbol{\eta}_2$，$\boldsymbol{\eta}_3$ 是它的三个解向量，其中

$$\boldsymbol{\eta}_1=\begin{pmatrix}2\\3\\4\\5\end{pmatrix},\ \boldsymbol{\eta}_2+\boldsymbol{\eta}_3=\begin{pmatrix}1\\2\\3\\4\end{pmatrix},$$

求该方程组的通解.

**解** 由题意知，方程组 $\boldsymbol{AX}=\boldsymbol{B}$ 的导出组的基础解系含有 $4-3=1$ 个解向量. 已知非齐次线性方程组的一个解 $\boldsymbol{\eta}_1$，故只需求得其导出组的一个基础解系. 由齐次及非齐次线性方程组解的性质，可取

$$2\boldsymbol{\eta}_1-(\boldsymbol{\eta}_2+\boldsymbol{\eta}_3)=\begin{pmatrix}3\\4\\5\\6\end{pmatrix}\neq\boldsymbol{O}$$

作为其基础解系，故方程组 $\boldsymbol{AX}=\boldsymbol{B}$ 的通解为

$$\boldsymbol{\gamma}=\boldsymbol{\eta}_1+k[2\boldsymbol{\eta}_1-(\boldsymbol{\eta}_2+\boldsymbol{\eta}_3)]=\begin{pmatrix}2\\3\\4\\5\end{pmatrix}+k\begin{pmatrix}3\\4\\5\\6\end{pmatrix}\ (k\text{ 为任意常数}).$$

28. 当 $t$ 为何值时，线性方程组

$$\begin{cases}x_1+x_2+tx_3=4,\\x_1-x_2+2x_3=-4,\\-x_1+tx_2+x_3=t^2\end{cases}$$

有无穷多个解？并求出此时方程组的通解，用其导出组的基础解系表示.

**解**　对方程组的增广矩阵施以初等行变换，化为行阶梯形矩阵

$$\overline{\boldsymbol{A}}=\begin{pmatrix}1&1&t&4\\1&-1&2&-4\\-1&t&1&t^2\end{pmatrix}\longrightarrow\begin{pmatrix}1&1&t&4\\0&-2&2-t&-8\\0&t+1&1+t&t^2+4\end{pmatrix}$$

$$\longrightarrow\begin{pmatrix}1&0&1+\frac{1}{2}t&0\\0&1&-1+\frac{1}{2}t&4\\0&0&-\frac{1}{2}(t-4)(t+1)&t(t-4)\end{pmatrix}.$$

当 $t=4$ 时，$r(\boldsymbol{A})=r(\overline{\boldsymbol{A}})=2<3$，非齐次线性方程组有无穷多个解. 增广矩阵通过初等行变换化为行最简形矩阵为

$$\begin{pmatrix}1&0&3&0\\0&1&1&4\\0&0&0&0\end{pmatrix},$$

与原方程组同解的方程组为

$$\begin{cases}x_1+3x_3=0,\\x_2+x_3=4.\end{cases}$$

令自由未知量 $x_3=0$，则原方程组的一个特解为

$$\boldsymbol{\gamma}_0=\begin{pmatrix}0\\4\\0\end{pmatrix}.$$

原方程组的导出组的同解方程组为

$$\begin{cases}x_1+3x_3=0,\\x_2+x_3=0.\end{cases}$$

令自由未知量 $x_3=1$，得导出组的一个基础解系为

$$\boldsymbol{\eta}=\begin{pmatrix}-3\\-1\\1\end{pmatrix},$$

所以原方程组的通解为

$$\boldsymbol{\gamma}=\boldsymbol{\gamma}_0+c\boldsymbol{\eta}\ （c\ 为任意常数），$$

即

$$\begin{pmatrix}x_1\\x_2\\x_3\end{pmatrix}=\begin{pmatrix}0\\4\\0\end{pmatrix}+c\begin{pmatrix}-3\\-1\\1\end{pmatrix}（c\ 为任意常数）.$$

(B)

1．设向量组 $\boldsymbol{\alpha}_1$，$\boldsymbol{\alpha}_2$，…，$\boldsymbol{\alpha}_t$ 是齐次线性方程组 $\boldsymbol{AX}=\boldsymbol{O}$ 的一个基础解系，向量 $\boldsymbol{\beta}$ 不是方程组 $\boldsymbol{AX}=\boldsymbol{O}$ 的解，即 $\boldsymbol{A\beta}\neq\boldsymbol{O}$．证明：向量组 $\boldsymbol{\beta}$，$\boldsymbol{\beta}+\boldsymbol{\alpha}_1$，$\boldsymbol{\beta}+\boldsymbol{\alpha}_2$，…，$\boldsymbol{\beta}+\boldsymbol{\alpha}_t$ 线性无关.

**分析** 本题主要考查由线性方程组解的性质讨论向量组的线性相关性．题中出现两类向量，一类是方程组 $\boldsymbol{AX}=\boldsymbol{O}$ 的解，一类不是方程组 $\boldsymbol{AX}=\boldsymbol{O}$ 的解，因此，在设定向量组线性相关性的定义式后，要将这两类向量分离开，利用线性方程组解的性质处理.

**证明** 设存在数 $l$，$k_1$，$k_2$，…，$k_t$，使得

$$l\boldsymbol{\beta}+k_1(\boldsymbol{\beta}+\boldsymbol{\alpha}_1)+k_2(\boldsymbol{\beta}+\boldsymbol{\alpha}_2)+\cdots+k_t(\boldsymbol{\beta}+\boldsymbol{\alpha}_t)=\boldsymbol{O},$$

即

$$(l+k_1+k_2+\cdots+k_t)\boldsymbol{\beta}+k_1\boldsymbol{\alpha}_1+k_2\boldsymbol{\alpha}_2+\cdots+k_t\boldsymbol{\alpha}_t=\boldsymbol{O}. \tag{12}$$

用矩阵 $\boldsymbol{A}$ 左乘（12）式，得

$$(l+k_1+k_2+\cdots+k_t)\boldsymbol{A\beta}=\boldsymbol{O}.$$

由于 $\boldsymbol{A\beta}\neq\boldsymbol{O}$，则 $l+k_1+k_2+\cdots+k_t=0$，于是(12) 式为

$$k_1\boldsymbol{\alpha}_1+k_2\boldsymbol{\alpha}_2+\cdots+k_t\boldsymbol{\alpha}_t=\boldsymbol{O}.$$

因为 $\boldsymbol{\alpha}_1$，$\boldsymbol{\alpha}_2$，…，$\boldsymbol{\alpha}_t$ 线性无关，所以 $k_1=k_2=\cdots=k_t=0$，于是(12) 式为 $l\boldsymbol{\beta}=\boldsymbol{O}$．显然 $\boldsymbol{\beta}\neq\boldsymbol{O}$，故必有 $l=0$，即 $l=k_1=k_2=\cdots=k_t=0$，因此向量组 $\boldsymbol{\beta}$，$\boldsymbol{\beta}+\boldsymbol{\alpha}_1$，$\boldsymbol{\beta}+\boldsymbol{\alpha}_2$，…，$\boldsymbol{\beta}+\boldsymbol{\alpha}_t$ 线性无关.

2．证明：$n$ 维列向量组 $\boldsymbol{\alpha}_1$，$\boldsymbol{\alpha}_2$，…，$\boldsymbol{\alpha}_n$ 线性无关的充分必要条件是行列式

$$\boldsymbol{D}=\begin{vmatrix}\boldsymbol{\alpha}_1^{\mathrm{T}}\boldsymbol{\alpha}_1 & \boldsymbol{\alpha}_1^{\mathrm{T}}\boldsymbol{\alpha}_2 & \cdots & \boldsymbol{\alpha}_1^{\mathrm{T}}\boldsymbol{\alpha}_n\\ \boldsymbol{\alpha}_2^{\mathrm{T}}\boldsymbol{\alpha}_1 & \boldsymbol{\alpha}_2^{\mathrm{T}}\boldsymbol{\alpha}_2 & \cdots & \boldsymbol{\alpha}_2^{\mathrm{T}}\boldsymbol{\alpha}_n\\ \vdots & \vdots & & \vdots\\ \boldsymbol{\alpha}_n^{\mathrm{T}}\boldsymbol{\alpha}_1 & \boldsymbol{\alpha}_n^{\mathrm{T}}\boldsymbol{\alpha}_2 & \cdots & \boldsymbol{\alpha}_n^{\mathrm{T}}\boldsymbol{\alpha}_n\end{vmatrix}\neq 0.$$

**分析**　$\boldsymbol{\alpha}_1$，$\boldsymbol{\alpha}_2$，…，$\boldsymbol{\alpha}_n$ 是 $n$ 维列向量组，向量个数与向量维数相等，所以，$\boldsymbol{\alpha}_1$，$\boldsymbol{\alpha}_2$，…，$\boldsymbol{\alpha}_n$ 线性无关的充要条件是行列式 $|\boldsymbol{\alpha}_1, \boldsymbol{\alpha}_2, \cdots, \boldsymbol{\alpha}_n| \neq 0$[或 $r(\boldsymbol{\alpha}_1, \boldsymbol{\alpha}_2, \cdots, \boldsymbol{\alpha}_n) = n$].

**证明**　记 $\boldsymbol{A} = (\boldsymbol{\alpha}_1, \boldsymbol{\alpha}_2, \cdots, \boldsymbol{\alpha}_n)$，则有

$$\boldsymbol{A}^{\mathrm{T}}\boldsymbol{A} = \begin{pmatrix} \boldsymbol{\alpha}_1^{\mathrm{T}} \\ \boldsymbol{\alpha}_2^{\mathrm{T}} \\ \vdots \\ \boldsymbol{\alpha}_n^{\mathrm{T}} \end{pmatrix} (\boldsymbol{\alpha}_1, \boldsymbol{\alpha}_2, \cdots, \boldsymbol{\alpha}_n) = \begin{pmatrix} \boldsymbol{\alpha}_1^{\mathrm{T}}\boldsymbol{\alpha}_1 & \boldsymbol{\alpha}_1^{\mathrm{T}}\boldsymbol{\alpha}_2 & \cdots & \boldsymbol{\alpha}_1^{\mathrm{T}}\boldsymbol{\alpha}_n \\ \boldsymbol{\alpha}_2^{\mathrm{T}}\boldsymbol{\alpha}_1 & \boldsymbol{\alpha}_2^{\mathrm{T}}\boldsymbol{\alpha}_2 & \cdots & \boldsymbol{\alpha}_2^{\mathrm{T}}\boldsymbol{\alpha}_n \\ \vdots & \vdots & & \vdots \\ \boldsymbol{\alpha}_n^{\mathrm{T}}\boldsymbol{\alpha}_1 & \boldsymbol{\alpha}_n^{\mathrm{T}}\boldsymbol{\alpha}_2 & \cdots & \boldsymbol{\alpha}_n^{\mathrm{T}}\boldsymbol{\alpha}_n \end{pmatrix},$$

于是有

$$|\boldsymbol{A}^{\mathrm{T}}\boldsymbol{A}| = |\boldsymbol{A}^{\mathrm{T}}| \cdot |\boldsymbol{A}| = |\boldsymbol{A}|^2 = \boldsymbol{D},$$

从而 $|\boldsymbol{A}| \neq 0$ 与 $\boldsymbol{D} \neq 0$ 等价，由此即得 $\boldsymbol{D} \neq 0$ 是向量组 $\boldsymbol{\alpha}_1$，$\boldsymbol{\alpha}_2$，…，$\boldsymbol{\alpha}_n$ 线性无关的充要条件.

3. 设线性方程组 $\begin{cases} x_1 + 2x_2 - 2x_3 = 0, \\ 2x_1 - x_2 + kx_3 = 0, \\ 3x_1 + x_2 - \quad x_3 = 0 \end{cases}$ 的系数矩阵为 $\boldsymbol{A}$，三阶矩阵 $\boldsymbol{B} \neq \boldsymbol{O}$ 且 $\boldsymbol{AB} = \boldsymbol{O}$.（1）求 $k$ 的值；（2）证明：$|\boldsymbol{B}| = 0$.

**分析**　对于(1) 令 $\boldsymbol{B} = (\boldsymbol{B}_1, \boldsymbol{B}_2, \boldsymbol{B}_3)$，由 $\boldsymbol{AB} = \boldsymbol{O}$ 得 $\boldsymbol{AB}_i = \boldsymbol{O}$，$i = 1, 2, 3$. 因此 $\boldsymbol{B}$ 的每列都是齐次线性方程组 $\boldsymbol{AX} = \boldsymbol{O}$ 的解. 而 $\boldsymbol{B} \neq \boldsymbol{O}$，说明方程组 $\boldsymbol{AX} = \boldsymbol{O}$ 有非零解，从而 $|\boldsymbol{A}| = 0$，由此可求得 $k$ 的值. 对于（2），有两种证明方法.

（1）**解**　令 $\boldsymbol{B} = (\boldsymbol{B}_1, \boldsymbol{B}_2, \boldsymbol{B}_3)$，由 $\boldsymbol{AB} = \boldsymbol{O}$ 得 $\boldsymbol{AB}_i = \boldsymbol{O}$，$i = 1, 2, 3$. 因此 $\boldsymbol{B}$ 的每列都是齐次线性方程组 $\boldsymbol{AX} = \boldsymbol{O}$ 的解. 而 $\boldsymbol{B} \neq \boldsymbol{O}$，$\boldsymbol{B}$ 至少有一个非零的列向量，因此齐次线性方程组 $\boldsymbol{AX} = \boldsymbol{O}$ 有非零解，从而有系数行列式 $|\boldsymbol{A}| = 0$. 而

$$|\boldsymbol{A}| = \begin{vmatrix} 1 & 2 & -2 \\ 2 & -1 & k \\ 3 & 1 & -1 \end{vmatrix} = \begin{vmatrix} 1 & 2 & 0 \\ 2 & -1 & k-1 \\ 3 & 1 & 0 \end{vmatrix} = 5(k-1) = 0,$$

所以 $k = 1$.

（2）**证明**　**方法一**　由（1）得

$$\boldsymbol{A} = \begin{pmatrix} 1 & 2 & -2 \\ 2 & -1 & 1 \\ 3 & 1 & -1 \end{pmatrix}.$$

对 $\boldsymbol{A}$ 进行初等行变换，化为行阶梯形矩阵

$$\boldsymbol{A} = \begin{pmatrix} 1 & 2 & -2 \\ 2 & -1 & 1 \\ 3 & 1 & -1 \end{pmatrix} \xrightarrow[r_3 - 3r_1]{r_2 - 2r_1} \begin{pmatrix} 1 & 2 & -2 \\ 0 & -5 & 5 \\ 0 & -5 & 5 \end{pmatrix} \xrightarrow{r_3 - r_2} \begin{pmatrix} 1 & 2 & -2 \\ 0 & -5 & 5 \\ 0 & 0 & 0 \end{pmatrix},$$

由此得 $r(\boldsymbol{A}) = 2$. 因为 $\boldsymbol{AB} = \boldsymbol{O}$，所以 $r(\boldsymbol{A}) + r(\boldsymbol{B}) \leqslant 3$，即 $r(\boldsymbol{B}) \leqslant 1$，此时向量组 $\boldsymbol{B}_1$，$\boldsymbol{B}_2$，$\boldsymbol{B}_3$ 的秩也小于等于 1，说明 $\boldsymbol{B}_1$，$\boldsymbol{B}_2$，$\boldsymbol{B}_3$ 线性相关，即 $|\boldsymbol{B}| = 0$.

**方法二**　反证法. 假设 $|\boldsymbol{B}| \neq 0$，则 $\boldsymbol{B}$ 可逆，在 $\boldsymbol{AB} = \boldsymbol{O}$ 两边右乘 $\boldsymbol{B}^{-1}$ 得 $\boldsymbol{A} = \boldsymbol{O}$，这与已

知条件矛盾，故必有$|\boldsymbol{B}|=0$.

4. 设$\boldsymbol{A}^*$是$n$（$n\geqslant 2$）阶矩阵$\boldsymbol{A}$的伴随矩阵，证明：

$$r(\boldsymbol{A}^*)=\begin{cases}n\ ，若\ r(\boldsymbol{A})=n,\\1\ ，若\ r(\boldsymbol{A})=n-1,\\0\ ，若\ r(\boldsymbol{A})<n-1.\end{cases}$$

**证明**　(1) 因为$r(\boldsymbol{A})=n$，所以$\boldsymbol{A}$可逆，于是$|\boldsymbol{A}|\neq 0$. 而$\boldsymbol{A}^*\boldsymbol{A}=|\boldsymbol{A}|\boldsymbol{E}$，因此$\boldsymbol{A}^*$也可逆，故$r(\boldsymbol{A}^*)=n$.

(2) 因为$r(\boldsymbol{A})=n-1$，所以$|\boldsymbol{A}|=0$，于是$\boldsymbol{A}^*\boldsymbol{A}=|\boldsymbol{A}|\boldsymbol{E}=\boldsymbol{O}$，从而

$$r(\boldsymbol{A})+r(\boldsymbol{A}^*)\leqslant n,$$

又$r(\boldsymbol{A})=n-1$，所以$r(\boldsymbol{A}^*)\leqslant 1$.

又$r(\boldsymbol{A})=n-1$，知$\boldsymbol{A}$中至少有一个$n-1$阶子式不为零，所以$r(\boldsymbol{A}^*)\geqslant 1$，从而$r(\boldsymbol{A}^*)=1$.

(3) 因为$r(\boldsymbol{A})<n-1$，所以$\boldsymbol{A}$中的任一$n-1$阶子式为零，故$\boldsymbol{A}^*=\boldsymbol{O}$，所以$r(\boldsymbol{A}^*)=0$.

5. 已知非齐次线性方程组

$$\begin{cases}x_1+\ \ x_2+\ \ x_3+x_4=-1,\\4x_1+3x_2+5x_3-x_4=-1,\\ax_1+x_2+3x_3+bx_4=1\end{cases}$$

有三个线性无关的解.

(1) 证明：方程组系数矩阵的秩等于2.

(2) 求$a$，$b$的值及方程组的解.

(1) **证明**　所给的非齐次线性方程组的系数矩阵记为$\boldsymbol{A}$，则

$$\boldsymbol{A}=\begin{pmatrix}1&1&1&1\\4&3&5&-1\\a&1&3&b\end{pmatrix},$$

容易知道$r(\boldsymbol{A})\geqslant 2$.

设$\boldsymbol{\eta}_1$，$\boldsymbol{\eta}_2$，$\boldsymbol{\eta}_3$是所给非齐次线性方程组的三个线性无关的解，根据解向量的性质知，$\boldsymbol{\eta}_1-\boldsymbol{\eta}_2$和$\boldsymbol{\eta}_1-\boldsymbol{\eta}_3$是对应的齐次线性方程组$\boldsymbol{AX}=\boldsymbol{O}$的解向量. 设存在$l_1$和$l_2$使得

$$l_1(\boldsymbol{\eta}_1-\boldsymbol{\eta}_2)+l_2(\boldsymbol{\eta}_1-\boldsymbol{\eta}_3)=\boldsymbol{O},$$

即$(l_1+l_2)\boldsymbol{\eta}_1-l_1\boldsymbol{\eta}_2-l_2\boldsymbol{\eta}_3=\boldsymbol{O}$. 已知$\boldsymbol{\eta}_1$，$\boldsymbol{\eta}_2$，$\boldsymbol{\eta}_3$线性无关，可得$l_1=l_2=0$，即$\boldsymbol{\eta}_1-\boldsymbol{\eta}_2$和$\boldsymbol{\eta}_1-\boldsymbol{\eta}_3$是线性无关的，于是$4-r(\boldsymbol{A})\geqslant 2$，进而$r(\boldsymbol{A})\leqslant 2$，因此$r(\boldsymbol{A})=2$.

(2) **解**　所给的非齐次线性方程组的增广矩阵记为$\boldsymbol{B}$，则

$$\boldsymbol{B}=\begin{pmatrix}1&1&1&1&-1\\4&3&5&-1&-1\\a&1&3&b&1\end{pmatrix}.$$

对$\boldsymbol{B}$进行初等行变换，化为行阶梯形矩阵

$$B=\begin{pmatrix}1&1&1&1&-1\\4&3&5&-1&-1\\a&1&3&b&1\end{pmatrix}\xrightarrow[r_3-ar_1]{r_2-4r_1}\begin{pmatrix}1&1&1&1&-1\\0&-1&1&-5&3\\0&1-a&3-a&b-a&1+a\end{pmatrix}$$

$$\xrightarrow{r_3+(1-a)r_2}\begin{pmatrix}1&1&1&1&-1\\0&-1&1&-5&3\\0&0&4-2a&b+4a-5&4-2a\end{pmatrix}. \tag{13}$$

由(1)知 $r(\boldsymbol{A})=2$，所以 $4-2a=0$，且 $b+4a-5=0$，于是 $a=2$，$b=-3$.

继续对上面的(13)式矩阵进行初等行变换，化为行最简形矩阵得

$$\begin{pmatrix}1&1&1&1&-1\\0&-1&1&-5&3\\0&0&0&0&0\end{pmatrix}\xrightarrow[r_2\times(-1)]{r_1+r_2}\begin{pmatrix}1&0&2&-4&2\\0&1&-1&5&-3\\0&0&0&0&0\end{pmatrix},$$

则与原方程组同解的线性方程组为

$$\begin{cases}x_1+2x_3-4x_4=2,\\x_2-x_3+5x_4=-3.\end{cases}$$

令自由未知量 $x_3=0$，$x_4=0$，则原线性方程组的一个特解

$$\boldsymbol{\gamma}_0=\begin{pmatrix}2\\-3\\0\\0\end{pmatrix}.$$

原方程组导出组的同解方程组为

$$\begin{cases}x_1+2x_3-4x_4=0,\\x_2-x_3+5x_4=0.\end{cases}$$

令自由未知量 $\begin{pmatrix}x_3\\x_4\end{pmatrix}=\begin{pmatrix}1\\0\end{pmatrix}$，$\begin{pmatrix}0\\1\end{pmatrix}$，得导出组的一个基础解系为

$$\boldsymbol{\eta}_1=\begin{pmatrix}-2\\1\\1\\0\end{pmatrix},\ \boldsymbol{\eta}_2=\begin{pmatrix}4\\-5\\0\\1\end{pmatrix},$$

所以原方程组的通解为

$$\boldsymbol{\gamma}=\boldsymbol{\gamma}_0+c_1\boldsymbol{\eta}_1+c_2\boldsymbol{\eta}_2=\begin{pmatrix}2\\-3\\0\\0\end{pmatrix}+c_1\begin{pmatrix}-2\\1\\1\\0\end{pmatrix}+c_2\begin{pmatrix}4\\-5\\0\\1\end{pmatrix}\ (c_1,\ c_2\text{ 为任意常数}).$$

6. 已知线性方程组

$$\begin{cases} x_1 + x_2 + 2x_3 + 3x_4 = 1, \\ x_1 + 3x_2 + 6x_3 + x_4 = 3, \\ 3x_1 - x_2 - ax_3 + 15x_4 = 3, \\ x_1 - 5x_2 - 10x_3 + 12x_4 = b. \end{cases}$$

当 $a$， $b$ 为何值时，方程组无解？有唯一解？有无穷多个解？在方程组有无穷多个解的情况下，求其通解.

**解** $\overline{\mathbf{A}} = \begin{pmatrix} 1 & 1 & 2 & 3 & 1 \\ 1 & 3 & 6 & 1 & 3 \\ 3 & -1 & -a & 15 & 3 \\ 1 & -5 & -10 & 12 & b \end{pmatrix} \to \begin{pmatrix} 1 & 1 & 2 & 3 & 1 \\ 0 & 2 & 4 & -2 & 2 \\ 0 & -4 & -a-6 & 6 & 0 \\ 0 & -6 & -12 & 9 & b-1 \end{pmatrix}$

$$\to \begin{pmatrix} 1 & 1 & 2 & 3 & 1 \\ 0 & 1 & 2 & -1 & 1 \\ 0 & 0 & -a+2 & 2 & 4 \\ 0 & 0 & 0 & 3 & b+5 \end{pmatrix},$$

显然，当 $a \neq 2$ 时，$r(\mathbf{A}) = r(\overline{\mathbf{A}}) = 4$，方程组有唯一解.

当 $a = 2$ 时，上述矩阵可化为

$$\begin{pmatrix} 1 & 1 & 2 & 3 & 1 \\ 0 & 1 & 2 & -1 & 1 \\ 0 & 0 & 0 & 2 & 4 \\ 0 & 0 & 0 & 3 & b+5 \end{pmatrix} \to \begin{pmatrix} 1 & 1 & 2 & 3 & 1 \\ 0 & 1 & 2 & -1 & 1 \\ 0 & 0 & 0 & 1 & 2 \\ 0 & 0 & 0 & 0 & b-1 \end{pmatrix},$$

当 $a = 2$， $b \neq 1$ 时，$r(\mathbf{A}) = 3$，$r(\overline{\mathbf{A}}) = 4$，此时方程组无解.

当 $a = 2$，$b = 1$ 时，$r(\mathbf{A}) = 3$，$r(\overline{\mathbf{A}}) = 3$，方程组有无穷多个解，继续施以初等行变换

$$\begin{pmatrix} 1 & 0 & 0 & 0 & -8 \\ 0 & 1 & 2 & 0 & 3 \\ 0 & 0 & 0 & 1 & 2 \\ 0 & 0 & 0 & 0 & 0 \end{pmatrix},$$

由此得 $\begin{cases} x_1 = -8, \\ x_2 = 3 - 2x_3, \\ x_4 = 2, \end{cases}$ 令自由未知量 $x_3 = 0$，得原方程组的一个特解为

$$\boldsymbol{\gamma}_0 = (-8, 3, 0, 2)^{\mathrm{T}}.$$

令 $x_3 = 1$，得导出组的基础解系为 $\boldsymbol{\gamma} = (0, -2, 1, 0)^{\mathrm{T}}$.

因此原方程组的通解为

$$\begin{pmatrix} x_1 \\ x_2 \\ x_3 \\ x_4 \end{pmatrix} = \begin{pmatrix} -8 \\ 3 \\ 0 \\ 2 \end{pmatrix} + c \begin{pmatrix} 0 \\ -2 \\ 1 \\ 0 \end{pmatrix} \quad (c \text{ 为任意常数}).$$

7. 设齐次线性方程组 $\begin{cases} a_{11}x_1+a_{12}x_2+\cdots+a_{1n}x_n=0, \\ a_{21}x_1+a_{22}x_2+\cdots+a_{2n}x_n=0, \\ \cdots\cdots \\ a_{n1}x_1+a_{n2}x_2+\cdots+a_{nn}x_n=0 \end{cases}$ 的系数矩阵 $\boldsymbol{A}=(a_{ij})_{n\times n}$ 的秩为 $n-1$，求证：此方程组的通解为

$$\boldsymbol{\eta}=c\begin{pmatrix} \boldsymbol{A}_{i1} \\ \boldsymbol{A}_{i2} \\ \vdots \\ \boldsymbol{A}_{in} \end{pmatrix}\ (c\text{ 为任意常数}),$$

其中 $\boldsymbol{A}_{ij}(1\leqslant j\leqslant n)$ 是 $a_{ij}$ 的代数余子式，且至少有一个 $\boldsymbol{A}_{ij}\neq 0$.

**证明**　由于 $r(\boldsymbol{A})=n-1<n$，所以 $|\boldsymbol{A}|=0$，且齐次线性方程组有非零解，其基础解系中含有一个解向量，同时，$\boldsymbol{A}$ 中至少存在一个 $n-1$ 阶子式不为零. 不妨设 $\boldsymbol{A}_{ij}\neq 0$（$1\leqslant i$，$j\leqslant n$）. 因为 $\boldsymbol{A}\boldsymbol{A}^*=|\boldsymbol{A}|\boldsymbol{E}=\boldsymbol{O}$，所以将 $\boldsymbol{A}^*$ 按列分块为 $\boldsymbol{A}^*=(\boldsymbol{\alpha}_1,\boldsymbol{\alpha}_2,\cdots,\boldsymbol{\alpha}_n)$，其中 $\boldsymbol{\alpha}_i=(\boldsymbol{A}_{i1},\boldsymbol{A}_{i2},\cdots,\boldsymbol{A}_{in})^{\mathrm{T}}$，则

$$\boldsymbol{A}\boldsymbol{A}^*=\boldsymbol{A}(\boldsymbol{\alpha}_1,\boldsymbol{\alpha}_2,\cdots,\boldsymbol{\alpha}_n)=(\boldsymbol{A}\boldsymbol{\alpha}_1,\boldsymbol{A}\boldsymbol{\alpha}_2,\cdots,\boldsymbol{A}\boldsymbol{\alpha}_n)=(\boldsymbol{O},\boldsymbol{O},\cdots,\boldsymbol{O}),$$

即 $\boldsymbol{A}\boldsymbol{\alpha}_i=\boldsymbol{O}$，说明 $(\boldsymbol{A}_{i1},\boldsymbol{A}_{i2},\cdots,\boldsymbol{A}_{in})^{\mathrm{T}}$ 是齐次线性方程组的一个非零解，于是 $(\boldsymbol{A}_{i1},\boldsymbol{A}_{i2},\cdots,\boldsymbol{A}_{in})^{\mathrm{T}}$ 可以作为该齐次线性方程组一个基础解系，故齐次线性方程组的通解为

$$\boldsymbol{\eta}=c\begin{pmatrix} \boldsymbol{A}_{i1} \\ \boldsymbol{A}_{i2} \\ \vdots \\ \boldsymbol{A}_{in} \end{pmatrix}\ (c\text{ 为任意常数}).$$

8. 设 $\boldsymbol{A}$ 是 $n$ 阶不可逆矩阵，$|\boldsymbol{A}|$ 关于 $a_{11}$ 的代数余子式 $\boldsymbol{A}_{11}\neq 0$，求齐次线性方程组 $\boldsymbol{A}^*\boldsymbol{X}=\boldsymbol{O}$ 的通解.

**解**　$|\boldsymbol{A}|=0$，$\boldsymbol{A}_{11}\neq 0$，所以 $r(\boldsymbol{A})=n-1$，$r(\boldsymbol{A}^*)=1$，所以 $\boldsymbol{A}^*\boldsymbol{X}=\boldsymbol{O}$ 有 $n-1$ 个线性无关的解组成基础解系. 因为 $\boldsymbol{A}^*\boldsymbol{A}=|\boldsymbol{A}|\boldsymbol{E}=\boldsymbol{O}$，所以 $\boldsymbol{A}$ 的列向量是 $\boldsymbol{A}^*\boldsymbol{X}=\boldsymbol{O}$ 的解向量. 又因为 $\boldsymbol{A}_{11}\neq 0$，所以 $\boldsymbol{A}$ 的第 2，3，…，$n$ 列是 $\boldsymbol{A}^*\boldsymbol{X}=\boldsymbol{O}$ 的 $n-1$ 个线性无关的解向量，设为 $\boldsymbol{A}_2$，$\boldsymbol{A}_3$，…，$\boldsymbol{A}_n$，故齐次线性方程组 $\boldsymbol{A}^*\boldsymbol{X}=\boldsymbol{O}$ 的通解为

$$k_2\boldsymbol{A}_2+k_3\boldsymbol{A}_3+\cdots+k_n\boldsymbol{A}_n,$$

其中 $k_2$，$k_3$，…，$k_n$ 为任意常数.

9. 设线性方程组

$$\begin{cases} x_1+a_1x_2+a_1^2x_3=a_1^3, \\ x_1+a_2x_2+a_2^2x_3=a_2^3, \\ x_1+a_3x_2+a_3^2x_3=a_3^3, \\ x_1+a_4x_2+a_4^2x_3=a_4^3. \end{cases}$$

（1）证明：若 $a_1$，$a_2$，$a_3$，$a_4$ 两两不等，则此线性方程组无解；

(2) 设 $a_1=a_3=k$，　$a_2=a_4=-k$ $(k\neq 0)$，且 $\boldsymbol{\eta}_1$，$\boldsymbol{\eta}_2$ 是该方程组的两个解，其中 $\boldsymbol{\eta}_1=(-1,1,1)^T$，$\boldsymbol{\eta}_2=(1,1,-1)^T$，求该方程组的通解.

(1) **证明**　线性方程组的增广矩阵的行列式是一个范德蒙德行列式，所以

$$|\overline{\boldsymbol{A}}|=\begin{vmatrix}1 & a_1 & a_1^2 & a_1^3\\ 1 & a_2 & a_2^2 & a_2^1\\ 1 & a_3 & a_3^2 & a_3^3\\ 1 & a_4 & a_4^2 & a_4^3\end{vmatrix}=\prod_{1\leqslant j\leqslant i\leqslant 4}(a_i-a_j),$$

若 $a_1$，$a_2$，$a_3$，$a_4$ 两两不等，则 $|\overline{\boldsymbol{A}}|\neq 0$，于是得到 $r(\overline{\boldsymbol{A}})=4$，而 $r(\boldsymbol{A})\leqslant 3$，故线性方程组无解.

(2) **解**　因为 $a_1=a_3=k$，　$a_2=a_4=-k$ $(k\neq 0)$ 时，原方程组化为

$$\begin{cases}x_1+kx_2+k^2x_3=k^3,\\ x_1-kx_2+k^2x_3=-k^3,\\ x_1+kx_2+k^2x_3=k^3,\\ x_1-kx_2+k^2x_3=-k^3,\end{cases}$$

即

$$\begin{cases}x_1+kx_2+k^2x_3=k^3,\\ x_1-kx_2+k^2x_3=-k^3.\end{cases}$$

对此方程组的增广矩阵施以初等行变换化为行阶梯形矩阵有

$$\begin{pmatrix}1 & k & k^2 & k^3\\ 1 & -k & k^2 & -k^3\end{pmatrix}\rightarrow\begin{pmatrix}1 & k & k^2 & k^3\\ 0 & -2k & 0 & -2k^3\end{pmatrix},$$

因 $k\neq 0$，所以上述方程组的系数矩阵与增广矩阵的秩相等，均为 2，从而方程组有解，且导出组的基础解系应含有一个解向量，又因为 $\boldsymbol{\eta}_1=(-1,1,1)^T$，$\boldsymbol{\eta}_2=(1,1,-1)^T$ 是原非齐次线性方程组的两个解，因此

$$\boldsymbol{\eta}=\boldsymbol{\eta}_2-\boldsymbol{\eta}_1=\begin{pmatrix}1\\1\\-1\end{pmatrix}-\begin{pmatrix}-1\\1\\1\end{pmatrix}=\begin{pmatrix}2\\0\\-2\end{pmatrix}\neq\boldsymbol{O}$$

是对应的导出组的解，显然是导出组的一个基础解系，所以原非齐次线性方程组的通解为

$$\begin{pmatrix}x_1\\x_2\\x_3\end{pmatrix}=\begin{pmatrix}-1\\1\\1\end{pmatrix}+c\begin{pmatrix}2\\0\\-2\end{pmatrix}(c\text{ 为任意常数}).$$

# 四、自测题及答案

## 自测题

一、填空题（本大题共 5 小题，每小题 3 分，共 15 分）

1. 已知 $\boldsymbol{\alpha}_1$，$\boldsymbol{\alpha}_2$，$\boldsymbol{\alpha}_3$ 是三维列向量，矩阵 $\boldsymbol{A}=(\boldsymbol{\alpha}_1,\boldsymbol{\alpha}_2,\boldsymbol{\alpha}_3)$，且行列式 $|\boldsymbol{A}|=3$，则行列式 $|\boldsymbol{\alpha}_1+\boldsymbol{\alpha}_2,\boldsymbol{\alpha}_2+\boldsymbol{\alpha}_3,\boldsymbol{\alpha}_3+\boldsymbol{\alpha}_1|=$______.

2. 设向量组 $\boldsymbol{\alpha}_1=(1,2,-1,1)$，$\boldsymbol{\alpha}_2=(2,0,t,0)$，$\boldsymbol{\alpha}_3=(0,-4,5,-2)$ 的秩为 2，则 $t=$______.

3. 设 $\boldsymbol{A}=\begin{pmatrix}1&2&-2\\2&1&2\\3&0&4\end{pmatrix}$，$\boldsymbol{\alpha}=\begin{pmatrix}a\\1\\1\end{pmatrix}$，已知向量 $\boldsymbol{A\alpha}$ 与 $\boldsymbol{\alpha}$ 线性相关，则 $a=$______.

4. 若向量组Ⅰ与向量组Ⅱ的秩分别为 $r_1$ 和 $r_2$，并且向量组Ⅰ中每个向量都可由向量组Ⅱ线性表示，则 $r_1$ 和 $r_2$ 的关系是______.

5. 设 $\boldsymbol{\eta}_1$，$\boldsymbol{\eta}_2$，…，$\boldsymbol{\eta}_s$ 是线性方程组 $\boldsymbol{AX}=\boldsymbol{B}$ 的解，若 $k_1\boldsymbol{\eta}_1+k_2\boldsymbol{\eta}_2+\cdots+k_s\boldsymbol{\eta}_s$ 也是 $\boldsymbol{AX}=\boldsymbol{B}$ 的解，则 $k_1$，$k_2$，…，$k_s$ 应满足的条件是______.

二、选择题（本大题共 5 小题，每小题 3 分，共 15 分）

1. 线性方程组

$$\begin{cases}2x_1+\lambda x_2-x_3=1,\\ \lambda x_1-x_2+x_3=2,\\ 4x_1+5x_2-5x_3=-1\end{cases}$$

有唯一解的充分必要条件是（　　）.

(A) $\lambda=1$ 或 $\lambda=-\dfrac{4}{5}$　　(B) $\lambda=1$ 或 $\lambda=\dfrac{4}{5}$；

(C) $\lambda\neq1$ 且 $\lambda\neq-\dfrac{4}{5}$　　(D) $\lambda=-1$ 且 $\lambda\neq\dfrac{4}{5}$.

2. 若向量组 $\boldsymbol{\alpha}$，$\boldsymbol{\beta}$，$\boldsymbol{\gamma}$ 线性无关；$\boldsymbol{\alpha}$，$\boldsymbol{\beta}$，$\boldsymbol{\delta}$ 线性相关，则（　　）.

(A) $\boldsymbol{\alpha}$ 必可由 $\boldsymbol{\beta}$，$\boldsymbol{\gamma}$，$\boldsymbol{\delta}$ 线性表示；

(B) $\boldsymbol{\beta}$ 必不可由 $\boldsymbol{\alpha}$，$\boldsymbol{\gamma}$，$\boldsymbol{\delta}$ 线性表示；

(C) $\boldsymbol{\delta}$ 必可由 $\boldsymbol{\alpha}$，$\boldsymbol{\beta}$，$\boldsymbol{\gamma}$ 线性表示；

(D) $\boldsymbol{\delta}$ 必不可由 $\boldsymbol{\alpha}$，$\boldsymbol{\beta}$，$\boldsymbol{\gamma}$ 线性表示.

3. 设向量 $\boldsymbol{\alpha}$，$\boldsymbol{\beta}$，$\boldsymbol{\gamma}$ 和数 $k$，$l$，$m$ 满足 $k\boldsymbol{\alpha}+l\boldsymbol{\beta}+m\boldsymbol{\gamma}=\boldsymbol{O}$. 若 $km\neq0$，则有（　　）.

(A) $\boldsymbol{\alpha}$，$\boldsymbol{\beta}$ 与 $\boldsymbol{\alpha}$，$\boldsymbol{\gamma}$ 等价；

(B) $\boldsymbol{\alpha}$，$\boldsymbol{\beta}$ 与 $\boldsymbol{\beta}$，$\boldsymbol{\gamma}$ 等价；

(C) $\boldsymbol{\alpha}$，$\boldsymbol{\gamma}$ 与 $\boldsymbol{\beta}$，$\boldsymbol{\gamma}$ 等价；

(D) $\boldsymbol{\alpha}$ 与 $\boldsymbol{\gamma}$ 等价.

4. 设 $\boldsymbol{\xi}_1$，$\boldsymbol{\xi}_2$，$\boldsymbol{\xi}_3$，$\boldsymbol{\xi}_4$ 是 $\boldsymbol{AX}=\boldsymbol{O}$ 的基础解系，则该方程组的基础解系还可以是（　　）.

(A) 与 $\boldsymbol{\xi}_1$，$\boldsymbol{\xi}_2$，$\boldsymbol{\xi}_3$，$\boldsymbol{\xi}_4$ 等秩的向量组

(B) 与 $\boldsymbol{\xi}_1$，$\boldsymbol{\xi}_2$，$\boldsymbol{\xi}_3$，$\boldsymbol{\xi}_4$ 等价的向量组

(C) $\boldsymbol{\xi}_1+\boldsymbol{\xi}_2$，$\boldsymbol{\xi}_2+\boldsymbol{\xi}_3$；$\boldsymbol{\xi}_3+\boldsymbol{\xi}_4$；$\boldsymbol{\xi}_4+\boldsymbol{\xi}_1$

(D) $\boldsymbol{\xi}_1+\boldsymbol{\xi}_2$，$\boldsymbol{\xi}_2+\boldsymbol{\xi}_3$；$\boldsymbol{\xi}_3+\boldsymbol{\xi}_2$；$\boldsymbol{\xi}_4-\boldsymbol{\xi}_1$

5. 设 $\boldsymbol{\alpha}_1$，$\boldsymbol{\alpha}_2$，$\boldsymbol{\alpha}_3$ 是 4 元非齐次线性方程组 $\boldsymbol{AX}=\boldsymbol{B}$ 的 3 个解向量，且 $r(\boldsymbol{A})=3$，$\boldsymbol{\alpha}_1=(1,2,3,4)^{\mathrm{T}}$，$\boldsymbol{\alpha}_2+\boldsymbol{\alpha}_3=(0,1,2,3)^{\mathrm{T}}$，$c$ 为任意常数，则 $\boldsymbol{AX}=\boldsymbol{B}$ 的通解为(　　).

(A) $\begin{pmatrix}1\\2\\3\\4\end{pmatrix}+c\begin{pmatrix}1\\1\\1\\1\end{pmatrix}$　　(B) $\begin{pmatrix}1\\2\\3\\4\end{pmatrix}+c\begin{pmatrix}0\\1\\2\\3\end{pmatrix}$

(C) $\begin{pmatrix}1\\2\\3\\4\end{pmatrix}+c\begin{pmatrix}2\\3\\4\\5\end{pmatrix}$　　(D) $\begin{pmatrix}1\\2\\3\\4\end{pmatrix}+c\begin{pmatrix}3\\4\\5\\6\end{pmatrix}$

三、证明题(本题 10 分)

设 $\boldsymbol{\eta}_1$ 与 $\boldsymbol{\eta}_2$ 是非齐次线性方程组 $\boldsymbol{AX}=\boldsymbol{B}$ 的两个不同解，$\boldsymbol{A}$ 是 $m\times n$ 矩阵，$\boldsymbol{\xi}$ 是 $\boldsymbol{AX}=\boldsymbol{O}$ 的一个非零解. 证明：(1) 向量组 $\boldsymbol{\eta}_1$，$\boldsymbol{\eta}_1-\boldsymbol{\eta}_2$ 线性无关；(2) 若 $r(\boldsymbol{A})=n-1$，则向量组 $\boldsymbol{\xi}$，$\boldsymbol{\eta}_1$，$\boldsymbol{\eta}_2$ 线性相关.

四、计算题(本大题共 5 小题，每小题 10 分，共 50 分)

1. 已知向量 $\boldsymbol{\beta}=(\lambda,1,0)^{\mathrm{T}}$ 可由向量组 $\boldsymbol{\alpha}_1=(1,2,-3)^{\mathrm{T}}$，$\boldsymbol{\alpha}_2=(3,7,-8)^{\mathrm{T}}$，$\boldsymbol{\alpha}_3=(2,5,-5)^{\mathrm{T}}$ 线性表示，求 $\lambda$ 的值.

2. 设向量组 $\boldsymbol{\beta}_1=(0,1,-1)^{\mathrm{T}}$，$\boldsymbol{\beta}_2=(a,2,1)^{\mathrm{T}}$，$\boldsymbol{\beta}_3=(b,1,0)^{\mathrm{T}}$ 与向量组 $\boldsymbol{\alpha}_1=(1,2,-3)^{\mathrm{T}}$，$\boldsymbol{\alpha}_2=(3,0,1)^{\mathrm{T}}$，$\boldsymbol{\alpha}_3=(9,6,-7)^{\mathrm{T}}$ 具有相同的秩，且 $\boldsymbol{\beta}_3$ 可由 $\boldsymbol{\alpha}_1$，$\boldsymbol{\alpha}_2$，$\boldsymbol{\alpha}_3$ 线性表示，求 $a$，$b$ 的值.

3. $\boldsymbol{\alpha}_1=(1+a,1,1,1)^{\mathrm{T}}$，$\boldsymbol{\alpha}_2=(2,2+a,2,2)^{\mathrm{T}}$，$\boldsymbol{\alpha}_3=(3,3,3+a,3)^{\mathrm{T}}$，$\boldsymbol{\alpha}_4=(4,4,4,4+a)^{\mathrm{T}}$，问：$a$ 为何值时，$\boldsymbol{\alpha}_1$，$\boldsymbol{\alpha}_2$，$\boldsymbol{\alpha}_3$，$\boldsymbol{\alpha}_4$ 线性相关？当 $\boldsymbol{\alpha}_1$，$\boldsymbol{\alpha}_2$，$\boldsymbol{\alpha}_3$，$\boldsymbol{\alpha}_4$ 线性相关时，求其一个极大线性无关组，并将其余向量用该极大线性无关组线性表示.

4. 已知线性方程组

$$\begin{cases}x_1+x_2+x_3+x_4+x_5=a,\\3x_1+2x_2+x_3+x_4-3x_5=0,\\\quad x_2+2x_3+2x_4+6x_5=b,\\5x_1+4x_2+3x_3+3x_4-x_5=2,\end{cases}$$

$a$ 和 $b$ 取何值时，以上线性方程组有解？并求其通解.

5. 设线性方程组

$$
(\text{Ⅰ})\begin{cases}x_1+x_2+x_3=0,\\x_1+2x_2+ax_3=0,\\x_1+4x_2+a^2x_4=0\end{cases}
$$

与方程

$$
(\text{Ⅱ})\ x_1+2x_2+x_3=a-1
$$

有公共解. 求 $a$ 的值及所有公共解.

五、综合题(本题 10 分)

齐次线性方程组

$$
\begin{cases}\lambda x_1+x_2+\lambda^2x_3=0,\\x_1+\lambda x_2+x_3=0,\\x_1+x_2+\lambda x_3=0\end{cases}
$$

的系数矩阵记为 $\boldsymbol{A}$. 若存在三阶矩阵 $\boldsymbol{B}\neq\boldsymbol{O}$，使得 $\boldsymbol{AB}=\boldsymbol{O}$.

(1) 求 $\lambda$ 的值.

(2) 证明：$|\boldsymbol{B}|=0$.

# 答案

一、1. 6；

2. 3；

3. $-1$；

4. $r_1\leqslant r_2$；

5. $k_1+k_2+\cdots+k_s$.

二、1. C；

2. C；

3. B；

4. D；

5. C.

三、略. 提示：(1) 根据线性无关定义. (2) 由 $r(\boldsymbol{A})=n-1$ 知 $\boldsymbol{AX}=\boldsymbol{O}$ 的基础解系中含有 1 个解向量，从而 $\boldsymbol{\xi}$，$\boldsymbol{\eta}_1-\boldsymbol{\eta}_2$ 线性相关. 再由线性相关定义导出 $\boldsymbol{\xi}$ 可由 $\boldsymbol{\eta}_1$，$\boldsymbol{\eta}_2$ 线性表示.

四、1. $\boldsymbol{\gamma}=\dfrac{1}{5}$.

2. $a=15$，$b=5$.

3. 当 $a=0$ 或 $a=-10$ 时，$\boldsymbol{\alpha}_1$，$\boldsymbol{\alpha}_2$，$\boldsymbol{\alpha}_3$，$\boldsymbol{\alpha}_4$ 线性相关.

当 $a=0$ 时，$\boldsymbol{\alpha}_1$ 是 $\boldsymbol{\alpha}_1$，$\boldsymbol{\alpha}_2$，$\boldsymbol{\alpha}_3$，$\boldsymbol{\alpha}_4$ 的一个极大线性无关组，且 $\boldsymbol{\alpha}_2=2\boldsymbol{\alpha}_1$，$\boldsymbol{\alpha}_3=3\boldsymbol{\alpha}_1$，$\boldsymbol{\alpha}_4=4\boldsymbol{\alpha}_1$.

当 $a=-10$ 时，$\boldsymbol{\alpha}_1$，$\boldsymbol{\alpha}_2$，$\boldsymbol{\alpha}_3$ 是 $\boldsymbol{\alpha}_1$，$\boldsymbol{\alpha}_2$，$\boldsymbol{\alpha}_3$，$\boldsymbol{\alpha}_4$ 的一个极大线性无关组，且 $\boldsymbol{\alpha}_4=\boldsymbol{\alpha}_1-\boldsymbol{\alpha}_2-\boldsymbol{\alpha}_3$.

4. 当 $a=1$，$b=3$ 时，有无穷多个解，其通解为

$$\begin{pmatrix} x_1 \\ x_2 \\ x_3 \\ x_4 \\ x_5 \end{pmatrix}=\begin{pmatrix} -2 \\ 3 \\ 0 \\ 0 \\ 0 \end{pmatrix}+k_1\begin{pmatrix} 1 \\ -2 \\ 1 \\ 0 \\ 0 \end{pmatrix}+k_2\begin{pmatrix} 1 \\ -2 \\ 0 \\ 1 \\ 0 \end{pmatrix}+k_3\begin{pmatrix} 5 \\ -6 \\ 0 \\ 0 \\ 1 \end{pmatrix},$$

其中 $k_1$，$k_2$，$k_3$ 为任意常数.

5. 当 $a=1$ 时，有无穷多个公共解，公共解为 $c(-1,0,1)^{\mathrm{T}}$，$c$ 为任意常数；当 $a=2$ 时，有唯一一个公共解，公共解为 $(0,1,-1)^{\mathrm{T}}$，$c$ 为任意常数. 提示：将方程组（Ⅰ）与（Ⅱ）联立求解.

五、(1)$\lambda=1$. 提示：对于(1)$\boldsymbol{AX}=\boldsymbol{O}$ 蕴含着 $\boldsymbol{B}$ 的每列是齐次线性方程组 $\boldsymbol{AX}=\boldsymbol{O}$ 的解. 而 $\boldsymbol{B}\neq\boldsymbol{O}$，说明方程组 $\boldsymbol{AX}=\boldsymbol{O}$ 有非零解，从而 $|\boldsymbol{A}|=0$，由此可求出 $\lambda$.

(2) 略. 提示：采用反证法.

# 第四章　矩阵的特征值与特征向量

## 一、教学基本要求与内容提要

### （一）教学基本要求

1. 理解矩阵的特征值和特征向量的概念及性质，掌握求矩阵特征值和特征向量的方法；
2. 了解矩阵相似的概念，知道相似矩阵的性质；
3. 掌握矩阵可对角化的条件，会将矩阵化为相似对角矩阵；
4. 了解向量内积的概念和性质，向量长度的概念和性质；
5. 理解两向量正交和正交向量组的概念，掌握把线性无关向量组正交化的方法；
6. 理解正交矩阵的定义，知道其主要性质；
7. 了解实对称矩阵的特征值和特征向量的性质，掌握用正交矩阵将实对称矩阵化为相似对角矩阵的方法.

### （二）内容提要

**1. 矩阵的特征值与特征向量**

**(1) 矩阵的特征值与特征向量的概念**

设 $\boldsymbol{A}$ 是 $n$ 阶矩阵，如果存在数 $\lambda$ 和 $n$ 维非零列向量 $\boldsymbol{\alpha}$，使得 $\boldsymbol{A\alpha}=\lambda\boldsymbol{\alpha}$，则称 $\lambda$ 为矩阵 $\boldsymbol{A}$ 的一个**特征值**，$\boldsymbol{\alpha}$ 称为矩阵 $\boldsymbol{A}$ 的对应于特征值 $\lambda$ 的一个**特征向量**.

**注意**　① 矩阵的特征向量一定是非零向量，即 $\boldsymbol{\alpha}\neq\boldsymbol{O}$.

② 在复数域上，$n$ 阶矩阵 $\boldsymbol{A}$ 恰有 $n$ 个特征值（重根按重数计算）.

设 $n$ 阶矩阵 $\boldsymbol{A}=(a_{ij})$，$\lambda$ 是未知量，则

$$|\lambda\boldsymbol{E}-\boldsymbol{A}|=\begin{vmatrix}\lambda-a_{11} & -a_{12} & \cdots & -a_{1n}\\ -a_{21} & \lambda-a_{22} & \cdots & -a_{2n}\\ \vdots & \vdots & & \vdots\\ -a_{n1} & -a_{n2} & \cdots & \lambda-a_{nn}\end{vmatrix}$$

称为矩阵 $\boldsymbol{A}$ 的**特征多项式**，$\lambda\boldsymbol{E}-\boldsymbol{A}$ 称为矩阵 $\boldsymbol{A}$ 的**特征矩阵**，$|\lambda\boldsymbol{E}-\boldsymbol{A}|=0$ 称为矩阵 $\boldsymbol{A}$ 的**特征方程**.

**(2) 矩阵的特征值与特征向量的计算方法**

第 1 步　计算特征多项式 $|\lambda\boldsymbol{E}-\boldsymbol{A}|$；

第 2 步　求出特征方程 $|\lambda\boldsymbol{E}-\boldsymbol{A}|=0$ 的全部根，即求得 $\boldsymbol{A}$ 的全部特征值 $\lambda_1$，$\lambda_2$，…，$\lambda_n$（其中可能有重根）；

第 3 步　对于每一个特征值 $\lambda_i(1\leqslant i\leqslant n)$，求出齐次线性方程组 $(\lambda_i\boldsymbol{E}-\boldsymbol{A})\boldsymbol{X}=\boldsymbol{O}$ 的一个基础解系 $\boldsymbol{\alpha}_1$，$\boldsymbol{\alpha}_2$，…，$\boldsymbol{\alpha}_{n-r}$，就得到矩阵 $\boldsymbol{A}$ 的对应于特征值 $\lambda_i$ 的线性无关的特征向量，其中 $r$ 为矩阵 $\lambda_i\boldsymbol{E}-\boldsymbol{A}$ 的秩，则矩阵 $\boldsymbol{A}$ 的对应于 $\lambda_i$ 的全部特征向量为 $k_1\boldsymbol{\alpha}_1+k_2\boldsymbol{\alpha}_2+\cdots+k_{n-r}\boldsymbol{\alpha}_{n-r}$，其中 $k_1$，$k_2$，…，$k_{n-r}$ 是不全为零的任意常数.

**(3) 矩阵的特征值和特征向量的性质**

**定理**　$n$ 阶矩阵 $\boldsymbol{A}$ 与其转置矩阵 $\boldsymbol{A}^{\mathrm{T}}$ 有相同的特征值.

**定理**　设 $n$ 阶矩阵 $\boldsymbol{A}=(a_{ij})$ 的全部特征值为 $\lambda_1$，$\lambda_2$，…，$\lambda_n$（其中可能有重根），则有：

①$\lambda_1+\lambda_2+\cdots+\lambda_n=a_{11}+a_{22}+\cdots+a_{nn}$；

②$\lambda_1\lambda_2\cdots\lambda_n=|\boldsymbol{A}|$.

**定理**　$\boldsymbol{n}$ 阶矩阵 $\boldsymbol{A}$ 可逆的充分必要条件是其任一特征值都不等于零.

**定理**　若 $\lambda$ 是 $n$ 阶矩阵 $\boldsymbol{A}$ 的特征值，则有：

①设 $f(x)=a_0+a_1x+\cdots+a_mx^m$，则 $f(\lambda)$ 是 $f(\boldsymbol{A})$ 的特征值，其中 $f(\boldsymbol{A})=a_0\boldsymbol{E}+a_1\boldsymbol{A}+\cdots+a_m\boldsymbol{A}^m\ (m\in\mathrm{N})$；

② 若 $\boldsymbol{A}$ 可逆，则 $\dfrac{1}{\lambda}$ 是 $\boldsymbol{A}^{-1}$ 的特征值，$\dfrac{|\boldsymbol{A}|}{\lambda}$ 是 $\boldsymbol{A}$ 的伴随矩阵 $\boldsymbol{A}^*$ 的特征值.

**定理**　$\boldsymbol{n}$ 阶矩阵 $\boldsymbol{A}$ 的不同特征值所对应的特征向量是线性无关的.

**定理**　设 $\lambda_1$，$\lambda_2$，…，$\lambda_m$ 为 $n$ 阶矩阵 $\boldsymbol{A}$ 的不同特征值，$\boldsymbol{A}$ 的对应于 $\lambda_i$ 的线性无关的特征向量为 $\boldsymbol{\alpha}_{i1}$，$\boldsymbol{\alpha}_{i2}$，…，$\boldsymbol{\alpha}_{is_i}$（$i=1$，2，…，$m$），则向量组

$$\boldsymbol{\alpha}_{11},\ \boldsymbol{\alpha}_{12},\ \cdots,\ \boldsymbol{\alpha}_{1s_1};\ \boldsymbol{\alpha}_{21},\ \boldsymbol{\alpha}_{22},\ \cdots,\ \boldsymbol{\alpha}_{2s_2};\ \cdots;\ \boldsymbol{\alpha}_{m1},\ \boldsymbol{\alpha}_{m2},\ \cdots,\ \boldsymbol{\alpha}_{ms_m}$$

线性无关.

**2. 矩阵的迹**

**(1) 矩阵的迹的概念**

$\boldsymbol{n}$ 阶矩阵 $\boldsymbol{A}$ 的主对角线元素之和称为矩阵 $\boldsymbol{A}$ 的**迹**，记为 $\mathrm{tr}\boldsymbol{A}$，即

$$\mathrm{tr}\boldsymbol{A}=a_{11}+a_{22}+\cdots+a_{nn}.$$

由矩阵的迹的概念，可知

$$\mathrm{tr}\boldsymbol{A}=\lambda_1+\lambda_2+\cdots+\lambda_n.$$

**(2) 矩阵的迹的性质**

①$\mathrm{tr}(\boldsymbol{A}+\boldsymbol{B})=tr\boldsymbol{A}+\mathrm{tr}\boldsymbol{B}$；

②$\mathrm{tr}(k\boldsymbol{A})=k\,\mathrm{tr}\boldsymbol{A}$；

③$\mathrm{tr}(\boldsymbol{A}^{\mathrm{T}})=\mathrm{tr}\boldsymbol{A}$；

④$\mathrm{tr}(\boldsymbol{AB})=\mathrm{tr}(\boldsymbol{BA})$.

## 3. 相似矩阵

### (1) 相似矩阵的概念

设 $\boldsymbol{A}$，$\boldsymbol{B}$ 都是 $n$ 阶矩阵，若存在 $n$ 阶可逆矩阵 $\boldsymbol{P}$，使得

$$\boldsymbol{B}=\boldsymbol{P}^{-1}\boldsymbol{AP},$$

则称 $\boldsymbol{B}$ 是 $\boldsymbol{A}$ 的**相似矩阵**，并称矩阵 $\boldsymbol{A}$ 与 $\boldsymbol{B}$ **相似**，记作 $\boldsymbol{A}\sim\boldsymbol{B}$. 由 $\boldsymbol{A}$ 到 $\boldsymbol{B}=\boldsymbol{P}^{-1}\boldsymbol{AP}$ 的变换称为对矩阵 $\boldsymbol{A}$ 进行**相似变换**，可逆矩阵 $\boldsymbol{P}$ 称为**相似变换矩阵**，简称**变换阵**.

### (2) 矩阵相似关系满足的性质

设 $\boldsymbol{A}$，$\boldsymbol{B}$，$\boldsymbol{C}$ 均为 $n$ 阶矩阵，则有：

① 反身性：对任意 $n$ 阶矩阵 $\boldsymbol{A}$，有 $\boldsymbol{A}\sim\boldsymbol{A}$；

②对称性：若 $\boldsymbol{A}\sim\boldsymbol{B}$，则 $\boldsymbol{B}\sim\boldsymbol{A}$；

③ 传递性：若 $\boldsymbol{A}\sim\boldsymbol{B}$，$\boldsymbol{B}\sim\boldsymbol{C}$，则 $\boldsymbol{A}\sim\boldsymbol{C}$.

### (3) 相似矩阵的性质

若 $n$ 阶矩阵 $\boldsymbol{A}\sim\boldsymbol{B}$，则有：

①$\boldsymbol{A}$ 与 $\boldsymbol{B}$ 有相同的特征多项式和特征值；

②$\mathrm{tr}\boldsymbol{A}=\mathrm{tr}\boldsymbol{B}$；

③$r(\boldsymbol{A})=r(\boldsymbol{B})$；

④$|\boldsymbol{A}|=|\boldsymbol{B}|$；

⑤$\boldsymbol{A}$ 与 $\boldsymbol{B}$ 同时可逆或同时不可逆. 当 $\boldsymbol{A}$ 与 $\boldsymbol{B}$ 都可逆时，$\boldsymbol{A}^{-1}\sim\boldsymbol{B}^{-1}$；

⑥$f(\boldsymbol{A})\sim f(\boldsymbol{B})$，其中 $f(x)=a_0+a_1x+\cdots+a_mx^m$.

## 4. 矩阵的对角化

### (1) 矩阵可对角化的概念

如果 $n$ 阶矩阵 $\boldsymbol{A}$ 可以与一个对角矩阵 $\boldsymbol{\Lambda}$ 相似，则称矩阵 $\boldsymbol{A}$ **可相似对角化**，简称 $\boldsymbol{A}$ **可对角化**，$\boldsymbol{\Lambda}$ 称为矩阵 $\boldsymbol{A}$ 的**相似标准形**.

### (2) 矩阵可对角化的条件

**定理**　$n$ 阶矩阵 $\boldsymbol{A}$ 相似于对角矩阵的充分必要条件是 $\boldsymbol{A}$ 有 $n$ 个线性无关的特征向量.

**推论**　如果 $n$ 阶矩阵 $\boldsymbol{A}$ 有 $n$ 个互不相同的特征值，则矩阵 $\boldsymbol{A}$ 可对角化.

**定理**　$n$ 阶矩阵 $\boldsymbol{A}$ 可对角化的充分必要条件是对于 $\boldsymbol{A}$ 的每一个 $n_i$ 重特征值 $\lambda_i$，对应于 $\lambda_i$ 的线性无关的特征向量个数为 $n_i$ 个，即矩阵 $\boldsymbol{A}$ 可对角化当且仅当 $r(\lambda_i\boldsymbol{E}-\boldsymbol{A})=n-n_i$.

### (3) 在可以相似对角化时，相似变换矩阵 $\boldsymbol{P}$ 与对角矩阵 $\boldsymbol{\Lambda}$ 的求法

①相似变换矩阵 $\boldsymbol{P}$ 就是以 $\boldsymbol{A}$ 的 $n$ 个线性无关的特征向量 $\boldsymbol{\alpha}_1$，$\boldsymbol{\alpha}_2$，…，$\boldsymbol{\alpha}_n$ 作为列向量排列而成的矩阵；

②对角矩阵 $\boldsymbol{\Lambda}$ 的主对角线上的元素 $\lambda_1$，$\lambda_2$，…，$\lambda_n$ 是矩阵 $\boldsymbol{A}$ 的特征值，且 $\lambda_1$，$\lambda_2$，…，$\lambda_n$

的排列顺序与它对应的特征向量 $\boldsymbol{\alpha}_1$，$\boldsymbol{\alpha}_2$，…，$\boldsymbol{\alpha}_n$ 构成矩阵 $\boldsymbol{P}$ 的列向量的排列顺序一致；

③$\boldsymbol{P}^{-1}\boldsymbol{AP}=\boldsymbol{\Lambda}$，则 $\boldsymbol{A}\sim\boldsymbol{\Lambda}$.

5. **向量的内积**

**(1) 向量的内积的概念**

设 $n$ 维向量 $\boldsymbol{\alpha}=(a_1, a_2, \cdots, a_n)^{\mathrm{T}}$，$\boldsymbol{\beta}=(b_1, b_2, \cdots, b_n)^{\mathrm{T}}$，则称

$$\boldsymbol{\alpha}^{\mathrm{T}}\boldsymbol{\beta}=a_1b_1+a_2b_2+\cdots+a_nb_n=\sum_{i=1}^{n}a_ib_i$$

为向量 $\boldsymbol{\alpha}$ 与 $\boldsymbol{\beta}$ 的**内积**，记为$(\boldsymbol{\alpha}, \boldsymbol{\beta})$.

**注意**　行向量 $\boldsymbol{\alpha}$，$\boldsymbol{\beta}$ 的内积$(\boldsymbol{\alpha}, \boldsymbol{\beta})=\boldsymbol{\alpha}\boldsymbol{\beta}^{\mathrm{T}}$.

对任意 $n$ 维向量 $\boldsymbol{\alpha}=(a_1, a_2, \cdots, a_n)^{\mathrm{T}}$，$\|\boldsymbol{\alpha}\|=\sqrt{(\boldsymbol{\alpha}, \boldsymbol{\alpha})}$ 称为**向量 $\boldsymbol{\alpha}$ 的长度**（或**范数**，**模**），即 $\|\boldsymbol{\alpha}\|=\sqrt{\boldsymbol{\alpha}^{\mathrm{T}}\boldsymbol{\alpha}}=\sqrt{a_1{}^2+a_2{}^2+\cdots+a_n{}^2}$. 长度为 1 的向量称为**单位向量**.

**(2) 向量的内积的性质**

①对称性：$(\boldsymbol{\alpha}, \boldsymbol{\beta})=(\boldsymbol{\beta}, \boldsymbol{\alpha})$；

②非负性：$(\boldsymbol{\alpha}, \boldsymbol{\alpha})\geqslant 0$，当且仅当 $\boldsymbol{\alpha}=\boldsymbol{O}$ 时，$(\boldsymbol{\alpha}, \boldsymbol{\alpha})=0$；

③线性性：$(k\boldsymbol{\alpha}, \boldsymbol{\beta})=k(\boldsymbol{\alpha}, \boldsymbol{\beta})$，$(\boldsymbol{\alpha}+\boldsymbol{\beta}, \boldsymbol{\gamma})=(\boldsymbol{\alpha}, \boldsymbol{\gamma})+(\boldsymbol{\beta}, \boldsymbol{\gamma})$，其中 $\boldsymbol{\alpha}$，$\boldsymbol{\beta}$，$\boldsymbol{\gamma}$ 为 $n$ 维向量，$\boldsymbol{O}$ 为 $n$ 维零向量，$k$ 为实数.

6. **正交向量组**

**(1) 正交向量组的概念**

如果两个向量 $\boldsymbol{\alpha}$ 与 $\boldsymbol{\beta}$ 的内积为 0，即$(\boldsymbol{\alpha}, \boldsymbol{\beta})=0$，则称向量 $\boldsymbol{\alpha}$ 与 $\boldsymbol{\beta}$ 是**正交**的.

如果非零向量组 $\boldsymbol{\alpha}_1$，$\boldsymbol{\alpha}_2$，…，$\boldsymbol{\alpha}_s$ 两两正交，即

$$(\boldsymbol{\alpha}_i, \boldsymbol{\alpha}_j)=0\ (i\neq j;\ i, j=1, 2, \cdots, s),$$

则称向量组 $\boldsymbol{\alpha}_1$，$\boldsymbol{\alpha}_2$，…，$\boldsymbol{\alpha}_s$ 为**正交向量组**. 若一个正交向量组的每个向量都是单位向量，则称该向量组为**正交单位向量组**.

**(2) 正交向量组的定理**

设 $\boldsymbol{\alpha}_1$，$\boldsymbol{\alpha}_2$，…，$\boldsymbol{\alpha}_s$ 是 $n$ 维正交向量组，则 $\boldsymbol{\alpha}_1$，$\boldsymbol{\alpha}_2$，…，$\boldsymbol{\alpha}_s$ 必线性无关.

**(3) 将线性无关向量组化为正交向量组的施密特（Schmidt）正交化方法**

设 $\boldsymbol{\alpha}_1$，$\boldsymbol{\alpha}_2$，…，$\boldsymbol{\alpha}_s$ 是一个线性无关的向量组，令

$$\boldsymbol{\beta}_1=\boldsymbol{\alpha}_1,$$

$$\boldsymbol{\beta}_2=\boldsymbol{\alpha}_2-\frac{(\boldsymbol{\alpha}_2, \boldsymbol{\beta}_1)}{(\boldsymbol{\beta}_1, \boldsymbol{\beta}_1)}\boldsymbol{\beta}_1,$$

$$\boldsymbol{\beta}_3=\boldsymbol{\alpha}_3-\frac{(\boldsymbol{\alpha}_3, \boldsymbol{\beta}_1)}{(\boldsymbol{\beta}_1, \boldsymbol{\beta}_1)}\boldsymbol{\beta}_1-\frac{(\boldsymbol{\alpha}_3, \boldsymbol{\beta}_2)}{(\boldsymbol{\beta}_2, \boldsymbol{\beta}_2)}\boldsymbol{\beta}_2,$$

……

$$\boldsymbol{\beta}_s=\boldsymbol{\alpha}_s-\frac{(\boldsymbol{\alpha}_s,\boldsymbol{\beta}_1)}{(\boldsymbol{\beta}_1,\boldsymbol{\beta}_1)}\boldsymbol{\beta}_1-\frac{(\boldsymbol{\alpha}_s,\boldsymbol{\beta}_2)}{(\boldsymbol{\beta}_2,\boldsymbol{\beta}_2)}\boldsymbol{\beta}_2-\cdots-\frac{(\boldsymbol{\alpha}_s,\boldsymbol{\beta}_{s-1})}{(\boldsymbol{\beta}_{s-1},\boldsymbol{\beta}_{s-1})}\boldsymbol{\beta}_{s-1},$$

则 $\boldsymbol{\beta}_1$，$\boldsymbol{\beta}_2$，…，$\boldsymbol{\beta}_s$ 是一个正交向量组，并且 $\boldsymbol{\beta}_1$，$\boldsymbol{\beta}_2$，…，$\boldsymbol{\beta}_s$ 与 $\boldsymbol{\alpha}_1$，$\boldsymbol{\alpha}_2$，…，$\boldsymbol{\alpha}_s$ 等价.

**7. 正交矩阵**

**(1) 正交矩阵的概念**

如果 $n$ 阶矩阵 $\boldsymbol{Q}$ 满足 $\boldsymbol{Q}^{\mathrm{T}}\boldsymbol{Q}=\boldsymbol{E}(\boldsymbol{Q}\boldsymbol{Q}^{\mathrm{T}}=\boldsymbol{E})$，则称矩阵 $\boldsymbol{Q}$ 为**正交矩阵**.

**(2) 正交矩阵的性质**

①若 $\boldsymbol{Q}$ 是正交矩阵，则 $\boldsymbol{Q}$ 的行列式等于 1 或 $-1$；

②若 $\boldsymbol{Q}$ 是正交矩阵，则 $\boldsymbol{Q}$ 可逆，且 $\boldsymbol{Q}^{-1}=\boldsymbol{Q}^{\mathrm{T}}$；

③若 $\boldsymbol{Q}$ 是正交矩阵，则 $\boldsymbol{Q}^{-1}$（或 $\boldsymbol{Q}^{\mathrm{T}}$）也是正交矩阵；

④若 $\boldsymbol{P}$ 与 $\boldsymbol{Q}$ 是同阶正交矩阵，则 $\boldsymbol{PQ}$ 也是正交矩阵.

**(3) 方阵是正交矩阵的充要条件**

**定理**　$n$ 阶矩阵 $\boldsymbol{Q}$ 为正交矩阵的充分必要条件是 $\boldsymbol{Q}$ 的列（行）向量组是正交单位向量组.

**8. 实对称矩阵的对角化**

**(1) 实对称矩阵的特征值与特征向量的性质**

**定理**　$n$ 阶实对称矩阵 $\boldsymbol{A}$ 的特征值都是实数.

**定理**　实对称矩阵 $\boldsymbol{A}$ 的对应于不同特征值的特征向量必正交.

**定理**　设 $\boldsymbol{A}$ 为 $n$ 阶实对称矩阵，$\lambda$ 是 $\boldsymbol{A}$ 的 $k$ 重特征值，则矩阵 $\lambda\boldsymbol{E}-\boldsymbol{A}$ 的秩 $r(\lambda\boldsymbol{E}-\boldsymbol{A})=n-k$，从而矩阵 $\boldsymbol{A}$ 对应于特征值 $\lambda$ 恰有 $k$ 个线性无关的特征向量.

**(2) 实对称矩阵的相似对角化**

①**定理**　设 $\boldsymbol{A}$ 为 $n$ 阶实对称矩阵，则必存在正交矩阵 $\boldsymbol{Q}$，使得

$$\boldsymbol{Q}^{-1}\boldsymbol{A}\boldsymbol{Q}=\boldsymbol{Q}^{\mathrm{T}}\boldsymbol{A}\boldsymbol{Q}=\boldsymbol{\Lambda},$$

其中 $\boldsymbol{\Lambda}$ 是对角矩阵，其主对角线上的元素是矩阵 $\boldsymbol{A}$ 的 $n$ 个特征值.

②求正交矩阵 $\boldsymbol{Q}$，使实对称矩阵 $\boldsymbol{A}$ 对角化的步骤.

第 1 步　解特征方程 $|\lambda\boldsymbol{E}-\boldsymbol{A}|=0$，得到 $n$ 阶矩阵 $\boldsymbol{A}$ 的互不相同的特征值 $\lambda_1$，$\lambda_2$，…，$\lambda_s$，其中 $\lambda_i(1\leqslant i\leqslant s)$ 为 $\boldsymbol{A}$ 的 $k_i$ 重特征值（$k_1+k_2+\cdots+k_s=n$）.

第 2 步　对于 $\boldsymbol{A}$ 的每一个 $k_i$ 重特征值 $\lambda_i$，求出齐次线性方程组 $(\lambda_i\boldsymbol{E}-\boldsymbol{A})\boldsymbol{X}=\boldsymbol{O}$ 的一个基础解系 $\boldsymbol{\alpha}_{i1}$，$\boldsymbol{\alpha}_{i2}$，…，$\boldsymbol{\alpha}_{ik_i}$（$i=1$，2，…，$s$），即为 $\boldsymbol{A}$ 对应于特征值 $\lambda_i$ 的线性无关的特征向量.

第 3 步　利用施密特正交化方法，将向量组 $\boldsymbol{\alpha}_{i1}$，$\boldsymbol{\alpha}_{i2}$，…，$\boldsymbol{\alpha}_{ik_i}$ 正交化，得到等价的正交向量组 $\boldsymbol{\beta}_{i1}$，$\boldsymbol{\beta}_{i2}$，…，$\boldsymbol{\beta}_{ik_i}$（$i=1$，2，…，$s$）. 再将所得正交向量组单位化，得到正交单位向量组 $\boldsymbol{\gamma}_{i1}$，$\boldsymbol{\gamma}_{i2}$，…，$\boldsymbol{\gamma}_{ik_i}$（$i=1$，2，…，$s$）.

**注意**　若 $\lambda_i$ 是单根，即 $k_i=1$，则对应于 $\lambda_i$ 的线性无关的特征向量只有一个，只需将其单位化即可.

第4步　令矩阵

$$Q=(\gamma_{11},\gamma_{12},\cdots,\gamma_{1k_1},\gamma_{21},\gamma_{22},,\cdots,\gamma_{2k_2},\cdots,\gamma_{s1},\gamma_{s2},\cdots,\gamma_{sk_s}),$$

则 $Q$ 为正交矩阵，使得

$$Q^{-1}AQ=\Lambda=\begin{pmatrix}\lambda_1&&&&&&&\\&\ddots&&&&&&\\&&\lambda_1&&&&&\\&&&\lambda_2&&&&\\&&&&\ddots&&&\\&&&&&\lambda_2&&\\&&&&&&\ddots&\\&&&&&&&\lambda_s\\&&&&&&&&\ddots\\&&&&&&&&&\lambda_s\end{pmatrix},$$

其中对角矩阵 $\Lambda$ 的主对角线元素 $\lambda_i$ 的个数为 $k_i$ 个 $(i=1,2,\cdots,s)$，并且对角矩阵 $\Lambda$ 的主对角线元素的排列顺序与 $Q$ 中正交单位特征向量的排列顺序相对应.

## 二、典型方法与范例

### 1. 求具体矩阵的特征值和特征向量.

所谓具体矩阵是指元素均为已知数值的矩阵.

**例1**　求下列矩阵的特征值和特征向量

(1) $\begin{pmatrix}1&4\\2&3\end{pmatrix}$；(2) $\begin{pmatrix}2&3&2\\1&8&2\\-2&-14&-3\end{pmatrix}$.

**解**　(1) 设 $A=\begin{pmatrix}1&4\\2&3\end{pmatrix}$，则矩阵 $A$ 的特征多项式为

$$|\lambda E-A|=\begin{vmatrix}\lambda-1&-4\\-2&\lambda-3\end{vmatrix}=(\lambda-5)(\lambda+1),$$

所以 $A$ 的特征值为 $\lambda_1=5$，$\lambda_2=-1$.

当 $\lambda_1=5$ 时，解齐次线性方程组 $(5E-A)X=O$，得它的一个基础解系为 $\alpha_1=(1,1)^T$，所以矩阵 $A$ 的对应于特征值5的全部特征向量为 $k_1\alpha_1=k_1(1,1)^T$ ($k_1$ 为任意非零常数).

当 $\lambda_2=-1$ 时，解齐次线性方程组 $(-E-A)X=O$，得它的一个基础解系为 $\alpha_2=(-2,1)^T$，所以矩阵 $A$ 的对应于特征值 $-1$ 的全部特征向量为 $k_2\alpha_2=k_2(-2,1)^T$ ($k_2$ 为

任意非零常数).

(2) 设 $\boldsymbol{A}=\begin{pmatrix}2&3&2\\1&8&2\\-2&-14&-3\end{pmatrix}$，则矩阵 $\boldsymbol{A}$ 的特征多项式为

$$|\lambda\boldsymbol{E}-\boldsymbol{A}|=\begin{vmatrix}\lambda-2&-3&-2\\-1&\lambda-8&-2\\2&14&\lambda+3\end{vmatrix}$$

$$=\begin{vmatrix}\lambda-2&-3&-2\\-1&\lambda-8&-2\\0&2(\lambda-1)&\lambda-1\end{vmatrix}=(\lambda-1)\begin{vmatrix}\lambda-2&-3&-2\\-1&\lambda-8&-2\\0&2&1\end{vmatrix}$$

$$=(\lambda-1)\begin{vmatrix}\lambda-2&1&0\\-1&\lambda-4&0\\0&2&1\end{vmatrix}=(\lambda-1)(\lambda-3)^2,$$

所以 $\boldsymbol{A}$ 的特征值为 $\lambda_1=1$，$\lambda_2=\lambda_3=3$.

当 $\lambda_1=1$ 时，解齐次线性方程组 $(\boldsymbol{E}-\boldsymbol{A})\boldsymbol{X}=\boldsymbol{O}$，得它的一个基础解系为 $\boldsymbol{\alpha}_1=(2,0,-1)^{\mathrm{T}}$，所以矩阵 $\boldsymbol{A}$ 的对应于特征值 1 的全部特征向量为 $k_1\boldsymbol{\alpha}_1=k_1(2,0,-1)^{\mathrm{T}}$（$k_1$ 为任意非零常数).

当 $\lambda_2=\lambda_3=3$ 时，解齐次线性方程组 $(3\boldsymbol{E}-\boldsymbol{A})\boldsymbol{X}=\boldsymbol{O}$，得它的一个基础解系为 $\boldsymbol{\alpha}_2=(1,-1,2)^{\mathrm{T}}$，所以矩阵 $\boldsymbol{A}$ 的对应于特征值 3 的全部特征向量为 $k_2\boldsymbol{\alpha}_2=k_2(1,-1,2)^{\mathrm{T}}$（$k_2$ 为任意非零常数).

**例 2**　求下列矩阵的特征值和特征向量.

(1) $\begin{pmatrix}-1&2&2\\3&-1&1\\2&2&-1\end{pmatrix}$；(2) $\begin{pmatrix}3&2&4\\2&0&2\\4&2&3\end{pmatrix}$.

**解**　(1) 设 $\boldsymbol{A}=\begin{pmatrix}-1&2&2\\3&-1&1\\2&2&-1\end{pmatrix}$，则矩阵 $\boldsymbol{A}$ 的特征多项式为

$$|\lambda\boldsymbol{E}-\boldsymbol{A}|=\begin{vmatrix}\lambda+1&-2&-2\\-3&\lambda+1&-1\\-2&-2&\lambda+1\end{vmatrix}=\begin{vmatrix}\lambda-3&-2&-2\\\lambda-3&\lambda+1&-1\\\lambda-3&-2&\lambda+1\end{vmatrix}$$

$$=(\lambda-3)\begin{vmatrix}1&-2&-2\\1&\lambda+1&-1\\1&-2&\lambda+1\end{vmatrix}=(\lambda-3)\begin{vmatrix}1&-2&-2\\0&\lambda+3&1\\0&0&\lambda+3\end{vmatrix}$$

$$=(\lambda-3)(\lambda+3)^2,$$

所以 $\boldsymbol{A}$ 的特征值为 $\lambda_1=3$，$\lambda_2=\lambda_3=-3$.

当 $\lambda_1=3$ 时，解齐次线性方程组 $(3\boldsymbol{E}-\boldsymbol{A})\boldsymbol{X}=\boldsymbol{O}$，得它的一个基础解系为 $\boldsymbol{\alpha}_1=(1,1,1)^{\mathrm{T}}$，所以矩阵 $\boldsymbol{A}$ 的对应于特征值3的全部特征向量为 $k_1\boldsymbol{\alpha}_1=k_1(1,1,1)^{\mathrm{T}}$（$k_1$ 为任意非零常数）.

当 $\lambda_2=\lambda_3=-3$ 时，解齐次线性方程组 $(-3\boldsymbol{E}-\boldsymbol{A})\boldsymbol{X}=\boldsymbol{O}$，得它的一个基础解系为 $\boldsymbol{\alpha}_2=(1,-2,1)^{\mathrm{T}}$，所以矩阵 $\boldsymbol{A}$ 的对应于特征值 $-3$ 的全部特征向量为 $k_2\boldsymbol{\alpha}_2=k_2(1,-2,1)^{\mathrm{T}}$（$k_2$ 为任意非零常数）.

(2) 设 $\boldsymbol{A}=\begin{pmatrix}3&2&4\\2&0&2\\4&2&3\end{pmatrix}$，则矩阵 $\boldsymbol{A}$ 的特征多项式为

$$|\lambda\boldsymbol{E}-\boldsymbol{A}|=\begin{vmatrix}\lambda-3&-2&-4\\-2&\lambda&-2\\-4&-2&\lambda-3\end{vmatrix}=\begin{vmatrix}\lambda-3&-2&-\lambda-1\\-2&\lambda&0\\-4&-2&\lambda+1\end{vmatrix}$$

$$=(\lambda+1)\begin{vmatrix}\lambda-7&-4&0\\-2&\lambda&0\\-4&-2&1\end{vmatrix}=(\lambda-8)(\lambda+1)^2,$$

所以 $\boldsymbol{A}$ 的特征值为 $\lambda_1=8$，$\lambda_2=\lambda_3=-1$.

当 $\lambda_1=8$ 时，解齐次线性方程组 $(8\boldsymbol{E}-\boldsymbol{A})\boldsymbol{X}=\boldsymbol{O}$，得它的一个基础解系为 $\boldsymbol{\alpha}_1=(2,1,2)^{\mathrm{T}}$，所以矩阵 $\boldsymbol{A}$ 的对应于特征值8的全部特征向量为 $k_1\boldsymbol{\alpha}_1=k_1(2,1,2)^{\mathrm{T}}$（$k_1$ 为任意非零常数）.

当 $\lambda_2=\lambda_3=-1$ 时，解齐次线性方程组 $(-\boldsymbol{E}-\boldsymbol{A})\boldsymbol{X}=\boldsymbol{O}$，得它的一个基础解系为 $\boldsymbol{\alpha}_2=(1,0,-1)^{\mathrm{T}}$，$\boldsymbol{\alpha}_3=(1,-2,0)^{\mathrm{T}}$，所以矩阵 $\boldsymbol{A}$ 的对应于特征值 $-1$ 的全部特征向量为 $k_2\boldsymbol{\alpha}_2+k_3\boldsymbol{\alpha}_3=k_2(1,0,-1)^{\mathrm{T}}+k_3(1,-2,0)^{\mathrm{T}}$（$k_2$，$k_3$ 为不全为零的任意常数）.

**方法总结** 对于具体给定矩阵 $\boldsymbol{A}$，求特征值就是求特征方程 $|\lambda\boldsymbol{E}-\boldsymbol{A}|=0$ 的根. 若 $\boldsymbol{A}$ 为二阶方阵，利用行列式的对角线法则很容易计算出 $|\lambda\boldsymbol{E}-\boldsymbol{A}|$ 的表达式，此时求特征根是方便的. 若 $\boldsymbol{A}$ 为三阶或三阶以上的矩阵，此时行列式 $|\lambda\boldsymbol{E}-\boldsymbol{A}|$ 的计算一般有如下方法.

(1) 把 $|\lambda\boldsymbol{E}-\boldsymbol{A}|$ 的各行（或各列）加到同一行（或同一列），若和相等，则把相等部分提出来，剩下的行列式继续采用行列式的性质计算出结果，最好要因式分解出来，以便于计算.

(2) 把 $|\lambda\boldsymbol{E}-\boldsymbol{A}|$ 的某一行（或某一列）中不含 $\lambda$ 的两个元素之一化为零，则此零元素所在的列（或行）往往会出现公因子，提出公因子后再计算即可.

求对应于特征值 $\lambda_i$ 的全部特征向量就是求齐次线性方程组 $(\lambda_i\boldsymbol{E}-\boldsymbol{A})\boldsymbol{X}=\boldsymbol{O}$ 的全部非零解. 即先求得齐次线性方程组 $(\lambda_i\boldsymbol{E}-\boldsymbol{A})\boldsymbol{X}=\boldsymbol{O}$ 的一个基础解系 $\boldsymbol{\alpha}_1$，$\boldsymbol{\alpha}_2$，…，$\boldsymbol{\alpha}_{n-r}$ 则矩阵 $\boldsymbol{A}$ 的对应于 $\lambda_i$ 的全部特征向量为 $k_1\boldsymbol{\alpha}_1+k_2\boldsymbol{\alpha}_2+\cdots$，$+k_{n-r}\boldsymbol{\alpha}_{n-r}$，其中 $k_1$，$k_2$，…，$k_{n-r}$ 是不全为零的任意常数.

## 2. 求抽象矩阵的特征值和特征向量

所谓抽象矩阵，是指元素没有具体给出的矩阵.

**例 3**　设四阶方阵 $\boldsymbol{A}$ 满足 $|2\boldsymbol{E}+\boldsymbol{A}|=0$，$\boldsymbol{A}\boldsymbol{A}^{\mathrm{T}}=2\boldsymbol{E}$，且 $|\boldsymbol{A}|<0$，求 $\boldsymbol{A}$ 的伴随矩阵 $\boldsymbol{A}^*$ 的一个特征值.

**分析**　当 $\lambda_0$ 是可逆矩阵 $\boldsymbol{A}$ 的一个特征值时，伴随矩阵 $\boldsymbol{A}^*$ 的特征值为 $\dfrac{|\boldsymbol{A}|}{\lambda_0}$. 所以本题的关键是求出 $|\boldsymbol{A}|$ 及 $\boldsymbol{A}$ 的一个特征值. 由 $|2\boldsymbol{E}+\boldsymbol{A}|=|-(-2\boldsymbol{E}-\boldsymbol{A})|$ 及行列式的性质可知 $|-2\boldsymbol{E}-\boldsymbol{A}|=0$，即矩阵 $\boldsymbol{A}$ 的一个特征值为 $-2$；又由 $\boldsymbol{A}\boldsymbol{A}^{\mathrm{T}}=2\boldsymbol{E}$ 且 $|\boldsymbol{A}|<0$，可知 $|\boldsymbol{A}|=-4$，进而可得 $\boldsymbol{A}$ 的伴随矩阵 $\boldsymbol{A}^*$ 的一个特征值.

**解**　已知 $\boldsymbol{A}\boldsymbol{A}^{\mathrm{T}}=2\boldsymbol{E}$，则 $|\boldsymbol{A}|^2=2^4=16$，又 $|\boldsymbol{A}|<0$，故 $|\boldsymbol{A}|=-4$. 又已知 $|2\boldsymbol{E}+\boldsymbol{A}|=0$，则 $(-1)^4|-2\boldsymbol{E}-\boldsymbol{A}|=0$，即 $\lambda=-2$ 是 $\boldsymbol{A}$ 的一个特征值，于是 $\dfrac{|\boldsymbol{A}|}{\lambda}=\dfrac{-4}{-2}=2$ 为 $\boldsymbol{A}$ 的伴随矩阵 $\boldsymbol{A}^*$ 的一个特征值.

**例 4**　已知 $\boldsymbol{A}$ 是 $n$ 阶矩阵，满足 $\boldsymbol{A}^2-2\boldsymbol{A}-3\boldsymbol{E}=\boldsymbol{O}$，求 $\boldsymbol{A}^{\mathrm{T}}$ 的特征值.

**分析**　由于矩阵 $\boldsymbol{A}$ 与其转置矩阵 $\boldsymbol{A}^{\mathrm{T}}$ 具有相同的特征值，所以本题的关键是求得矩阵 $\boldsymbol{A}$ 的特征值. 而在本题中利用定义很容易求得矩阵 $\boldsymbol{A}$ 的特征值.

**解**　设 $\lambda$ 是矩阵 $\boldsymbol{A}$ 的特征值，对应的特征向量为 $\boldsymbol{\alpha}$，即 $\boldsymbol{A}\boldsymbol{\alpha}=\lambda\boldsymbol{\alpha}$. 则

$$(\boldsymbol{A}^2-2\boldsymbol{A}-3\boldsymbol{E})\boldsymbol{\alpha}=\boldsymbol{A}^2\boldsymbol{\alpha}-2\boldsymbol{A}\boldsymbol{\alpha}-3\boldsymbol{\alpha}=(\lambda^2-2\lambda-3)\boldsymbol{\alpha}=\boldsymbol{O},$$

由于 $\boldsymbol{\alpha}$ 是非零向量，所以 $\lambda^2-2\lambda-3=0$，于是 $\boldsymbol{A}$ 的特征值为 3 或 $-1$. 又因为 $\boldsymbol{A}$ 与 $\boldsymbol{A}^{\mathrm{T}}$ 具有相同的特征值，所以 $\boldsymbol{A}^{\mathrm{T}}$ 的特征值为 3 或 $-1$.

**例 5**　设 $\boldsymbol{A}$ 为二阶矩阵，$\boldsymbol{\alpha}_1$，$\boldsymbol{\alpha}_2$ 为线性无关的 2 维列向量，$\boldsymbol{A}\boldsymbol{\alpha}_1=\boldsymbol{O}$，$\boldsymbol{A}\boldsymbol{\alpha}_2=2\boldsymbol{\alpha}_1+\boldsymbol{\alpha}_2$，求 $\boldsymbol{A}$ 的非零特征值.

**分析**　由题意 $\boldsymbol{A}(\boldsymbol{\alpha}_1,\boldsymbol{\alpha}_2)=(\boldsymbol{\alpha}_1,\boldsymbol{\alpha}_2)\begin{pmatrix}0&2\\0&1\end{pmatrix}$. 由于 $\boldsymbol{\alpha}_1$，$\boldsymbol{\alpha}_2$ 线性无关，所以矩阵 $\boldsymbol{P}=(\boldsymbol{\alpha}_1,\boldsymbol{\alpha}_2)$ 可逆，即 $\boldsymbol{P}^{-1}\boldsymbol{A}\boldsymbol{P}=\begin{pmatrix}0&2\\0&1\end{pmatrix}$，说明矩阵 $\boldsymbol{A}$ 与矩阵 $\begin{pmatrix}0&2\\0&1\end{pmatrix}$ 相似，因此 $\boldsymbol{A}$ 与 $\begin{pmatrix}0&2\\0&1\end{pmatrix}$ 具有相同的特征值. 本题求得 $\begin{pmatrix}0&2\\0&1\end{pmatrix}$ 的非零特征值即可.

**解**　根据题意条件，得 $\boldsymbol{A}(\boldsymbol{\alpha}_1,\boldsymbol{\alpha}_2)=(\boldsymbol{A}\boldsymbol{\alpha}_1,\boldsymbol{A}\boldsymbol{\alpha}_2)=(\boldsymbol{O},2\boldsymbol{\alpha}_1+\boldsymbol{\alpha}_2)=(\boldsymbol{\alpha}_1,\boldsymbol{\alpha}_2)\begin{pmatrix}0&2\\0&1\end{pmatrix}$.

记 $\boldsymbol{P}=(\boldsymbol{\alpha}_1,\boldsymbol{\alpha}_2)$，因 $\boldsymbol{\alpha}_1$，$\boldsymbol{\alpha}_2$ 线性无关，所以 $\boldsymbol{P}=(\boldsymbol{\alpha}_1,\boldsymbol{\alpha}_2)$ 是可逆矩阵. 因此 $\boldsymbol{A}\boldsymbol{P}=\boldsymbol{P}\begin{pmatrix}0&2\\0&1\end{pmatrix}$.

因为 $\boldsymbol{P}^{-1}\boldsymbol{A}\boldsymbol{P}=\begin{pmatrix}0&2\\0&1\end{pmatrix}$. 记 $\boldsymbol{B}=\begin{pmatrix}0&2\\0&1\end{pmatrix}$，则 $\boldsymbol{A}$ 与 $\boldsymbol{B}$ 相似，从而有相同的特征值.

因为 $|\lambda E-B|=\begin{vmatrix}\lambda & -2\\ 0 & \lambda-1\end{vmatrix}=\lambda(\lambda-1)$，所以 $B$ 的特征值为 0，1．即 $A$ 的非零特征值为 1．

**例 6**　设 $A$ 是三阶实对称矩阵，$\lambda_1=8$，$\lambda_2=\lambda_3=2$ 是其特征值，已知对应 $\lambda_1=8$ 的特征向量为 $\alpha_1=(1,\ k,\ 1)^T$，对应 $\lambda_2=\lambda_3=2$ 的一个特征向量为 $\alpha_2=(-1,\ 1,\ 0)^T$，试求参数 $k$ 和 $\lambda_2=\lambda_3=2$ 的另一个特征向量 $\alpha_3$．

**分析**　由于实对称矩阵对应于不同特征值的特征向量正交，所以 $\alpha_1^T\alpha_2=0$，求得参数 $k$，再由 $\alpha_1^T\alpha_3=0$ 和 $\alpha_2$，$\alpha_3$ 线性无关，解得 $\lambda_2=\lambda_3=2$ 的另一个特征向量 $\alpha_3$．

**解**　因为 $\alpha_1$，$\alpha_2$ 是实对称矩阵 $A$ 的对应于不同特征值的特征向量，所以 $\alpha_1^T\alpha_2=0$．即 $-1+k+0=0$，故 $k=1$，即 $\alpha_1=(1,\ 1,\ 1)^T$．

设 $\lambda_2=\lambda_3=2$ 的另一个特征向量 $\alpha_3=(x_1,\ x_2,\ x_3)^T$，则有 $\alpha_1^T\alpha_3=0$．为了保证 $\alpha_2$，$\alpha_3$ 线性无关，可进一步要求 $\alpha_2^T\cdot\alpha_3=0$，于是有

$$\begin{cases}x_1+x_2+x_3=0,\\ -x_1+x_2=0,\end{cases}$$

解得 $\alpha_3=(1,\ 1,\ -2)^T$．

**方法总结**　(1) 求抽象矩阵特征值的方法有以下几种．

①利用定义 $A\alpha=\lambda\alpha$，$\alpha\neq O$，满足此关系式的 $\lambda$ 即为 $A$ 的特征值．

②利用特征方程 $|\lambda E-A|=0$，满足此特征方程的 $\lambda$ 即为 $A$ 的特征值．

③按照矩阵 $A$ 的特征值的性质以及与 $A$ 相关的矩阵如转置、逆、伴随、相似等的特征值的关系．

(2) 求抽象矩阵特征向量的方法：已知矩阵的特征值和部分特征向量，求另一部分特征向量的问题，一般都是对 $A$ 为实对称矩阵进行讨论．利用实对称矩阵不同特征值对应的特征向量必正交，求特征向量．

**3．已知特征值、特征向量，确定矩阵中的参数**

**例 7**　设矩阵 $A=\begin{pmatrix}2 & 1 & 1\\ 1 & 2 & 1\\ 1 & 1 & a\end{pmatrix}$ 可逆，向量 $\alpha=\begin{pmatrix}1\\ b\\ 1\end{pmatrix}$ 是矩阵 $A^*$ 的一个特征向量，$\lambda$ 是 $\alpha$ 对应 $A^*$ 的特征值，其中 $A^*$ 是矩阵 $A$ 的伴随矩阵，试求 $a$，$b$，$\lambda$ 的值．

**分析**　本题主要考查伴随矩阵、矩阵与特征向量的关系、已知特征向量来定常数．由于特征向量与特征值的从属关系，由特征向量定常数，要同时用到特征值并建立定义式，本题还可由 $A^*\alpha=|A|A^{-1}\alpha=\lambda\alpha$，转换得 $A\alpha=\dfrac{|A|}{\lambda}\alpha$ 以求解．

**解**　由于 $A$ 可逆，故 $A^*$ 也可逆，且 $\lambda\neq0$，$|A|\neq0$．又 $A^*\alpha=\lambda\alpha$，也有 $|A|A^{-1}\alpha=\lambda\alpha$，即 $A\alpha=\dfrac{|A|}{\lambda}\alpha$，从而有

$$\begin{pmatrix}2 & 1 & 1\\ 1 & 2 & 1\\ 1 & 1 & a\end{pmatrix}\begin{pmatrix}1\\ b\\ 1\end{pmatrix}=\frac{|A|}{\lambda}\begin{pmatrix}1\\ b\\ 1\end{pmatrix},$$

得

$$\begin{cases}3+b=\dfrac{|\boldsymbol{A}|}{\lambda}, & (1)\\ 2+2b=\dfrac{|\boldsymbol{A}|}{\lambda}b, & (2)\\ a+b+1=\dfrac{|\boldsymbol{A}|}{\lambda}. & (3)\end{cases}$$

由（1）－（3）得 $a=2$，$|\boldsymbol{A}|=\begin{vmatrix}2&1&1\\1&2&1\\1&1&2\end{vmatrix}=4$；由（1）－（2）得 $(b-1)\left(\dfrac{|\boldsymbol{A}|}{\lambda}-1\right)=(b-1)\left(\dfrac{4}{\lambda}-1\right)=0$. 于是，若 $b-1=0$，即 $b=1$，则 $\lambda=1$；若 $\dfrac{4}{\lambda}-1=0$，即 $\lambda=4$，则 $b=-2$，因此得 $a=2$，$b=1$，$\lambda=1$ 或 $a=2$，$b=-2$，$\lambda=4$.

**例 8**　已知向量 $\boldsymbol{\alpha}=(1,k,1)^{\mathrm{T}}$ 是矩阵 $\boldsymbol{A}=\begin{pmatrix}2&1&1\\1&2&1\\1&1&2\end{pmatrix}$ 的逆矩阵 $\boldsymbol{A}^{-1}$ 的特征向量，求常数 $k$ 的值及矩阵 $\boldsymbol{A}^{-1}$ 的关于 $\boldsymbol{\alpha}$ 所对应的特征值 $\lambda$.

**分析**　题设已知特征向量，应想到利用定义 $\boldsymbol{A}^{-1}\boldsymbol{\alpha}=\lambda\boldsymbol{\alpha}$，即 $\boldsymbol{\alpha}=\lambda\boldsymbol{A}\boldsymbol{\alpha}$. 由于 $\boldsymbol{A}^{-1}$ 可逆，所以 $\boldsymbol{A}^{-1}$ 的特征值都不为零，进而 $\boldsymbol{A}\boldsymbol{\alpha}=\dfrac{1}{\lambda}\boldsymbol{\alpha}$，由此导出参数所满足的方程.

**解**　设 $\lambda$ 是矩阵 $\boldsymbol{A}^{-1}$ 的关于 $\boldsymbol{\alpha}$ 所对应的特征值，则 $\boldsymbol{A}^{-1}\boldsymbol{\alpha}=\lambda\boldsymbol{\alpha}$. 由题意可知 $\lambda\neq0$，所以 $\boldsymbol{A}\boldsymbol{\alpha}=\dfrac{1}{\lambda}\boldsymbol{\alpha}$，即

$$\begin{pmatrix}2&1&1\\1&2&1\\1&1&2\end{pmatrix}\begin{pmatrix}1\\k\\1\end{pmatrix}=\frac{1}{\lambda}\begin{pmatrix}1\\k\\1\end{pmatrix},$$

得

$$\begin{cases}2+k+1=\dfrac{1}{\lambda},\\ 1+2k+1=\dfrac{k}{\lambda},\\ 1+k+2=\dfrac{1}{\lambda},\end{cases}$$

解得 $k=-2$，$\lambda=1$ 或 $k=1$，$\lambda=\dfrac{1}{4}$.

**例 9**　设矩阵 $\boldsymbol{A}=\begin{pmatrix}1&-3&3\\3&a&3\\6&-6&b\end{pmatrix}$ 有特征值 $\lambda_1=-2$，$\lambda_2=4$，求参数 $a$，$b$ 的值.

**分析**　题设中无已知特征向量，用特征方程 $|\lambda\boldsymbol{E}-\boldsymbol{A}|=0$ 求参数 $a$，$b$.

**解**　因为 $\lambda_1=-2$，$\lambda_2=4$ 均是矩阵 $\boldsymbol{A}$ 的特征值，所以

$$|\lambda_1 E-A|=|-2E-A|=\begin{vmatrix}-3 & 3 & -3\\ -3 & -2-a & -3\\ -6 & 6 & -2-b\end{vmatrix}=3(5+a)(4-b)=0,$$

$$|\lambda_2 E-A|=|4E-A|=\begin{vmatrix}3 & 3 & -3\\ -3 & 4-a & -3\\ -6 & 6 & 4-b\end{vmatrix}=3[-(7-a)(2+b)+72]=0,$$

解得 $a=-5$，$b=4$.

**例 10**　若 0 是矩阵 $A=\begin{pmatrix}1 & 0 & 1\\ 0 & 2 & 0\\ 1 & 0 & a\end{pmatrix}$ 的特征值，求参数 $a$.

**分析**　给定一个特征值为 0，可以利用特征方程 $|0E-A|=0$ 求参数，也可利用 $|A|$ 为特征值的乘积，即 $|A|=0$，求得参数 $a$.

**解　方法一**　由于 $|A|$ 为所有特征值的乘积，所以由 0 是 $A$ 的一个特征值，得 $|A|=0$.

又 $|A|=\begin{vmatrix}1 & 0 & 1\\ 0 & 2 & 0\\ 1 & 0 & a\end{vmatrix}=2(a-1)$，得 $a=1$.

**方法二**　由于 0 是矩阵 $A$ 的特征值，所以 $|0E-A|=\begin{vmatrix}-1 & 0 & -1\\ 0 & -2 & 0\\ -1 & 0 & -a\end{vmatrix}=-2a+2=0$，即 $a=1$.

**方法总结**　对于已知特征值或特征向量反求参数的问题，若已知条件中给出特征向量 $\boldsymbol{\alpha}$，可用定义 $A\boldsymbol{\alpha}=\lambda\boldsymbol{\alpha}$ 求解；若只给出特征值而没有给出特征向量，确定参数时常用特征方程 $|\lambda E-A|=0$ 求解，偶尔也有利用矩阵 $A$ 的特征值的性质 $|A|=\lambda_1\lambda_2\cdots\lambda_n$，$\mathrm{tr}(A)=\lambda_1+\lambda_2+\cdots+\lambda_n$ 求解参数.

**4. 已知特征值、特征向量，求矩阵**

**例 11**　已知三阶矩阵 $A$ 的 3 个特征值为 2，2，3，对应的特征向量分别为 $\boldsymbol{\xi}_1=(1,2,1)^{\mathrm{T}}$，$\boldsymbol{\xi}_2=(1,1,0)^{\mathrm{T}}$，$\boldsymbol{\xi}_3=(2,0,-1)^{\mathrm{T}}$，求矩阵 $A$.

**分析**　如果方阵 $A$ 可以相似对角化，则存在可逆矩阵 $P$ 和对角矩阵 $\Lambda$，使得 $P^{-1}AP=\Lambda$，于是 $A=P\Lambda P^{-1}$，故只需判定 $\boldsymbol{\xi}_1$，$\boldsymbol{\xi}_2$，$\boldsymbol{\xi}_3$ 线性无关即可.

**解**　显然 $\boldsymbol{\xi}_1$ 与 $\boldsymbol{\xi}_2$ 线性无关，而 $\boldsymbol{\xi}_3$ 是 $A$ 对应于特征值 3 的特征向量，故 $\boldsymbol{\xi}_1$，$\boldsymbol{\xi}_2$，$\boldsymbol{\xi}_3$ 线性无关，即 $A$ 有 3 个线性无关的特征向量，从而 $A$ 可相似对角化. 令 $P=(\boldsymbol{\xi}_1,\boldsymbol{\xi}_2,\boldsymbol{\xi}_3)$，则 $P$ 可逆，其逆矩阵为

$$P^{-1}=\begin{pmatrix}1 & -1 & 2\\ -2 & 3 & -4\\ 1 & -1 & 1\end{pmatrix},$$

且有 $P^{-1}AP=\Lambda$，于是

$$A=P\Lambda P^{-1}=\begin{pmatrix}1 & 1 & 2\\ 2 & 1 & 0\\ 1 & 0 & -1\end{pmatrix}\begin{pmatrix}2 & & \\ & 2 & \\ & & 3\end{pmatrix}\begin{pmatrix}1 & -1 & 2\\ -2 & 3 & -4\\ 1 & -1 & 1\end{pmatrix}=\begin{pmatrix}4 & -2 & 2\\ 0 & 2 & 0\\ -1 & 1 & 1\end{pmatrix}.$$

**例 12**　设三阶矩阵 $\boldsymbol{A}$ 满足 $\boldsymbol{A\alpha}_i = i\boldsymbol{\alpha}_i (i=1, 2, 3)$，其中列向量 $\boldsymbol{\alpha}_1=(1, 2, 2)^{\mathrm{T}}$，$\boldsymbol{\alpha}_2=(2, -2, 1)^{\mathrm{T}}$，$\boldsymbol{\alpha}_3=(-2, -1, 2)^{\mathrm{T}}$，试求矩阵 $\boldsymbol{A}$.

**分析**　本题主要考查矩阵与特征值、特征向量的关系，可以有两种解法. 第一种解法可以将条件转换为矩阵方程，即 $\boldsymbol{A}(\boldsymbol{\alpha}_1, \boldsymbol{\alpha}_2, \boldsymbol{\alpha}_3)=(\boldsymbol{\alpha}_1, 2\boldsymbol{\alpha}_2, 3\boldsymbol{\alpha}_3)$. 由于 $\boldsymbol{\alpha}_1, \boldsymbol{\alpha}_2, \boldsymbol{\alpha}_3$ 线性无关，所以矩阵 $(\boldsymbol{\alpha}_1, \boldsymbol{\alpha}_2, \boldsymbol{\alpha}_3)$ 可逆，即 $\boldsymbol{A}=(\boldsymbol{\alpha}_1, 2\boldsymbol{\alpha}_2, 3\boldsymbol{\alpha}_3)(\boldsymbol{\alpha}_1, \boldsymbol{\alpha}_2, \boldsymbol{\alpha}_3)^{-1}$. 第二种解法利用矩阵相似对角化. 由题意可知矩阵 $\boldsymbol{A}$ 有三个不同的特征值 1，2，3，所以 $\boldsymbol{A}$ 可以相似对角化，则存在可逆矩阵 $\boldsymbol{P}$ 和对角矩阵 $\boldsymbol{\Lambda}$，使得 $\boldsymbol{P}^{-1}\boldsymbol{AP}=\boldsymbol{\Lambda}$，于是 $\boldsymbol{A}=\boldsymbol{P\Lambda P}^{-1}$.

**解**　**方法一**　由 $\boldsymbol{A\alpha}_i = i\boldsymbol{\alpha}_i (i=1, 2, 3)$ 知，$\boldsymbol{A}(\boldsymbol{\alpha}_1, \boldsymbol{\alpha}_2, \boldsymbol{\alpha}_3)=(\boldsymbol{\alpha}_1, 2\boldsymbol{\alpha}_2, 3\boldsymbol{\alpha}_3)$，由 $\boldsymbol{\alpha}_1, \boldsymbol{\alpha}_2, \boldsymbol{\alpha}_3$ 线性无关，故 $\boldsymbol{P}=(\boldsymbol{\alpha}_1, \boldsymbol{\alpha}_2, \boldsymbol{\alpha}_3)$ 可逆，而 $\boldsymbol{P}^{-1}=\dfrac{1}{9}\begin{pmatrix}1 & 2 & 2\\ 2 & -2 & 1\\ -2 & -1 & 2\end{pmatrix}$，于是

$$\boldsymbol{A}=(\boldsymbol{\alpha}_1, \boldsymbol{\alpha}_2, \boldsymbol{\alpha}_3)\boldsymbol{P}^{-1}=\frac{1}{9}\begin{pmatrix}1 & 4 & -6\\ 2 & -4 & -3\\ 2 & 2 & 6\end{pmatrix}\begin{pmatrix}1 & 2 & 2\\ 2 & -2 & 1\\ -2 & -1 & 2\end{pmatrix}=\begin{bmatrix}\frac{7}{3} & 0 & -\frac{2}{3}\\ 0 & \frac{5}{3} & -\frac{2}{3}\\ -\frac{2}{3} & -\frac{2}{3} & 2\end{bmatrix}.$$

**方法二**　由 $\boldsymbol{A\alpha}_i = i\boldsymbol{\alpha}_i (i=1, 2, 3)$ 知，$\boldsymbol{A}$ 有 3 个不同的特征值 1，2，3，所以 $\boldsymbol{A}$ 可以相似对角化. 令 $\boldsymbol{P}=(\boldsymbol{\alpha}_1, \boldsymbol{\alpha}_2, \boldsymbol{\alpha}_3)$，则 $\boldsymbol{P}$ 可逆，其逆矩阵为

$$\boldsymbol{P}^{-1}=\frac{1}{9}\begin{pmatrix}1 & 2 & 2\\ 2 & -2 & 1\\ -2 & -1 & 2\end{pmatrix},$$

且有 $\boldsymbol{P}^{-1}\boldsymbol{AP}=\boldsymbol{\Lambda}$，于是

$$\boldsymbol{A}=\boldsymbol{P\Lambda P}^{-1}=\frac{1}{9}\begin{pmatrix}1 & 2 & -2\\ 2 & -2 & -1\\ 2 & 1 & 2\end{pmatrix}\begin{pmatrix}1 & & \\ & 2 & \\ & & 3\end{pmatrix}\begin{pmatrix}1 & 2 & 2\\ 2 & -2 & 1\\ -2 & -1 & 2\end{pmatrix}=\begin{bmatrix}\frac{7}{3} & 0 & -\frac{2}{3}\\ 0 & \frac{5}{3} & -\frac{2}{3}\\ -\frac{2}{3} & -\frac{2}{3} & 2\end{bmatrix}.$$

**例 13**　设三阶实对称矩阵 $\boldsymbol{A}$ 的特征值为 $\lambda_1=-1$，$\lambda_2=\lambda_3=1$，对应于 $\lambda_1=-1$ 的特征向量为 $\boldsymbol{\alpha}_1=(0, 1, 1)^{\mathrm{T}}$，求矩阵 $\boldsymbol{A}$.

**分析**　矩阵 $\boldsymbol{A}$ 是实对称矩阵，$\boldsymbol{A}$ 必相似于对角矩阵，对应于特征值 $\lambda_2=\lambda_3=1$，必有两个线性无关的特征向量，且与 $\boldsymbol{\alpha}_1$ 正交，利用与 $\boldsymbol{\alpha}_1$ 正交的非零向量均是 $\lambda_2=\lambda_3=1$ 的特征向量，求出特征向量 $\boldsymbol{\alpha}_2, \boldsymbol{\alpha}_3$，从而求得可逆矩阵 $\boldsymbol{P}$ 和对角矩阵 $\boldsymbol{\Lambda}$，使得 $\boldsymbol{A}=\boldsymbol{P\Lambda P}^{-1}$.

**解**　设对应于 $\lambda_2=\lambda_3=1$ 的特征向量 $\boldsymbol{\alpha}=(x_1, x_2, x_3)^{\mathrm{T}}$，$\boldsymbol{\alpha}$ 与 $\boldsymbol{\alpha}_1$ 正交，可得线性方程 $x_2+x_3=0$，解得 $\boldsymbol{\alpha}_2=(1, 0, 0)^{\mathrm{T}}$，$\boldsymbol{\alpha}_3=(0, 1, -1)^{\mathrm{T}}$，易知 $\boldsymbol{\alpha}_2, \boldsymbol{\alpha}_3$ 正交.

把 $\boldsymbol{\alpha}_1, \boldsymbol{\alpha}_2, \boldsymbol{\alpha}_3$ 单位化后作为列向量，便得正交矩阵

$$P=\begin{pmatrix}0 & 1 & 0\\ \frac{1}{\sqrt{2}} & 0 & \frac{1}{\sqrt{2}}\\ \frac{1}{\sqrt{2}} & 0 & -\frac{1}{\sqrt{2}}\end{pmatrix}$$

满足 $P^{-1}AP=\Lambda=\begin{pmatrix}-1 & 0 & 0\\ 0 & 1 & 0\\ 0 & 0 & 1\end{pmatrix}$，从而 $A=P\Lambda P^{-1}=\begin{pmatrix}1 & 0 & 0\\ 0 & 0 & -1\\ 0 & -1 & 0\end{pmatrix}$.

**方法总结** 已知矩阵的特征值、特征向量，反求矩阵，通常有以下两种情形.

(1) 当矩阵 $A$ 可对角化时，若已知全部特征值 $\lambda_1$，$\lambda_2$，…，$\lambda_n$ 与特征向量 $\alpha_1$，$\alpha_2$，…，$\alpha_n$，求矩阵 $A$，可以利用

$A=(\lambda_1\alpha_1,\ \lambda_2\alpha_2,\ \cdots,\ \lambda_n\alpha_n)(\alpha_1,\ \alpha_2,\ \cdots,\ \alpha_n)^{-1}$ 或 $A=P\Lambda P^{-1}$，其中

$$P=(\alpha_1,\ \alpha_2,\ \cdots,\ \alpha_n),\ \Lambda=\begin{pmatrix}\lambda_1 & & & \\ & \lambda_2 & & \\ & & \ddots & \\ & & & \lambda_n\end{pmatrix}.$$

(2) 已知实对称矩阵的特征值和部分特征向量，需要先求出其他的特征向量，这需根据实对称矩阵不同的特征值所对应的特征向量正交的性质，然后利用 $A=P\Lambda P^{-1}$，其中

$$P=(\alpha_1,\ \alpha_2,\ \cdots,\ \alpha_n),\ \Lambda=\begin{pmatrix}\lambda_1 & & & \\ & \lambda_2 & & \\ & & \ddots & \\ & & & \lambda_n\end{pmatrix}.$$

**5. 矩阵相似的判定**

**例 14** 判断矩阵 $A=\begin{pmatrix}2 & 0 & 0\\ 0 & 3 & 5\\ 0 & 1 & 2\end{pmatrix}$，$B=\begin{pmatrix}3 & 1 & 0\\ 7 & 3 & 0\\ 0 & 0 & 1\end{pmatrix}$ 是否相似，若相似，求出可逆矩阵 $C$，使得 $B=C^{-1}AC$.

**分析** 要判断 $A$ 与 $B$ 是否相似. 关键要判断 $|\lambda E-A|=|\lambda E-B|$，$|A|=|B|$，$r(A)=r(B)$，$\mathrm{tr}(A)=\mathrm{tr}(B)$ 是否成立. 若其中有一项不成立，则说明 $A$ 与 $B$ 不相似. 在本题中 $|\lambda E-A|\neq|\lambda E-B|$，所以 $A$ 与 $B$ 不相似.

**解** 显然 $|A|=|B|$，$r(A)=r(B)$，$\mathrm{tr}(A)=\mathrm{tr}(B)$，但是

$$|\lambda E-A|=\begin{vmatrix}\lambda-2 & 0 & 0\\ 0 & \lambda-3 & -5\\ 0 & -1 & \lambda-2\end{vmatrix}=\lambda^3-7\lambda^2+11\lambda-2,$$

$$|\lambda E-B|=\begin{vmatrix}\lambda-3 & -1 & 0\\ -7 & \lambda-3 & 0\\ 0 & 0 & \lambda-1\end{vmatrix}=\lambda^3-7\lambda^2+8\lambda-2,$$

因为 $|\lambda \boldsymbol{E}-\boldsymbol{A}| \neq |\lambda \boldsymbol{E}-\boldsymbol{B}|$，所以 $\boldsymbol{A}$ 与 $\boldsymbol{B}$ 不相似.

**例 15**　判断矩阵 $\boldsymbol{A}=\begin{pmatrix}2&0&0\\0&0&1\\0&1&0\end{pmatrix}$，$\boldsymbol{B}=\begin{pmatrix}1&0&0\\0&-1&0\\0&-6&2\end{pmatrix}$是否相似．若相似，求出可逆矩阵 $\boldsymbol{C}$，使得 $\boldsymbol{B}=\boldsymbol{C}^{-1}\boldsymbol{A}\boldsymbol{C}$.

**分析**　若 $\boldsymbol{A}$ 与 $\boldsymbol{B}$ 相似于同一个对角矩阵，则由相似的传递性，可知 $\boldsymbol{A}$ 与 $\boldsymbol{B}$ 相似.

**解**　由 $|\lambda \boldsymbol{E}-\boldsymbol{A}|=(\lambda-2)(\lambda-1)(\lambda+1)$ 得 $\boldsymbol{A}$ 的特征值为 $\lambda_1=2$，$\lambda_2=1$，$\lambda_3=-1$.

由 $|\lambda \boldsymbol{E}-\boldsymbol{B}|=(\lambda-2)(\lambda-1)(\lambda+1)$ 得 $\boldsymbol{B}$ 的特征值为 $\lambda_1=2$，$\lambda_2=1$，$\lambda_3=-1$.

$\boldsymbol{A}$ 与 $\boldsymbol{B}$ 均有三个不同的特征值，因此，$\boldsymbol{A}$ 与 $\boldsymbol{B}$ 同时相似于对角矩阵 $\boldsymbol{\Lambda}=\begin{pmatrix}2&0&0\\0&1&0\\0&0&-1\end{pmatrix}$，由相似关系的传递性知，$\boldsymbol{A}$ 与 $\boldsymbol{B}$ 相似.

因为矩阵 $\boldsymbol{A}$ 对应于特征值 $\lambda_1=2$，$\lambda_2=1$，$\lambda_3=-1$ 的特征向量分别为

$$\boldsymbol{\xi}_1=\begin{pmatrix}1\\0\\0\end{pmatrix},\ \boldsymbol{\xi}_2=\begin{pmatrix}0\\1\\1\end{pmatrix},\ \boldsymbol{\xi}_3=\begin{pmatrix}0\\1\\-1\end{pmatrix},$$

矩阵 $\boldsymbol{B}$ 对应于特征值 $\lambda_1=2$，$\lambda_2=1$，$\lambda_3=-1$ 的特征向量分别为

$$\boldsymbol{\eta}_1=\begin{pmatrix}0\\2\\1\end{pmatrix},\ \boldsymbol{\eta}_2=\begin{pmatrix}1\\0\\0\end{pmatrix},\ \boldsymbol{\eta}_3=\begin{pmatrix}0\\-1\\0\end{pmatrix},$$

所以存在

$$\boldsymbol{P}=(\boldsymbol{\xi}_1,\ \boldsymbol{\xi}_2,\ \boldsymbol{\xi}_3)=\begin{pmatrix}1&0&0\\0&1&1\\0&1&-1\end{pmatrix},$$

$$\boldsymbol{Q}=(\boldsymbol{\eta}_1,\ \boldsymbol{\eta}_2,\ \boldsymbol{\eta}_3)=\begin{pmatrix}0&1&0\\2&0&-1\\1&0&0\end{pmatrix},$$

使得

$$\boldsymbol{P}^{-1}\boldsymbol{A}\boldsymbol{P}=\boldsymbol{Q}^{-1}\boldsymbol{B}\boldsymbol{Q}=\begin{pmatrix}2&0&0\\0&1&0\\0&0&-1\end{pmatrix},$$

从而有

$$\boldsymbol{B}=\boldsymbol{Q}\boldsymbol{P}^{-1}\boldsymbol{A}\boldsymbol{P}\boldsymbol{Q}^{-1}=(\boldsymbol{P}\boldsymbol{Q}^{-1})^{-1}\boldsymbol{A}(\boldsymbol{P}\boldsymbol{Q}^{-1}).$$

令 $\boldsymbol{C}=\boldsymbol{P}\boldsymbol{Q}^{-1}$，则 $\boldsymbol{C}$ 可逆，且 $\boldsymbol{C}^{-1}\boldsymbol{A}\boldsymbol{C}=\boldsymbol{B}$，这里

$$\boldsymbol{C}=\boldsymbol{P}\boldsymbol{Q}^{-1}=\begin{pmatrix}1&0&0\\0&1&1\\0&1&-1\end{pmatrix}\begin{pmatrix}0&1&0\\2&0&-1\\1&0&0\end{pmatrix}^{-1}=\begin{pmatrix}0&0&-1\\1&-1&2\\1&1&-2\end{pmatrix}.$$

**方法总结** 判断矩阵 $\boldsymbol{A}$ 与 $\boldsymbol{B}$ 是否相似的方法如下．

（1）若 $|\lambda\boldsymbol{E}-\boldsymbol{A}|=|\lambda\boldsymbol{E}-\boldsymbol{B}|$，$|\boldsymbol{A}|=|\boldsymbol{B}|$，$r(\boldsymbol{A})=r(\boldsymbol{B})$，$\mathrm{tr}(\boldsymbol{A})=\mathrm{tr}(\boldsymbol{B})$ 中有任何一项不成立，则 $\boldsymbol{A}$ 与 $\boldsymbol{B}$ 不相似．

（2）若 $\boldsymbol{A}$ 与 $\boldsymbol{B}$ 相似于同一个对角矩阵，则 $\boldsymbol{A}$ 与 $\boldsymbol{B}$ 相似．

**6．已知两个矩阵相似，确定矩阵中的参数**

**例 16** 已知矩阵 $\boldsymbol{A}=\begin{pmatrix}1 & -1 & 1\\ 2 & 4 & -2\\ -3 & 3 & a\end{pmatrix}$ 与 $\boldsymbol{B}=\begin{pmatrix}2 & 0 & 0\\ 0 & 2 & 0\\ 0 & 0 & b\end{pmatrix}$ 相似，求 $a$ 与 $b$ 的值．

**分析** 本题主要考查矩阵相似对角化的性质．若参数位于矩阵的主对角线上，为了求得参数 $a$ 与 $b$ 的值，可以利用 $\mathrm{tr}(\boldsymbol{A})=\mathrm{tr}(\boldsymbol{B})$，$|\boldsymbol{A}|=|\boldsymbol{B}|$，列方程求得参数．

**解** 由于矩阵 $\boldsymbol{A}$ 与 $\boldsymbol{B}$ 相似，知 $|\boldsymbol{A}|=|\boldsymbol{B}|$，即 $6(a-1)=4b$；$\mathrm{tr}(\boldsymbol{A})=\mathrm{tr}(\boldsymbol{B})$，即 $1+4+a=4+b$，解得 $a=5$，$b=6$．

**例 17** 设矩阵 $\boldsymbol{A}$ 与 $\boldsymbol{B}$ 相似，其中 $\boldsymbol{A}=\begin{pmatrix}1 & a & 1\\ a & 1 & b\\ 1 & b & 1\end{pmatrix}$，$\boldsymbol{B}=\begin{pmatrix}0 & 0 & 0\\ 0 & 1 & 0\\ 0 & 0 & 2\end{pmatrix}$．（1）求 $a$，$b$ 的值；（2）求可逆矩阵 $\boldsymbol{P}$，使得 $\boldsymbol{P}^{-1}\boldsymbol{AP}=\boldsymbol{B}$．

**分析** 本题主要考查矩阵相似对角化的性质、定常数、计算特征值与特征向量以及构造可逆矩阵 $\boldsymbol{P}$．（1）参数位于主对角线以外，为了求参数 $a$，$b$ 的值，需要由 $\boldsymbol{B}$ 确定 $\boldsymbol{A}$ 的特征值，然后利用 $|\lambda\boldsymbol{E}-\boldsymbol{A}|=|\lambda\boldsymbol{E}-\boldsymbol{B}|$ 求参数．上例中的方法在本题中失效．（2）利用（1）计算特征向量构造矩阵 $\boldsymbol{P}$．

**解** （1）由于矩阵 $\boldsymbol{A}$ 与 $\boldsymbol{B}$ 相似，所以 $\boldsymbol{A}$ 与 $\boldsymbol{B}$ 有相同的特征值，分别为 0，1，2．将 $\lambda=0$，1 依次代入 $|\lambda\boldsymbol{E}-\boldsymbol{A}|=0$，有

$$|0\boldsymbol{E}-\boldsymbol{A}|=\begin{vmatrix}-1 & -a & -1\\ -a & -1 & -b\\ -1 & -b & -1\end{vmatrix}=(a-b)^2=0,$$

$$|\boldsymbol{E}-\boldsymbol{A}|=\begin{vmatrix}0 & -a & -1\\ -a & 0 & -b\\ -1 & -b & 0\end{vmatrix}=-2ab=0,$$

解得 $a=b=0$，所以

$$\boldsymbol{A}=\begin{pmatrix}1 & 0 & 1\\ 0 & 1 & 0\\ 1 & 0 & 1\end{pmatrix}.$$

（2）当 $\lambda=0$ 时，解齐次线性方程组 $(0\boldsymbol{E}-\boldsymbol{A})\boldsymbol{X}=\boldsymbol{O}$，得基础解系为 $\boldsymbol{\xi}_1=(-1,0,1)^{\mathrm{T}}$；当 $\lambda=1$ 时，解齐次线性方程组 $(\boldsymbol{E}-\boldsymbol{A})\boldsymbol{X}=\boldsymbol{O}$，得基础解系为 $\boldsymbol{\xi}_2=(0,1,0)^{\mathrm{T}}$；当 $\lambda=2$ 时，解齐次线性方程组 $(2\boldsymbol{E}-\boldsymbol{A})\boldsymbol{X}=\boldsymbol{O}$，得基础解系为 $\boldsymbol{\xi}_3=(1,0,1)^{\mathrm{T}}$．

于是得 $\boldsymbol{P}=(\boldsymbol{\xi}_1,\boldsymbol{\xi}_2,\boldsymbol{\xi}_3)=\begin{pmatrix}-1 & 0 & 1\\ 0 & 1 & 0\\ 1 & 0 & 1\end{pmatrix}$，使得 $\boldsymbol{P}^{-1}\boldsymbol{AP}=\boldsymbol{B}$．

**方法总结**　若矩阵 $\boldsymbol{A}$ 和矩阵 $\boldsymbol{B}$ 相似，确定参数的方法是利用 $|\lambda\boldsymbol{E}-\boldsymbol{A}|=|\lambda\boldsymbol{E}-\boldsymbol{B}|$，$|\boldsymbol{A}|=|\boldsymbol{B}|=\lambda_1\lambda_2\cdots\lambda_n$，$\mathrm{tr}(\boldsymbol{A})=\mathrm{tr}(\boldsymbol{B})=\lambda_1+\lambda_2+\cdots+\lambda_n$，$r(\boldsymbol{A})=r(\boldsymbol{B})$.

**7. 矩阵对角化的判定**

**例 18**　设矩阵 $\boldsymbol{A}=\begin{pmatrix}1 & 2 & -3\\ -1 & 4 & -3\\ 1 & a & 5\end{pmatrix}$ 的特征方程有二重根，求 $a$ 的值，并讨论 $\boldsymbol{A}$ 是否可相似对角化.

**分析**　$\boldsymbol{A}$ 的特征多项式 $|\lambda\boldsymbol{E}-\boldsymbol{A}|=(\lambda-2)(\lambda^2-8\lambda+18+3a)$，由于 $\boldsymbol{A}$ 的特征方程有二重根，所以特征多项式中含有因式 $(\lambda-2)^2$ 或含因式 $(\lambda-4)^2$，由此可确定 $a$ 的值. 进一步讨论重根对应的特征矩阵的秩 $r(2\boldsymbol{E}-\boldsymbol{A})$ 或 $r(4\boldsymbol{E}-\boldsymbol{A})$ 是否为 1，进而可判断 $\boldsymbol{A}$ 是否可相似对角化.

**解**　由 $|\lambda\boldsymbol{E}-\boldsymbol{A}|=\begin{vmatrix}\lambda-1 & -2 & 3\\ 1 & \lambda-4 & 3\\ -1 & -a & \lambda-5\end{vmatrix}=(\lambda-2)(\lambda^2-8\lambda+18+3a)$，知若 $\lambda=2$ 为二重根，则有 $2^2-8\times2+18+3a=0$，解得 $a=-2$，进而得 $\boldsymbol{A}$ 的特征值为 $\lambda_1=\lambda_2=2$，$\lambda_3=6$.

又由

$$2\boldsymbol{E}-\boldsymbol{A}=\begin{pmatrix}1 & -2 & 3\\ 1 & -2 & 3\\ -1 & 2 & -3\end{pmatrix}\to\begin{pmatrix}1 & -2 & 3\\ 0 & 0 & 0\\ 0 & 0 & 0\end{pmatrix},$$

知 $r(2\boldsymbol{E}-\boldsymbol{A})=1$，齐次线性方程组 $(2\boldsymbol{E}-\boldsymbol{A})\boldsymbol{X}=\boldsymbol{O}$ 的基础解系含有与重数相同个数的解向量，因此 $\boldsymbol{A}$ 必与对角矩阵相似.

若 $\lambda=2$ 不是二重根，则 $\lambda^2-8\lambda+18+3a$ 应是完全平方式，即 $\lambda^2-8\lambda+18+3a=(\lambda-4)^2$，解得 $a=-\dfrac{2}{3}$，进而得 $\boldsymbol{A}$ 的特征值为 $\lambda_1=2$，$\lambda_2=\lambda_3=4$.

又由

$$4\boldsymbol{E}-\boldsymbol{A}=\begin{pmatrix}3 & -2 & 3\\ 1 & 0 & 3\\ -1 & \dfrac{2}{3} & -1\end{pmatrix}\to\begin{pmatrix}1 & 0 & 3\\ 0 & 1 & 3\\ 0 & 0 & 0\end{pmatrix},$$

知 $r(4\boldsymbol{E}-\boldsymbol{A})=2$，齐次线性方程组 $(4\boldsymbol{E}-\boldsymbol{A})\boldsymbol{X}=\boldsymbol{O}$ 的基础解系仅含有 1 个解向量，少于重数，因此，$\boldsymbol{A}$ 不能与对角矩阵相似.

**例 19**　已知向量 $\boldsymbol{\xi}=\begin{pmatrix}1\\ 1\\ -1\end{pmatrix}$ 是矩阵 $\boldsymbol{A}=\begin{pmatrix}2 & -1 & 2\\ 5 & a & 3\\ -1 & b & -2\end{pmatrix}$ 的一个特征向量. (1) 确定参数 $a$，$b$ 及特征向量 $\boldsymbol{\xi}$ 所对应的特征值 $\lambda$. (2) $\boldsymbol{A}$ 能否相似对角化?

**分析**　给定矩阵 $\boldsymbol{A}$ 的一个特征向量，应先利用定义 $\boldsymbol{A\xi}=\lambda\boldsymbol{\xi}$ 确定参数值. 再求出 $\boldsymbol{A}$ 的特征值，然后由 $r(\lambda\boldsymbol{E}-\boldsymbol{A})$ 的值决定 $\boldsymbol{A}$ 的线性无关的特征向量的个数，进而判断 $\boldsymbol{A}$ 是否可相似对角化.

**解** （1）由题设条件有矩阵 $A\boldsymbol{\xi}=\lambda\boldsymbol{\xi}$，即

$$\begin{pmatrix}2 & -1 & 2\\5 & a & 3\\-1 & b & -2\end{pmatrix}\begin{pmatrix}1\\1\\-1\end{pmatrix}=\lambda\begin{pmatrix}1\\1\\-1\end{pmatrix},$$

解得 $\lambda=-1$，$a=-3$，$b=0$．故矩阵 $A=\begin{pmatrix}2 & -1 & 2\\5 & -3 & 3\\-1 & 0 & -2\end{pmatrix}$．

（2）由 $A$ 的特征方程

$$|\lambda E-A|=\begin{vmatrix}\lambda-2 & 1 & -2\\-5 & \lambda+3 & -3\\1 & 0 & \lambda+2\end{vmatrix}=(\lambda+1)^3,$$

得 $A$ 的全部特征值为 $\lambda_1=\lambda_2=\lambda_3=-1$．但矩阵 $-E-A=\begin{pmatrix}-3 & 1 & -2\\-5 & 2 & -3\\1 & 0 & 1\end{pmatrix}$ 的秩为2，所以 $A$ 的对应于三重特征值 $-1$ 的线性无关的特征向量只有一个，则矩阵 $A$ 不能相似于对角矩阵．

**方法总结** 判断矩阵能否相似对角化的方法：先求出 $A$ 的特征值，然后由多重特征值对应的特征矩阵的秩判断 $A$ 的线性无关特征向量的个数，进而判断 $A$ 是否可相似对角化．

**8．已知矩阵可对角化，确定矩阵中的参数**

**例 20** 若矩阵 $A=\begin{pmatrix}2 & 2 & 0\\8 & 2 & a\\0 & 0 & 6\end{pmatrix}$ 相似于对角矩阵 $\Lambda$，试确定常数 $a$ 的值，并求可逆矩阵 $P$，使得 $P^{-1}AP=\Lambda$．

**分析** 已知矩阵 $A$ 相似于对角矩阵，应先求出 $A$ 的特征值，再根据特征值的重数与线性无关特征向量的个数相同，转化为求特征矩阵的秩，进而确定参数 $a$．最后求矩阵 $A$ 的特征值和特征向量，确定可逆矩阵 $P$ 和对角矩阵 $\Lambda$．

**解** 矩阵 $A$ 的特征多项式为

$$|\lambda E-A|=\begin{vmatrix}\lambda-2 & -2 & 0\\-8 & \lambda-2 & -a\\0 & 0 & \lambda-6\end{vmatrix}=(\lambda-6)^2(\lambda+2),$$

则 $A$ 的特征值为 $\lambda_1=\lambda_2=6$，$\lambda_3=-2$．

由于 $A$ 相似于对角矩阵 $\Lambda$，所以对应于 $\lambda_1=\lambda_2=6$ 应有两个线性无关的特征向量，即 $r(6E-A)=3-2=1$．

由 $6E-A=\begin{pmatrix}4 & -2 & 0\\-8 & 4 & -a\\0 & 0 & 0\end{pmatrix}\to\begin{pmatrix}2 & -1 & 0\\0 & 0 & a\\0 & 0 & 0\end{pmatrix}$，知 $a=0$．

于是对应于 $\lambda_1=\lambda_2=6$ 的两个线性无关的特征向量可取为

$$\boldsymbol{\xi}_1=\begin{pmatrix}0\\0\\1\end{pmatrix},\boldsymbol{\xi}_2=\begin{pmatrix}1\\2\\0\end{pmatrix}.$$

当 $\lambda_3=-2$ 时，由于

$$-2\boldsymbol{E}-\boldsymbol{A}=\begin{pmatrix}-4&-2&0\\-8&-4&0\\0&0&-8\end{pmatrix}\to\begin{pmatrix}2&1&0\\0&0&1\\0&0&0\end{pmatrix}\to\begin{pmatrix}1&\frac{1}{2}&0\\0&0&1\\0&0&0\end{pmatrix},$$

同解方程组为 $\begin{cases}x_1=-\frac{1}{2}x_2,\\x_3=0.\end{cases}$ 令 $x_2=-2$，得 $\begin{cases}x_1=1,\\x_2=-2,\\x_3=0.\end{cases}$

因此对应于 $\lambda_3=-2$ 的特征向量 $\boldsymbol{\xi}_3=\begin{pmatrix}1\\-2\\0\end{pmatrix}$.

令 $\boldsymbol{P}=(\boldsymbol{\xi}_1,\boldsymbol{\xi}_2,\boldsymbol{\xi}_3)=\begin{pmatrix}0&1&1\\0&2&-2\\1&0&0\end{pmatrix}$，则 $\boldsymbol{P}$ 可逆，并有 $\boldsymbol{P}^{-1}\boldsymbol{AP}=\boldsymbol{\Lambda}$，其中 $\boldsymbol{\Lambda}=\begin{pmatrix}6&0&0\\0&6&0\\0&0&-2\end{pmatrix}$.

**例 21**　设矩阵 $\boldsymbol{A}=\begin{pmatrix}3&2&-2\\-k&-1&k\\4&2&-3\end{pmatrix}$，问 $k$ 取何值时，$\boldsymbol{A}$ 相似于对角矩阵？

**分析**　由 $|\lambda\boldsymbol{E}-\boldsymbol{A}|=0$ 求得 $\lambda=-1$ 是矩阵 $\boldsymbol{A}$ 的二重特征值. 为使 $\boldsymbol{A}$ 相似于对角矩阵，只需 $r(-\boldsymbol{E}-\boldsymbol{A})=1$，从而求得参数 $k$.

**解**　矩阵 $\boldsymbol{A}$ 的特征多项式为

$$|\lambda\boldsymbol{E}-\boldsymbol{A}|=\begin{vmatrix}\lambda-3&-2&2\\k&\lambda+1&-k\\-4&-2&\lambda+3\end{vmatrix}=(\lambda+1)^2(\lambda-1),$$

则 $\boldsymbol{A}$ 的特征值为 $\lambda_1=\lambda_2=-1$，$\lambda_3=1$.

当 $\lambda_1=\lambda_2=-1$ 时，由于

$$-\boldsymbol{E}-\boldsymbol{A}=\begin{pmatrix}-4&-2&2\\k&0&-k\\-4&-2&2\end{pmatrix}\to\begin{pmatrix}2&1&-1\\k&0&-k\\0&0&0\end{pmatrix},$$

所以为使 $\boldsymbol{A}$ 相似于对角矩阵，只需 $r(-\boldsymbol{E}-\boldsymbol{A})=1$，即 $k=0$ 时，$\boldsymbol{A}$ 相似于对角矩阵.

**例 22**　设矩阵 $\boldsymbol{A}=\begin{pmatrix}1&-1&1\\x&4&y\\-3&-3&5\end{pmatrix}$，已知 $\boldsymbol{A}$ 有 3 个线性无关的特征向量，$\lambda=2$ 是 $\boldsymbol{A}$ 的二重特征值，求参数 $x$ 与 $y$.

**分析**　三阶矩阵 $\boldsymbol{A}$ 有 3 个线性无关的特征向量，说明 $\boldsymbol{A}$ 可相似于对角矩阵. 由于 $\lambda=2$ 是 $\boldsymbol{A}$ 的二重特征值，所以 $r(2\boldsymbol{E}-\boldsymbol{A})=1$，从而求得参数 $x$，$y$.

**解** 根据题意，$\boldsymbol{A}$ 有 3 个线性无关的特征向量，因而 $\boldsymbol{A}$ 可相似于对角矩阵. 于是对二重特征值 $\lambda=2$，必有 $r(2\boldsymbol{E}-\boldsymbol{A})=3-2=1$.

因 $2\boldsymbol{E}-\boldsymbol{A}=\begin{pmatrix}1 & 1 & -1\\ -x & -2 & -y\\ 3 & 3 & -3\end{pmatrix}\rightarrow\begin{pmatrix}1 & 1 & -1\\ 0 & x-2 & -x-y\\ 0 & 0 & 0\end{pmatrix}$，所以有 $\begin{cases}x-2=0,\\ -x-y=0,\end{cases}$ 故 $\begin{cases}x=2,\\ y=-2.\end{cases}$

**方法总结** 确定参数的值，使得有关矩阵可对角化，并求相应的可逆矩阵和对角矩阵的方法如下.

(1) 若题设条件直接告知 $n$ 阶方阵 $\boldsymbol{A}$ 可对角化，则先利用 $|\lambda\boldsymbol{E}-\boldsymbol{A}|=0$，求出特征值，再对 $n_i$ 重特征值 $\lambda_i$，求出矩阵 $\lambda_i\boldsymbol{E}-\boldsymbol{A}$ 的秩，使 $r(\lambda_i\boldsymbol{E}-\boldsymbol{A})=n-n_i$，从而可求出其中的参数. 最后，再求 $\boldsymbol{A}$ 的特征向量，得到所求可逆矩阵.

(2) 若已知 $\lambda_i$ 是矩阵 $\boldsymbol{A}$ 的多重特征值，则一般无须利用 $|\lambda\boldsymbol{E}-\boldsymbol{A}|=0$ 求其他特征值，而是利用 $\mathrm{tr}(\boldsymbol{A})=a_{11}+a_{22}+\cdots+a_{nn}=\lambda_1+\lambda_2+\cdots+\lambda_n$ 或其他相关信息求出其余的特征值. 若题设中隐含可对角化信息，再利用 $r(\lambda_i\boldsymbol{E}-\boldsymbol{A})=n-n_i$ 确定其中的参数. 最后，再求 $\boldsymbol{A}$ 的特征向量，得到所求可逆矩阵.

### 9. 线性无关的向量组化为正交向量组

**例 23** 利用施密特正交化方法，试由向量组

$$\boldsymbol{\alpha}_1=\begin{pmatrix}0\\1\\1\end{pmatrix},\ \boldsymbol{\alpha}_2=\begin{pmatrix}1\\1\\0\end{pmatrix},\ \boldsymbol{\alpha}_3=\begin{pmatrix}1\\0\\1\end{pmatrix}$$

构造出一个正交向量组.

**解** $\boldsymbol{\beta}_1=\boldsymbol{\alpha}_1=\begin{pmatrix}0\\1\\1\end{pmatrix}$,

$$\boldsymbol{\beta}_2=\boldsymbol{\alpha}_2-\frac{(\boldsymbol{\alpha}_2,\ \boldsymbol{\beta}_1)}{(\boldsymbol{\beta}_1,\ \boldsymbol{\beta}_1)}\boldsymbol{\beta}_1=\begin{pmatrix}1\\1\\0\end{pmatrix}-\frac{1}{2}\begin{pmatrix}0\\1\\1\end{pmatrix}=\begin{pmatrix}1\\ \frac{1}{2}\\ -\frac{1}{2}\end{pmatrix},$$

$$\boldsymbol{\beta}_3=\boldsymbol{\alpha}_3-\frac{(\boldsymbol{\alpha}_3,\ \boldsymbol{\beta}_1)}{(\boldsymbol{\beta}_1,\ \boldsymbol{\beta}_1)}\boldsymbol{\beta}_1-\frac{(\boldsymbol{\alpha}_3,\ \boldsymbol{\beta}_2)}{(\boldsymbol{\beta}_2,\ \boldsymbol{\beta}_2)}\boldsymbol{\beta}_2=\begin{pmatrix}1\\0\\1\end{pmatrix}-\frac{1}{2}\begin{pmatrix}0\\1\\1\end{pmatrix}-\frac{1}{3}\begin{pmatrix}1\\ \frac{1}{2}\\ -\frac{1}{2}\end{pmatrix}=\begin{pmatrix}\frac{2}{3}\\ -\frac{2}{3}\\ \frac{2}{3}\end{pmatrix}.$$

**方法总结** 利用施密特正交化方法，可以将线性无关的向量组化为正交向量组，方法如下.

设 $\boldsymbol{\alpha}_1$，$\boldsymbol{\alpha}_2$，…，$\boldsymbol{\alpha}_s$ 是一个线性无关的向量组，令

$$\boldsymbol{\beta}_1=\boldsymbol{\alpha}_1,$$

$$\boldsymbol{\beta}_2=\boldsymbol{\alpha}_2-\frac{(\boldsymbol{\alpha}_2,\boldsymbol{\beta}_1)}{(\boldsymbol{\beta}_1,\boldsymbol{\beta}_1)}\boldsymbol{\beta}_1,$$

$$\boldsymbol{\beta}_3=\boldsymbol{\alpha}_3-\frac{(\boldsymbol{\alpha}_3,\boldsymbol{\beta}_1)}{(\boldsymbol{\beta}_1,\boldsymbol{\beta}_1)}\boldsymbol{\beta}_1-\frac{(\boldsymbol{\alpha}_3,\boldsymbol{\beta}_2)}{(\boldsymbol{\beta}_2,\boldsymbol{\beta}_2)}\boldsymbol{\beta}_2,$$

$$\vdots$$

$$\boldsymbol{\beta}_s=\boldsymbol{\alpha}_s-\frac{(\boldsymbol{\alpha}_s,\boldsymbol{\beta}_1)}{(\boldsymbol{\beta}_1,\boldsymbol{\beta}_1)}\boldsymbol{\beta}_1-\frac{(\boldsymbol{\alpha}_s,\boldsymbol{\beta}_2)}{(\boldsymbol{\beta}_2,\boldsymbol{\beta}_2)}\boldsymbol{\beta}_2-\cdots-\frac{(\boldsymbol{\alpha}_s,\boldsymbol{\beta}_{s-1})}{(\boldsymbol{\beta}_{s-1},\boldsymbol{\beta}_{s-1})}\boldsymbol{\beta}_{s-1},$$

则 $\boldsymbol{\beta}_1$，$\boldsymbol{\beta}_2$，…，$\boldsymbol{\beta}_s$ 是一个正交向量组，并且 $\boldsymbol{\beta}_1$，$\boldsymbol{\beta}_2$，…，$\boldsymbol{\beta}_s$ 与 $\boldsymbol{\alpha}_1$，$\boldsymbol{\alpha}_2$，…，$\boldsymbol{\alpha}_s$ 等价.

### 10. 求正交矩阵，化实对称矩阵为对角矩阵

**例 24**　设三阶实对称矩阵 $\boldsymbol{A}$ 的各行元素之和均为 3，向量 $\boldsymbol{\alpha}_1=(-1,\ 2,\ -1)^{\mathrm{T}}$，$\boldsymbol{\alpha}_2=(0,\ -1,\ 1)^{\mathrm{T}}$ 是线性方程组 $\boldsymbol{AX}=\boldsymbol{O}$ 的两个解.（1）求 $\boldsymbol{A}$ 的特征值和特征向量；（2）求正交矩阵 $\boldsymbol{Q}$ 和对角矩阵 $\boldsymbol{\Lambda}$，使得 $\boldsymbol{Q}^{\mathrm{T}}\boldsymbol{AQ}=\boldsymbol{\Lambda}$.

**分析**　由矩阵 $\boldsymbol{A}$ 的各行元素之和均为 3 及矩阵乘法可得矩阵 $\boldsymbol{A}$ 的一个特征值和对应的特征向量；由齐次线性方程组 $\boldsymbol{AX}=\boldsymbol{O}$ 有非零解可知 $\boldsymbol{A}$ 必有零特征值，其非零解是零特征值所对应的特征向量. 将 $\boldsymbol{A}$ 的线性无关的特征向量正交化可得正交矩阵 $\boldsymbol{Q}$，由 $\boldsymbol{Q}^{\mathrm{T}}\boldsymbol{AQ}=\boldsymbol{\Lambda}$ 可得对角矩阵 $\boldsymbol{\Lambda}$.

**解**　因为矩阵 $\boldsymbol{A}$ 的各行元素之和均为 3，所以

$$\boldsymbol{A}\begin{pmatrix}1\\1\\1\end{pmatrix}=\begin{pmatrix}3\\3\\3\end{pmatrix}=3\begin{pmatrix}1\\1\\1\end{pmatrix}.$$

则由特征值和特征向量的定义知，$\lambda=3$ 是矩阵 $\boldsymbol{A}$ 的特征值，$\boldsymbol{\alpha}=(1,\ 1,\ 1)^{\mathrm{T}}$ 是对应的特征向量. 对应于 $\lambda=3$ 的全部特征向量为 $k\boldsymbol{\alpha}$，其中 $k$ 是不为零的常数.

又由题设知 $\boldsymbol{A\alpha}_1=\boldsymbol{O}$，$\boldsymbol{A\alpha}_2=\boldsymbol{O}$，即 $\boldsymbol{A\alpha}_1=0\boldsymbol{\alpha}_1$，$\boldsymbol{A\alpha}_2=0\boldsymbol{\alpha}_2$，而且 $\boldsymbol{\alpha}_1$，$\boldsymbol{\alpha}_2$ 线性无关，所以 $\lambda=0$ 是矩阵 $\boldsymbol{A}$ 的二重特征值，$\boldsymbol{\alpha}_1$，$\boldsymbol{\alpha}_2$ 是其对应的特征向量，对应于 $\lambda=0$ 的全部特征向量为 $k_1\boldsymbol{\alpha}_1+k_2\boldsymbol{\alpha}_2$，其中 $k_1$，$k_2$ 是不全为零的常数.

因为矩阵 $\boldsymbol{A}$ 是实对称矩阵，$\boldsymbol{\alpha}$ 必与 $\boldsymbol{\alpha}_1$，$\boldsymbol{\alpha}_2$ 正交，所以此题只需将 $\boldsymbol{\alpha}_1$，$\boldsymbol{\alpha}_2$ 正交.

取 $\boldsymbol{\beta}_1=\boldsymbol{\alpha}_1$，

$$\boldsymbol{\beta}_2=\boldsymbol{\alpha}_2-\frac{(\boldsymbol{\alpha}_2,\boldsymbol{\beta}_1)}{(\boldsymbol{\beta}_1,\boldsymbol{\beta}_1)}\boldsymbol{\beta}_1=\begin{pmatrix}0\\-1\\1\end{pmatrix}-\frac{-3}{6}\begin{pmatrix}-1\\2\\-1\end{pmatrix}=\begin{pmatrix}-\dfrac{1}{2}\\0\\\dfrac{1}{2}\end{pmatrix}.$$

再将 $\boldsymbol{\alpha}$，$\boldsymbol{\beta}_1$，$\boldsymbol{\beta}_2$ 单位化，得

$$\boldsymbol{\eta}_1=\frac{\boldsymbol{\alpha}}{\|\boldsymbol{\alpha}\|}=\begin{pmatrix}\frac{1}{\sqrt{3}}\\\frac{1}{\sqrt{3}}\\\frac{1}{\sqrt{3}}\end{pmatrix},\ \boldsymbol{\eta}_2=\frac{\boldsymbol{\beta}_1}{\|\boldsymbol{\beta}_1\|}=\begin{pmatrix}-\frac{1}{\sqrt{6}}\\\frac{2}{\sqrt{6}}\\-\frac{1}{\sqrt{6}}\end{pmatrix},\ \boldsymbol{\eta}_3=\frac{\boldsymbol{\beta}_2}{\|\boldsymbol{\beta}_2\|}=\begin{pmatrix}-\frac{1}{\sqrt{2}}\\0\\\frac{1}{\sqrt{2}}\end{pmatrix},$$

令 $\boldsymbol{Q}=(\boldsymbol{\eta}_1,\boldsymbol{\eta}_2,\boldsymbol{\eta}_3)$，则 $\boldsymbol{Q}^{-1}=\boldsymbol{Q}^{\mathrm{T}}$，根据 $\boldsymbol{A}$ 是实对称矩阵必可相似对角化，得

$$\boldsymbol{Q}^{\mathrm{T}}\boldsymbol{A}\boldsymbol{Q}=\begin{pmatrix}3&0&0\\0&0&0\\0&0&0\end{pmatrix}=\boldsymbol{\Lambda}.$$

**例 25**　实对称矩阵 $\boldsymbol{A}=\begin{pmatrix}1&-2&2\\-2&-2&4\\2&4&-2\end{pmatrix}$，求一个正交矩阵 $\boldsymbol{Q}$，使得 $\boldsymbol{Q}^{\mathrm{T}}\boldsymbol{A}\boldsymbol{Q}$ 是对角矩阵.

**分析**　先求矩阵 $\boldsymbol{A}$ 的特征值和特征向量，然后将重特征值对应的特征向量进行施密特正交化，再将所有特征向量单位化，构成正交矩阵 $\boldsymbol{Q}$，最后计算 $\boldsymbol{Q}^{\mathrm{T}}\boldsymbol{A}\boldsymbol{Q}$.

**解**　先求矩阵 $\boldsymbol{A}$ 的特征值. 由 $\boldsymbol{A}$ 的特征多项式

$$|\lambda\boldsymbol{E}-\boldsymbol{A}|=\begin{vmatrix}\lambda-1&2&-2\\2&\lambda+2&-4\\-2&-4&\lambda+2\end{vmatrix}=(\lambda-2)^2(\lambda+7),$$

可知 $\boldsymbol{A}$ 的特征值为 $\lambda_1=\lambda_2=2$，$\lambda_3=-7$.

当 $\lambda=2$ 时，解齐次线性方程组 $(2\boldsymbol{E}-\boldsymbol{A})\boldsymbol{X}=\boldsymbol{O}$，得基础解系为

$$\boldsymbol{\xi}_1=\begin{pmatrix}-2\\1\\0\end{pmatrix},\ \boldsymbol{\xi}_2=\begin{pmatrix}2\\0\\1\end{pmatrix}.$$

将 $\boldsymbol{\xi}_1$，$\boldsymbol{\xi}_2$ 正交化，得

$$\boldsymbol{\beta}_1=\boldsymbol{\xi}_1=\begin{pmatrix}-2\\1\\0\end{pmatrix},\ \boldsymbol{\beta}_2=\boldsymbol{\xi}_2-\frac{(\boldsymbol{\xi}_2,\boldsymbol{\beta}_1)}{(\boldsymbol{\beta}_1,\boldsymbol{\beta}_1)}\boldsymbol{\beta}_1=\begin{pmatrix}2\\0\\1\end{pmatrix}-\frac{-4}{5}\begin{pmatrix}-2\\1\\0\end{pmatrix}=\frac{1}{5}\begin{pmatrix}2\\4\\5\end{pmatrix}.$$

再单位化，得

$$\boldsymbol{\gamma}_1=\frac{\boldsymbol{\beta}_1}{\|\boldsymbol{\beta}_1\|}=\frac{1}{\sqrt{5}}\begin{pmatrix}-2\\1\\0\end{pmatrix},\ \boldsymbol{\gamma}_2=\frac{\boldsymbol{\beta}_2}{\|\boldsymbol{\beta}_2\|}=\frac{1}{3\sqrt{5}}\begin{pmatrix}2\\4\\5\end{pmatrix}.$$

当 $\lambda=-7$ 时，解齐次线性方程组 $(-7\boldsymbol{E}-\boldsymbol{A})\boldsymbol{X}=\boldsymbol{O}$，得基础解系为 $\boldsymbol{\xi}_3=\begin{pmatrix}1\\2\\-2\end{pmatrix}$，单位化得

$$\boldsymbol{\gamma}_3=\frac{\boldsymbol{\xi}_3}{\|\boldsymbol{\xi}_3\|}=\begin{pmatrix}\frac{1}{3}\\ \frac{2}{3}\\ -\frac{2}{3}\end{pmatrix}.$$

于是得正交矩阵 $\boldsymbol{Q}=\begin{pmatrix}-\frac{2}{\sqrt{5}} & \frac{2}{3\sqrt{5}} & \frac{1}{3}\\ \frac{1}{\sqrt{5}} & \frac{4}{3\sqrt{5}} & \frac{2}{3}\\ 0 & \frac{5}{3\sqrt{5}} & -\frac{2}{3}\end{pmatrix}$，使得 $\boldsymbol{Q}^{\mathrm{T}}\boldsymbol{A}\boldsymbol{Q}=\boldsymbol{Q}^{-1}\boldsymbol{A}\boldsymbol{Q}=\begin{pmatrix}2&0&0\\0&2&0\\0&0&-7\end{pmatrix}$.

**方法总结**　为求正交矩阵 $\boldsymbol{Q}$，使得 $\boldsymbol{Q}^{\mathrm{T}}\boldsymbol{A}\boldsymbol{Q}$ 是对角矩阵 $\boldsymbol{\Lambda}$，需要先求出矩阵 $\boldsymbol{A}$ 的特征值和特征向量，然后将重特征值对应的特征向量正交化，再将所有特征向量单位化，即可得到正交矩阵 $\boldsymbol{Q}$，使得 $\boldsymbol{Q}^{\mathrm{T}}\boldsymbol{A}\boldsymbol{Q}$ 是对角矩阵.

**11. 利用相似矩阵计算矩阵 $\boldsymbol{A}$ 的高次幂 $\boldsymbol{A}^n$**

**例 26**　设 $\boldsymbol{A}=\begin{pmatrix}1&2&0\\0&2&0\\-2&-1&-1\end{pmatrix}$，求 $\boldsymbol{A}^{100}$.

**分析**　若 $\boldsymbol{A}$ 有3个线性无关的特征向量，则 $\boldsymbol{A}$ 可相似于对角矩阵，即存在可逆矩阵 $\boldsymbol{P}$，使得 $\boldsymbol{P}^{-1}\boldsymbol{A}\boldsymbol{P}=\boldsymbol{\Lambda}$，$\boldsymbol{A}=\boldsymbol{P}\boldsymbol{\Lambda}\boldsymbol{P}^{-1}$，所以 $\boldsymbol{A}^{100}=\boldsymbol{P}\boldsymbol{\Lambda}^{100}\boldsymbol{P}^{-1}$.

**解**　由矩阵 $\boldsymbol{A}$ 的特征多项式

$$|\lambda\boldsymbol{E}-\boldsymbol{A}|=\begin{vmatrix}\lambda-1&-2&0\\0&\lambda-2&0\\2&1&\lambda+1\end{vmatrix}=(\lambda+1)(\lambda-1)(\lambda-2),$$

可知矩阵 $\boldsymbol{A}$ 的特征值为 $\lambda_1=-1$，$\lambda_2=1$，$\lambda_3=2$. $\boldsymbol{A}$ 有 3 个不同的特征值，则 $\boldsymbol{A}$ 必可相似于对角矩阵.

当 $\lambda_1=-1$ 时，解齐次线性方程组 $(-\boldsymbol{E}-\boldsymbol{A})\boldsymbol{X}=\boldsymbol{O}$，得基础解系为 $\boldsymbol{\xi}_1=(0,0,1)^{\mathrm{T}}$；

当 $\lambda_2=1$ 时，解齐次线性方程组 $(\boldsymbol{E}-\boldsymbol{A})\boldsymbol{X}=\boldsymbol{O}$，得基础解系为 $\boldsymbol{\xi}_2=(-1,0,1)^{\mathrm{T}}$；

当 $\lambda_3=2$ 时，解齐次线性方程组 $(2\boldsymbol{E}-\boldsymbol{A})\boldsymbol{X}=\boldsymbol{O}$，得基础解系为 $\boldsymbol{\xi}_3=(6,3,-5)^{\mathrm{T}}$.

令 $\boldsymbol{P}=(\boldsymbol{\xi}_1,\boldsymbol{\xi}_2,\boldsymbol{\xi}_3)=\begin{pmatrix}0&-1&6\\0&0&3\\1&1&-5\end{pmatrix}$，则 $\boldsymbol{P}^{-1}=\begin{pmatrix}1&-\frac{1}{3}&1\\-1&2&0\\0&\frac{1}{3}&0\end{pmatrix}$，$\boldsymbol{P}^{-1}\boldsymbol{A}\boldsymbol{P}=\boldsymbol{\Lambda}=\begin{pmatrix}-1&0&0\\0&1&0\\0&0&2\end{pmatrix}$，从而

$$A^{100}=PA^{100}P^{-1}=\begin{pmatrix}0&-1&6\\0&0&3\\1&1&-5\end{pmatrix}\begin{pmatrix}1&0&0\\0&1&0\\0&0&2^{100}\end{pmatrix}\begin{bmatrix}1&-\frac{1}{3}&1\\-1&2&0\\0&\frac{1}{3}&0\end{bmatrix}=\begin{bmatrix}1&2^{101}-2&0\\0&2^{100}&0\\0&\frac{5}{3}(1-2^{100})&1\end{bmatrix}.$$

**方法总结** 若 $n$ 阶矩阵 $A$ 的特征值为 $\lambda_1$，$\lambda_2$，…，$\lambda_n$，对应的特征向量为 $\alpha_1$，$\alpha_2$，…，$\alpha_n$（线性无关），则

$$P=(\alpha_1,\ \alpha_2,\ \cdots,\ \alpha_n),\ \Lambda=\begin{bmatrix}\lambda_1&&&\\&\lambda_2&&\\&&\ddots&\\&&&\lambda_n\end{bmatrix},$$

且

$$P^{-1}AP=\Lambda,\ A=P\Lambda P^{-1},\ A^m=P\Lambda^mP^{-1}=P\begin{bmatrix}\lambda_1^m&&&\\&\lambda_2^m&&\\&&\ddots&\\&&&\lambda_n^m\end{bmatrix}P^{-1}.$$

## 三、练习题详解

### 习题四

(A)

1. 求下列矩阵的特征值和特征向量.

(1) $\begin{pmatrix}3&1\\5&-1\end{pmatrix}$；　　(2) $\begin{pmatrix}4&6&0\\-3&-5&0\\-3&-6&1\end{pmatrix}$；

(3) $\begin{pmatrix}1&2&3\\2&1&3\\3&3&6\end{pmatrix}$；　　(4) $\begin{pmatrix}5&6&-3\\-1&0&1\\1&2&1\end{pmatrix}$.

**解** (1) 记 $A=\begin{pmatrix}3&1\\5&-1\end{pmatrix}$，则矩阵 $A$ 的特征多项式为

$$|\lambda E-A|=\begin{vmatrix}\lambda-3&-1\\-5&\lambda+1\end{vmatrix}=(\lambda-4)(\lambda+2),$$

所以矩阵 $A$ 的特征值为 $\lambda_1=4$，$\lambda_2=-2$.

当 $\lambda_1=4$ 时，解齐次线性方程组 $(4E-A)X=O$，可得它的一个基础解系为 $\alpha_1=(1,\ 1)^T$，所以矩阵 $A$ 的对应于特征值 4 的全部特征向量为 $k_1\alpha_1=k_1(1,\ 1)^T$（$k_1$ 为任意非零常数）.

当 $\lambda_2=-2$ 时，解齐次线性方程组 $(-2E-A)X=O$，可得它的一个基础解系为 $\alpha_2=(1,\ -5)^T$，所以 $A$ 的对应于特征值 $-2$ 的全部特征向量为 $k_2\alpha_2=k_2(1,\ -5)^T$（$k_2$ 为任意非零常数）.

（2）记 $A=\begin{pmatrix}4 & 6 & 0\\ -3 & -5 & 0\\ -3 & -6 & 1\end{pmatrix}$，则矩阵 $A$ 的特征多项式为

$$|\lambda E-A|=\begin{vmatrix}\lambda-4 & -6 & 0\\ 3 & \lambda+5 & 0\\ 3 & 6 & \lambda-1\end{vmatrix}=(\lambda+2)(\lambda-1)^2,$$

所以矩阵 $A$ 的特征值为 $\lambda_1=-2$，$\lambda_2=\lambda_3=1$.

当 $\lambda_1=-2$ 时，解齐次线性方程组 $(-2E-A)X=O$，可得它的一个基础解系为 $\alpha_1=(-1,1,1)^T$，所以矩阵 $A$ 的对应于特征值 $-2$ 的全部特征向量为 $k_1\alpha_1=k_1(-1,1,1)^T$（$k_1$ 为任意非零常数）.

当 $\lambda_2=\lambda_3=1$ 时，解齐次线性方程组 $(E-A)X=O$，可得它的一个基础解系为 $\alpha_2=(-2,1,0)^T$，$\alpha_3=(0,0,1)^T$，所以 $A$ 的对应于特征值 1 的全部特征向量为 $k_2\alpha_2+k_3\alpha_3=k_2(-2,1,0)^T+k_3(0,0,1)^T$（$k_2$，$k_3$ 为不全为零的任意常数）.

（3）记 $A=\begin{pmatrix}1 & 2 & 3\\ 2 & 1 & 3\\ 3 & 3 & 6\end{pmatrix}$，则矩阵 $A$ 的特征多项式为

$$|\lambda E-A|=\begin{vmatrix}\lambda-1 & -2 & -3\\ -2 & \lambda-1 & -3\\ -3 & -3 & \lambda-6\end{vmatrix}=\lambda(\lambda+1)(\lambda-9),$$

所以矩阵 $A$ 的特征值为 $\lambda_1=0$，$\lambda_2=-1$，$\lambda_3=9$.

当 $\lambda_1=0$ 时，解齐次线性方程组 $(0E-A)X=O$，可得它的一个基础解系为 $\alpha_1=(-1,-1,1)^T$，所以矩阵 $A$ 的对应于特征值 0 的全部特征向量为 $k_1\alpha_1=k_1(-1,-1,1)^T$（$k_1$ 为任意非零常数）.

当 $\lambda_2=-1$ 时，解齐次线性方程组 $(-E-A)X=O$，可得它的一个基础解系为 $\alpha_2=(-1,1,0)^T$，所以 $A$ 的对应于特征值 $-1$ 的全部特征向量为 $k_2\alpha_2=k_2(-1,1,0)^T$（$k_2$ 为任意非零常数）.

当 $\lambda_3=9$ 时，解齐次线性方程组 $(9E-A)X=O$，可得它的一个基础解系为 $\alpha_3=\left(\frac{1}{2},\frac{1}{2},1\right)^T$，所以 $A$ 的对应于特征值 9 的全部特征向量为 $k_3\alpha_3=k_3\left(\frac{1}{2},\frac{1}{2},1\right)^T$（$k_3$ 为任意非零常数）.

（4）记 $A=\begin{pmatrix}5 & 6 & -3\\ -1 & 0 & 1\\ 1 & 2 & 1\end{pmatrix}$，则矩阵 $A$ 的特征多项式为

$$|\lambda E-A|=\begin{vmatrix}\lambda-5 & -6 & 3\\ 1 & \lambda & -1\\ -1 & -2 & \lambda-1\end{vmatrix}=(\lambda-2)^3,$$

所以矩阵 $A$ 的特征值为 $\lambda_1=\lambda_2=\lambda_3=2$.

当$\lambda_1=\lambda_2=\lambda_3=2$时，解齐次线性方程组$(2\boldsymbol{E}-\boldsymbol{A})\boldsymbol{X}=\boldsymbol{O}$，可得它的一个基础解系为$\boldsymbol{\alpha}_1=(-2,1,0)^{\mathrm{T}}$，$\boldsymbol{\alpha}_2=(1,0,1)^{\mathrm{T}}$，所以矩阵$\boldsymbol{A}$的对应于特征值2的全部特征向量为$k_1\boldsymbol{\alpha}_1+k_2\boldsymbol{\alpha}_2=k_1(-2,1,0)^{\mathrm{T}}+k_2(1,0,1)^{\mathrm{T}}$（$k_1$，$k_2$为不全为零的任意常数）.

2. 设$\boldsymbol{A}$为$n$阶矩阵.

(1) 若$\boldsymbol{A}$满足$\boldsymbol{A}^2=\boldsymbol{A}$（$\boldsymbol{A}$称为幂等矩阵），证明：$\boldsymbol{A}$的特征值只能是0或1；

(2) 若$\boldsymbol{A}$满足$\boldsymbol{A}^2=\boldsymbol{E}$（$\boldsymbol{A}$称为周期矩阵），证明：$\boldsymbol{A}$的特征值只能是1或−1.

**证明**　(1) 设$\lambda$是矩阵$\boldsymbol{A}$的一个特征值，对应于$\lambda$的特征向量是$\boldsymbol{\alpha}$，即有$\boldsymbol{A\alpha}=\lambda\boldsymbol{\alpha}$. 由已知$\boldsymbol{A}^2=\boldsymbol{A}$，得到

$$\boldsymbol{A}^2\boldsymbol{\alpha}=\lambda^2\boldsymbol{\alpha}=\boldsymbol{A\alpha}=\lambda\boldsymbol{\alpha},$$

于是$(\lambda^2-\lambda)\boldsymbol{\alpha}=\boldsymbol{O}$，由$\boldsymbol{\alpha}$是非零向量，则有$\lambda^2-\lambda=0$，所以$\lambda=0$或$\lambda=1$，即$\boldsymbol{A}$的特征值只能是0或1.

(2) 设$\lambda$是矩阵$\boldsymbol{A}$的一个特征值，对应于$\lambda$的特征向量是$\boldsymbol{\alpha}$，即有$\boldsymbol{A\alpha}=\lambda\boldsymbol{\alpha}$. 由已知$\boldsymbol{A}^2=\boldsymbol{E}$，得到

$$\boldsymbol{A}^2\boldsymbol{\alpha}=\lambda^2\boldsymbol{\alpha}=\boldsymbol{E\alpha}=\boldsymbol{\alpha},$$

于是$(\lambda^2-1)\boldsymbol{\alpha}=\boldsymbol{O}$，由$\boldsymbol{\alpha}$是非零向量，则有$\lambda^2-1=0$，即$\lambda=1$或$\lambda=-1$，所以$\boldsymbol{A}$的特征值只能是1或−1.

3. 证明定理4.5.

**证明**　设矩阵$\boldsymbol{A}$对应于特征值$\lambda$的特征向量为$\boldsymbol{\alpha}$，即$\boldsymbol{A\alpha}=\lambda\boldsymbol{\alpha}$.

(1) 因

$$\begin{aligned}f(\boldsymbol{A})\boldsymbol{\alpha}&=a_0\boldsymbol{\alpha}+a_1\boldsymbol{A\alpha}+\cdots+a_m\boldsymbol{A}^m\boldsymbol{\alpha}=a_0\boldsymbol{\alpha}+a_1\lambda\boldsymbol{\alpha}+\cdots+a_m\lambda^m\boldsymbol{\alpha}\\&=(a_0+a_1\lambda+\cdots+a_m\lambda^m)\boldsymbol{\alpha}=f(\lambda)\boldsymbol{\alpha}\end{aligned}$$

故$f(\lambda)$是$f(\boldsymbol{A})$的特征值.

(2) 因$\boldsymbol{A}$可逆，故$|\boldsymbol{A}|\neq0$. 而$|\boldsymbol{A}|$为$\boldsymbol{A}$的特征值的积，故$\boldsymbol{A}$的特征值$\lambda\neq0$. 用$\boldsymbol{A}^{-1}$左乘$\boldsymbol{A\alpha}=\lambda\boldsymbol{\alpha}$两端得

$$\boldsymbol{\alpha}=\boldsymbol{A}^{-1}\boldsymbol{A\alpha}=\boldsymbol{A}^{-1}\lambda\boldsymbol{\alpha}=\lambda\boldsymbol{A}^{-1}\boldsymbol{\alpha}.$$

因$\lambda\neq0$，故$\boldsymbol{A}^{-1}\boldsymbol{\alpha}=\dfrac{1}{\lambda}\boldsymbol{\alpha}$，即$\dfrac{1}{\lambda}$是$\boldsymbol{A}^{-1}$的特征值.

因$\boldsymbol{A}^*=|\boldsymbol{A}|\boldsymbol{A}^{-1}$，故$\dfrac{|\boldsymbol{A}|}{\lambda}$是$\boldsymbol{A}$的伴随矩阵$\boldsymbol{A}^*$的特征值.

4. 已知$\boldsymbol{\alpha}=(1,k,1)^{\mathrm{T}}$是矩阵$\boldsymbol{A}=\begin{pmatrix}2&1&1\\1&2&1\\1&1&2\end{pmatrix}$的特征向量，求对应的特征值$\lambda$和数$k$的值.

**解**　设$\boldsymbol{\alpha}=(1,k,1)^{\mathrm{T}}$对应的特征值为$\lambda$，则有$\boldsymbol{A\alpha}=\lambda\boldsymbol{\alpha}$，即

$$\begin{pmatrix}2&1&1\\1&2&1\\1&1&2\end{pmatrix}\begin{pmatrix}1\\k\\1\end{pmatrix}=\lambda\begin{pmatrix}1\\k\\1\end{pmatrix},$$

得方程组$\begin{cases}3+k=\lambda,\\ 2+2k=\lambda k,\end{cases}$则 $k=1$，$\lambda=4$ 或 $k=-2$，$\lambda=1$.

5. 已知三阶可逆矩阵 $\boldsymbol{A}$ 的特征值为 1，2，3，求下列矩阵 $\boldsymbol{B}$ 的特征值.

（1）$\boldsymbol{B}=\boldsymbol{E}+2\boldsymbol{A}+\boldsymbol{A}^2$；（2）$\boldsymbol{B}=\left(\frac{1}{3}\boldsymbol{A}^2\right)^{-1}$.

（3）$\boldsymbol{B}=\boldsymbol{E}+\boldsymbol{A}^{-1}$；（4）$\boldsymbol{B}=\boldsymbol{A}^*$.

**解**　（1）由矩阵的特征值的性质得 $\boldsymbol{B}=\boldsymbol{E}+2\boldsymbol{A}+\boldsymbol{A}^2$ 的特征值为

$$1+2\times1+1^2=4,\ 1+2\times2+2^2=9,\ 1+2\times3+3^2=16;$$

（2）由矩阵的特征值的性质得$\frac{1}{3}\boldsymbol{A}^2$ 的特征值为

$$\frac{1}{3}\times1^2=\frac{1}{3},\ \frac{1}{3}\times2^2=\frac{4}{3},\ \frac{1}{3}\times3^2=3;$$

所以 $\boldsymbol{B}=\left(\frac{1}{3}\boldsymbol{A}^2\right)^{-1}$ 的特征值为 3，$\frac{3}{4}$，$\frac{1}{3}$.

（3）由矩阵的特征值的性质得 $\boldsymbol{B}=\boldsymbol{E}+\boldsymbol{A}^{-1}$ 的特征值为 $1+\frac{1}{1}=2$，$1+\frac{1}{2}=\frac{3}{2}$，$1+\frac{1}{3}=\frac{4}{3}$.

（4）因 $|\boldsymbol{A}|=1\times2\times3=6$，$\boldsymbol{A}^*$ 的特征值为$\frac{6}{1}=6$，$\frac{6}{2}=3$，$\frac{6}{3}=2$.

6. 已知三阶矩阵 $\boldsymbol{A}$ 的特征值为 1，$-1$，2，求$|\boldsymbol{A}^3-5\boldsymbol{A}^2|$的值.

**解**　由矩阵的特征值的性质得 $\boldsymbol{A}^3-5\boldsymbol{A}^2$ 的特征值为

$$1^3-5\times1^2=-4,(-1)^3-5\times(-1)^2=-6,\ 2^3-5\times2^2=-12,$$

所以$|\boldsymbol{A}^3-5\boldsymbol{A}^2|=(-4)\times(-6)\times(-12)=-288$.

7. 已知 $\boldsymbol{A}=\begin{pmatrix}a&-2&0\\b&1&-2\\c&-2&0\end{pmatrix}$的三个特征值为 4，1，$-2$，求 $a$，$b$，$c$.

**解**　因为 $\mathrm{tr}(\boldsymbol{A})=a+1+0=4+1-2=3$，所以 $a=2$.

又因为$\begin{vmatrix}a&-2&0\\b&1&-2\\c&-2&0\end{vmatrix}=4\times1\times(-2)=-8$，所以 $c=0$.

因为 1 是 $\boldsymbol{A}$ 的一个特征值，所以满足

$$|\boldsymbol{E}-\boldsymbol{A}|=\begin{vmatrix}1-a&2&0\\-b&0&2\\-c&2&1\end{vmatrix}=0,$$

解得 $b=-2$.

8. 设 $\boldsymbol{A}$，$\boldsymbol{B}$ 都是 $n$ 阶矩阵，并且$|\boldsymbol{A}|\neq0$，证明：$\boldsymbol{AB}$ 与 $\boldsymbol{BA}$ 相似.

**证明**　因为$|\boldsymbol{A}|\neq0$，所以 $\boldsymbol{A}$ 可逆. 则 $\boldsymbol{A}^{-1}(\boldsymbol{AB})\boldsymbol{A}=(\boldsymbol{A}^{-1}\boldsymbol{A})(\boldsymbol{BA})=\boldsymbol{BA}$，即 $\boldsymbol{AB}$ 与 $\boldsymbol{BA}$ 相似.

9. 已知 $\boldsymbol{A}$ 为二阶矩阵，且$|\boldsymbol{A}|<0$，证明：存在可逆矩阵 $\boldsymbol{P}$，使得 $\boldsymbol{P}^{-1}\boldsymbol{AP}$ 为对角矩阵.

**证明**　$\boldsymbol{A}$ 为二阶矩阵，且$|\boldsymbol{A}|<0$，故 $\boldsymbol{A}$ 必有两个不同的非零特征值，因此必存在可逆

矩阵 $\boldsymbol{P}$，使得 $\boldsymbol{P}^{-1}\boldsymbol{AP}$ 为对角矩阵.

10. 如果 $\boldsymbol{A}\sim\boldsymbol{B}$，$\boldsymbol{C}\sim\boldsymbol{D}$，证明：$\begin{pmatrix}\boldsymbol{A}&\boldsymbol{O}\\\boldsymbol{O}&\boldsymbol{C}\end{pmatrix}\sim\begin{pmatrix}\boldsymbol{B}&\boldsymbol{O}\\\boldsymbol{O}&\boldsymbol{D}\end{pmatrix}$.

**证明** 因 $\boldsymbol{A}\sim\boldsymbol{B}$，$\boldsymbol{C}\sim\boldsymbol{D}$，故存在可逆矩阵 $\boldsymbol{P}$，$\boldsymbol{Q}$，使得

$$\boldsymbol{B}=\boldsymbol{P}^{-1}\boldsymbol{AP},\ \boldsymbol{D}=\boldsymbol{Q}^{-1}\boldsymbol{CQ}.$$

于是有

$$\begin{pmatrix}\boldsymbol{P}&\boldsymbol{O}\\\boldsymbol{O}&\boldsymbol{Q}\end{pmatrix}^{-1}\begin{pmatrix}\boldsymbol{A}&\boldsymbol{O}\\\boldsymbol{O}&\boldsymbol{C}\end{pmatrix}\begin{pmatrix}\boldsymbol{P}&\boldsymbol{O}\\\boldsymbol{O}&\boldsymbol{Q}\end{pmatrix}=\begin{pmatrix}\boldsymbol{P}^{-1}&\boldsymbol{O}\\\boldsymbol{O}&\boldsymbol{Q}^{-1}\end{pmatrix}\begin{pmatrix}\boldsymbol{A}&\boldsymbol{O}\\\boldsymbol{O}&\boldsymbol{C}\end{pmatrix}\begin{pmatrix}\boldsymbol{P}&\boldsymbol{O}\\\boldsymbol{O}&\boldsymbol{Q}\end{pmatrix}=\begin{pmatrix}\boldsymbol{B}&\boldsymbol{O}\\\boldsymbol{O}&\boldsymbol{D}\end{pmatrix}.$$

而 $\begin{pmatrix}\boldsymbol{P}&\boldsymbol{O}\\\boldsymbol{O}&\boldsymbol{Q}\end{pmatrix}$ 可逆，故 $\begin{pmatrix}\boldsymbol{A}&\boldsymbol{O}\\\boldsymbol{O}&\boldsymbol{C}\end{pmatrix}\sim\begin{pmatrix}\boldsymbol{B}&\boldsymbol{O}\\\boldsymbol{O}&\boldsymbol{D}\end{pmatrix}$.

11. 设矩阵 $\boldsymbol{A}=\begin{pmatrix}1&-1&1\\2&4&-2\\-3&-3&a\end{pmatrix}$ 与矩阵 $\boldsymbol{B}=\begin{pmatrix}2&&\\&2&\\&&b\end{pmatrix}$ 相似.

（1）求常数 $a$ 和 $b$ 的值；

（2）求可逆矩阵 $\boldsymbol{P}$，使得 $\boldsymbol{P}^{-1}\boldsymbol{AP}=\boldsymbol{B}$.

**解** （1）由相似矩阵有相同的迹，可知

$$1+4+a=2+2+b，即\ a+1=b. \tag{4}$$

由相似矩阵有相同的行列式，可知

$$|\boldsymbol{A}|=6(a-1)=|\boldsymbol{B}|=4b，即\ a-1=\frac{2}{3}b. \tag{5}$$

从（4），（5）两式可求得 $a=5$，$b=6$.

（2）因 $\boldsymbol{B}$ 是对角矩阵，可知 $\lambda_1=\lambda_2=2$，$\lambda_3=6$ 是矩阵 $\boldsymbol{B}$ 的特征值. 由 $\boldsymbol{A}\sim\boldsymbol{B}$，可知 $\lambda_1=\lambda_2=2$，$\lambda_3=6$ 也是矩阵 $\boldsymbol{A}$ 的特征值.

当 $\lambda_1=\lambda_2=2$ 时，求解齐次线性方程组 $(2\boldsymbol{E}-\boldsymbol{A})\boldsymbol{X}=\boldsymbol{O}$，可求出其一个基础解系为 $\boldsymbol{\alpha}_1=(1,\ -1,\ 0)^{\mathrm{T}}$，$\boldsymbol{\alpha}_2=(1,\ 0,\ 1)^{\mathrm{T}}$. 那么，是矩阵 $\boldsymbol{A}$ 的对应于特征值 $\lambda=2$ 的线性无关的特征向量.

当 $\lambda_3=6$ 时，求解齐次线性方程组 $(6\boldsymbol{E}-\boldsymbol{A})\boldsymbol{X}=\boldsymbol{O}$，可求出其一个基础解系为 $\boldsymbol{\alpha}_3=(1,\ -2,\ 3)^{\mathrm{T}}$. 那么，$\boldsymbol{\alpha}_3$ 是矩阵 $\boldsymbol{A}$ 的对应于特征值 $\lambda=6$ 的线性无关的特征向量.

令

$$\boldsymbol{P}=(\boldsymbol{\alpha}_1,\ \boldsymbol{\alpha}_2,\ \boldsymbol{\alpha}_3)=\begin{pmatrix}1&1&1\\-1&0&-2\\0&1&3\end{pmatrix},$$

则 $\boldsymbol{P}$ 可逆，且 $\boldsymbol{P}^{-1}\boldsymbol{AP}=\boldsymbol{B}$.

12. 判断第 1 题中的各矩阵是否可相似对角化. 如果可以，则写出与其相似的对角矩阵 $\boldsymbol{\Lambda}$ 和相似变换矩阵 $\boldsymbol{P}$.

**解** （1）可以对角化，$\boldsymbol{P}=\begin{pmatrix}1&1\\1&-5\end{pmatrix}$，$\boldsymbol{\Lambda}=\begin{pmatrix}4&\\&-2\end{pmatrix}$；

(2) 可以对角化，$\boldsymbol{P}=\begin{pmatrix}-1 & -2 & 0\\ 1 & 1 & 0\\ 1 & 0 & 1\end{pmatrix}$，$\boldsymbol{\Lambda}=\begin{pmatrix}-2 & & \\ & 1 & \\ & & 1\end{pmatrix}$；

(3) 可以对角化，$\boldsymbol{P}=\begin{pmatrix}-1 & -1 & 1/2\\ -1 & 1 & 1/2\\ 1 & 0 & 1\end{pmatrix}$，$\boldsymbol{\Lambda}=\begin{pmatrix}0 & & \\ & -1 & \\ & & 9\end{pmatrix}$；

(4) 不可以对角化.

13. 设矩阵 $\boldsymbol{A}=\begin{pmatrix}2 & 0 & 1\\ 3 & 1 & x\\ 4 & 0 & 5\end{pmatrix}$ 可相似对角化，求 $x$.

**分析** 本题就是讨论矩阵 $\boldsymbol{A}$ 中的参数 $x$ 取何值时，能使 $\boldsymbol{A}$ 可以相似对角化. 而矩阵 $\boldsymbol{A}$ 的对角化问题与特征值、特征向量有密切关系，特别是当 $\boldsymbol{A}$ 的特征值有重根时，讨论矩阵的对角化问题，最常用的结论是"$n$ 阶矩阵 $\boldsymbol{A}$ 可对角化的充分必要条件是对于 $\boldsymbol{A}$ 的每一个 $n_i$ 重特征值 $\boldsymbol{\lambda}_i$，对应于 $\lambda_i$ 的线性无关的特征向量个数为 $n_i$ 个，即矩阵 $\boldsymbol{A}$ 可对角化当且仅当 $r(\lambda_i\boldsymbol{E}-\boldsymbol{A})=n-n_i$".

**解**　$\boldsymbol{A}$ 的特征多项式为

$$|\lambda\boldsymbol{E}-\boldsymbol{A}|=\begin{vmatrix}\lambda-2 & 0 & -1\\ -3 & \lambda-1 & -x\\ -4 & 0 & \lambda-5\end{vmatrix}=(\lambda-1)^2(\lambda-6),$$

故 $\boldsymbol{A}$ 的特征值为 $\lambda_1=6$，$\lambda_2=\lambda_3=1$.

由于矩阵 $\boldsymbol{A}$ 可相似对角化，对于 $\boldsymbol{A}$ 的二重特征值 1，应该有 $r(\boldsymbol{E}-\boldsymbol{A})=3-2=1$. 由

$$\boldsymbol{E}-\boldsymbol{A}=\begin{pmatrix}-1 & 0 & -1\\ -3 & 0 & -x\\ -4 & 0 & -4\end{pmatrix}\longrightarrow\begin{pmatrix}-1 & 0 & -1\\ 0 & 0 & -x+3\\ 0 & 0 & 0\end{pmatrix},$$

可得 $x=3$.

14. 设矩阵 $\boldsymbol{A}=\begin{pmatrix}1 & -3 & 3\\ 3 & -5 & 3\\ 6 & -6 & 4\end{pmatrix}$，求 $\boldsymbol{A}^n$($n$ 为正整数).

**解**　矩阵 $\boldsymbol{A}$ 的特征多项式为

$$|\lambda\boldsymbol{E}-\boldsymbol{A}|=\begin{vmatrix}\lambda-1 & 3 & -3\\ -3 & \lambda+5 & -3\\ -6 & 6 & \lambda-4\end{vmatrix}=(\lambda-4)(\lambda+2)^2,$$

所以 $\boldsymbol{A}$ 的特征值为 $\lambda_1=4$，$\lambda_2=\lambda_3=-2$.

当 $\lambda_1=4$ 时，对应的齐次线性方程组 $(4\boldsymbol{E}-\boldsymbol{A})\boldsymbol{X}=\boldsymbol{O}$ 的一个基础解系为 $\boldsymbol{\alpha}_1=(1,1,2)^{\mathrm{T}}$.

当 $\lambda_2=\lambda_3=-2$ 时，对应的齐次线性方程组 $(-2\boldsymbol{E}-\boldsymbol{A})\boldsymbol{X}=\boldsymbol{O}$ 的一个基础解系为 $\boldsymbol{\alpha}_2=(1,1,0)^{\mathrm{T}}$，$\boldsymbol{\alpha}_3=(-1,0,1)^{\mathrm{T}}$.

令 $\boldsymbol{P}=\begin{pmatrix}1 & 1 & -1\\ 1 & 1 & 0\\ 2 & 0 & 1\end{pmatrix}$，则

$$P^{-1}AP=\Lambda=\begin{pmatrix}4&0&0\\0&-2&0\\0&0&-2\end{pmatrix},$$

于是 $A=P\Lambda P^{-1}$，故 $A^n=(P\Lambda P^{-1})^n=P\Lambda^nP^{-1}$，而

$$\Lambda^n=\begin{pmatrix}4^n&0&0\\0&(-2)^n&0\\0&0&(-2)^n\end{pmatrix},\ P^{-1}=\begin{bmatrix}\frac{1}{2}&-\frac{1}{2}&\frac{1}{2}\\-\frac{1}{2}&\frac{3}{2}&-\frac{1}{2}\\-1&1&0\end{bmatrix},$$

则

$$A^n=\begin{pmatrix}1&1&-1\\1&1&0\\2&0&1\end{pmatrix}\begin{pmatrix}4^n&0&0\\0&(-2)^n&0\\0&0&(-2)^n\end{pmatrix}\begin{bmatrix}\frac{1}{2}&-\frac{1}{2}&\frac{1}{2}\\-\frac{1}{2}&\frac{3}{2}&-\frac{1}{2}\\-1&1&0\end{bmatrix}$$

$$=\begin{pmatrix}2^{n-1}(2^n+(-1)^n)&-2^{n-1}(2^n+(-1)^{n-1})&2^{n-1}(2^n+(-1)^{n+1})\\2^{n-1}(2^n+(-1)^{n+1})&-2^{n-1}(2^n+3(-1)^{n-1})&2^{n-1}(2^n+(-1)^{n+1})\\2^{n-1}(2^{n+1}+2(-1)^{n+1})&-2^{n-1}(2^{n+1}+2(-1)^{n-1})&2^{2n}\end{pmatrix}.$$

15．求下列向量 $\boldsymbol{\alpha}$ 与 $\boldsymbol{\beta}$ 的内积．

(1) $\boldsymbol{\alpha}=(-1,\ 2,\ 0)^{\mathrm{T}}$，$\boldsymbol{\beta}=(3,\ -3,\ 1)^{\mathrm{T}}$；

(2) $\boldsymbol{\alpha}=(\sqrt{2},\ 1,\ \sqrt{2})^{\mathrm{T}}$，$\boldsymbol{\beta}=(-1,\ 0,\ 1)^{\mathrm{T}}$．

**解** (1) $(\boldsymbol{\alpha},\ \boldsymbol{\beta})=\boldsymbol{\alpha}^{\mathrm{T}}\boldsymbol{\beta}=-1\times3+2\times(-3)+0\times1=-9$；

(2) $(\boldsymbol{\alpha},\ \boldsymbol{\beta})=\boldsymbol{\alpha}^{\mathrm{T}}\boldsymbol{\beta}=\sqrt{2}\times(-1)+1\times0+\sqrt{2}\times1=0$．

16．利用施密特正交化方法将下列向量组正交化．

(1) $\boldsymbol{\alpha}_1=(1,\ -2,\ 1)^{\mathrm{T}}$，$\boldsymbol{\alpha}_2=(-1,\ 3,\ 1)^{\mathrm{T}}$，$\boldsymbol{\alpha}_3=(4,\ -1,\ 0)^{\mathrm{T}}$；

(2) $\boldsymbol{\alpha}_1=(-1,\ 1,\ 0,\ 0)^{\mathrm{T}}$，$\boldsymbol{\alpha}_2=(-1,\ 0,\ 1,\ 0)^{\mathrm{T}}$，$\boldsymbol{\alpha}_3=(-1,\ 1,\ 0,\ 1)^{\mathrm{T}}$．

**解** (1) 由施密特正交化方法，得

$$\boldsymbol{\beta}_1=\boldsymbol{\alpha}_1=(1,\ -2,\ 1)^{\mathrm{T}},$$

$$\boldsymbol{\beta}_2=\boldsymbol{\alpha}_2-\frac{(\boldsymbol{\alpha}_2,\ \boldsymbol{\beta}_1)}{(\boldsymbol{\beta}_1,\ \boldsymbol{\beta}_1)}\boldsymbol{\beta}_1=(0,\ 1,\ 2)^{\mathrm{T}},$$

$$\boldsymbol{\beta}_3=\boldsymbol{\alpha}_3-\frac{(\boldsymbol{\alpha}_3,\ \boldsymbol{\beta}_1)}{(\boldsymbol{\beta}_1,\ \boldsymbol{\beta}_1)}\boldsymbol{\beta}_1-\frac{(\boldsymbol{\alpha}_3,\ \boldsymbol{\beta}_2)}{(\boldsymbol{\beta}_2,\ \boldsymbol{\beta}_2)}\boldsymbol{\beta}_2=\left(3,\ \frac{6}{5},\ -\frac{3}{5}\right)^{\mathrm{T}};$$

(2) 由施密特正交化方法，得

$$\boldsymbol{\beta}_1=\boldsymbol{\alpha}_1=(-1,\ 1,\ 0,\ 0)^{\mathrm{T}},$$

$$\boldsymbol{\beta}_2=\boldsymbol{\alpha}_2-\frac{(\boldsymbol{\alpha}_2,\ \boldsymbol{\beta}_1)}{(\boldsymbol{\beta}_1,\ \boldsymbol{\beta}_1)}\boldsymbol{\beta}_1=\left(-\frac{1}{2},\ -\frac{1}{2},\ 1,\ 0\right)^{\mathrm{T}},$$

$$\boldsymbol{\beta}_3=\boldsymbol{\alpha}_3-\frac{(\boldsymbol{\alpha}_3,\ \boldsymbol{\beta}_1)}{(\boldsymbol{\beta}_1,\ \boldsymbol{\beta}_1)}\boldsymbol{\beta}_1-\frac{(\boldsymbol{\alpha}_3,\ \boldsymbol{\beta}_2)}{(\boldsymbol{\beta}_2,\ \boldsymbol{\beta}_2)}\boldsymbol{\beta}_2=(0,\ 0,\ 0,\ 1)^{\mathrm{T}}.$$

17. 设 $\boldsymbol{A}$ 是奇数阶正交矩阵，并且 $|\boldsymbol{A}|=1$，证明：1 是矩阵 $\boldsymbol{A}$ 的一个特征值.

**证明**　设 $\boldsymbol{A}$ 是 $n$ 阶正交矩阵，$n$ 为奇数. 由于 $\boldsymbol{A}$ 是正交矩阵，即 $\boldsymbol{A}\boldsymbol{A}^{\mathrm{T}}=\boldsymbol{A}^{\mathrm{T}}\boldsymbol{A}=\boldsymbol{E}$，则有

$$|\boldsymbol{A}-\boldsymbol{E}|=|\boldsymbol{A}-\boldsymbol{A}^{\mathrm{T}}\boldsymbol{A}|=|(\boldsymbol{E}-\boldsymbol{A}^{\mathrm{T}})\boldsymbol{A}|=|(\boldsymbol{E}-\boldsymbol{A})^{\mathrm{T}}||\boldsymbol{A}|.$$

又由于 $|\boldsymbol{A}|=1$，则有

$$|\boldsymbol{A}-\boldsymbol{E}|=|(\boldsymbol{E}-\boldsymbol{A})^{\mathrm{T}}|=|\boldsymbol{E}-\boldsymbol{A}|=|-(\boldsymbol{A}-\boldsymbol{E})|=(-1)^n|\boldsymbol{A}-\boldsymbol{E}|=-|\boldsymbol{A}-\boldsymbol{E}|,$$

所以 $|\boldsymbol{A}-\boldsymbol{E}|=0$，即 1 是矩阵 $\boldsymbol{A}$ 的一个特征值.

18. 已知向量 $\boldsymbol{\alpha}_1=(1,\ -1,\ -1)^{\mathrm{T}}$，求向量 $\boldsymbol{\alpha}_2$，$\boldsymbol{\alpha}_3$，使得 $\boldsymbol{\alpha}_1$，$\boldsymbol{\alpha}_2$，$\boldsymbol{\alpha}_3$ 为正交向量组.

**解**　设与 $\boldsymbol{\alpha}_1$ 正交的向量为 $\boldsymbol{X}=(x_1,\ x_2,\ x_3)^{\mathrm{T}}$，则 $\boldsymbol{\alpha}_1^{\mathrm{T}}\boldsymbol{X}=0$，即

$$x_1-x_2-x_3=0.$$

解得上面的齐次线性方程组的基础解系为 $\begin{pmatrix}1\\1\\0\end{pmatrix}$，$\begin{pmatrix}1\\0\\1\end{pmatrix}$. 将其正交化得

$$\boldsymbol{\alpha}_2=\begin{pmatrix}1\\1\\0\end{pmatrix},$$

$$\boldsymbol{\alpha}_3=\begin{pmatrix}1\\0\\1\end{pmatrix}-\frac{1}{2}\begin{pmatrix}1\\1\\0\end{pmatrix}=\begin{pmatrix}\frac{1}{2}\\-\frac{1}{2}\\1\end{pmatrix}.$$

19. 设 $\boldsymbol{A}=\begin{pmatrix}1&2&4\\2&-2&2\\4&2&1\end{pmatrix}$，求正交矩阵 $\boldsymbol{Q}$，使得 $\boldsymbol{Q}^{-1}\boldsymbol{A}\boldsymbol{Q}$ 为对角矩阵.

**解**　矩阵 $\boldsymbol{A}$ 的特征多项式为

$$|\lambda\boldsymbol{E}-\boldsymbol{A}|=\begin{vmatrix}\lambda-1&-2&-4\\-2&\lambda+2&-2\\-4&-2&\lambda-1\end{vmatrix}=(\lambda+3)^2(\lambda-6),$$

所以 $\boldsymbol{A}$ 的特征值为 $\lambda_1=\lambda_2=-3$，$\lambda_3=6$.

当 $\lambda_1=\lambda_2=-3$ 时，解齐次线性方程组 $(-3\boldsymbol{E}-\boldsymbol{A})\boldsymbol{X}=\boldsymbol{O}$，可得它的一个基础解系为 $\boldsymbol{\alpha}_1=(-1,\ 2,\ 0)^{\mathrm{T}}$，$\boldsymbol{\alpha}_2=(-1,\ 0,\ 1)^{\mathrm{T}}$. 将其正交化，取

$$\boldsymbol{\beta}_1=\begin{pmatrix}-1\\2\\0\end{pmatrix},$$

$$\boldsymbol{\beta}_2=\boldsymbol{\alpha}_2-\frac{(\boldsymbol{\alpha}_2,\ \boldsymbol{\beta}_1)}{(\boldsymbol{\beta}_1,\ \boldsymbol{\beta}_1)}\boldsymbol{\beta}_1=\begin{pmatrix}-1\\0\\1\end{pmatrix}-\frac{1}{5}\begin{pmatrix}-1\\2\\0\end{pmatrix}=\begin{pmatrix}-\frac{4}{5}\\-\frac{2}{5}\\1\end{pmatrix}.$$

再单位化，得

$$\boldsymbol{\gamma}_1=\frac{\boldsymbol{\beta}_1}{\|\boldsymbol{\beta}_1\|}=\begin{pmatrix}-\frac{1}{\sqrt{5}}\\ \frac{2}{\sqrt{5}}\\ 0\end{pmatrix},\ \boldsymbol{\gamma}_2=\frac{\boldsymbol{\beta}_2}{\|\boldsymbol{\beta}_2\|}=\frac{1}{3\sqrt{5}}\begin{pmatrix}-4\\-2\\5\end{pmatrix}.$$

当 $\lambda_3=6$ 时，解齐次线性方程组 $(6\boldsymbol{E}-\boldsymbol{A})\boldsymbol{X}=\boldsymbol{O}$，可得它的一个基础解系为 $\boldsymbol{\alpha}_3=(2,\ 1,\ 2)^{\mathrm{T}}$. 将其单位化，得

$$\boldsymbol{\gamma}_3=\frac{\boldsymbol{\alpha}_3}{\|\boldsymbol{\alpha}_3\|}=\begin{pmatrix}\frac{2}{3}\\ \frac{1}{3}\\ \frac{2}{3}\end{pmatrix}.$$

令 $\boldsymbol{Q}=\begin{pmatrix}-\frac{1}{\sqrt{5}} & -\frac{4}{3\sqrt{5}} & \frac{2}{3}\\ \frac{2}{\sqrt{5}} & -\frac{2}{3\sqrt{5}} & \frac{1}{3}\\ 0 & \frac{5}{3\sqrt{5}} & \frac{2}{3}\end{pmatrix}$，则 $\boldsymbol{Q}^{-1}\boldsymbol{A}\boldsymbol{Q}=\boldsymbol{\Lambda}=\begin{pmatrix}-3 & & \\ & -3 & \\ & & 6\end{pmatrix}$.

20. 设三阶实对称矩阵 $\boldsymbol{A}$ 的特征值为 1，2，3，矩阵 $\boldsymbol{A}$ 对应于特征值 1，2 的特征向量分别是 $\boldsymbol{\alpha}_1=(-1,\ -1,\ 1)^{\mathrm{T}}$，$\boldsymbol{\alpha}_2=(1,\ -2,\ -1)^{\mathrm{T}}$，求 $\boldsymbol{A}$ 的对应于特征值 3 的特征向量及矩阵 $\boldsymbol{A}$.

**解** 设 $\boldsymbol{A}$ 的对应于特征值 3 的特征向量为 $\boldsymbol{\alpha}_3=(x_1,\ x_2,\ x_3)^{\mathrm{T}}$. 由于实对称矩阵的对应于不同特征值的特征向量正交，应有 $\boldsymbol{\alpha}_1$ 与 $\boldsymbol{\alpha}_3$ 正交，$\boldsymbol{\alpha}_2$ 与 $\boldsymbol{\alpha}_3$ 正交，即

$$\begin{cases}\boldsymbol{\alpha}_1^{\mathrm{T}}\boldsymbol{\alpha}_3=-x_1-x_2+x_3=0,\\ \boldsymbol{\alpha}_2^{\mathrm{T}}\boldsymbol{\alpha}_3=x_1-2x_2-x_3=0,\end{cases}$$

它的基础解系为 $(1,\ 0,\ 1)^{\mathrm{T}}$，故 $\boldsymbol{A}$ 的对应于特征值 3 的特征向量为 $\boldsymbol{\alpha}_3=k(1,\ 0,\ 1)^{\mathrm{T}}$（$k$ 为不等于零的任意常数）.

令可逆矩阵

$$\boldsymbol{P}=\begin{pmatrix}-1 & 1 & 1\\ -1 & -2 & 0\\ 1 & -1 & 1\end{pmatrix},$$

则有 $\boldsymbol{P}^{-1}\boldsymbol{A}\boldsymbol{P}=\boldsymbol{\Lambda}=\begin{pmatrix}1 & & \\ & 2 & \\ & & 3\end{pmatrix}$，于是 $\boldsymbol{A}=\boldsymbol{P}\boldsymbol{\Lambda}\boldsymbol{P}^{-1}=\frac{1}{6}\begin{pmatrix}13 & -2 & 5\\ -2 & 10 & 2\\ 5 & 2 & 13\end{pmatrix}$.

21. 设矩阵 $\boldsymbol{A}=\begin{pmatrix}1&1&1\\1&a&1\\a&1&1\end{pmatrix}$，已知 0 是 $\boldsymbol{A}$ 的一个特征值，求 $a$ 的值，并求正交矩阵 $\boldsymbol{Q}$，使得 $\boldsymbol{Q}^{-1}\boldsymbol{A}\boldsymbol{Q}$ 是对角矩阵.

**解**　由题设可知

$$|0\boldsymbol{E}-\boldsymbol{A}|=|-\boldsymbol{A}|=(-1)^3|\boldsymbol{A}|=0,$$

即 $|\boldsymbol{A}|=\begin{vmatrix}1&1&1\\1&a&1\\a&1&1\end{vmatrix}=-(a-1)^2=0$，则有 $a=1$.

矩阵 $\boldsymbol{A}$ 的特征多项式为

$$|\lambda\boldsymbol{E}-\boldsymbol{A}|=\begin{vmatrix}\lambda-1&-1&-1\\-1&\lambda-1&-1\\-1&-1&\lambda-1\end{vmatrix}=\lambda^2(\lambda-3),$$

所以 $\boldsymbol{A}$ 的特征值为 $\lambda_1=\lambda_2=0$，$\lambda_3=3$.

当 $\lambda_1=\lambda_2=0$ 时，解齐次线性方程组 $(0\boldsymbol{E}-\boldsymbol{A})\boldsymbol{X}=\boldsymbol{O}$，可得它的一个基础解系为 $\boldsymbol{\alpha}_1=(1,\ -1,\ 0)^{\mathrm{T}}$，$\boldsymbol{\alpha}_2=(1,\ 0,\ -1)^{\mathrm{T}}$. 将其正交化，取

$$\boldsymbol{\beta}_1=\begin{pmatrix}1\\-1\\0\end{pmatrix},$$

$$\boldsymbol{\beta}_2=\boldsymbol{\alpha}_2-\frac{(\boldsymbol{\alpha}_2,\ \boldsymbol{\beta}_1)}{(\boldsymbol{\beta}_1,\ \boldsymbol{\beta}_1)}\boldsymbol{\beta}_1=\begin{pmatrix}1\\0\\-1\end{pmatrix}-\frac{1}{2}\begin{pmatrix}1\\-1\\0\end{pmatrix}=\begin{pmatrix}\frac{1}{2}\\\frac{1}{2}\\-1\end{pmatrix}.$$

再单位化，得

$$\boldsymbol{\gamma}_1=\frac{\boldsymbol{\beta}_1}{\|\boldsymbol{\beta}_1\|}=\begin{pmatrix}\frac{1}{\sqrt{2}}\\-\frac{1}{\sqrt{2}}\\0\end{pmatrix},\ \boldsymbol{\gamma}_2=\frac{\boldsymbol{\beta}_2}{\|\boldsymbol{\beta}_2\|}=\frac{1}{\sqrt{6}}\begin{pmatrix}1\\1\\-2\end{pmatrix}.$$

当 $\lambda_3=3$ 时，解齐次线性方程组 $(3\boldsymbol{E}-\boldsymbol{A})\boldsymbol{X}=\boldsymbol{O}$，可得它的一个基础解系为 $\boldsymbol{\alpha}_3=(1,\ 1,\ 1)^{\mathrm{T}}$. 将其单位化，得

$$\boldsymbol{\gamma}_3=\frac{\boldsymbol{\alpha}_3}{\|\boldsymbol{\alpha}_3\|}=\begin{pmatrix}\frac{1}{\sqrt{3}}\\\frac{1}{\sqrt{3}}\\\frac{1}{\sqrt{3}}\end{pmatrix}.$$

令 $Q=\begin{pmatrix}\frac{1}{\sqrt{2}} & \frac{1}{\sqrt{6}} & \frac{1}{\sqrt{3}}\\ -\frac{1}{\sqrt{2}} & \frac{1}{\sqrt{6}} & \frac{1}{\sqrt{3}}\\ 0 & -\frac{2}{\sqrt{6}} & \frac{1}{\sqrt{3}}\end{pmatrix}$，则 $Q^{-1}AQ=\begin{pmatrix}0 & & \\ & 0 & \\ & & 3\end{pmatrix}$.

(B)

1. 设 $\boldsymbol{A}$ 是三阶矩阵，已知 $|\boldsymbol{E}+\boldsymbol{A}|=0$，$|2\boldsymbol{E}-\boldsymbol{A}|=0$，$|3\boldsymbol{E}-\boldsymbol{A}|=0$，求 $|4\boldsymbol{E}+\boldsymbol{A}|$.

**分析** 本题主要考查矩阵特征值的概念和性质.

**解** 因 $|-\boldsymbol{E}-\boldsymbol{A}|=(-1)^3|\boldsymbol{E}+\boldsymbol{A}|=0$，$|2\boldsymbol{E}-\boldsymbol{A}|=0$，$|3\boldsymbol{E}-\boldsymbol{A}|=0$，所以三阶矩阵 $\boldsymbol{A}$ 的全部特征值为 $-1$，2，3. 因此 $4\boldsymbol{E}+\boldsymbol{A}$ 的特征值为 $4+(-1)=3$，$4+2=6$，$4+3=7$，于是 $|4\boldsymbol{E}+\boldsymbol{A}|=3\times6\times7=126$.

2. 设矩阵 $\boldsymbol{A}=\begin{pmatrix}a & -1 & c\\ 5 & b & 3\\ 1-c & 0 & -a\end{pmatrix}$，且 $|\boldsymbol{A}|=-1$，又 $\boldsymbol{A}$ 的伴随矩阵 $\boldsymbol{A}^*$ 有一个特征值 $\lambda_0$，对应于 $\lambda_0$ 的一个特征向量为 $\boldsymbol{\alpha}=(-1,\ -1,\ 1)^{\mathrm{T}}$，求 $a$，$b$，$c$ 和 $\lambda_0$ 的值.

**分析** 本题主要考查伴随矩阵、矩阵与特征向量的关系、已知特征向量来定常数. 由于特征向量与特征值的从属关系，由特征向量定常数，要同时用到特征值并建立定义式，本题还可由 $\boldsymbol{A}^*\boldsymbol{\alpha}=|\boldsymbol{A}|\boldsymbol{A}^{-1}\boldsymbol{\alpha}=\lambda\boldsymbol{\alpha}$，转换得 $\boldsymbol{A}\boldsymbol{\alpha}=\dfrac{|\boldsymbol{A}|}{\lambda}\boldsymbol{\alpha}$ 以求解.

**解** 由题设 $\boldsymbol{A}^*\boldsymbol{\alpha}=\lambda_0\boldsymbol{\alpha}$，且 $|\boldsymbol{A}|=-1$，知 $\boldsymbol{A}$ 可逆. 从而也有 $\boldsymbol{A}\boldsymbol{\alpha}=\dfrac{|\boldsymbol{A}|}{\lambda_0}\boldsymbol{\alpha}$，即 $\lambda_0\boldsymbol{A}\boldsymbol{\alpha}=-\boldsymbol{\alpha}$，即

$$\lambda_0\begin{pmatrix}a & -1 & c\\ 5 & b & 3\\ 1-c & 0 & -a\end{pmatrix}\begin{pmatrix}-1\\ -1\\ 1\end{pmatrix}=-\begin{pmatrix}-1\\ -1\\ 1\end{pmatrix},$$

即

$$\begin{cases}\lambda_0(-a+1+c)=1,\\ \lambda_0(-5-b+3)=1,\\ \lambda_0(-a-1+c)=-1,\end{cases}$$

整理得 $\lambda_0=1$，$a=c$，$b=-3$. 再由

$$\begin{vmatrix}a & -1 & a\\ 5 & -3 & 3\\ 1-a & 0 & -a\end{vmatrix}=a-3=-1,$$

得 $a=c=2$.

综上所述，解得 $a=c=2$，$b=-3$，$\lambda_0=1$.

3. 已知三阶矩阵 $\boldsymbol{A}$ 的特征值为 $\lambda_1=1$，$\lambda_2=2$，$\lambda_3=3$，对应的特征向量分别为 $\boldsymbol{\alpha}_1=(1,1,1)^T$，$\boldsymbol{\alpha}_2=(1,2,4)^T$，$\boldsymbol{\alpha}_3=(1,3,9)^T$. 又向量 $\boldsymbol{\beta}=(1,1,3)^T$，求 $\boldsymbol{A}^n\boldsymbol{\beta}$（$n$ 为正整数）.

**解** 由

$$(\boldsymbol{\alpha}_1,\boldsymbol{\alpha}_2,\boldsymbol{\alpha}_3,\boldsymbol{\beta})=\begin{pmatrix}1&1&1&1\\1&2&3&1\\1&4&9&3\end{pmatrix}\longrightarrow\begin{pmatrix}1&1&1&1\\0&1&2&0\\0&3&8&2\end{pmatrix}$$

$$\longrightarrow\begin{pmatrix}1&0&-1&1\\0&1&2&0\\0&0&2&2\end{pmatrix}\longrightarrow\begin{pmatrix}1&0&0&2\\0&1&0&-2\\0&0&1&1\end{pmatrix},$$

知 $\boldsymbol{\beta}=2\boldsymbol{\alpha}_1-2\boldsymbol{\alpha}_2+\boldsymbol{\alpha}_3$. 所以

$$\begin{aligned}\boldsymbol{A}^n\boldsymbol{\beta}&=\boldsymbol{A}^n(2\boldsymbol{\alpha}_1-2\boldsymbol{\alpha}_2+\boldsymbol{\alpha}_3)=2\boldsymbol{A}^n\boldsymbol{\alpha}_1-2\boldsymbol{A}^n\boldsymbol{\alpha}_2+\boldsymbol{A}^n\boldsymbol{\alpha}_3\\&=2\lambda_1^n\boldsymbol{\alpha}_1-2\lambda_2^n\boldsymbol{\alpha}_2+\lambda_3^n\boldsymbol{\alpha}_3=(2-2^{n+1}+3^n,\ 2-2^{n+2}+3^{n+1},\ 2-2^{n+3}+3^{n+2})^T.\end{aligned}$$

4. 设 $\boldsymbol{A}$ 为三阶实对称矩阵，$r(\boldsymbol{A})=2$，且满足条件 $\boldsymbol{A}^3+2\boldsymbol{A}^2=\boldsymbol{O}$，求矩阵 $\boldsymbol{A}$ 的全部特征值.

**分析** 本题主要考查实对称矩阵必可对角化的性质.

**解** 设矩阵 $\boldsymbol{A}$ 的特征值为 $\lambda$，则由 $\boldsymbol{A}^3+2\boldsymbol{A}^2=\boldsymbol{O}$ 得 $\lambda^3+2\lambda^2=0$，故 $\lambda=0$ 或 $\lambda=-2$. 因 $\boldsymbol{A}$ 为三阶实对称矩阵，故 $\boldsymbol{A}$ 必与某三阶对角矩阵 $\boldsymbol{\Lambda}$ 相似. 因 $r(\boldsymbol{A})=2$，故 $r(\boldsymbol{\Lambda})=2$，所以 $\boldsymbol{\Lambda}$ 的对角线元素有两个 $-2$ 和一个 0. 因此 $\boldsymbol{A}$ 的全部特征值为 $\lambda_1=\lambda_2=-2$，$\lambda_3=0$.

5. 设 $\boldsymbol{A}$ 是四阶矩阵，$\boldsymbol{A}\boldsymbol{A}^T=2\boldsymbol{E}$，$|\boldsymbol{A}|<0$，且 $|3\boldsymbol{E}+\boldsymbol{A}|=0$，求 $\boldsymbol{A}$ 的伴随矩阵 $\boldsymbol{A}^*$ 的一个特征值.

**分析** 当 $\lambda_0$ 是可逆矩阵 $\boldsymbol{A}$ 的一个特征值时，伴随矩阵 $\boldsymbol{A}^*$ 的特征值为 $\frac{|\boldsymbol{A}|}{\lambda_0}$. 所以本题的关键是求出 $|\boldsymbol{A}|$ 及 $\boldsymbol{A}$ 的一个特征值. 由 $|3\boldsymbol{E}+\boldsymbol{A}|=|-(-3\boldsymbol{E}-\boldsymbol{A})|$ 及行列式的性质可知 $|-3\boldsymbol{E}-\boldsymbol{A}|=0$，即矩阵 $\boldsymbol{A}$ 的一个特征值为 $-3$；又由 $\boldsymbol{A}\boldsymbol{A}^T=2\boldsymbol{E}$ 且 $|\boldsymbol{A}|<0$，可知 $|\boldsymbol{A}|=-4$，进而可得 $\boldsymbol{A}$ 的伴随矩阵 $\boldsymbol{A}^*$ 的一个特征值.

**解** 因 $|\boldsymbol{A}|<0$，故矩阵 $\boldsymbol{A}$ 可逆. 由 $\boldsymbol{A}\boldsymbol{A}^T=2\boldsymbol{E}$ 知 $|\boldsymbol{A}|^2=2^4$，得 $|\boldsymbol{A}|=-4$. 因 $|3\boldsymbol{E}+\boldsymbol{A}|=|-(-3\boldsymbol{E}-\boldsymbol{A})|=(-1)^4|-3\boldsymbol{E}-\boldsymbol{A}|=0$，得 $\lambda=-3$ 是矩阵 $\boldsymbol{A}$ 的一个特征值，因此 $\boldsymbol{A}^*$ 的一个特征值为 $\frac{4}{3}$.

6. 设三阶实对称矩阵 $\boldsymbol{A}$ 的特征值 $\lambda_1=-2$，$\lambda_2=\lambda_3=1$，对应于 $\lambda_1=-2$ 的特征向量为 $\boldsymbol{\alpha}_1=(1,1,-1)^T$，求矩阵 $\boldsymbol{A}$.

**分析** $\boldsymbol{A}$ 是实对称矩阵，$\boldsymbol{A}$ 必相似于对角矩阵，对应于 $\lambda_2=\lambda_3=1$ 必有两个线性无关的特征向量，且必与 $\boldsymbol{\alpha}_1$ 正交，利用与 $\boldsymbol{\alpha}_1$ 正交的非零向量均是 $\lambda_2=\lambda_3=1$ 的特征向量，求出 $\boldsymbol{\alpha}_2$，$\boldsymbol{\alpha}_3$，从而求得可逆矩阵 $\boldsymbol{P}$，最后求出 $\boldsymbol{A}$.

**解** 设对应于 $\lambda_2=\lambda_3=1$ 的特征向量 $\boldsymbol{\alpha}=(x_1,x_2,x_3)^T$，$\boldsymbol{\alpha}$ 与 $\boldsymbol{\alpha}_1$ 正交，可得线性方程

$$x_1+x_2-x_3=0,$$

解得 $\boldsymbol{\alpha}_2=(-1,1,0)^T$，$\boldsymbol{\alpha}_3=(1,1,2)^T$，易知 $\boldsymbol{\alpha}_2$ 与 $\boldsymbol{\alpha}_3$ 正交.

把 $\boldsymbol{\alpha}_1$，$\boldsymbol{\alpha}_2$，$\boldsymbol{\alpha}_3$ 单位化后作为列向量，便得正交矩阵

$$Q=\begin{pmatrix}\frac{1}{\sqrt{3}} & -\frac{1}{\sqrt{2}} & \frac{1}{\sqrt{6}}\\ \frac{1}{\sqrt{3}} & \frac{1}{\sqrt{2}} & \frac{1}{\sqrt{6}}\\ -\frac{1}{\sqrt{3}} & 0 & \frac{2}{\sqrt{6}}\end{pmatrix},$$

满足 $Q^{\mathrm{T}}AQ=Q^{-1}AQ=\Lambda=\begin{pmatrix}-2&0&0\\0&1&0\\0&0&1\end{pmatrix}$，其中 $Q^{-1}=\begin{pmatrix}\frac{1}{\sqrt{3}} & \frac{1}{\sqrt{3}} & -\frac{1}{\sqrt{3}}\\ -\frac{1}{\sqrt{2}} & \frac{1}{\sqrt{2}} & 0\\ \frac{1}{\sqrt{6}} & \frac{1}{\sqrt{6}} & \frac{2}{\sqrt{6}}\end{pmatrix}$，从而

$$A=Q\Lambda Q^{-1}=\begin{pmatrix}0&-1&1\\-1&0&1\\1&1&0\end{pmatrix}.$$

7. 设三阶矩阵 $A=\begin{pmatrix}0&0&1\\x&1&0\\1&0&0\end{pmatrix}$ 有三个线性无关的特征向量，求 $x$.

**分析** 三阶矩阵 $A$ 有三个线性无关的特征向量，则矩阵 $A$ 与对角矩阵相似. 若 $A$ 的 $k$ 重特征值为 $\lambda$，则 $r(\lambda E-A)$ 等于 $3-k$.

**解** 矩阵 $A$ 的特征多项式为

$$|\lambda E-A|=\begin{vmatrix}\lambda&0&-1\\-x&\lambda-1&0\\-1&0&\lambda\end{vmatrix}=(\lambda+1)(\lambda-1)^2,$$

所以 $A$ 的特征值为 $\lambda_1=-1$，$\lambda_2=\lambda_3=1$. 因 $A$ 有 3 个线性无关的特征向量，故齐次线性方程组 $(E-A)X=O$ 的系数矩阵的秩为 1，即 $r(E-A)=1$. 而

$$E-A=\begin{pmatrix}1&0&-1\\-x&0&0\\-1&0&1\end{pmatrix}\to\begin{pmatrix}1&0&-1\\0&0&-x\\0&0&0\end{pmatrix},$$

于是 $-x=0$，即 $x=0$.

8. 设矩阵 $A=\begin{pmatrix}0&1&0&0\\1&0&0&0\\0&0&y&1\\0&0&1&2\end{pmatrix}$ 的一个特征值为 3，求：(1) $y$ 的值；(2) 正交矩阵 $Q$，使得 $(AQ)^{\mathrm{T}}(AQ)$ 为对角矩阵.

**分析** (1) 题设中无已知特征向量，用特征方程 $|\lambda E-A|=0$ 求参数 $y$.

(2) $(AQ)^{\mathrm{T}}(AQ)=Q^{\mathrm{T}}(A^{\mathrm{T}}A)Q=Q^{\mathrm{T}}A^2Q$；计算出 $A^2$，然后求正交矩阵 $Q$，使得 $Q^{\mathrm{T}}A^2Q$ 为对角矩阵.

**解**　(1) 因 3 是 $\boldsymbol{A}$ 的特征值，则 $|3\boldsymbol{E}-\boldsymbol{A}|=0$，即

$$|3\boldsymbol{E}-\boldsymbol{A}|=\begin{vmatrix}3&-1&0&0\\-1&3&0&0\\0&0&3-y&-1\\0&0&-1&1\end{vmatrix}=8(2-y)=0,$$

所以 $y=2$.

(2) 由于 $\boldsymbol{A}$ 是实对称矩阵，所以 $\boldsymbol{A}^{\mathrm{T}}\boldsymbol{A}=\boldsymbol{A}^2$，即

$$\boldsymbol{A}^2=\begin{pmatrix}1&0&0&0\\0&1&0&0\\0&0&5&4\\0&0&4&5\end{pmatrix}.$$

计算 $\boldsymbol{A}^2$ 的特征多项式

$$|\lambda\boldsymbol{E}-\boldsymbol{A}^2|=\begin{vmatrix}\lambda-1&0&0&0\\0&\lambda-1&0&0\\0&0&\lambda-5&-4\\0&0&-4&\lambda-5\end{vmatrix}=(\lambda-1)^3(\lambda-9),$$

得 $\boldsymbol{A}^2$ 的特征值为 $\lambda_1=\lambda_2=\lambda_3=1$，$\lambda_4=9$.

当 $\lambda=1$ 时，$\boldsymbol{E}-\boldsymbol{A}^2=\begin{pmatrix}0&0&0&0\\0&0&0&0\\0&0&-4&-4\\0&0&-4&-4\end{pmatrix}\to\begin{pmatrix}0&0&1&1\\0&0&0&0\\0&0&0&0\\0&0&0&0\end{pmatrix}$，则齐次线性方程组 $(\boldsymbol{E}-\boldsymbol{A}^2)\boldsymbol{X}=\boldsymbol{O}$ 的一个基础解系为 $\boldsymbol{\alpha}_1=(1,0,0,0)^{\mathrm{T}}$，$\boldsymbol{\alpha}_2=(0,1,0,0)^{\mathrm{T}}$，$\boldsymbol{\alpha}_3=(0,0,-1,1)^{\mathrm{T}}$. 将其正交化，取

$$\boldsymbol{\beta}_1=\boldsymbol{\alpha}_1=(1,0,0,0)^{\mathrm{T}},$$

$$\boldsymbol{\beta}_2=\boldsymbol{\alpha}_2-\frac{(\boldsymbol{\alpha}_2,\boldsymbol{\beta}_1)}{(\boldsymbol{\beta}_1,\boldsymbol{\beta}_1)}\boldsymbol{\beta}_1=(0,1,0,0)^{\mathrm{T}},$$

$$\boldsymbol{\beta}_3=\boldsymbol{\alpha}_3-\frac{(\boldsymbol{\alpha}_3,\boldsymbol{\beta}_1)}{(\boldsymbol{\beta}_1,\boldsymbol{\beta}_1)}\boldsymbol{\beta}_1-\frac{(\boldsymbol{\alpha}_3,\boldsymbol{\beta}_2)}{(\boldsymbol{\beta}_2,\boldsymbol{\beta}_2)}\boldsymbol{\beta}_2=(0,0,-1,1)^{\mathrm{T}}.$$

再单位化，得

$$\boldsymbol{\gamma}_1=\frac{\boldsymbol{\beta}_1}{\|\boldsymbol{\beta}_1\|}=(1,0,0,0)^{\mathrm{T}},\ \boldsymbol{\gamma}_2=\frac{\boldsymbol{\beta}_2}{\|\boldsymbol{\beta}_2\|}=(0,1,0,0)^{\mathrm{T}},\ \boldsymbol{\gamma}_3=\frac{\boldsymbol{\beta}_3}{\|\boldsymbol{\beta}_3\|}=\frac{1}{\sqrt{2}}(0,0,-1,1)^{\mathrm{T}}.$$

当 $\lambda=9$ 时，$9\boldsymbol{E}-\boldsymbol{A}^2=\begin{pmatrix}8&0&0&0\\0&8&0&0\\0&0&4&-4\\0&0&-4&4\end{pmatrix}\to\begin{pmatrix}1&0&0&0\\0&1&0&0\\0&0&1&-1\\0&0&0&0\end{pmatrix}$，则齐次线性方程组 $(9\boldsymbol{E}-\boldsymbol{A}^2)\boldsymbol{X}=\boldsymbol{O}$ 的一个基础解系为 $\boldsymbol{\alpha}_4=(0,0,1,1)^{\mathrm{T}}$. 将其单位化，得

$$\boldsymbol{\gamma}_4=\left(0,0,\frac{1}{\sqrt{2}},\frac{1}{\sqrt{2}}\right)^{\mathrm{T}}.$$

令 $\boldsymbol{Q}=(\boldsymbol{\gamma}_1, \boldsymbol{\gamma}_2, \boldsymbol{\gamma}_3, \boldsymbol{\gamma}_4)=\begin{pmatrix}1&0&0&0\\0&1&0&0\\0&0&-\frac{1}{\sqrt{2}}&\frac{1}{\sqrt{2}}\\0&0&\frac{1}{\sqrt{2}}&\frac{1}{\sqrt{2}}\end{pmatrix}$，则 $(\boldsymbol{AQ})^{\mathrm{T}}(\boldsymbol{AQ})=\begin{pmatrix}1&0&0&0\\0&1&0&0\\0&0&1&0\\0&0&0&9\end{pmatrix}$.

9. 设 $n$ 阶矩阵 $\boldsymbol{A}$ 满足 $\boldsymbol{A}^2=\boldsymbol{A}$，证明：$\boldsymbol{A}$ 一定可以相似对角化.

**分析** 由 $\boldsymbol{A}^2=\boldsymbol{A}$，利用定义可得 $\boldsymbol{A}$ 的特征值只可能是 1 或者 0. 分别讨论齐次线性方程组 $(0\cdot\boldsymbol{E}-\boldsymbol{A})\boldsymbol{X}=\boldsymbol{O}$ 和 $(\boldsymbol{E}-\boldsymbol{A})\boldsymbol{X}=\boldsymbol{O}$ 的基础解系所含解向量的个数，最终只需证明矩阵 $\boldsymbol{A}$ 的线性无关的特征向量的个数为 $n$ 即可.

**证明** 设 $\boldsymbol{A}$ 的特征值为 $\lambda$，则由 $\boldsymbol{A}^2=\boldsymbol{A}$ 知，特征值满足

$$\lambda^2-\lambda=0,$$

即 $\boldsymbol{A}$ 的特征值为 0 或 1.

因为 $\boldsymbol{A}-\boldsymbol{A}^2=\boldsymbol{A}(\boldsymbol{E}-\boldsymbol{A})=\boldsymbol{O}$，所以 $r(\boldsymbol{A})+r(\boldsymbol{E}-\boldsymbol{A})\leqslant n$. 又因为

$$r(\boldsymbol{A})+r(\boldsymbol{E}-\boldsymbol{A})\geqslant r(\boldsymbol{A}+\boldsymbol{E}-\boldsymbol{A})=r(\boldsymbol{E})=n,$$

所以 $r(\boldsymbol{A})+r(\boldsymbol{E}-\boldsymbol{A})=n$.

设 $r(\boldsymbol{A})=r$，则 $r(\boldsymbol{E}-\boldsymbol{A})=n-r$. 当 $\lambda=0$ 时，$\boldsymbol{A}$ 的对应于特征值 $\lambda=0$ 的线性无关的特征向量有 $n-r$ 个. 当 $\lambda=1$ 时，$\boldsymbol{A}$ 的对应于特征值 $\lambda=1$ 的线性无关的特征向量有 $r$ 个. 于是 $n$ 阶矩阵 $\boldsymbol{A}$ 总共有 $n$ 个线性无关的特征向量，所以 $\boldsymbol{A}$ 一定可以相似对角化.

# 四、自测题及答案

## 自测题

一、填空题（本大题共 5 题，每小题 3 分，共 15 分）

1. 若 $n$ 阶矩阵 $\boldsymbol{A}$ 满足 $\boldsymbol{A}^2-2007\boldsymbol{A}-2008\boldsymbol{E}=\boldsymbol{O}$，则 $\boldsymbol{A}$ 的特征值为______.

2. 已知矩阵 $\boldsymbol{A}=\begin{pmatrix}7&4&-1\\4&7&-1\\-4&-4&x\end{pmatrix}$ 的特征值为 $\lambda_1=\lambda_2=3$，$\lambda_3=12$，则 $x=$______.

3. 若四阶矩阵 $\boldsymbol{A}$ 与 $\boldsymbol{B}$ 相似，矩阵 $\boldsymbol{A}$ 的特征值为 $\frac{1}{2}$，$\frac{1}{3}$，$\frac{1}{4}$，$\frac{1}{5}$，则行列式 $|\boldsymbol{B}^{-1}-\boldsymbol{E}|=$______.

4. 设 $\boldsymbol{A}=(a_{ij})_{3\times3}$ 是正交矩阵，且 $a_{11}=1$，$b=(1, 0, 0)^{\mathrm{T}}$，则 $\boldsymbol{AX}=b$ 的解是______.

5. 设 $\boldsymbol{A}$ 是四阶实对称矩阵，$\lambda_0$ 是 $\boldsymbol{A}$ 的三重特征值，则 $r(\lambda_0\boldsymbol{E}-\boldsymbol{A})=$______.

二、选择题（本大题共 5 题，每小题 3 分，共 15 分）

1. 设 $\boldsymbol{A}$，$\boldsymbol{B}$ 为 $n$ 阶矩阵，且 $\boldsymbol{A}$ 与 $\boldsymbol{B}$ 相似，则（　　）.

(A) $\lambda\boldsymbol{E}-\boldsymbol{A}=\lambda\boldsymbol{E}-\boldsymbol{B}$；　(B) $\boldsymbol{A}$ 与 $\boldsymbol{B}$ 有相同的特征值和特征向量

(C) $\boldsymbol{A}$ 与 $\boldsymbol{B}$ 都相似于一个对角矩阵　(D) 对常数 $t$，$t\boldsymbol{E}-\boldsymbol{A}$ 与 $t\boldsymbol{E}-\boldsymbol{B}$ 相似

2. 设 $\boldsymbol{A}$ 是 $n$ 阶实对称矩阵，$\boldsymbol{P}$ 是 $n$ 阶可逆矩阵. 已知 $n$ 维列向量 $\boldsymbol{\alpha}$ 是 $\boldsymbol{A}$ 的对应于特征值 $\lambda$ 的特征向量，则矩阵 $(\boldsymbol{P}^{-1}\boldsymbol{AP})^{\mathrm{T}}$ 对应于特征值 $\lambda$ 的特征向量是（　　）.

(A) $\boldsymbol{P}^{-1}\boldsymbol{\alpha}$　(B) $\boldsymbol{P}^{\mathrm{T}}\boldsymbol{\alpha}$

(C) $\boldsymbol{P\alpha}$　(D) $(\boldsymbol{P}^{-1})^{\mathrm{T}}\boldsymbol{\alpha}$

3. 设 $\boldsymbol{A}$，$\boldsymbol{B}$ 为同阶矩阵，则 $\boldsymbol{A}$ 与 $\boldsymbol{B}$ 相似的充分条件是（　　）.

(A) $r(\boldsymbol{A})=r(\boldsymbol{B})$

(B) $|\boldsymbol{A}|=|\boldsymbol{B}|$

(C) $\boldsymbol{A}$ 与 $\boldsymbol{B}$ 有相同的特征多项式

(D) $\boldsymbol{A}$ 与 $\boldsymbol{B}$ 有相同的特征值，特征值两两互不相同.

4. 设 $\lambda_1$，$\lambda_2$ 是矩阵 $\boldsymbol{A}$ 的两个不同的特征值，对应的特征向量分别是 $\boldsymbol{\alpha}_1$，$\boldsymbol{\alpha}_2$，则 $\boldsymbol{\alpha}_1$，$\boldsymbol{A}(\boldsymbol{\alpha}_1+\boldsymbol{\alpha}_2)$ 线性无关的充分必要条件是（　　）.

(A) $\lambda_1\neq 0$　(B) $\lambda_2\neq 0$　(C) $\lambda_1=0$　(D) $\lambda_2=0$

5. 设 $\boldsymbol{A}$ 为 $n$ 阶方阵，以下结论中，（　　）成立.

(A) 若 $\boldsymbol{A}$ 可逆，则矩阵 $\boldsymbol{A}$ 的对应于特征值 $\lambda$ 的特征向量也是矩阵 $\boldsymbol{A}^{-1}$ 的对应于特征值 $\dfrac{1}{\lambda}$ 的特征向量；

(B) $\boldsymbol{A}$ 的特征向量即为方程组 $(\lambda\boldsymbol{E}-\boldsymbol{A})\boldsymbol{X}=\boldsymbol{O}$ 的全部解；

(C) $\boldsymbol{A}$ 的特征向量的线性组合仍为特征向量；

(D) $\boldsymbol{A}$ 与 $\boldsymbol{A}^{\mathrm{T}}$ 有相同的特征向量.

三、计算题（本大题共 5 题，每小题 10 分，共 50 分）

1. 已知向量 $\boldsymbol{\alpha}=(1, k, 1)^{\mathrm{T}}$ 是矩阵 $\boldsymbol{A}=\begin{pmatrix}3&1&1\\1&3&1\\1&1&3\end{pmatrix}$ 的逆矩阵 $\boldsymbol{A}^{-1}$ 的特征向量，求常数 $k$ 的值.

2. 设三阶矩阵 $\boldsymbol{A}$ 的特征值为 1，2，3，对应的特征向量分别为 $(1, 1, 1)^{\mathrm{T}}$，$(1, 0, 1)^{\mathrm{T}}$，$(0, 1, 1)^{\mathrm{T}}$，求：(1) $\boldsymbol{A}$；(2) $\boldsymbol{A}^n$.

3. 设矩阵 $\boldsymbol{A}=\begin{pmatrix}5&0&0\\0&2&1\\0&1&2\end{pmatrix}$，求正交矩阵 $\boldsymbol{P}$，使得 $\boldsymbol{P}^{-1}\boldsymbol{AP}$ 为对角矩阵.

4. 已知矩阵 $\boldsymbol{A}=\begin{pmatrix}-2&1&1\\0&2&0\\-4&1&x\end{pmatrix}$ 与矩阵 $\boldsymbol{B}=\begin{pmatrix}-1&&\\&y&\\&&2\end{pmatrix}$ 相似. (1) 求常数 $x$ 和 $y$ 的值；(2) 求可逆矩阵 $\boldsymbol{P}$，使得 $\boldsymbol{P}^{-1}\boldsymbol{AP}=\boldsymbol{B}$.

5．设矩阵 $\boldsymbol{B}=\begin{bmatrix}0&0&0&0\\0&3&0&0\\0&0&-1&2\\0&0&2&2\end{bmatrix}$，矩阵 $\boldsymbol{A}\sim\boldsymbol{B}$，求 $r(\boldsymbol{A}-\boldsymbol{E})+r(\boldsymbol{A}-3\boldsymbol{E})$.

四、证明题（本题 10 分）

设 $\boldsymbol{A}$ 为 $n$ 阶方阵，满足方程 $\boldsymbol{A}^2-2\boldsymbol{A}-3\boldsymbol{E}=\boldsymbol{O}$，证明：矩阵 $\boldsymbol{A}$ 可相似于对角矩阵.

五、综合题（本题 10 分）

设矩阵 $\boldsymbol{A}=\boldsymbol{PAP}^{-1}$，求证：$\boldsymbol{A}^m=\boldsymbol{PA}^m\boldsymbol{P}^{-1}$（$m$ 为正整数），并计算 $\begin{pmatrix}1&4\\2&3\end{pmatrix}^m$.

## 答案

一、1.　$-1$ 或 2008；

2.　4；

3.　24　；

4.　$(1,0,0)^{\mathrm{T}}$；

5.　1.

二、1.　D；

2.　B；

3.　D；

4.　B；

5.　A.

三、1.　$k=-2$ 或 $k=1$.

2．（1）$\boldsymbol{A}=\begin{pmatrix}1&-1&1\\-2&1&2\\-2&-1&4\end{pmatrix}$；

（2）$\boldsymbol{A}^n=\begin{pmatrix}1&1-2^n&2^n-1\\1-3^n&1&3^n-1\\1-3^n&1-2^n&2^n+3^n-1\end{pmatrix}$.

3.　$\boldsymbol{P}=\begin{bmatrix}0&0&1\\-\frac{1}{\sqrt{2}}&\frac{1}{\sqrt{2}}&0\\\frac{1}{\sqrt{2}}&\frac{1}{\sqrt{2}}&0\end{bmatrix}$，使得 $\boldsymbol{P}^{-1}\boldsymbol{AP}=\begin{pmatrix}1&&\\&3&\\&&5\end{pmatrix}$.

4. (1)$x=3$，$y=2$；(2)$\boldsymbol{P}=\begin{pmatrix}1&1&1\\0&4&0\\1&0&4\end{pmatrix}$.

5. 提示：矩阵 $\boldsymbol{B}$ 的特征方程为 $|\lambda\boldsymbol{E}-\boldsymbol{B}|=\lambda(\lambda+2)(\lambda-3)^2=0$，所以 $\boldsymbol{B}$ 的特征值为 $\lambda_1=0$，$\lambda_2=-2$，$\lambda_3=\lambda_4=3$. 因矩阵 $\boldsymbol{B}$ 是实对称矩阵，故对应于 $\lambda_3=\lambda_4=3$ 的线性无关的特征向量必有 2 个，即 $r(3\boldsymbol{E}-\boldsymbol{B})=4-2=2$. 因 $\boldsymbol{A}\sim\boldsymbol{B}$，则 $\boldsymbol{A}$ 的特征值只有 0，$-2$，3(二重)，且对应于 3 的线性无关的特征向量也有 2 个，即 $r(3\boldsymbol{E}-\boldsymbol{A})=2$. 因 1 不是矩阵 $\boldsymbol{A}$ 的特征值，故 $|\boldsymbol{E}-\boldsymbol{A}|\neq 0$，即 $r(\boldsymbol{E}-\boldsymbol{A})=4$. 因此 $r(\boldsymbol{A}-\boldsymbol{E})+r(\boldsymbol{A}-3\boldsymbol{E})=6$.

四、略. 提示：设 $\boldsymbol{A}$ 的特征值为 $\lambda$，则由 $\boldsymbol{A}^2-2\boldsymbol{A}-3\boldsymbol{E}=\boldsymbol{O}$ 知，特征值满足 $\lambda^2-2\lambda-3=0$，即 $\boldsymbol{A}$ 的特征值为 $-1$ 或 3. 接下来讨论特征矩阵 $3\boldsymbol{E}-\boldsymbol{A}$ 与 $-\boldsymbol{E}-\boldsymbol{A}$ 的秩. 由于 $\boldsymbol{A}^2-2\boldsymbol{A}-3\boldsymbol{E}=(3\boldsymbol{E}-\boldsymbol{A})(-\boldsymbol{E}-\boldsymbol{A})=\boldsymbol{O}$，故有 $r(3\boldsymbol{E}-\boldsymbol{A})+r(-\boldsymbol{E}-\boldsymbol{A})\leqslant n$. 另一方面 $r(3\boldsymbol{E}-\boldsymbol{A})+r(-\boldsymbol{E}-\boldsymbol{A})\geqslant r(3\boldsymbol{E}-\boldsymbol{A}+\boldsymbol{E}+\boldsymbol{A})=n$，从而 $r(3\boldsymbol{E}-\boldsymbol{A})+r(-\boldsymbol{E}-\boldsymbol{A})=n$.

不妨设 $r(3\boldsymbol{E}-\boldsymbol{A})=r$，则 $r(-\boldsymbol{E}-\boldsymbol{A})=n-r$，于是由特征向量的计算方法可知，$\boldsymbol{A}$ 的对应于特征值 $\lambda=3$ 的线性无关的特征向量有 $n-r$ 个，$\boldsymbol{A}$ 的对应于特征值 $\lambda=-1$ 的线性无关的特征向量有 $n-(n-r)=r$ 个，于是 $n$ 阶矩阵 $\boldsymbol{A}$ 总共有 $n$ 个线性无关的特征向量，所以 $\boldsymbol{A}$ 可相似对角化.

五、$\begin{pmatrix}1&4\\2&3\end{pmatrix}^m=\dfrac{1}{3}\begin{pmatrix}5^m+2(-1)^m&2\times5^m-2(-1)^m\\5^m-(-1)^m&2\times5^m+(-1)^m\end{pmatrix}$.

# 第五章　二次型

## 一、教学基本要求与内容提要

### （一）教学基本要求

1. 理解实二次型与实对称矩阵间的一一对应关系；
2. 掌握二次型及其矩阵表示以及二次型秩的概念；
3. 掌握矩阵合同的定义，理解合同关系是等价关系；
4. 掌握用正交变换法和配方法化二次型为标准形的方法；
5. 了解惯性定理；
6. 掌握二次型对应的矩阵的正（负）定性及其判别方法.

### （二）内容提要

#### 1. 二次型及其矩阵表示

含有 $n$ 个变量 $x_1$，$x_2$，…，$x_n$ 的二次齐次多项式函数

$$f(x_1, x_2, \cdots, x_n)=a_{11}x_1^2+a_{22}x_2^2+\cdots+a_{nn}x_n^2 \\ +2a_{12}x_1x_2+2a_{13}x_1x_3+\cdots+2a_{n-1n}x_{n-1}x_n \tag{5. 1}$$

称为 $n$ **元二次型**，简称为**二次型**，简记为 $f$．当 $a_{ij}$ 为复数时，$f$ 称为**复二次型**；当 $a_{ij}$ 为实数时，$f$ 称为**实二次型**．一般讨论实二次型.

若令 $a_{ij}=a_{ji}$，则形如（5. 1）式的二次型可写成矩阵形式

$$f(x_1, x_2, \cdots, x_n)=(x_1, x_2, \cdots, x_n)\begin{pmatrix} a_{11} & a_{12} & \cdots & a_{1n} \\ a_{21} & a_{22} & \cdots & a_{2n} \\ \vdots & \vdots & & \vdots \\ a_{n1} & a_{n2} & \cdots & a_{nn} \end{pmatrix}\begin{pmatrix} x_1 \\ x_2 \\ \vdots \\ x_n \end{pmatrix}=\boldsymbol{X}^{\mathrm{T}}\boldsymbol{A}\boldsymbol{X},$$

其中

$$A=\begin{pmatrix} a_{11} & a_{12} & \cdots & a_{1n} \\ a_{21} & a_{22} & \cdots & a_{2n} \\ \vdots & \vdots & & \vdots \\ a_{n1} & a_{n2} & \cdots & a_{nn} \end{pmatrix},\ X=\begin{pmatrix} x_1 \\ x_2 \\ \vdots \\ x_n \end{pmatrix}$$

$A=A^T$ 是对称矩阵，称为二次型 $f$ 的**对应矩阵**. $r(A)$ 称为**二次型 $f$ 的秩**. 二次型 $f$ 和对称矩阵 $A$ 一一对应.

**2. 矩阵的合同**

设 $A$，$B$ 为 $n$ 阶矩阵，如果存在可逆矩阵 $C$，使得 $B=C^TAC$，则称矩阵 $A$ **与** $B$ **合同**，或称 $A$ **合同于** $B$ 记作 $A\simeq B$. 并称由 $A$ 到 $B=C^TAC$ 的变换为**合同变换**.

合同关系有以下性质：

(1) 反身性：$A\simeq A$；

(2) 对称性：若 $A\simeq B$，则 $B\simeq A$；

(3) 传递性：若 $A\simeq B$，$B\simeq C$，则 $A\simeq C$.

**注意**　任意 $n$ 阶对称矩阵必合同于对角矩阵.

**3. 二次型的标准形**

**(1) 二次型的标准形、规范形**

只含平方项的二次型 $d_1y_1^2+d_2y_2^2+\cdots+d_ny_n^2$ 称为二次型的**标准形**，若二次型的标准形中平方项的系数仅为 1，$-1$ 或是 0，则称二次型为**规范形**.

**(2) 化二次型为标准形、规范形**

**①正交变换法**

**定理**　对实二次型 $f=X^TAX$，必存在一个正交矩阵 $P$，使得经过正交变换 $X=PY$ 把二次型 $f=X^TAX$ 化为标准形

$$f=\lambda_1y_1^2+\lambda_2y_2^2+\cdots+\lambda_ny_n^2,$$

其中，$\lambda_1$，$\lambda_2$，…，$\lambda_n$ 是实二次型 $f$ 对应的矩阵 $A$ 的全部特征值.

**②配方法**

用配方法化二次型为标准形，这里只介绍拉格朗日配方法. 方法如下：如果二次型中含平方项，则可直接配方，如果二次型中不含平方项，则先构造出平方项再配方，总可以将一个二次型化为标准形.

化二次型为标准形后，再进一步做线性变换化为规范形.

**注意**　由于配方过程可以不一样，故找到的可逆线性变换也就不唯一，从而二次型的标准形不唯一. 另外，使用不同的方法所得到的标准形也可能不相同. 但二次型的规范形唯一.

4. **二次型的正定性**

**(1) 二次型及其矩阵的分类**

**定义** 给定 $n$ 元实二次型 $f=\boldsymbol{X}^{\mathrm{T}}\boldsymbol{A}\boldsymbol{X}$，对任意 $n$ 维实的非零列向量 $\boldsymbol{X}\neq\boldsymbol{O}$，如果：

① $f=\boldsymbol{X}^{\mathrm{T}}\boldsymbol{A}\boldsymbol{X}>0$，则称 $f$ 为**正定二次型**，并称实对称矩阵 $\boldsymbol{A}$ 为**正定矩阵**；

② $f=\boldsymbol{X}^{\mathrm{T}}\boldsymbol{A}\boldsymbol{X}<0$，则称 $f$ 为**负定二次型**，并称实对称矩阵 $\boldsymbol{A}$ 为**负定矩阵**；

③ $f=\boldsymbol{X}^{\mathrm{T}}\boldsymbol{A}\boldsymbol{X}\geqslant 0$，则称 $f$ 为**半正定二次型**，并称实对称矩阵 $\boldsymbol{A}$ 为**半正定矩阵**；

④ $f=\boldsymbol{X}^{\mathrm{T}}\boldsymbol{A}\boldsymbol{X}\leqslant 0$，则称 $f$ 为**半负定二次型**，并称实对称矩阵 $\boldsymbol{A}$ 为**半负定矩阵**.

**(2) 正定二次型的判定**

**定理** 可逆线性变换不改变二次型的正定性.

**定理** 二次型

$$f(x_1,\ x_2,\ \cdots,\ x_n)=d_1x_1^2+d_2x_2^2+\cdots+d_nx_n^2$$

为正定二次型的充要条件是 $d_i>0(i=1,\ 2,\ \cdots,\ n)$.

**推论** $n$ 元二次型 $f=\boldsymbol{X}^{\mathrm{T}}\boldsymbol{A}\boldsymbol{X}$ 为正定二次型的充分必要条件是其正惯性指数为 $n$.

**推论** $n$ 元二次型 $f=\boldsymbol{X}^{\mathrm{T}}\boldsymbol{A}\boldsymbol{X}$ 为正定二次型的充分必要条件是其规范形为

$$f=y_1^2+y_2^2+\cdots+y_n^2.$$

**推论** 实对称矩阵 $\boldsymbol{A}$ 为正定矩阵的充分必要条件是 $\boldsymbol{A}$ 的特征值均大于零.

由于求二次型矩阵 $\boldsymbol{A}$ 的特征值和化二次型为标准形或规范形都比较麻烦，下面介绍由二次型的矩阵直接判断正（负）定二次型的充要条件. 先介绍如下概念.

**定义** 在 $n$ 阶实对称矩阵 $\boldsymbol{A}$ 中由第 1 行，第 2 行，…，第 $k$ 行和第 1 列，第 2 列，…，第 $k$ 列组成的 $k$ 阶子式，称为 $k$ **阶顺次主子式**，记为 $\Delta_k$.

**定理（Sylvester 定理）** 实对称矩阵 $\boldsymbol{A}$ 为正定矩阵的充分必要条件是 $\boldsymbol{A}$ 的各阶顺次主子式都为正，即

$$a_{11}>0,\quad \begin{vmatrix} a_{11} & a_{12} \\ a_{21} & a_{22} \end{vmatrix}>0,\cdots,\begin{vmatrix} a_{11} & \cdots & a_{1n} \\ \vdots & & \vdots \\ a_{n1} & \cdots & a_{nn} \end{vmatrix}>0;$$

实对称矩阵 $\boldsymbol{A}$ 为负定矩阵的充分必要条件是 $\boldsymbol{A}$ 的奇数阶顺次主子式为负，偶数阶顺次主子式为正，即

$$(-1)^r\begin{vmatrix} a_{11} & \cdots & a_{1r} \\ \vdots & & \vdots \\ a_{r1} & \cdots & a_{rr} \end{vmatrix}>0(r=1,\ 2,\ \cdots,\ n).$$

## 二、典型范例与方法

### 1. 二次型对应的矩阵

**例 1**　写出二次型

$$f(x_1, x_2, x_3)=(x_1, x_2, x_3)\begin{pmatrix}1&4&5\\7&2&6\\8&9&3\end{pmatrix}\begin{pmatrix}x_1\\x_2\\x_3\end{pmatrix}$$

的矩阵.

**分析**　$f(x_1, x_2, x_3)$ 中的矩阵不是对称矩阵，因此不是二次型的矩阵. 可以先把 $f(x_1, x_2, x_3)$ 写成和式，按照二次型的定义来求它的矩阵.

**解**　$f(x_1, x_2, x_3)=x_1^2+11x_1x_2+13x_1x_3+2x_2^2+15x_2x_3+3x_3^2$

$$=(x_1, x_2, x_3)\begin{pmatrix}1&\frac{11}{2}&\frac{13}{2}\\\frac{11}{2}&2&\frac{15}{2}\\\frac{13}{2}&\frac{15}{2}&3\end{pmatrix}\begin{pmatrix}x_1\\x_2\\x_3\end{pmatrix},$$

故二次型 $f$ 对应的矩阵为

$$\boldsymbol{A}=\begin{pmatrix}1&\frac{11}{2}&\frac{13}{2}\\\frac{11}{2}&2&\frac{15}{2}\\\frac{13}{2}&\frac{15}{2}&3\end{pmatrix}.$$

**方法总结**　二次型 $f$ 的矩阵 $\boldsymbol{A}$ 必须是对称矩阵. 对任一 $n$ 阶方阵 $\boldsymbol{B}$，$f(\boldsymbol{X})=\boldsymbol{X}^{\mathrm{T}}\boldsymbol{B}\boldsymbol{X}$ 均是 $n$ 个变量的二次齐次式，如本题中 $\boldsymbol{B}=\begin{pmatrix}1&4&5\\7&2&6\\8&9&3\end{pmatrix}$，但 $\boldsymbol{B}$ 不是 $f$ 的矩阵，要由 $\boldsymbol{B}$ 构造对称矩阵 $\boldsymbol{A}$. 注意到 $f$ 是一个数，因此 $f^{\mathrm{T}}=f$. 即 $f=\boldsymbol{X}^{\mathrm{T}}\boldsymbol{B}\boldsymbol{X}=(\boldsymbol{X}^{\mathrm{T}}\boldsymbol{B}\boldsymbol{X})^{\mathrm{T}}=\boldsymbol{X}^{\mathrm{T}}\boldsymbol{B}^{\mathrm{T}}\boldsymbol{X}$.
于是

$$f=\frac{1}{2}(\boldsymbol{X}^{\mathrm{T}}\boldsymbol{B}\boldsymbol{X}+\boldsymbol{X}^{\mathrm{T}}\boldsymbol{B}^{\mathrm{T}}\boldsymbol{X})=\boldsymbol{X}^{\mathrm{T}}\frac{\boldsymbol{B}+\boldsymbol{B}^{\mathrm{T}}}{2}\boldsymbol{X}=\boldsymbol{X}^{\mathrm{T}}\boldsymbol{A}\boldsymbol{X},$$

这里 $\boldsymbol{A}=\dfrac{\boldsymbol{B}+\boldsymbol{B}^{\mathrm{T}}}{2}$ 是对称矩阵，为 $f$ 的对应矩阵.

2. **将二次型化为标准形**

**例 2** 已知二次型

$$f(x_1, x_2, x_3)=4x_2^2-3x_3^2+4x_1x_2-4x_1x_3+8x_2x_3.$$

(1) 写出二次型 $f$ 的矩阵表达式；

(2) 用正交变换把二次型 $f$ 化为标准形，并写出相应的正交矩阵.

**分析** 本题需要注意两点：(1) 二次型和实对称矩阵是一一对应的；(2) 用正交变换化二次型为标准形一定要利用特征值和特征向量.

**解** (1) $f$ 的矩阵表达式为

$$f(x_1, x_2, x_3)=\boldsymbol{X}^{\mathrm{T}}\boldsymbol{A}\boldsymbol{X}=(x_1, x_2, x_3)\begin{pmatrix}0 & 2 & -2\\ 2 & 4 & 4\\ -2 & 4 & -3\end{pmatrix}\begin{pmatrix}x_1\\ x_2\\ x_3\end{pmatrix}.$$

(2) 二次型的矩阵 $\boldsymbol{A}=\begin{pmatrix}0 & 2 & -2\\ 2 & 4 & 4\\ -2 & 4 & -3\end{pmatrix}$，其特征多项式为

$$|\lambda\boldsymbol{E}-\boldsymbol{A}|=\begin{vmatrix}\lambda & -2 & 2\\ -2 & \lambda-4 & -4\\ 2 & -4 & \lambda+3\end{vmatrix}=-(1-\lambda)(36-\lambda^2),$$

因此 $\boldsymbol{A}$ 的特征值为 $\lambda_1=-6$，$\lambda_2=1$，$\lambda_3=6$.

对于 $\lambda_1=-6$，解齐次线性方程组 $(-6\boldsymbol{E}-\boldsymbol{A})\boldsymbol{X}=\boldsymbol{O}$，得基础解系 $\boldsymbol{\alpha}_1=(1, -1, 2)^{\mathrm{T}}$，单位化得 $\boldsymbol{\xi}_1=\left(\frac{1}{\sqrt{6}}, -\frac{1}{\sqrt{6}}, \frac{2}{\sqrt{6}}\right)^{\mathrm{T}}$.

对于 $\lambda_2=1$，解齐次线性方程组 $(\boldsymbol{E}-\boldsymbol{A})\boldsymbol{X}=\boldsymbol{O}$，得基础解系 $\boldsymbol{\alpha}_2=(2, 0, -1)^{\mathrm{T}}$，单位化得 $\boldsymbol{\xi}_2=\left(\frac{2}{\sqrt{5}}, 0, -\frac{1}{\sqrt{5}}\right)^{\mathrm{T}}$.

对于 $\lambda_3=6$，解齐次线性方程组 $(\boldsymbol{E}-\boldsymbol{A})\boldsymbol{X}=\boldsymbol{O}$，得基础解系 $\boldsymbol{\alpha}_3=(1, 5, 2)^{\mathrm{T}}$，单位化得 $\boldsymbol{\xi}_3=\left(\frac{1}{\sqrt{30}}, \frac{5}{\sqrt{30}}, \frac{2}{\sqrt{30}}\right)^{\mathrm{T}}$.

因为特征值各不相同，故 $\boldsymbol{\xi}_1$，$\boldsymbol{\xi}_2$，$\boldsymbol{\xi}_3$ 两两正交，令

$$\boldsymbol{P}=\begin{pmatrix}\frac{1}{\sqrt{6}} & \frac{2}{\sqrt{5}} & \frac{1}{\sqrt{30}}\\ -\frac{1}{\sqrt{6}} & 0 & \frac{5}{\sqrt{30}}\\ \frac{2}{\sqrt{6}} & -\frac{1}{\sqrt{5}} & \frac{2}{\sqrt{30}}\end{pmatrix},$$

则 $\boldsymbol{P}$ 为正交矩阵，且 $\boldsymbol{P}^{\mathrm{T}}\boldsymbol{A}\boldsymbol{P}=\begin{pmatrix}-6 & & \\ & 1 & \\ & & 6\end{pmatrix}$. 做正交变换 $\boldsymbol{X}=\boldsymbol{P}\boldsymbol{Y}$，即

$$\begin{pmatrix}x_1\\x_2\\x_3\end{pmatrix}=\boldsymbol{P}\boldsymbol{Y}=\begin{pmatrix}\frac{1}{\sqrt{6}} & \frac{2}{\sqrt{5}} & \frac{1}{\sqrt{30}}\\ -\frac{1}{\sqrt{6}} & 0 & \frac{5}{\sqrt{30}}\\ \frac{2}{\sqrt{6}} & -\frac{1}{\sqrt{5}} & \frac{2}{\sqrt{30}}\end{pmatrix}\begin{pmatrix}y_1\\y_2\\y_3\end{pmatrix},$$

则二次型 $f$ 化为标准形

$$f=-6y_1^2+y_2^2+6y_3^2.$$

**例 3** 用配方法化二次型

$$f(x_1,x_2,x_3)=x_1^2-2x_2^2+3x_3^2+4x_1x_2+8x_1x_3+4x_2x_3$$

为标准形，并写出可逆的线性变换矩阵.

**分析** 由于 $f$ 中出现了 $x_1x_2$，$x_1x_3$ 和 $x_2x_3$ 项，因此在使用配方法时，应考虑 $x_1$，$x_2$，$x_3$ 线性组合的平方.

**解** 
$$\begin{aligned}f(x_1,x_2,x_3)&=x_1^2+4x_1x_2+4x_2^2+8x_1x_3+16x_3^2+16x_2x_3-4x_2^2\\&\quad-16x_3^2-16x_2x_3-2x_2^2+3x_3^2+4x_2x_3\\&=(x_1+2x_2+4x_3)^2-6x_2^2-13x_3^2-12x_2x_3\\&=(x_1+2x_2+4x_3)^2-6(x_2^2+2x_2x_3+x_3^2)+6x_3^2-13x_3^2\\&=(x_1+2x_2+4x_3)^2-6(x_1+x_2)^2-7x_3^2.\end{aligned}$$

令

$$\begin{cases}y_1=x_1+2x_2+4x_3,\\ y_2=x_2+x_3,\\ y_3=x_3,\end{cases}$$

得到 $f$ 的标准形为 $f=y_1^2-6y_2^2-7y_3^2$.

由于 $\boldsymbol{X}=\boldsymbol{P}\boldsymbol{Y}$ 中矩阵 $\boldsymbol{P}$ 的逆矩阵为 $\boldsymbol{P}^{-1}=\begin{pmatrix}1&2&4\\0&1&1\\0&0&1\end{pmatrix}$，从而可求出可逆矩阵 $\boldsymbol{P}$，即

$$\boldsymbol{P}=\begin{pmatrix}1&-2&-2\\0&1&-1\\0&0&1\end{pmatrix}.$$

**方法总结** 一般情况下，将二次型化为其标准形方法有两种：一种是利用正交变换法，另一种是配方法.

（1）正交变换法具体步骤如下．

①写出二次型 $f$ 的矩阵 $\boldsymbol{A}$.

②求出 $\boldsymbol{A}$ 的全部特征值，对每一个 $r_i$ 重特征值 $\lambda_i$，求出对应的 $r_i$ 个线性无关的特征向量，并将其正交单位化；将上面求得的 $r_1+r_2+\cdots+r_m=n$ 个两两正交的单位向量作为列向量，构成一个 $n$ 阶方阵 $\boldsymbol{P}$，则 $\boldsymbol{P}$ 必为正交矩阵且 $\boldsymbol{P}^{\mathrm{T}}\boldsymbol{AP}=\boldsymbol{P}^{-1}\boldsymbol{AP}=\boldsymbol{\Lambda}$ 为对角矩阵．

③作正交变换 $\boldsymbol{X}=\boldsymbol{PY}$，即可将二次型化为只含平方项的标准形

$$f=\boldsymbol{X}^{\mathrm{T}}\boldsymbol{AX}=\boldsymbol{Y}^{\mathrm{T}}(\boldsymbol{P}^{\mathrm{T}}\boldsymbol{AP})\boldsymbol{Y}=\boldsymbol{Y}^{\mathrm{T}}\boldsymbol{\Lambda Y}.$$

（2）配方法具体步骤如下．

①如果二次型中含有某变量 $x_i$ 的平方项，则先把含有 $x_i$ 的项集中起来，按 $x_i$ 配成平方项，然后再按其他变量配方，直到都配成平方项为止.

②如果二次型中不含有平方项，但有某个 $a_{ij}\neq 0$（$i\neq j$），则先作一个可逆线性变换

$$\begin{cases}x_i=y_i+y_j,\\ x_j=y_i-y_j, \qquad (k=1,2,\cdots,n\ 且\ k\neq i,j)\\ x_k=y_k\end{cases}$$

使二次型 $f$ 出现平方项，然后再按①中所述方法配方.

上述这两种方法比较初等，易于掌握．特别是当所给定的二次型所含变量不多，所要解决的问题没对 $f$ 的标准形有特殊要求时，选择配方法往往简捷、快速．但是配方法也有局限性，对于某些问题，例如要确定一个三元二次型 $f$ 所表示的几何图形的准确形状时，就不适宜用配方法，而应用正交变换法.

**3．对称矩阵合同对角化**

**例 4** 将对称矩阵 $\boldsymbol{A}=\begin{pmatrix}0&1&1\\1&0&1\\1&1&0\end{pmatrix}$ 合同对角化.

**分析** 首先要清楚矩阵合同的定义，其次对称矩阵对应一个相应的二次型，所以此问题其实是间接考查了二次型化标准形问题.

**解** **解法一** 正交变换法

由 $|\lambda\boldsymbol{E}-\boldsymbol{A}|=\boldsymbol{O}$，求 $\boldsymbol{A}$ 的全部特征值.

$$|\lambda\boldsymbol{E}-\boldsymbol{A}|=\begin{vmatrix}\lambda&-1&-1\\-1&\lambda&-1\\-1&-1&\lambda\end{vmatrix}=\begin{vmatrix}\lambda-2&-1&-1\\\lambda-2&\lambda&-1\\\lambda-2&-1&\lambda\end{vmatrix}$$

$$=(\lambda-2)\begin{vmatrix}1&-1&-1\\1&\lambda&-1\\1&-1&\lambda\end{vmatrix}=(\lambda+1)^2(\lambda-2).$$

即 $\boldsymbol{A}$ 的全部特征值为 $\lambda_{1,2}=-1$（二重），$\lambda_3=2$.

对于 $\lambda_{1,2}=-1$（二重），解齐次线性方程组$(-\boldsymbol{E}-\boldsymbol{A})\boldsymbol{X}=\boldsymbol{O}$，得基础解系 $\boldsymbol{\alpha}_1=(-1,1,0)^{\mathrm{T}}$，$\boldsymbol{\alpha}_2=(-1,0,1)^{\mathrm{T}}$，使用施密特正交化法，得到正交单位向量 $\boldsymbol{\xi}_1=\left(-\frac{1}{\sqrt{2}},\frac{1}{\sqrt{2}},0\right)^{\mathrm{T}}$，$\boldsymbol{\xi}_2=\left(-\frac{1}{\sqrt{6}},-\frac{1}{\sqrt{6}},\frac{2}{\sqrt{6}}\right)^{\mathrm{T}}$.

对于 $\lambda_3=2$，解齐次线性方程组$(2\boldsymbol{E}-\boldsymbol{A})=\boldsymbol{O}$，得基础解系 $\boldsymbol{\alpha}_3=(1,1,1)^{\mathrm{T}}$，单位化得 $\boldsymbol{\xi}_3=\left(\frac{1}{\sqrt{3}},\frac{1}{\sqrt{3}},\frac{1}{\sqrt{3}}\right)^{\mathrm{T}}$.

于是令

$$\boldsymbol{P}=\begin{pmatrix}\frac{1}{\sqrt{3}} & -\frac{1}{\sqrt{2}} & -\frac{1}{\sqrt{6}}\\ \frac{1}{\sqrt{3}} & \frac{1}{\sqrt{2}} & -\frac{1}{\sqrt{6}}\\ \frac{1}{\sqrt{3}} & 0 & \frac{2}{\sqrt{6}}\end{pmatrix},$$

由于 $\boldsymbol{P}$ 是正交矩阵，$\boldsymbol{P}^{\mathrm{T}}\boldsymbol{AP}$ 为对角矩阵，即

$$\boldsymbol{A}\simeq\boldsymbol{B}=\begin{pmatrix}2 & 0 & 0\\ 0 & -1 & 0\\ 0 & 0 & -1\end{pmatrix}.$$

**解法二　配方法**

与矩阵 $\boldsymbol{A}$ 对应的二次型 $f=2x_1x_2+2x_1x_3+2x_2x_3$，由于没有平方项，通过一种变换让原来式子中出现平方项，可先做可逆线性变换

$$\begin{cases}x_1=y_1+y_2,\\ x_2=y_1-y_2,\\ x_3=y_3,\end{cases}$$

得到

$$\begin{aligned}f&=2(y_1+y_2)(y_1-y_2)+2(y_1+y_2)y_3+2(y_1-y_2)y_3\\ &=2y_1^2-2y_2^2+4y_1y_3\\ &=2(y_1^2+2y_1y_3+y_3^2)-2y_3^2-2y_2^2\\ &=2(y_1+y_3)^2-2y_2^2-2y_3^2.\end{aligned}$$

令

$$\begin{cases}z_1=y_1+y_3,\\ z_2=y_2,\\ z_3=y_3,\end{cases}\quad 即\begin{cases}y_1=z_1-z_3,\\ y_2=z_2,\\ y_3=z_3,\end{cases}$$

得到 $f$ 的标准形为

$$f=2z_1^2-2z_2^2-2z_3^2.$$

由于 $\boldsymbol{X}=\boldsymbol{PY}$，$\boldsymbol{Z}=\boldsymbol{Q}^{-1}\boldsymbol{Y}$，其中 $\boldsymbol{P}=\begin{pmatrix}1&1&0\\1&-1&0\\0&0&1\end{pmatrix}$，$\boldsymbol{Q}^{-1}=\begin{pmatrix}1&0&1\\0&1&0\\0&0&1\end{pmatrix}$，

易求出

$$\boldsymbol{Q}=\begin{pmatrix}1&0&-1\\1&-1&-1\\0&0&1\end{pmatrix},$$

而 $\boldsymbol{X}=\boldsymbol{PQZ}$，于是

$$\boldsymbol{PQ}=\begin{pmatrix}1&1&-1\\1&-1&-1\\0&0&1\end{pmatrix},$$

从而

$$(\boldsymbol{PQ})^{\mathrm{T}}\boldsymbol{A}(\boldsymbol{PQ})=\begin{pmatrix}2&0&0\\0&-2&0\\0&0&-2\end{pmatrix}.$$

**方法总结**　将一个实对称矩阵合同对角化的问题实际上就是求此矩阵对应的二次型的标准形的问题，因此和二次型化标准形问题的方法是一样的.

**4. 正定二次型与正定矩阵**

**例 5**　判断二次型 $f=x_1^2+5x_2^2+x_3^2+4x_1x_2-4x_2x_3$ 的正定性.

**解　解法一**　用配方法化 $f$ 为标准形

$$f=(x_1+2x_2)^2+(x_2-2x_3)^2-3x_3^2.$$

由于正惯性指数 $p=2<3$，所以 $f$ 不是正定二次型.

**解法二**　由于二次型矩阵 $\boldsymbol{A}=\begin{pmatrix}1&2&0\\2&5&-2\\0&-2&1\end{pmatrix}$，其各阶顺次主子式

$$a_{11}=1>0,\ \begin{vmatrix}1&2\\2&5\end{vmatrix}=1>0,\ \begin{vmatrix}1&2&0\\2&5&-2\\0&-2&1\end{vmatrix}=-3<0.$$

不是全大于0，所以 $f$ 不是正定二次型.

**解法三**　计算 $\boldsymbol{A}$ 的特征值，有

$$|\lambda\boldsymbol{E}-\boldsymbol{A}|=\begin{vmatrix}\lambda-1&-2&0\\-2&\lambda-5&2\\0&2&\lambda-1\end{vmatrix}=\begin{vmatrix}\lambda-1&-2&0\\0&\lambda-5&2\\\lambda-1&2&\lambda-1\end{vmatrix}=(\lambda-1)(\lambda^2-6\lambda-3),$$

由于 $\boldsymbol{A}$ 的特征值中有 $\lambda=3-2\sqrt{3}<0$，所以 $f$ 不是正定二次型.

**例 6**　二次型 $f=x_1^2+4x_2^2+4x_3^2+2\lambda x_1x_2-2x_1x_3+4x_2x_3$. 问 $\lambda$ 为何值时，$f$ 为正定二次型.

**分析**　这是典型的判别二次型为正定二次型，利用 Sylvester 定理.

**解**　二次型 $f$ 所对应的矩阵为 $\boldsymbol{A}=\begin{pmatrix}1&\lambda&-1\\\lambda&4&2\\-1&2&4\end{pmatrix}$，由于二次型为正定二次型，由 Sylvester 定理可知，$\boldsymbol{A}$ 的各阶顺次主子式均大于零，即

$$a_{11}=1>0,\quad \begin{vmatrix}1&\lambda\\\lambda&4\end{vmatrix}=4-\lambda^2>0,\quad \begin{vmatrix}1&\lambda&-1\\\lambda&4&2\\-1&2&4\end{vmatrix}=-4(\lambda-1)(\lambda+2)>0,$$

解得此不等式组，得 $-2<\lambda<1$.

**例 7**　设 $\boldsymbol{A}$ 为三阶实对称矩阵，且满足条件 $\boldsymbol{A}^2+2\boldsymbol{A}=\boldsymbol{O}$，已知 $\boldsymbol{A}$ 的秩 $r(\boldsymbol{A})=2$.

(1) 求 $\boldsymbol{A}$ 的全部特征值；

(2) 当 $k$ 为何值时，矩阵 $\boldsymbol{A}+k\boldsymbol{E}$ 为正定矩阵，其中 $\boldsymbol{E}$ 为三阶单位矩阵.

**分析**　这是一道综合题，由矩阵 $\boldsymbol{A}$ 满足的条件和秩，需先求出矩阵的全部特征值，然后在此基础上利用对称矩阵 $\boldsymbol{A}$ 正定的充要条件即特征值全为正.

**解**　(1) 设 $f(x)$ 为 $x$ 的多项式，$\lambda$ 是矩阵 $\boldsymbol{A}$ 的特征值，根据 $f(\lambda)$ 是 $f(\boldsymbol{A})$ 的特征值，则 $\boldsymbol{A}^2+2\boldsymbol{A}=\boldsymbol{O}\Rightarrow\lambda^2+2\lambda=0$，即 $\lambda_1=0$，$\lambda_2=-2$. 因为 $\boldsymbol{A}$ 为实对称矩阵，且 $r(\boldsymbol{A})=2$，

所以 $\boldsymbol{A}\sim\begin{pmatrix}\lambda_1&&\\&\lambda_2&\\&&\lambda_3\end{pmatrix}=\begin{pmatrix}0&&\\&-2&\\&&\lambda_3\end{pmatrix}$，式中的 $\lambda_3$ 只能取 0 或 $-2$. 若 $\lambda_3=0$，则 $r(\boldsymbol{A})=1$，与已知矛盾，故 $\lambda_3=-2$. 即矩阵 $\boldsymbol{A}$ 的全部特征值为 $\lambda_1=0$，$\lambda_2=\lambda_3=-2$.

(2) 矩阵 $\boldsymbol{A}+k\boldsymbol{E}$ 仍为实对称矩阵. 由(1) 知，$\boldsymbol{A}+k\boldsymbol{E}$ 的全部特征值为 $-2+k$，$-2+k$，$k$. 于是，当 $k>2$ 时矩阵 $\boldsymbol{A}+k\boldsymbol{E}$ 的全部特征值大于零. 因此，矩阵 $\boldsymbol{A}+k\boldsymbol{E}$ 为正定矩阵.

**方法总结**　判别正定二次型（或是正定矩阵）一般有以下方法：

(1) 定义法；

(2) 正惯性指数法；

(3) 顺次主子式法；

(4) 特征值法.

## 三、练习题详解

### 习题五

**(A)**

1. 写出下列二次型的矩阵表达式，并求二次型的秩.

(1) $f(x_1, x_2, x_3)=x_1^2+2x_2^2-3x_3^2+4x_1x_2-6x_2x_3$；

(2) $f(x, y)=4x^2-6xy-7y^2$；

(3) $f(x_1, x_2, x_3)=(x_1, x_2, x_3)\begin{pmatrix}2&1&3\\1&3&2\\7&4&5\end{pmatrix}\begin{pmatrix}x_1\\x_2\\x_3\end{pmatrix}$.

**解** (1) 二次型 $f$ 对应的矩阵为 $A=\begin{pmatrix}1&2&0\\2&2&-3\\0&-3&-3\end{pmatrix}$.

由

$$A=\begin{pmatrix}1&2&0\\2&2&-3\\0&-3&-3\end{pmatrix}\xrightarrow[r_3\times(-\frac{1}{3})]{\substack{r_2-2r_1\\r_2\times(-1)}}\begin{pmatrix}1&2&0\\0&2&3\\0&1&1\end{pmatrix}\xrightarrow{r_2\leftrightarrow r_3}\begin{pmatrix}1&2&0\\0&1&1\\0&2&3\end{pmatrix}\xrightarrow[r_1-2r_2]{\substack{r_3-2r_2\\r_2-r_3}}\begin{pmatrix}1&0&0\\0&1&0\\0&0&1\end{pmatrix},$$

故 $r(A)=3$.

(2) 二次型 $f$ 对应的矩阵为 $A=\begin{pmatrix}4&-3\\-3&-7\end{pmatrix}$.

由

$$A=\begin{pmatrix}4&-3\\-3&-7\end{pmatrix}\xrightarrow{r_1+r_2}\begin{pmatrix}1&-10\\-3&-7\end{pmatrix}\xrightarrow{r_2+3r_1}\begin{pmatrix}1&-10\\0&-37\end{pmatrix},$$

故 $r(A)=2$.

(3) 因 $f(x_1, x_2, x_3)=2x_1^2+3x_2^2+5x_3^2+2x_1x_2+10x_1x_3+6x_2x_3$，故二次型 $f$ 对应的矩阵为

$$A=\begin{pmatrix}2&1&5\\1&3&3\\5&3&5\end{pmatrix}.$$

由

$$A=\begin{pmatrix}2&1&5\\1&3&3\\5&3&5\end{pmatrix}\xrightarrow{r_1\leftrightarrow r_2}\begin{pmatrix}1&3&3\\2&1&5\\5&3&5\end{pmatrix}\xrightarrow[r_3\times(-\frac{1}{2})]{\substack{r_2-2r_1\\r_3-5r_1\\r_2\times(-1)}}\begin{pmatrix}1&3&3\\0&5&1\\0&6&5\end{pmatrix}$$

$$\xrightarrow{r_3-r_2}\begin{pmatrix}1&3&3\\0&5&1\\0&1&4\end{pmatrix}\xrightarrow[r_3-5r_2]{r_2\leftrightarrow r_3}\begin{pmatrix}1&3&3\\0&1&4\\0&0&-19\end{pmatrix},$$

故 $r(\boldsymbol{A})=3$.

2. 设二次型的对应矩阵如下，试写出二次型的一般形式.

(1) $\begin{pmatrix}0&0&1\\0&1&0\\1&0&0\end{pmatrix}$；

(2) $\begin{pmatrix}0&\frac{1}{2}&-1&0\\\frac{1}{2}&-1&\frac{1}{2}&-\frac{1}{2}\\-1&\frac{1}{2}&0&\frac{1}{2}\\0&-\frac{1}{2}&\frac{1}{2}&1\end{pmatrix}$.

**解**　(1) $f(x_1, x_2, x_3)=(x_1, x_2, x_3)\begin{pmatrix}0&0&1\\0&1&0\\1&0&0\end{pmatrix}\begin{pmatrix}x_1\\x_2\\x_3\end{pmatrix}=2x_1x_3+x_2^2$；

(2) $f(x_1, x_2, x_3, x_4)=(x_1, x_2, x_3, x_4)\begin{pmatrix}0&\frac{1}{2}&-1&0\\\frac{1}{2}&-1&\frac{1}{2}&-\frac{1}{2}\\-1&\frac{1}{2}&0&\frac{1}{2}\\0&-\frac{1}{2}&\frac{1}{2}&1\end{pmatrix}\begin{pmatrix}x_1\\x_2\\x_3\\x_4\end{pmatrix}$

$$=-x_2^2+x_1x_2-2x_1x_3+x_2x_3-x_2x_4+x_3x_4+x_4^2.$$

3. 用正交变换法下列二次型为标准形，并写出所用的正交变换.

(1) $f(x_1, x_2, x_3)=5x_1^2+5x_2^2+3x_3^2-2x_1x_2+6x_1x_3-6x_2x_3$；

(2) $f(x_1, x_2, x_3)=x_1^2-2x_2^2-2x_3^2-4x_1x_2+4x_1x_3+8x_2x_3$.

**解**　(1) 二次型的矩阵 $\boldsymbol{A}=\begin{pmatrix}5&-1&3\\-1&5&-3\\3&-3&3\end{pmatrix}$，其特征多项式为

$$|\lambda\boldsymbol{E}-\boldsymbol{A}|=\begin{vmatrix}\lambda-5&1&-3\\1&\lambda-5&3\\-3&3&\lambda-3\end{vmatrix}=\lambda(\lambda-4)(\lambda-9),$$

因此 $\boldsymbol{A}$ 的特征值为 $\lambda_1=0$，$\lambda_2=4$，$\lambda_3=9$.

对于$\lambda_1=0$，解齐次线性方程组$(-\boldsymbol{A})\boldsymbol{X}=\boldsymbol{O}$，得基础解系$\boldsymbol{\alpha}_1=(-1,1,2)^{\mathrm{T}}$，单位化得$\boldsymbol{\xi}_1=\left(-\frac{1}{\sqrt{6}},\frac{1}{\sqrt{6}},\frac{2}{\sqrt{6}}\right)^{\mathrm{T}}$.

对于$\lambda_2=4$，解齐次线性方程组$(4\boldsymbol{E}-\boldsymbol{A})\boldsymbol{X}=\boldsymbol{O}$，得基础解系$\boldsymbol{\alpha}_2=(1,1,0)^{\mathrm{T}}$，单位化得$\boldsymbol{\xi}_2=\left(\frac{1}{\sqrt{2}},\frac{1}{\sqrt{2}},0\right)^{\mathrm{T}}$.

对于$\lambda_3=9$，解齐次线性方程组$(9\boldsymbol{E}-\boldsymbol{A})\boldsymbol{X}=\boldsymbol{O}$，得基础解系$\boldsymbol{\alpha}_3=(1,-1,1)^{\mathrm{T}}$，单位化得$\boldsymbol{\xi}_3=\left(\frac{1}{\sqrt{3}},-\frac{1}{\sqrt{3}},\frac{1}{\sqrt{3}}\right)^{\mathrm{T}}$.

因为特征值各不相同，故$\boldsymbol{\xi}_1$，$\boldsymbol{\xi}_2$，$\boldsymbol{\xi}_3$两两正交，令

$$\boldsymbol{P}=\begin{bmatrix}-\frac{1}{\sqrt{6}} & \frac{1}{\sqrt{2}} & \frac{1}{\sqrt{3}}\\ \frac{1}{\sqrt{6}} & \frac{1}{\sqrt{2}} & -\frac{1}{\sqrt{3}}\\ \frac{2}{\sqrt{6}} & 0 & \frac{1}{\sqrt{3}}\end{bmatrix},$$

则$\boldsymbol{P}$为正交矩阵，且$\boldsymbol{P}^{\mathrm{T}}\boldsymbol{A}\boldsymbol{P}=\begin{pmatrix}0 & & \\ & 4 & \\ & & 9\end{pmatrix}$. 做正交变换$\boldsymbol{X}=\boldsymbol{P}\boldsymbol{Y}$，即

$$\begin{pmatrix}x_1\\x_2\\x_3\end{pmatrix}=\boldsymbol{P}\boldsymbol{Y}=\begin{bmatrix}-\frac{1}{\sqrt{6}} & \frac{1}{\sqrt{2}} & \frac{1}{\sqrt{3}}\\ \frac{1}{\sqrt{6}} & \frac{1}{\sqrt{2}} & -\frac{1}{\sqrt{3}}\\ \frac{2}{\sqrt{6}} & 0 & \frac{1}{\sqrt{3}}\end{bmatrix}\begin{pmatrix}y_1\\y_2\\y_3\end{pmatrix},$$

则二次型$f$化为标准形

$$f=4y_2^2+9y_3^2.$$

(2) 二次型的矩阵$\boldsymbol{A}=\begin{pmatrix}1 & -2 & 2\\ -2 & -2 & 4\\ 2 & 4 & -2\end{pmatrix}$，其特征多项式为

$$|\lambda\boldsymbol{E}-\boldsymbol{A}|=\begin{vmatrix}\lambda-1 & 2 & -2\\ 2 & \lambda+2 & -4\\ -2 & -4 & \lambda+2\end{vmatrix}=(\lambda-2)^2(\lambda+7),$$

因此$\boldsymbol{A}$的特征值为$\lambda_{1,2}=2$（二重根），$\lambda_3=-7$.

对于$\lambda_{1,2}=2$，解齐次线性方程组$(2\boldsymbol{E}-\boldsymbol{A})\boldsymbol{X}=\boldsymbol{O}$，得正交基础解系$\boldsymbol{\beta}_1=(-2,1,0)^{\mathrm{T}}$，$\boldsymbol{\beta}_2=\left(\frac{2}{5},\frac{4}{5},1\right)^{\mathrm{T}}$，单位化得$\boldsymbol{\xi}_1=\left(-\frac{2}{\sqrt{5}},\frac{1}{\sqrt{5}},0\right)^{\mathrm{T}}$，$\boldsymbol{\xi}_2=\left(\frac{2}{3\sqrt{5}},\frac{4}{3\sqrt{5}},\frac{5}{3\sqrt{5}}\right)^{\mathrm{T}}$.

对于 $\lambda_3=-7$，解齐次线性方程组 $(-7\boldsymbol{E}-\boldsymbol{A})\boldsymbol{X}=\boldsymbol{O}$，得基础解系 $\boldsymbol{\alpha}_3=(1, 2, -2)^{\mathrm{T}}$，单位化得 $\boldsymbol{\xi}_3=\left(\frac{1}{3}, \frac{2}{3}, -\frac{2}{3}\right)^{\mathrm{T}}$.

以 $\boldsymbol{\xi}_1$，$\boldsymbol{\xi}_2$，$\boldsymbol{\xi}_3$ 组成正交矩阵

$$\boldsymbol{P}=\begin{pmatrix} -\frac{2}{\sqrt{5}} & \frac{2}{3\sqrt{5}} & \frac{1}{3} \\ \frac{1}{\sqrt{5}} & \frac{4}{3\sqrt{5}} & \frac{2}{3} \\ 0 & \frac{5}{3\sqrt{5}} & -\frac{2}{3} \end{pmatrix},$$

且 $\boldsymbol{P}^{\mathrm{T}}\boldsymbol{A}\boldsymbol{P}=\begin{pmatrix} 2 & & \\ & 2 & \\ & & -7 \end{pmatrix}$. 作正交变换 $\boldsymbol{X}=\boldsymbol{P}\boldsymbol{Y}$，即

$$\begin{pmatrix} x_1 \\ x_2 \\ x_3 \end{pmatrix}=\boldsymbol{P}\boldsymbol{Y}=\begin{pmatrix} -\frac{2}{\sqrt{5}} & \frac{2}{3\sqrt{5}} & \frac{1}{3} \\ \frac{1}{\sqrt{5}} & \frac{4}{3\sqrt{5}} & \frac{2}{3} \\ 0 & \frac{5}{3\sqrt{5}} & -\frac{2}{3} \end{pmatrix}\begin{pmatrix} y_1 \\ y_2 \\ y_3 \end{pmatrix},$$

则二次型 $f$ 化为标准形

$$f=2y_1^2+2y_2^2-7y_3^2.$$

4. 用配方法化下列二次型为标准形，并写出所用的可逆线性变换.

(1) $f(x_1, x_2, x_3)=x_1^2-3x_2^2+x_3^2-2x_1x_2+2x_1x_3-6x_2x_3$；

(2) $f(x_1, x_2, x_3)=-4x_1x_2+2x_1x_3+2x_2x_3$.

**解**　(1) 由于 $f$ 中含变量 $x_1$ 的平方项，故把含 $x_1$ 的项归并起来，配方可得

$$f=(x_1-x_2+x_3)^2-4x_2^2-4x_2x_3=(x_1-x_2+x_3)^2-4\left(x_2+\frac{1}{2}x_3\right)^2+x_3^2.$$

令

$$\begin{cases} y_1=x_1-x_2+x_3, \\ y_2=x_2+\frac{1}{2}x_3, \\ y_3=x_3, \end{cases} \quad \text{即} \quad \begin{cases} x_1=y_1+y_2-\frac{3}{2}y_3, \\ x_2=y_2-\frac{1}{2}y_3, \\ x_3=y_3. \end{cases}$$

用矩阵形式表示为

$$\begin{pmatrix} x_1 \\ x_2 \\ x_3 \end{pmatrix}=\begin{pmatrix} 1 & 1 & -\frac{3}{2} \\ 0 & 1 & -\frac{1}{2} \\ 0 & 0 & 1 \end{pmatrix}\begin{pmatrix} y_1 \\ y_2 \\ y_3 \end{pmatrix},$$

记

$$C=\begin{pmatrix}1 & 1 & -\frac{3}{2}\\ 0 & 1 & -\frac{1}{2}\\ 0 & 0 & 1\end{pmatrix},$$

因为

$$|C|=\begin{vmatrix}1 & 1 & -\frac{3}{2}\\ 0 & 1 & -\frac{1}{2}\\ 0 & 0 & 1\end{vmatrix}=1\neq 0,$$

故线性变换 $\boldsymbol{X}=\boldsymbol{CY}$ 是可逆的，所以二次型的标准形为

$$f=y_1^2-4y_2^2+y_3^2.$$

（2）在 $f$ 中不含平方项，由于含有 $x_1x_2$ 乘积项，故令

$$\begin{cases}x_1=y_1+y_2,\\ x_2=y_1-y_2,\\ x_3=y_3,\end{cases}$$

代入原二次型中可得 $f=-4y_1^2+4y_2^2+4y_1y_3$，再配方得

$$f=-4\left(y_1-\frac{1}{2}y_3\right)^2+4y_2^2+y_3^2.$$

令

$$\begin{cases}z_1=y_1-\frac{1}{2}y_3,\\ z_2=y_2,\\ z_3=y_3,\end{cases}\quad 即\begin{cases}y_1=z_1+\frac{1}{2}z_3,\\ y_2=z_2,\\ y_3=z_3.\end{cases}$$

把 $f$ 化成标准形为

$$f=-4z_1^2+4z_2^2+z_3^2.$$

记

$$C=\begin{pmatrix}1 & 1 & 0\\ 1 & -1 & 0\\ 0 & 0 & 1\end{pmatrix}\begin{pmatrix}1 & 0 & \frac{1}{2}\\ 0 & 1 & 0\\ 0 & 0 & 1\end{pmatrix}=\begin{pmatrix}1 & 1 & \frac{1}{2}\\ 1 & -1 & \frac{1}{2}\\ 0 & 0 & 1\end{pmatrix},$$

因为

$$|\boldsymbol{C}|=\begin{vmatrix}1 & 1 & \frac{1}{2}\\ 1 & -1 & \frac{1}{2}\\ 0 & 0 & 1\end{vmatrix}=-2\neq 0,$$

所以线性变换 $\boldsymbol{X}=\boldsymbol{CZ}$，即 $\begin{cases}x_1=z_1+z_2+\frac{1}{2}y_3,\\ x_2=z_1-z_2+\frac{1}{2}y_3,\\ x_3=z_3\end{cases}$ 是可逆的.

5. 判定下列矩阵是否为正定矩阵.

(1) $\boldsymbol{A}=\begin{pmatrix}1 & 1 & 0\\ 1 & -2 & 2\\ 0 & 2 & 1\end{pmatrix}$；

(2) $\boldsymbol{B}=\begin{pmatrix}5 & 2 & -4\\ 2 & 1 & -2\\ -4 & -2 & 5\end{pmatrix}$.

**解**　(1) $\boldsymbol{A}=\begin{pmatrix}1 & 1 & 0\\ 1 & -2 & 2\\ 0 & 2 & 1\end{pmatrix}$是对称矩阵，即一个二次型 $f$ 对应的矩阵，$\boldsymbol{A}$ 的各阶顺次主子式为

$$a_{11}=1>0,\quad \begin{vmatrix}1 & 1\\ 1 & -2\end{vmatrix}=-3<0,\quad \begin{vmatrix}1 & 1 & 0\\ 1 & -2 & 2\\ 0 & 2 & 1\end{vmatrix}=-3<0,$$

由 Sylvester 定理知，$\boldsymbol{A}$ 不是正定矩阵.

(2) $\boldsymbol{B}=\begin{pmatrix}5 & 2 & -4\\ 2 & 1 & -2\\ -4 & -2 & 5\end{pmatrix}$是对称矩阵，即一个二次型 $f$ 对应的矩阵，$\boldsymbol{B}$ 的各阶顺次主子式为

$$b_{11}=5>0,\quad \begin{vmatrix}5 & 2\\ 2 & 1\end{vmatrix}=1>0,\quad \begin{vmatrix}5 & 2 & -4\\ 2 & 1 & -2\\ -4 & -2 & 5\end{vmatrix}=1>0,$$

由 Sylvester 定理知，$\boldsymbol{B}$ 是正定矩阵.

6. 求 $t$ 取何值时，下列二次型为正定二次型.

(1) $f(x_1, x_2, x_3)=x_1^2+x_2^2+5x_3^2+2tx_1x_2-2x_1x_3+4x_2x_3$；

(2) $f(x_1, x_2, x_3, x_4)=tx_1^{\ 2}+tx_2^{\ 2}+tx_3^{\ 2}+x_4^{\ 2}+2x_1x_2+2x_1x_3-2x_2x_3$.

**解**　(1) 二次型 $f$ 的矩阵为 $\boldsymbol{A}=\begin{pmatrix}1 & t & -1\\ t & 1 & 2\\ -1 & 2 & 5\end{pmatrix}$，它的各阶顺次主子式为

$$a_{11}=1>0,\quad \begin{vmatrix}1 & t\\ t & 1\end{vmatrix}=1-t^2,\quad \begin{vmatrix}1 & t & -1\\ t & 1 & 2\\ -1 & 2 & 5\end{vmatrix}=-5t^2-4t.$$

欲使二次型 $f$ 为正定的，必须有 $\begin{cases}1-t^2>0\\ -5t^2-4t>0\end{cases}$，即 $-\dfrac{4}{5}<t<0$，故当 $-\dfrac{4}{5}<t<0$ 时，二次型 $f$ 是正定的.

(2) 二次型 $f$ 的矩阵为 $\boldsymbol{A}=\begin{pmatrix}t & 1 & 1 & 0\\ 1 & t & -1 & 0\\ 1 & -1 & t & 0\\ 0 & 0 & 0 & 1\end{pmatrix}$，它的各阶顺次主子式为

$$a_{11}=t,\quad \begin{vmatrix}t & 1\\ 1 & t\end{vmatrix}=t^2-1,\quad \begin{vmatrix}t & 1 & 1\\ 1 & t & -1\\ 1 & -1 & t\end{vmatrix}=t^3-3t-2,\quad \begin{vmatrix}t & 1 & 1 & 0\\ 1 & t & -1 & 0\\ 1 & -1 & t & 0\\ 0 & 0 & 0 & 1\end{vmatrix}=t^3-3t-2.$$

欲使二次型 $f$ 为正定的，必须有 $\begin{cases}t>0\\ t^2-1>0\\ t^3-3t-2>0\end{cases}$，即 $t>2$，故当 $t>2$ 时，二次型 $f$ 是正定的.

(B)

1. 已知二次型 $f(x_1, x_2, x_3)=2x_1^2+3x_2^2+2ax_2x_3+3x_3^2(a>0)$，经过正交变换化为标准形 $f(y_1, y_2, y_3)=y_1^2+2y_2^2+5y_3^2$，求系数 $a$ 及所用的正交变换矩阵.

**解**　二次型 $f$ 对应的矩阵为 $\boldsymbol{A}=\begin{pmatrix}2 & 0 & 0\\ 0 & 3 & a\\ 0 & a & 3\end{pmatrix}$，在正交变换 $\boldsymbol{X}=\boldsymbol{PY}$ 下，$f=\boldsymbol{Y}^{\mathrm{T}}\boldsymbol{\Lambda Y}$，这里 $\boldsymbol{\Lambda}=\begin{pmatrix}1 & 0 & 0\\ 0 & 2 & 0\\ 0 & 0 & 5\end{pmatrix}$，并且 $\boldsymbol{P}^{\mathrm{T}}\boldsymbol{AP}=\boldsymbol{\Lambda}$. 因为 $\boldsymbol{A}$ 与 $\boldsymbol{\Lambda}$ 相似，特征值为 1，2，5. 于是 $|\boldsymbol{A}|=|\boldsymbol{\Lambda}|$，得到 $18-2a^2=10$，解得 $a=2$.

对于 $\lambda_1=1$，解齐次线性方程组 $(\boldsymbol{E}-\boldsymbol{A})\boldsymbol{X}=\boldsymbol{O}$，得单位特征向量为 $\boldsymbol{\xi}_1=\left(0,\dfrac{1}{\sqrt{2}},-\dfrac{1}{\sqrt{2}}\right)^{\mathrm{T}}$.

对于 $\lambda_2=2$，解齐次线性方程组 $(2\boldsymbol{E}-\boldsymbol{A})\boldsymbol{X}=\boldsymbol{O}$，得单位特征向量为 $\boldsymbol{\xi}_2=(1,0,0)^{\mathrm{T}}$，对于 $\lambda_3=5$，解齐次线性方程组 $(5\boldsymbol{E}-\boldsymbol{A})\boldsymbol{X}=\boldsymbol{O}$，得单位特征向量为 $\boldsymbol{\xi}_3=\left(0,\dfrac{1}{\sqrt{2}},\dfrac{1}{\sqrt{2}}\right)^{\mathrm{T}}$.

由于特征值不同，所以 $\xi_1$，$\xi_2$，$\xi_3$ 正交，令 $P=\begin{pmatrix} 0 & 1 & 0 \\ \frac{1}{\sqrt{2}} & 0 & \frac{1}{\sqrt{2}} \\ -\frac{1}{\sqrt{2}} & 0 & \frac{1}{\sqrt{2}} \end{pmatrix}$ 即为正交变换矩阵.

2. 已知实二次型 $f(x_1, x_2, x_3)=x_1^2+4x_1x_2+x_2^2+6x_2x_3+ax_3^2$ 的秩为 2，求 $a$.

**解** 实二次型 $f$ 对应的矩阵 $A=\begin{pmatrix} 1 & 2 & 0 \\ 2 & 1 & 3 \\ 0 & 3 & a \end{pmatrix}$，二次型 $f$ 的秩即为对应的矩阵 $A$ 的秩，即 $r(A)=2$，而 $A=\begin{pmatrix} 1 & 2 & 0 \\ 2 & 1 & 3 \\ 0 & 3 & a \end{pmatrix} \xrightarrow{r_2-2r_1} \begin{pmatrix} 1 & 2 & 0 \\ 0 & -3 & 3 \\ 0 & 3 & a \end{pmatrix} \xrightarrow{r_3+r_2} \begin{pmatrix} 1 & 2 & 0 \\ 0 & -3 & 3 \\ 0 & 0 & a+3 \end{pmatrix}$，所以 $a=-3$.

3. 试确定参数 $a$ 的取值范围，使得 $A=\begin{pmatrix} 1 & 2 & a \\ 2 & 6 & 0 \\ a & 0 & a \end{pmatrix}$ 为正定矩阵.

**解** $A$ 为正定矩阵，由 Sylvester 定理知，$A$ 的各阶顺次主子式

$$a_{11}=1>0,\quad \begin{vmatrix} 1 & 2 \\ 2 & 6 \end{vmatrix}=2>0,\quad \begin{vmatrix} 1 & 2 & a \\ 2 & 6 & 0 \\ a & 0 & a \end{vmatrix}=3a^2-a>0,\ \text{即}\ 0<a<\frac{1}{3}.$$

4. 设 $A$ 与 $B$ 是同阶正定矩阵，证明：$A+B$ 也是正定矩阵.

**证明** 因为

$$A^T=A,\ A^T=B,(A+B)^T=A^T+B^T=A+B,$$

即 $A+B$ 是对称矩阵.

对任意非零 $n$ 维向量 $X$，由于 $A$ 与 $B$ 是同阶正定矩阵，因此 $X^TAX>0$，$X^TBX>0$. 于是 $X^T(A+B)X=X^TAX+X^TBX>0$，从而 $A+B$ 是正定矩阵.

5. 设 $A$ 为 $m\times n$ 矩阵，$B=\lambda E+A^TA$，证明：当 $\lambda>0$ 时，$B$ 为正定矩阵.

**证明** 由于

$$B^T=(\lambda E+A^TA)^T=\lambda E+A^TA=B,$$

从而 $B$ 是对称矩阵.

对任意非零 $n$ 维向量 $X$，有

$$X^TBX=X^T(\lambda E+A^TA)X=\lambda X^TX+X^TA^TAX=\lambda\|X\|^2+\|AX\|^2,$$

其中 $\|X\|^2>0$，$\|AX\|^2>0$，所以当 $\lambda>0$ 时，$X^TBX>0$，$B$ 为正定矩阵.

# 四、自测题及答案

## 自测题

一、填空题（本大题共 5 题，每题 3 分，共 15 分）

1. 设二次型 $f(x_1, x_2)=(x_1, x_2)\begin{pmatrix}1 & 2\\3 & 1\end{pmatrix}\begin{pmatrix}x_1\\x_2\end{pmatrix}$，则它所对应的实对称矩阵为______.

2. 二次型 $f(x_1, x_2, x_3)=x_2^2+2x_1x_3$ 的负惯性指数 $q$______.

3. 已知实二次型 $f(x_1, x_2, x_3)=a(x_1^2+x_2^2+x_3^2)+4x_1x_2+4x_1x_3+4x_2x_3$ 经正交变换 $\boldsymbol{X}=\boldsymbol{PY}$ 可化成标准形 $f=6y_1^2$，则 $a=$______.

4. 实二次型 $f(x_1, x_2, x_3)=x_1^2-2x_2x_3$ 的规范形是______.

5. 设 $\boldsymbol{A}=\begin{pmatrix}1 & 2 & 0\\2 & k & 0\\0 & 0 & k-2\end{pmatrix}$ 是正定实对称矩阵，则 $k$ 满足条件______.

二、选择题（本大题共 5 题，每题 3 分，共 15 分）

1. 已知二次型 $f=5x_1^2+5x_2^2+cx_3^2-2x_1x_2+6x_1x_3-6x_2x_3$ 的秩为 2，则 $c$ 的值为（　　）.

(A) 1　　(B) 2　　(C) 3　　(D) 4

2. 与方阵 $\boldsymbol{A}=\begin{pmatrix}-1 & 1 & 0\\1 & -2 & 0\\0 & 0 & -4\end{pmatrix}$ 合同的方阵为（　　）.

(A) $\begin{pmatrix}1 & & \\ & 1 & \\ & & 1\end{pmatrix}$　　(B) $\begin{pmatrix}1 & & \\ & 1 & \\ & & -1\end{pmatrix}$　　(C) $\begin{pmatrix}1 & & \\ & -1 & \\ & & 1\end{pmatrix}$　　(D) $\begin{pmatrix}-1 & & \\ & -1 & \\ & & -1\end{pmatrix}$

3. 设 $\boldsymbol{A}$ 为实对称矩阵，则下列结论中正确的是（　　）.

(A) 若 $\boldsymbol{A}$ 的主对角线上元素皆大于 0，则 $\boldsymbol{A}$ 正定

(B) 若 $|\boldsymbol{A}|>0$，则 $\boldsymbol{A}$ 正定

(C) 若 $\boldsymbol{A}^{-1}$ 存在且正定，则 $\boldsymbol{A}$ 正定

(D) 若存在方阵 $\boldsymbol{P}$，使得 $\boldsymbol{A}=\boldsymbol{P}^{\mathrm{T}}\boldsymbol{P}$，则 $\boldsymbol{A}$ 正定

4. 下列实对称矩阵中正定的是（　　）.

(A) $\begin{pmatrix}1 & -1 & 0\\-1 & 2 & 0\\0 & 0 & 3\end{pmatrix}$　　(B) $\begin{pmatrix}1 & 2 & 0\\2 & 1 & 0\\0 & 0 & 2\end{pmatrix}$　　(C) $\begin{pmatrix}1 & 2 & 0\\2 & 4 & 0\\0 & 0 & 1\end{pmatrix}$　　(D) $\begin{pmatrix}2 & 0 & 0\\0 & 1 & 2\\0 & 2 & 3\end{pmatrix}$

5. 已知二次型 $f(x_1, x_2, x_3)=x_1^2+ax_2^2+x_3^2+2x_1x_2-2x_2x_3-2ax_1x_3$ 的正、负惯性指数都是 1，则 $a=$（　　）.

(A) $-2$　　(B) $-1$　　(C) 1　　(D) 2

三、计算题（本大题共 2 题，每小题 20 分，共 40 分）

1. 已知实二次型 $f(x_1, x_2, x_3)=(1-a)x_1^2+(1-a)x_2^2+2x_3^2+2(1+a)x_1x_2$ 的秩为 2.

(1) 求 $a$ 的值；(5 分)

(2) 求正交变换 $\boldsymbol{X}=\boldsymbol{PY}$，化 $f$ 为标准形；(10 分)

(3) 求方程 $f(x_1, x_2, x_3)=0$ 的解．(5 分)

2. 设二次型 $f(x_1, x_2, x_3)=\boldsymbol{X}^{\mathrm{T}}\boldsymbol{AX}$，其中 $\boldsymbol{A}=\begin{pmatrix} 0 & -1 & 4 \\ -1 & 3 & a \\ 4 & a & 0 \end{pmatrix}$，已知该二次型在正交变换 $\boldsymbol{A}=\boldsymbol{PY}$ 下化为标准形，若 $\boldsymbol{P}$ 的第一列为 $p_1=\dfrac{1}{\sqrt{6}}(1, 2, 1)^{\mathrm{T}}$.

(1) 求 $a$ 的值及正交矩阵 $\boldsymbol{P}$；(10 分)

(2) 求 $\boldsymbol{C}$ 及 $f$ 在合同变换 $\boldsymbol{X}=\boldsymbol{CZ}$ 下化得的规范形．(10 分)

四、证明题(本大题共 2 题，第 1 题 20 分，第 2 题 10 分，共 30 分)

1. 设 $\boldsymbol{\alpha}$、$\boldsymbol{\beta}$ 均为 3 维实单位列向量，且 $\boldsymbol{\alpha}^{\mathrm{T}}\boldsymbol{\beta}=0$，矩阵 $\boldsymbol{A}=\boldsymbol{\alpha\beta}^{\mathrm{T}}+\boldsymbol{\beta\alpha}^{\mathrm{T}}+2\boldsymbol{E}$.

(1) 证明：$\boldsymbol{A}$ 为实对称矩阵；(5 分)

(2) 写出经正交变换将二次型 $f=\boldsymbol{X}^{\mathrm{T}}\boldsymbol{AX}$ 化成的标准形；(10 分)

(3) 矩阵 $\boldsymbol{A}$ 是否为正定矩阵，为什么？(5 分)

2. 设实对称矩阵 $\boldsymbol{A}$ 满足 $\boldsymbol{A}^4-\boldsymbol{A}^3+3\boldsymbol{A}^2-\boldsymbol{A}+2\boldsymbol{E}=\boldsymbol{O}$.

(1)$\boldsymbol{A}$ 是否为正定矩阵，为什么？(5 分)

(2) 求矩阵 $\boldsymbol{A}$．(5 分)

## 答案

一、1. $\begin{pmatrix} 1 & \dfrac{5}{2} \\ \dfrac{5}{2} & 1 \end{pmatrix}$；

2. 1；

3. $a=2$；

4. $z_1^2+z_2^2-z_3^2$；

5. $k>4$.

二、1. C；

2. D；

3. C. 提示：因为 $\boldsymbol{A}^{-1}$ 正定，其特征值 $\lambda_i>0 \Rightarrow \dfrac{1}{\lambda_i}>0$，即 $\boldsymbol{A}$ 的特征值为正；

4. A；

5. A. 提示：正惯性指数 $p=1$，负惯性指数 $r-p=1$，所以二次型矩阵 $\boldsymbol{A}$ 的秩 $r(\boldsymbol{A})=2$.

三、1. (1)0；(2) 略；(3)$k(-1,1,0)^{\mathrm{T}}$，$k$ 为任意常数.

2. (1)$a=-1$；$\boldsymbol{P}=\begin{pmatrix}\frac{1}{\sqrt{6}} & \frac{1}{\sqrt{3}} & \frac{1}{\sqrt{2}}\\ \frac{2}{\sqrt{6}} & -\frac{1}{\sqrt{3}} & 0\\ \frac{1}{\sqrt{6}} & \frac{1}{\sqrt{3}} & -\frac{1}{\sqrt{2}}\end{pmatrix}$. 提示：$\boldsymbol{P}$ 的每一列向量均为 $\boldsymbol{A}$ 的对应于各特征值的特征向量.

(2) 由 (1) 知 $f=\boldsymbol{X}^{\mathrm{T}}\boldsymbol{AX}$. 令 $\boldsymbol{X}=\boldsymbol{PY}$，得

$$f=(\boldsymbol{PY})^{\mathrm{T}}\boldsymbol{APY}=\boldsymbol{Y}^{\mathrm{T}}\boldsymbol{P}^{\mathrm{T}}\boldsymbol{APY}=\boldsymbol{Y}^{\mathrm{T}}\boldsymbol{AY}=2y_1^2+5y_2^2-4y_3^2.$$

再令 $\boldsymbol{Y}=\boldsymbol{PZ}$，其中 $\boldsymbol{Q}=\begin{pmatrix}\frac{1}{\sqrt{2}} & 0 & 0\\ 0 & \frac{1}{\sqrt{5}} & 0\\ 0 & 0 & \frac{1}{2}\end{pmatrix}$，得

$$f=(\boldsymbol{QZ})^{\mathrm{T}}\boldsymbol{AQZ}=\boldsymbol{Z}^{\mathrm{T}}\boldsymbol{Q}^{\mathrm{T}}\boldsymbol{AQZ}=z_1^2+z_2^2-z_3^2(\text{规范形}).$$

由上面可知，$f$ 在合同变换 $\boldsymbol{X}=\boldsymbol{CZ}$ 下化成了规范形，其中

$$\boldsymbol{C}=\boldsymbol{PQ}=\begin{pmatrix}\frac{1}{2\sqrt{3}} & \frac{1}{\sqrt{15}} & \frac{1}{2\sqrt{2}}\\ \frac{1}{\sqrt{3}} & -\frac{1}{\sqrt{15}} & 0\\ \frac{1}{2\sqrt{3}} & \frac{1}{\sqrt{15}} & -\frac{1}{2\sqrt{2}}\end{pmatrix}.$$

四、1. (1) 略；(2) $f=3y_1^2+y_2^2+2y_3^2$；(3) $\boldsymbol{A}$ 是正定矩阵，因为 $\boldsymbol{A}$ 是特征值全部为正数的实对称矩阵.

2. (1) $\boldsymbol{A}$ 为正定矩阵. 因为 $\boldsymbol{A}$ 为实对称矩阵，故 $\boldsymbol{A}$ 的特征值 $\lambda$ 必为实数，依题意知 $\lambda^4-\lambda^3+\lambda^2-3\lambda+2=0$，即 $(\lambda-1)^2(\lambda^2+\lambda+2)=0$，可知 $\boldsymbol{A}$ 的特征值只有 1，故 $\boldsymbol{A}$ 正定. (2) $\boldsymbol{E}$.

# 参考文献


[1] 李秀玲，刘丽梅．《应用数学——线性代数》教学辅导书［M］．北京：中国商业出版社，2017.

[2] 同济大学数学系．线性代数附册学习辅导与习题全解［M］．北京：高等教育出版社，2014.

[3] 王中良．线性代数解题指导［M］．北京：北京大学出版社，2004.

[4] 卢刚．线性代数中的典型例题分析与习题．高等教育出版社，2015.

[5] 吴传生．经济数学——线性代数（第二版）学习辅导与习题选解［M］．北京：高等教育出版社，2009.

[6] 吴传生．经济数学——线性代数［M］．北京：高等教育出版社，2003.

[7] 吴赣昌．线性代数——学习辅导与习题解答［M］．北京：中国人民大学出版社，2010.

[8] 张宇，何英凯，李擂．考研数学命题人高等数学考试参考书［M］．北京：北京理工大学出版社，2013.

[9] 何英凯．经济数学典型题解析［M］．长春：吉林大学出版社，2014.

[10] 陈启浩．考研数学（三）真题精讲与热点分析［M］．北京：机械工业出版社，2015.